国家出版基金项目
NATIONAL PUBLICATION FOUNDATION

"十二五" "十三五" 国家重点图书出版规划项目

风力发电工程技术丛书

海上测风塔
基础设计

王伟　刘蔚　编著

中国水利水电出版社
www.waterpub.com.cn
·北京·

内 容 提 要

　　本书是《风力发电工程技术丛书》之一，主要以海上测风塔地基基础与基础结构设计为主题，系统阐述了海上测风塔基础设计中涉及的相关分析原理、设计体系和计算方法，包括海上测风塔与工程实施、海洋工程环境、波浪理论与分析、海上测风塔基础设计体系、桩基设计与计算、基础结构分析与计算、防冲刷与防腐蚀设计等，最后给出了测风塔桩基混凝土承台和测风塔桩基钢平台两种典型基础类型的海上测风塔基础设计实例。

　　本书可供海上风电领域以及岩土工程、结构工程和近海工程等相关领域的工程技术人员、科研人员使用，也可作为高等院校、科研院所相关专业本科高年级学生、研究生的参考书。

图书在版编目（ＣＩＰ）数据

　　海上测风塔基础设计 / 王伟，刘蔚编著. -- 北京：
中国水利水电出版社，2016.12
　　（风力发电工程技术丛书）
　　ISBN 978-7-5170-4923-4

　　Ⅰ．①海… Ⅱ．①王… ②刘… Ⅲ．①海上测量－风
力－海洋观测塔－建筑设计 Ⅳ．①P715.4

　　中国版本图书馆CIP数据核字(2016)第294124号

书　　　名	风力发电工程技术丛书 **海上测风塔基础设计** HAISHANG CEFENGTA JICHU SHEJI
作　　　者	王伟　刘蔚　编著
出 版 发 行	中国水利水电出版社 （北京市海淀区玉渊潭南路 1 号 D 座　100038） 网址：www. waterpub. com. cn E - mail：sales@ waterpub. com. cn 电话：(010) 68367658（营销中心）
经　　　售	北京科水图书销售中心（零售） 电话：(010) 88383994、63202643、68545874 全国各地新华书店和相关出版物销售网点
排　　　版	中国水利水电出版社微机排版中心
印　　　刷	北京纪元彩艺印刷有限公司
规　　　格	184mm×260mm　16 开本　19.25 印张　456 千字
版　　　次	2016 年 12 月第 1 版　2016 年 12 月第 1 次印刷
印　　　数	0001—3000 册
定　　　价	**80.00 元**

　　凡购买我社图书，如有缺页、倒页、脱页的，本社营销中心负责调换

主要参编单位 （排名不分先后）

河海大学
中国长江三峡集团公司
中国水利水电出版社
水资源高效利用与工程安全国家工程研究中心
华北电力大学
水电水利规划设计总院
水利部水利水电规划设计总院
中国能源建设集团有限公司
上海勘测设计研究院
中国电建集团华东勘测设计研究院有限公司
中国电建集团西北勘测设计研究院有限公司
中国电建集团中南勘测设计研究院有限公司
中国电建集团北京勘测设计研究院有限公司
中国电建集团昆明勘测设计研究院有限公司
长江勘测规划设计研究院
中水珠江规划勘测设计有限公司
内蒙古电力勘测设计院
新疆金风科技股份有限公司
华锐风电科技股份有限公司
中国水利水电第七工程局有限公司
中国能源建设集团广东省电力设计研究院有限公司
中国能源建设集团安徽省电力设计院有限公司
同济大学
华南理工大学
中国三峡新能源有限公司

丛书总策划 李　莉

编委会办公室

主　　　　任	胡昌支　陈东明	
副　主　任	王春学　李　莉	
成　　　员	殷海军　丁　琪　高丽霄　王　梅　邹　昱	
	张秀娟　汤何美子　王　惠	

前　言

　　冬季冰封大地的时候，肆虐的雾霾再一次持续笼罩着九州大地，人们的心肺被动地与其亲密接触，对清洁能源的期盼望眼欲穿。我国也提出了积极发展可再生清洁能源，降低煤炭消费比重，推动能源结构持续优化的能源发展战略。风能是一种重要的可再生能源，我国具有丰富的海上风能资源，国内海上风电规划初步确定了43GW的海上风能资源开发潜力，目前已有38个项目、共16.5GW的项目在开展各项前期工作。国家能源局发布的《2020年我国电力发展规划》中指出，2015年风电装机容量目标为1亿kW，2020年为2亿kW，可以预期"十三五"将是我国海上风电建设飞速发展的阶段。

　　海上测风塔工程是海上风电场开发建设的先行，对海上风电场的规划、评估和后续建设具有重要的价值和指导意义。但纵观国内外在海上测风塔基础设计方面的相关标准和专著仍为空白。海上测风塔基础设计与海上风力发电机组基础设计既有相同点，又有很大的差异性，为了确保海上测风塔基础工程的安全性、技术性、先进性和经济性，针对海上测风塔基础设计进行系统论述实为必要。

　　海上测风塔基础工程涉及岩土工程、结构工程和海洋工程等多个学科，考虑到读者不同的专业技术背景，本着以技术应用为主的大原则，本书编纂中力求阐明基础设计中的基本概念、完整的设计项目和内容、实施的技术方法和原理，尽量减少繁琐的理论推导，也省却了对各分析方法渊源的相应介绍。

　　全书共包含10章。第1章简要介绍海上测风塔测风与风能资源评估；第2章介绍测风塔基础类型和测风塔基础工程实施概况；第3章和第4章分别介绍测风塔所处的海洋工程环境和波浪理论与分析；第 5 章介绍测风塔基础设计体系；第 6 章和第 7 章分别介绍测风塔桩基设计和基础结构设计与计算；第 8 章介绍基础防冲刷与防腐蚀设计；最后两章分别给出桩基混凝土承台和桩基钢平台两类典型的海上测风塔基础设计实例。

同济大学的杨敏教授对全书进行了审阅并提出了宝贵的指导意见；中国电建集团西北勘测设计研究院有限公司的刘玮和董德兰两位教授级高工审阅了测风与风能资源评估相关章节内容；同济大学博士生罗如平参与了本书一部分内容的整理工作，在此一并向他们表示衷心的感谢。

随着新材料、新工艺和新基础形式的不断涌现，海上测风塔基础设计领域的相关技术也在逐步发展，部分相关技术尚处于探索阶段，加上作者水平有限，本书虽经多次修改和一再校阅，不妥和疏漏之处在所难免，祈请读者批评指正。

关于海上测风塔基础设计领域相关问题的讨论和交流可通过以下电子邮箱联系：waye_wang@163.com 或 wayne_wang@tongji.edu.cn。

编著者

2016 年 6 月于同济苑

目　录

第1章 绪 论

1.1 海上风电场与海上测风塔

风能与太阳能、潮汐能、生物质能、核能和地热能等组成了新能源，是常规能源之外的能源形式，也称作非常规能源。对人类而言风能是一种清洁能源，它的利用方式有很多种，以风电为主。风力发电是借助一定的工具、媒介或设备将风能转化为机械能，而后将机械能转化为电能的过程，这些设备与工具统称为风力发电机组。由风力发电机组、塔架、塔架基础、输变电设备、附属建（构）筑物等组成了风电场。风电场的规划、设计和建设离不开测风塔，二者相互联系密不可分。

本节首先介绍风力发电特别是海上风力发电的特点和总体情况，然后介绍利用海上风能发电的海上风电场，最后介绍海上测风塔和其主要作用。

1.1.1 海上风力发电概述及特点

1. 我国海上风能状况

从 20 世纪 70 年代至 2006 年期间，我国先后组织开展了三次全国风能资源普查。在此基础上，于 2008 年由中国气象局牵头正式启动了"全国风能详查与评价"项目。评价结果显示，我国风能资源丰富，陆上 50m 高度层年平均风功率密度大于等于 $300W/m^2$ 的风能资源理论储量约 73 亿 kW。具体而言，我国陆上 50m、70m、100m 高度层年平均风功率密度大于等于 $300W/m^2$ 的风能资源技术开发量分别为 20 亿 kW、26 亿 kW 和 34 亿 $kW^{[1]}$。

详查和评价结果进一步表明，我国山东省、江苏省和福建省等地沿海分布有风能资源丰富的广阔区域，适宜规划建设大型风电基地。台湾海峡风能资源最丰富，其次是广东省东部、浙江省近海和渤海湾中北部，相对而言近海风能资源较少的区域分布在北部湾、海南岛西北、南部和东南的近海海域。若从总体上了解我国海上风能概况，一方面应关注我国海上风能的总储量与总开发量，另一方面还应考量我国毗邻海区风能的时空分布和变化。

我国毗邻海域的多年平均风速整体上显示为东海和南海平均风速大于黄海和渤海平均风速。台湾海峡由于具有狭管效应及海陆分布的局部特点，在中国毗邻海域中为大风速海区，平均风速在 10m/s 左右。在黑潮主轴海域、吕宋海峡和对马海峡海域风速也较大，平均风速在 8m/s 以上。黄海和渤海沿岸的平均风速约为 6m/s，而东海和南海沿岸的多年平均风速在 7.5m/s 以上。渤海北部辽东湾海域的平均风速在 6.7m/s 左右，为渤海的大风速海域。长江口沿岸的舟山海域，风速平均值较外海更大，约为 $8m/s^{[2]}$。

我国近海浅水区域海面风能密度具有明显的季节变化，12 月我国近海平均风速达到

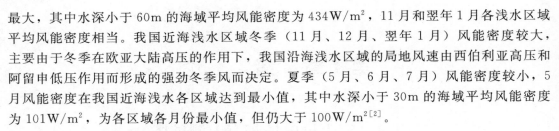

最大，其中水深小于 60m 的海域平均风能密度为 $434W/m^2$，11 月和翌年 1 月各浅水区域平均风能密度相当。我国近海浅水区域冬季（11 月、12 月、翌年 1 月）风能密度较大，主要由于冬季在欧亚大陆高压的作用下，我国沿海浅水区域的局地风速由西伯利亚高压和阿留申低压作用而形成的强劲冬季风而决定。夏季（5 月、6 月、7 月）风能密度较小，5月风能密度在我国近海浅水各区域达到最小值，其中水深小于 30m 的海域平均风能密度为 $101W/m^2$，为各区域各月份最小值，但仍大于 $100W/m^{2[2]}$。

2. 海上风力发电概述

根据我国《可再生能源发展"十二五"规划》，到 2015 年，累计并网风电装机容量达到 1 亿 kW，年发电量超过 1900 亿 kW·h，其中海上风电装机容量达到 500 万 kW。截至 2015 年年底，已建成投产海上风电场约 66 万 kW，"十二五"期间海上风电实际完成量约占规划目标的 15%。2014 年 12 月，国家能源局出台了《全国海上风电开发建设方案（2014—2016 年）》，该方案包含 8 个沿海省（自治区、直辖市）44 个项目，总容量 1053万 kW。目前已有 14 个项目核准，总装机容量约 291 万 kW，30 个项目正在开展前期工作，总装机容量约 762 万 kW。根据《国家应对气候变化规划（2014—2020 年）》，到 2020 年，我国累计并网风电装机容量达到 2 亿 kW，年发电量超过 3900 亿 kW·h，其中海上风电装机容量达到 3000 万 kW。

海上风电相对于陆上风电而言优势非常明显，但当前阶段我国海上风电发展也面临着许多问题。首先，海上风电规划海域与其他部门的海域规划存在重叠冲突，导致风电场用海面积减小、选址变化、海缆路线变动、成本增加等情况时有发生。海上风电发展除应注意海洋局和地方规划部门对于海洋及近海区域发展规划的协调之外，还需注意与军事用海的协调[3]。其次，海上风电设计技术尚未成熟、施工装备水平低、安装能力弱，无论是相关设计技术方面还是海上安装设备、风机制造技术等方面均处于起步阶段，且我国具有特殊的地质条件和建设工程特点，不宜直接照搬国外海上风电建设技术。再次，海上风电的建设维护成本高、不可控的影响因素多，相对于陆上风电开发而言风险性较大。国家发改委于 2014 年下发关于海上风电电价政策的文件，规定 2017 年以前，投运的近海海上风电项目上网电价为 0.85 元/（kW·h），潮间带风电项目上网电价为 0.75 元/（kW·h），这对于合理的评估海上风电开发项目的投资风险具有重要的指导意义。

3. 海上风力发电特点

随着陆上风电场开发经验的积累和大型风力发电机组生厂商技术的进步，风电行业的开发逐步由陆上过渡到海上。由于海上风电所特有的相对优势，进而得到了各国政府的大力支持和推进，全球范围内海上风电事业正在蓬勃发展。

相对于陆上风电而言，单从电量产出角度来看海上风力发电的优势非常明显，主要包括以下方面：

（1）表面粗糙度小。国家标准《建筑结构荷载规范》（GB 50009—2012）中指出，近海海面和海岛、海岸、湖岸等地区为 A 类粗糙度，田野、乡村、丛林、丘陵等地区为 B类粗糙度。由此可知海上的粗糙度远小于陆上，海上风切变小，风速沿竖向分布变化较小，可在较低的高度上获得等量的风速，或在同样的高度上获得更大的风速。这就使得海上风力发电机组的塔筒高度相对陆上而言要低一些，可节省其造价和安装费用。

（2）湍流强度小。海上的昼夜温差和季度温差相对于陆上要小得多，这便使得海上空气的湍流强度相对比较小。针对风力发电机组而言，湍流为风力发电机组叶轮扫略面范围内风速分布和风向改变的量值表征，湍流强度小使得风力发电机组受力变异性小，对于风力发电机组的叶片、塔筒和其基础结构的疲劳寿命较为有利。

（3）阴影效应小。风力发电机组阴影区的风能较小，湍流较大，风电站建设时风力发电机组平均分布距离为3~9倍转轮直径。由于海面相对高的光滑性，海面上风速切变也相应很低，风速在垂直方向上变化并不是很大，因此在海上可以建设大约为转轮直径0.75倍的较低风塔，而陆上风塔的高度通常接近于转轮直径或更高一些，这样海上风力发电机组平均分布间隔也比陆上风力发电机组要小一些[4]。

（4）经济效益高。研究资料表明，相对于陆上风场，离岸10km的海上风速通常比沿岸陆上高25%[5]。海上风速高，且静风期短，风力发电机组发电的利用小时数高。海上风电场更适合建设大型单机容量的机组，目前主流为5MW机组，因此海上风能的利用效率更高，对降低单位千瓦的投资非常有利，海上风电具有明显的经济优势。此外，海上风电场位于我国沿海发达地区，电量可以就近消纳，而不需要额外的高电压传输线路投资。

（5）对人居环境的影响相对较小。随着社会人口的增多、人类居住面积的改善和工业化的发展，土体资源变得更为稀缺，而海上风电建设不需要占用陆地面积，可节省土地资源。对人类居住的陆上生态和自然环境的影响也不存在，从而不会产生视线影响和噪声污染等问题。

客观整体上来看，海上风电场的投资成本要远远高于陆上风电场的，其维护费用也远远高于陆上风电场的。将风电场作为一个整体按照投资风险分析和评估后方能得出孰优孰劣的经济性评价。

4. 海上风力发电的环境问题

尽管海上风电的建设避开了陆上环境和人类居住环境的影响，但也会带来新的关于海洋环境、生态和海洋产业等方面的影响。

（1）对通航的影响。海上风电场的规划选址中一般都尽可能避开已有航线，但避开的距离大小各不相同。在正常的通航条件下，航线附近存在风电场并不会对通航产生较大影响，因为船舶的雷达系统和风力发电机组的报警装置将起到相应的预防作用。但在大雾等恶劣天气以及船舶失控状态下其碰撞的概率将会大幅提高。

（2）对海洋生态的影响。海上风电对海洋生物的影响主要指其对鱼类和鸟类等海生物的影响。至于海上风电场是否会对该海域的鱼类产生影响，例如是否会影响鱼群的数量、洄游、产卵、生长等，目前的研究还缺乏足够的结论，但一般倾向于对鱼类的生存和数量无关键性的影响[6]。但部分情况下产生的影响可能远大于人们的直观想象，如我国珠海桂山海上风电场，距离中华白海豚国家级自然保护区只有2.5km，目前由于海洋环评的问题而导致项目停滞。环评显示，风力发电机组桩基施工产生的高频噪声会影响中华白海豚的听觉，导致其觅食和社交活动受到干扰，水质污染会通过食物链影响白海豚的健康，还容易使其皮肤受感染[7]。此外，风力发电产生的噪声和电磁场会干扰鸟类的飞行路线。

（3）对原海床的影响。海上风电建设会改变风力发电机组基础结构附近的海流流态，在基础结构前后位置产生尾涡和马蹄涡，涡旋使得海床面产生冲刷，部分海床颗粒会被带走。当原始海床面存在一定坡度情况下，严重时会影响整个海底岸坡的滑动稳定性，从而导致海床面的大范围改变。

1.1.2 海上风电场

与陆地风电场相对应，处于海洋环境条件下，受到海风、波浪、潮汐、水流、海冰等综合影响下，由一批风力发电机组或风力发电机组群组成的电站称为海上风电场。海上风电场也指在沿海多年平均大潮高潮线以下海域开发建设的风电场，包括在相应开发海域内无居民海岛上开发建设的风电场。

根据 2009 年我国颁布的《海上风电场工程前期工作管理办法》，海上风电场工程前期工作管理包括海上风电场工程规划、预可行性研究和可行性研究阶段工作的行政组织管理和技术质量管理。海上风电场工程建设项目应坚持先规划、再前期、后建设的原则。

在介绍海上风电场类型之前首先需要明确海岸带的组成。海岸带是陆地与海洋相互作用最活跃的地带，它将陆地与海洋分开，又将陆地与海洋连接起来，对它的理解和划分有许多不同的观点。一般将其定义为特大风暴潮增水等使海水作用能抵达的陆地最高处至海底波浪作用能到达的近海海域之间的带状地带，由海岸、海滩和水下岸坡等 3 部分组成，如图 1-1 所示[8]。

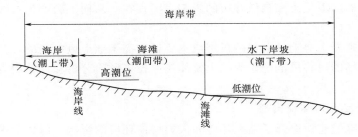

图 1-1 海岸带示意图[8]

海岸又称潮上带，是指与海洋相邻接触的陆上岸带。海面与陆地接触的交界线就是海岸线，由于海洋动力的作用，海岸轮廓总是处在不断变化之中，海岸线不是固定不变的，它随水面高程、潮位升降、风引起的增减水等海水运动而发生移动。垂直方向的海面升降幅度能达到 10m 以上，水平方向的进退有时能达到数十千米。当取平均海面下的水陆分界线作为海岸线时会造成海岸线有一半时间被海水淹没，为此，一般取多年平均高潮位的水陆交界线为海岸线。这样，位于平均高潮线以上的海岸在平时的大部分时间都露出海面，不会受到风浪和潮波的作用，只有偶尔遇上特大风暴和特大高潮时才会被淹没[8]。

海滩又称潮间带，处于潮汐涨落的频繁作用之中，是平均低潮位到平均高潮位之间的地带。水下岸坡又称潮下带，是波浪作用开始处到平均低潮位之间的海底地带，波浪作用的下限水深在工程上一般取为波浪波长的一半。

国家能源局 2009 年颁布的《海上风电场工程规划工作大纲》将海上风电场细分为潮间带和潮下带滩涂风电场、近海风电场和深海风电场。

潮间带和潮下带滩涂风电场指在沿海多年平均大潮高潮以下至理论最低潮位以下 5m

水深内的海域开发建设的风电场。近海风电场指在理论最低潮位以下 5～50m 水深的海域开发建设的风电场，包括在相应开发海域内无居民的海岛和海礁上开发建设的风电场。深海风电场指在大于理论最低潮位以下 50m 水深的海域开发建设的风电场，包括在相应开发海域内无居民的海岛和海礁上开发建设的风电场。

随着与陆地距离的逐步增大，海上风电场依次为滩涂风电场、近海风电场和深海风电场，风电场开发的难度也依次递增。就我国当前的风电技术水平，还难以开发深海风电场，因此一般提到的海上风电场均指潮间带和潮下带滩涂风电场或近海风电场。

我国已建成的海上风电场中，江苏如东 150MW 海上风电场示范工程属于潮间带风电场，如图 1-2 所示。我国第一个海上风电场——上海东海大桥 100MW 海上风电场属于近海风电场。

图 1-2　江苏如东海上风电场二期工程[9]

1.1.3　海上测风塔

海上测风塔与陆上测风塔相对应，目前尚无明确的划分标准，可参照 1.1.2 节中海上风电场的划分标准来定义。

基于海上风电场的类型划分标准，海上测风塔为处于海上风电场区域（非海岛）中安装风速、风向等传感器以及风数据记录仪，用以测量风能参数的高耸结构，如图 1-3 所示。海上风电场开发首先需要掌握海上风能资源的变化规律和特征，而陆上气象站的测风数据并不能代表海上风资源特性，因此海上风电场建设时需要设立海上测风塔。

在风能资源的开发和利用过程中，风资源的获取与评估是一项重要的工作，而风资源的评估和获取最常用的手段就是建立测风塔。在海上风力发电开发与利用过程中，测风塔处于十分重要的位置，主要表现在风场前期的风资源评估、风电场规划设计、风电场风况实时监测、弃风限电影响评估、发电量考核和气象运行资料积累等方面[11]。

图 1-3　莱州湾海上测风塔[10]

1. 测风塔在风电场前期开发中的作用[11]

（1）在风场风资源评估中的作用。风能密度是衡量一个地区风能大小，评价一个地区的风能潜力最方便最有价值的特征量。风能密度的大小主要取决于风速和空气密度。在风能资源储量丰富的地区选址建立风电场，其前提是精确掌握当地的风资源情况。为有效评价该地区是否有利于建立风电场，以便达到最佳的经济效益，必须建立测风塔对该地进行为期一年以上的不间断观测，收集当地最近时段的第一手气象信息。

对收集得到的测风塔气象观测资料，依据《风电场风能资源评估方法》（GB/T 18710—2002）和中华人民共和国国家发展和改革委员会（以下简称国家发改委）于 2004 年颁布的《风能资源评价技术规定》，进行数据分析，判定建立风电场的可行性和经济性。

此外，通过对测风塔不同高度的梯度气象测量数据，可以分析风电场区内不同高度上下层之间风的切变关系和稳定情况，研究风电场边界层的气象特征、理查森系数等湍流特性，研究高层风的动量下传特性，为分析风力发电机组的尾流影响提供参考，同时也为风电场的局地风力预测提供精细的流体力学模型。

（2）在风力发电机组微观选址和选型中的作用。针对拟建风电场所处位置的地理地貌，建立若干个测风塔，以便全面反映和代表全场的风资源分布情况。根据观测得到的全场梯度气象数据，分析场区内不同地理位置的风速、风向分布特征，为风力发电机组机位的选点规划提供参考依据。同时，根据观测得到的气象数据，结合不同厂家不同型号的风力发电机组类型，确定最适合本地区的风力发电机组型号，达到风能利用的最优化。

2. 测风塔在风电场运营管理中的作用[11]

（1）超短期风力预测。针对电力行业不同用户的业务需求，必须开展多种时间尺度的风电出力预测系统，超短期风电出力预测即为其中之一。超短期风力预测模型依靠测风塔的历史数据和实时数据。历史数据主要用于超短期风力预测模型的建模和率参，为超短期的率参提供数据积累；实时数据为超短期风力预测提供实时输入数据源，预测未来 0～4h 的风速，实时数据还能为预测模型提供实时校正。

（2）弃风限电影响评估。我国电源整体上以火电为主，存在结构性矛盾。由于火电机组调整速度慢、调整容量有限，因此无法满足风电功率大幅波动情况下的电网调峰、调频需要，造成弃风。特别是在冬季夜间低负荷、大风时段，风电出力快速增加，其他非供热机组调峰压力较大，因此造成多数风电企业后夜弃风现象严重。当风电满发时，电网调节能力有限，无法消纳大规模风电，为保障电网的安全稳定，特定时候需要适当弃风限电。因此，通过对风电场气象要素资料，尤其是风速进行测量和收集，能够对弃风限电的风电场发电损失进行有效评估，提高风电场的运营管理水平。

（3）风电场发电量考核。根据风电场的实际运行时段发电量，剔除其中限电、电网因素等特殊情况的时段电量，与实际风速情况下理论发电量进行比对，找出其中存在的偏差，可有效考核风电场风力发电机组的利用效率。

（4）风电场气象运行资料的累积。对风电场进行长期有效的局地微尺度、高时空分辨率、不同高层、不间断的气象数据观测，能够积累风电场的长序列气象资料，该资料能够完善和丰富风电场的数据库，完善风电场的资料管理体系。多年风电场的气象累积资料，不仅能够对风电场的扩容扩建提供参考依据，还能为风电场中长期发电量指标的制定和修订提供历史依据。

1.2 海风特性与测风要求

海风是海洋气候特征的组成部分之一，气候指地球上某一地区多年的天气和大气活动的综合状况，包括各气候要素的多年平均值、极值、变差与频率等。对于海上测风塔结构物而言，海风是气候特征中对其影响最显著的，其他的气候特征还包括气温、暴雨、雾和能见度等。

1.2.1 海风的成因

风是地球上空气运动的一种自然现象，不管在陆地还是海洋上，风的运动受到气压梯度力、地转偏向力、离心力和摩擦力等几种作用力的共同作用，在多种荷载作用达到平衡条件下按照牛顿定律来维持其特定时点的风速与风向。

（1）气压梯度力。大气在重力作用下会产生大气压强，进而形成气压场。随着纬度、温度和高度的变化，大气气压在逐步变化，一般采用等压线来表征大气压强的分布。由于大气压强的分布不均，从而产生了气压梯度力，推动大气产生水平流动。气压梯度力的方向与等压线垂直，由压力高处指向压力低处[9]。

（2）地转偏向力与地转风。地球上的大气运动还受到地转偏向力（柯氏力）的作用，地转偏向力垂直作用于气流的运动方向，因此它只改变气流运动的方向，不改变气流运动的速度。地转偏向力的大小与纬度和地球自转角速度有关。地转偏向力使得北半球的气流向右偏，故在北半球受地球自转偏向力的作用，北风变成东北风，南风变成西南风，热带气旋和龙卷风等大气涡旋总是沿逆时针方向旋转。在南半球的规律则相反[12]。

当仅考虑自由大气在水平气压梯度力和地转偏向力达到平衡状态时的空气运动时，则形成地转风。

（3）离心力与梯度风。地转风适用于等压线为平直线的状态，当等压线弯曲时，气流在做曲线运动时将产生离心力，这种在气压梯度力、地转偏向力和离心力三者之间平衡运动的气流则形成梯度风。梯度风对应的是气旋效应显著的风场，中心气压对应低压系统时称为气旋，中心气压对应高压系统时称为反气旋。

（4）摩擦力与地表风。对于贴近地表的气流，将受到地球表面的摩阻力作用，使得风速小于高空风速值。这种同时考虑气压梯度力、地转偏向力、离心力和摩擦力平衡条件下的气流运动称为地表风。海上测风塔结构所涉及的海风为地表风。

1.2.2 风向与风速

海风是一个矢量，应采用风向和风速来分别描述海风的方向与大小。

1. 风向

风向指的是来风的方向，风向一般采用 16 个方位表示，即北东北（NNE）、东北（NE）、东东北（ENE）、东（E）、东东南（ESE）、东南（SE）、南东南（SSE）、南（S）、南西南（SSW）、西南（SW）、西西南（WSW）、西（W）、西西北（WNW）、西北

（NW）、北西北（NWN）、北（N）。静风记为C。风向也可以用角度来表示，以正北为基准，顺时针方向旋转，东风为90°，南风为180°，西风为270°，北风为360°。同时标记方位和角度的风向方位图如图1-4所示。

风向随着季节和时日发生着变化，各种风向的出现频率通常用风向玫瑰图来表示。在极坐标图点出某年或某月各种风向出现的频率，称为风向玫瑰图，典型形式如图1-5所示。通过风向玫瑰图可以判定常风向和强风向，并对某海域出现的风向进行统计分析。

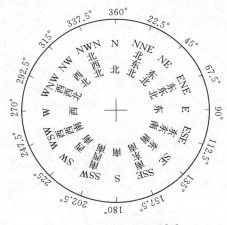

图1-4 风向方位图[13]

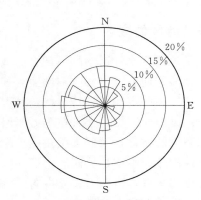

图1-5 风向玫瑰图[13]

2. 风速

风速是单位时间内空气在水平方向上移动的距离，单位为m/s或km/h。为了便于使用，可根据风速大小划分为13个风级。由于这种方式是由蒲福（Beaufort）最先提出的，故称为蒲福风级或蒲氏风级。后人在其基础上另外增补了5级，则形成现今国际上通用的包含18级的风级表，如表1-1所示。但此表仍不能涵盖自然界出现的全部风，例如龙卷风等，但其发生的范围很小，也比较少见。

表1-1 风 级 表[14]

风力等级		0	1	2	3	4	5	6	7	8
名称		无风	软风	轻风	微风	和风	清劲风	强风	疾风	大风
海面波高/m	一般	—	0.1	0.2	0.6	1.0	2.0	3.0	4.0	5.5
	最高	—	0.1	0.3	1.0	1.5	2.5	4.0	5.5	7.5
风速（10m高处）	km/h	<1	1～5	6～11	12～19	20～28	29～38	39～49	50～61	62～74
	m/s	0～0.2	0.3～1.5	1.6～3.3	3.4～5.4	5.5～7.9	8.0～10.7	10.8～13.8	13.9～17.1	17.2～20.7
风力等级		9	10	11	12	13	14	15	16	17
名称		烈风	狂风	暴风	飓风（台风）	飓风（台风）	强台风	强台风	超强台风	超强台风
海面波高/m	一般	7.0	9.0	11.5	14.0	—	—	—	—	—
	最高	10.0	12.5	16.0	—	—	—	—	—	—
风速（10m高处）	km/h	75～88	89～102	103～117	118～133	134～149	150～166	167～183	184～201	202～220
	m/s	20.8～24.4	24.5～28.4	28.5～32.6	32.7～36.9	37.0～41.4	41.5～46.1	46.2～50.9	51.0～56.0	56.1～61.2

风速沿垂向的分布规律称为风切变。由于受到地面摩阻作用的不同，不同高度处的风速也不同。风速与近地面的距离成正比，距离地面越近风速越小，反之风速越大，对于海风规律相同。风切变可以采用指数分布模式或对数分布模式来描述。

　　按照对数分布模式时，高度 Z_1 处风速 U_1 与高度 Z_n 处风速 U_n 的关系为

$$\frac{U_n}{U_1} = \frac{\lg Z_n - \lg Z_0}{\lg Z_1 - \lg Z_0} \qquad (1-1)$$

式中　　Z_0——风速等于零的高度，是一个随地面粗糙度大小而变化的数值。

　　Z_0 值一般略大于地面有效障碍物高度的 $1/10$，根据大量实测资料，我国现采用的 Z_0 值一般变化于 $0.001\sim0.15\text{m}$ 之间：陆上平均值可取 $Z_0=0.03\text{m}$；海上可取 $Z_0=0.003\text{m}$；冰上可取 $Z_0=0.001\text{m}$。不同海况对 Z_0 的取值影响还有待于进一步研究。

　　按照指数分布模式时，高度 Z_1 处风速 U_1 与高度 Z_n 处风速 U_n 的关系为

$$\frac{U_n}{U_1} = \left(\frac{Z_n}{Z_1}\right)^\alpha \qquad (1-2)$$

式中　　α——指数，一般变化于 $1/15\sim1/4$ 之间，常取 $1/7$，按挪威船级社 DNV—RP—
　　　　　　C205 标准可取 0.12，按国际电工协会 IEC 61400-3 标准可取 0.14。

　　α 值的大小主要取决于地面粗糙度 Z_0 和高度 Z_n，且随 Z_0 值增加而增大，随 Z_n 值增大而减小。我国标准所采用的 α 值是根据对数分布模式和指数分布模式在 100m 高度相等的条件下确定的。即以 $Z_0=0.03\text{m}$，$Z_1=10\text{m}$，$Z_n=100\text{m}$ 分别代入式（1-1）和式（1-2）并令其相等，得出 $\alpha=1/6.90$。同样，对于海上采用 $Z_0=0.003\text{m}$，$Z_1=10\text{m}$，$Z_n=100\text{m}$，按上述计算方法可得到 $\alpha=1/9.22$。

　　我国现有风速资料大都属于以下两种情况，即定时 2min 平均风速和自记 10min 平均风速。定时观测又可分为每日 3 次、4 次和 24 次不等，自记观测可昼夜连续进行。由于观测次数和时距不等，对于同一地区、同一时间，得到的最大风速也将不同。观测次数越多，测得的最大风速值与自记最大风速值愈接近。观测最大风速的时距愈短，平均风速就越大。

1.2.3　我国近海海风特点

　　我国位于欧、亚大陆东部，东临太平洋，是世界著名的季风国家之一。我国冬季季风来自西伯利亚，气流干冷，经渤海、黄海直到南海；夏季季风则主要由印度季风槽的西南季风和太平洋副热带高压辐散形成的东南或南季风等形成，从南海向北影响到黄海、渤海。随着季风盛行风向的交替变换，我国的天气气候有明显的季节变化。在夏季盛行东南季风和西南季风，气候湿热、多雨；在冬季，盛行西北季风和东北季风，气候干冷、少雨。一般在每年的 10 月至来年的 3 月盛行偏北风，6 月以后盛行偏南风，4 月、5 月和 8 月、9 月为季风转换季节[15]。

　　我国沿海四大海域近海海风的特点有三个方面[15]。

　　1. 渤海、黄海

　　冬季，在大陆高压和阿留申低压活动影响下，渤、黄海区多偏北大风，平均风速为 $6\sim7\text{m/s}$，南黄海海面开阔，平均风速增至 $8\sim9\text{m/s}$。伴随强偏北大风，常有冷空气或寒潮南

下，风力可达 24.5m/s 以上，在渤海及北黄海沿岸，气温可剧降 1～15℃，间或降大雪，是冬季的主要灾害性天气。寒潮有时能引发风暴潮，如 1969 年 4 月莱州湾的羊角沟增水达 3.77m。春季开始季风交替，偏南风增多，6—8 月，盛行偏南风，平均风速为 4～6m/s。但遇有出海气旋或台风北上时，风力也可增至 10 级（风速 24.5～28.4m/s）以上，常伴有暴雨，或引发风暴潮，是夏季的主要灾害性天气。1972 年的 3 号台风和 1985 年的 9 号台风都曾经过黄海到达渤海并造成严重的风灾和风暴潮灾。

渤海、黄海的大风带，位于辽东湾、渤海海峡至山东半岛成山角一带以及开阔海域的南黄海中部和南部。渤海中部（8 号平台）、西部（大连）的大风（阵风大于等于 8 级）日数平均每年 80 天左右，渤海海峡达 110 天，黄海北部达 100 天左右；黄海中、南部可达 110 天左右。该海域代表性地点的沿海大风日数统计如表 1-2 所示。黄海、渤海沿岸最大风速可达 30～40m/s，该海域不同测站的极大风速如表 1-3 所示。

表 1-2 我国沿海大风日数统计[16] 单位：天

	月份	1	2	3	4	5	6	7	8	9	10	11	12	合计
海域地点	8号平台	10.2	6.8	5.2	5.4	4.6	3.6	4.2	4.2	5.0	7.0	12.0	10.8	79.0
	大连	9.0	7.8	9.2	10.4	7.8	4.0	2.7	2.2	3.8	6.5	9.2	8.3	80.9
	砣矶岛	12.8	10.2	11.1	11.7	10.1	7.5	5.0	3.4	4.9	9.1	12.7	12.3	110.8
	成山角	17.0	13.6	12.7	10.1	8.6	4.4	3.1	3.0	6.3	10.3	14.0	15.2	118.3
	千里岩	16.1	13.9	11.7	11.6	9.9	6.7	7.8	6.1	7.1	10.4	15.1	16.3	132.7
	朝连岛	12.9	9.0	7.9	6.7	5.2	4.2	5.0	4.8	5.7	8.3	11.9	12.2	93.8
	西连岛	6.6	7.0	7.9	8.5	8.6	6.3	4.0	5.1	5.8	8.0	8.1	7.4	83.0
	嵊泗	14.4	13.0	13.8	14.9	12.1	10.5	15.5	11.8	7.6	8.9	11.5	13.0	147.0
	嵊山	15.5	12.0	12.8	12.5	9.0	10.0	8.8	4.6	6.8	7.3	12.0	13.5	122.8
	崇武	13.6	12.9	10.1	6.2	3.9	1.5	2.4	3.4	6.3	13.2	15.5	14.0	103.0
	南麂	17.5	18.3	19.0	14.4	11.8	10.6	12.7	8.3	12.6	17.7	17.8	17.7	178.4
	东山	13.9	14.9	14.5	8.1	6.6	4.0	3.5	5.4	14.1	16.3	15.4		120.3
	上川岛	3.7	2.5	2.1	1.7	1.9	1.6	2.7	2.9	3.4	4.3	3.1	3.8	33.7
	涠洲岛	3.5	3.6	2.8	2.8	3.4	4.2	4.4	2.6	3.2	3.1	2.9		38.3
	西沙	4.1	1.7	1.3	1.3	1.4	2.1	3.0	3.0	4.1	6.7	5.6	6.2	41.2
	珊瑚岛	4.8	3.5	1.2	1.2	0.7	0.8	1.7	2.3	4.5	5.5	10.8	8.0	45.0
	永暑岛	0.7	2.3	0.0	0.3	1.0	10.0	8.0	10.0	5.3	5.7	7.3	4.0	54.6

2. 东海

东海纵跨温带和亚热带，冬季受大陆高压影响，以偏北大风为主，平均风速可达 9～10m/s；南部海区以东北风为主，尤其是台湾海峡，风向稳定，风速也较大。冬季寒潮南下之时，在冷锋过境之后，常出现 6～8 级偏北风，并伴有明显降温。冬、春季在台湾省以东、以北的海面，形成的温带气旋，常出现偏北大风。夏季以偏南风为主，平均风速仅 5～6m/s，其间热带气旋却往往取道东海而北上。据统计，1949—1969 年间，有 154 个热带气旋通过东海，约占中国近海热带气旋总数的 1/4。平均而言，每年有 5～6 个台风或强台风通过东海，有的年份多达 14 个。以 6—9 月间台风最为频繁，春、秋也间有过境者。台风过境时，可出现风速极值；台风常伴有风暴潮，浙江、福建、台湾三省沿岸常受风暴潮而造成较大损失。台风增水再遇天文大潮，则增水更甚。如 1990 年 18 号台风，使温州海洋站增水达 2.41m，最高潮位达 6.63m；1996 年 8 号台风使平潭验潮站出现了千年一遇的特高高潮位。

　　东海大风带在浙江沿岸，舟山群岛以及台湾海峡、东海西北部大风的日数为 120～140 天，台湾海峡为 100～120 天，琉球群岛附近为 10～40 天。该海域代表性地点的沿海大风日数统计如表 1-2 所示。东海沿岸最大风速可达 38～41m/s，该海域不同测站的极大风速如表 1-3 所示。

表 1-3　中国沿海最大风速极值统计（10min 平均风速极值）[17]

海区	站名	风速/(m·s⁻¹)	风向	出现时间
黄渤海沿岸	砣矶岛	40.0	NE，NNE	1964-04-05
	成山角	10.0	N	1972-09-28
	大连	34.0	N	1962-04-05
	塘沽	30.0	NW	1972-12-11
	北隍城岛	40.0	N，NNE	1964-04-05
	青岛	34.0	WNW	1964-04-05
东海沿岸	上海	38.3	E	1915-07-28
	嵊泗	41.7	NNW	1977-09-10
	石浦	40.0	ENE	1979-08-24
	坎门	40.0	NE	1963-09-11
	三沙	38.0	NE	1966-03
	厦门	38.0	ESE	1959-08-23
南海沿岸	汕头	34.0	ENE	1969-07-28
	汕尾	45.0	E	1970-08-02
	涠洲岛	40.0	SE	1973-09-07
	琼海	48.0	—	1973-09-12
	西沙	45.0	SSE	1983-07-03

3. 南海

　　南海位于热带，又属典型的季风气候区。每年 9 月前后，东北季风到达台湾海峡；11 月至翌年 4 月，全海区均由东北季风所控制。4 月于马六甲海峡开始出现西南季风，至 6 月可遍及全海区，而 7—8 月为最盛期。南海的大部分海域，东北季风以 11 月最大，多为 4～5 级，有时可达 6～7 级，大风区在南海北部、巴士海峡及南沙群岛以西海域，西南季风风力一般较小，多在 4 级以下。然而在海南岛西部莺歌海，全年却以春季风较大，4 月平均风速为 5.5m/s；最小在 12 月，仅为 3.4m/s。南海年平均大风日数比渤海、黄海、东海都少，越南近海为 50 天，西沙群岛附近为 40 天左右，南沙群岛西北部较多约为 50 天；粤东沿海靠近台湾海峡的区域，大风日数较多，有的可达 100 天。该海域代表性地点的沿海大风日数统计如表 1-2 所示。南海沿岸最大风速可达 34～38m/s，该海域不同测站的极大风速见表 1-3。

　　南海主要的灾害天气是台风。每年平均有 10 个左右的台风和强热带风暴活动于南海海域。多时如 1964 年，达 18 个；少时如 1954 年，只有 4 个。约有半数台风来自于菲律

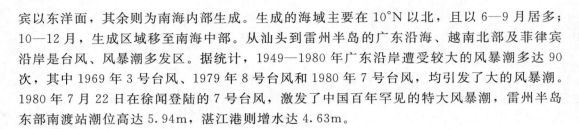

宾以东洋面，其余则为南海内部生成。生成的海域主要在 10°N 以北，且以 6—9 月居多；10—12 月，生成区域移至南海中部。从汕头到雷州半岛的广东沿海、越南北部及菲律宾沿岸是台风、风暴潮多发区。据统计，1949—1980 年广东沿岸遭受较大的风暴潮多达 90 次，其中 1969 年 3 号台风、1979 年 8 号台风和 1980 年 7 号台风，均引发了大的风暴潮。1980 年 7 月 22 日在徐闻登陆的 7 号台风，激发了中国百年罕见的特大风暴潮，雷州半岛东部南渡站潮位高达 5.94m，湛江港则增水达 4.63m。

1.2.4 海上测风要求

为了正确评价拟选风力发电场的风能资源情况，取得代表性风速风向资料，了解不同高度风速、风向变化特点，必须进行实地测风。海上风电场除应进行长期风能资源测量外，全潮水文观测期间还应进行短期风速、风向测量，测量位置根据水文测量要求确定。

为加强风电场风能资源测量和评估技术管理，统一和规范工作内容、方法和技术要求，提高工作成果质量，根据国家标准《风电场风能资源测量方法》（GB/T 18709—2002）和 GB/T 18710—2002，制定了《风电场风能资源测量和评估技术规定》。2012 年水电水利规划设计总院主编了《海上风电场风能资源测量及海洋水文观测规范》。下面综合介绍上述规定或规范对于海上测风的相关要求。

1. 测风塔布置要求

测风塔安装位置应具有代表性。测风塔布置至少应满足两方面的要求：①测风塔安装点应在风电场中具有代表性，且必须在海上风电场范围内；②测风塔安装点靠近障碍物如海上结构物或建筑物等对分析风况有负面影响，选择安装点时应尽量远离障碍物。如果无法避开，则要求测风点距离障碍物的距离大于 30 倍障碍物的高度。

测风塔数量应满足风电场风能资源评价的要求，单个风电场的测风塔不少于 1 座，具体数量依据风电场场址形状和范围确定。潮间带及潮下带滩涂风电场的测风塔控制半径不超过 5km，其他海上风电场应不超过 10km。测风塔布置应兼顾平行与垂直海岸线两个方向的风能资源变化情况。

以平均海平面为起算基准面，测风塔的测量高度应高于风力发电机组轮毂高度，风电场范围内至少有 1 座测风塔测量高度不低于 100m。对于高度 100m 的测风塔，应在 10m、50m、60m、70m、80m、90m 和 100m 高度分别安装风速仪测量风速，其中 10m、60m、80m 和 100m 高度处应安装两套。在测风塔 10m、60m、80m 和 100m 高度分别安装两套独立的风向标。在 10m 高度附近安装气压计和温度计测量气压和温度，条件允许时在塔顶同步安装温度传感器。在 10m 高度设置仪器时，应避免波浪的影响，可根据具体情况适当提高。其他高度的测风塔在设置测量高度时参照上述 100m 测风塔和预装风力发电机组轮毂高度综合确定。

2. 测量参数要求

测量参数包括 4 类，分别为风速参数、风向参数、温度参数和大气压力参数。各参数的测量要求如下：

（1）风速参数采样时间间隔应不大于 3s，并自动计算和记录每 10min 的平均风速，每 10min 的风速标准偏差，每 10min 内极大风速及其对应的时间和方向，单位为 m/s。

（2）风向参数采样时间间隔应不大于 3s，并自动计算和记录每 10min 的风向值。风向采用度（°）来表示。

（3）温度参数应每 10min 采样一次并记录，单位为℃。条件允许时，宜采用温差测量装置同步测量测风塔温度梯度。

（4）大气压力参数应每 10min 采样一次并记录，单位为 kPa。

大气压与空气温度二者可用于确定空气密度，空气密度是估算风功率密度和风力发电机组功率输出所需的基本参数之一。

3. 数据收集要求

除了测风塔测风外，还应收集临近气象站、海洋站等长期测站的测风数据。在收集长期测站的测风数据时应对站址现状和过去的变化情况进行考察，包括观测记录数据的测风仪型号、安装高度和周围障碍物情况，以及建站以来站址、测风仪器及其安装位置、周围环境变动的时间和情况等。

应长期收集测站的相关数据：有代表性的连续 30 年的逐年平均风速和各月平均风速；与风场测站同期的逐小时风速和风向数据；累年平均气温和气压数据；建站以来记录到的最大风速；极大风速及其发生的时间和风向等。

测风塔现场测风数据包括风场的风速、风向、气温、气压和标准偏差的实测时间序列数据，极大风速及其风向。测量收集数据应至少连续进行两年，并保证采集的有效数据完整率达到 90% 以上。在无线信号覆盖海域范围，数据收集应尽量采用每日定时无线传输；在无线信号不能覆盖的海域范围，可考虑采用卫星数据传输或其他方法。数据收集的时段最长不宜超过 3 个月，收集的测量数据应作为原始资料正本保存，用复制件进行数据分析和整理。

为了有效控制数据收集质量，在测风过程中需要填写针对性的记录表格，相关记录要求有以下方面：

（1）应将现场的各种有用信息汇总成现场信息记录表，如表 1-4 所示。

（2）对所有的测风设备，均应画一张设备安装示意图表，以标明其具体安装方位，如表 1-5 所示。

（3）每次现场采集数据或检修，均应填写现场检测执行记录表。

（4）对每次设备出现的问题应进行分析，研究提出解决的办法，并采取相应的措施进行检修，并填写问题记录表，如表 1-6 所示。

（5）将每次的数据文件记录汇总成表，如表 1-7 所示。

4. 数据整理要求

数据收集完成后需要进行数据整理工作，数据整理包括对数据的验证和订正。数据验证是检查风场测风获得的原始数据，对其完整性和合理性进行判断，检验出不合理的数据和缺测的数据，经过处理，整理出至少连续一年完整的风场逐小时测风数据。数据订正是根据风场附近长期测站（气象站或海洋站）的观测数据，将验证后的风场测风数据订正为一套反映风场长期平均水平的代表性数据，即风场测风高度上代表年的逐小时风速风向数据。

数据验证包括完整性检验和合理性检验。进行完整性检验时，数据数量应等于预期记录的数据数量，数据的时间顺序应符合预期的开始、结束时间，中间应连续。合理性检验包括范围检验、相关性检验和趋势检验。对于不合理数据和缺测数据：检验后列出所有不合理的数据和缺测的数据及其发生的时间；对不合理数据再次进行判别，挑出符合实际情况的有效数据，回归原始数据组；将备用的或经相关分析，相关系数大于等于 80% 的可供参考的传感器同期记录数据，替换已确认为无效的数据或填补缺测的数据。如果没有同期记录的数据，则应向有经验的专家咨询。

数据订正时附近气象站、海洋站等长期测站只有具备下列条件时才可将风场短期数据订正为长期数据，需满足的条件包括同期测风结果的相关性较好、具有 30 年以上规范的测风记录，距离风场比较近。

表 1-4　现 场 信 息 记 录 表

测风塔信息（1 个测风塔对应 1 张表）							
场址名称					安装日期		
测风塔编号					磁偏角		
纬度					盛行风向		
经度					塔高/m		
水深/m					承台高度/m		

测风设备配置（1 个测风数据记录器对应 1 张表）数据记录器编号：　　　　测风塔编号：

设备类型	高度	序列号	斜率	偏差	端口	备注
			×××	×××	×××	
					计数器 1	
					计数器 2	
					计数器 3	
					计数器 4	
					计数器 5	
					计数器 6	
					模拟量 1	
					模拟量 2	
					模拟量 3	
					模拟量 4	
					模拟量 5	
					模拟量 6	

联系信息（1 个风电场对应 1 张表）

测风单位			
项目负责人			
现场技术人员			
数据收集人			

地址：　　　　　　电话：　　　　　　电子邮箱：

表 1-5 设备配置及安装图表

场址名称：_____ 测风塔编号：_____ 日期：_____ 图例（"N"指正北） 塔架： ○ 拉线： —— 传感器支架： —— 风速计： ⊗ 风向标： →· 天线： ┼┼┼ 其他（标记）： ● ● ·	磁偏角和主导风向
传感器高度:50m 传感器类型:风速仪 系列号:××× ⊗	传感器高度:50m 传感器类型:风向标 系列号:×××

注：对每一个传感器，均应画一张安装示意图，以标明具体安装方位。

表 1-6 问题记录表

问题：

1 _____

2 _____

3 _____

　　发现问题人员姓名：_____ 日期：_____

核实问题：

1 _____

2 _____

3 _____

　　核实问题人员姓名：_____ 日期：_____

采取的措施：

1 _____

2 _____

3 _____

　　执行人员姓名：_____ 日期：_____

验证解决措施：

1 _____

2 _____

3 _____

　　验证人员姓名：_____ 日期：_____

　　测风负责人姓名：_____ 日期：_____

表 1 - 7　数 据 文 件 记 录 表

场址名称：

测风塔编号：　　　　　　数据记录器编号：　　　　　　安装日期：

定期数据 采集日期	数据传 送日期	原始数据文件 名称（二进制）	原始数据文件 名称（ASCII）	文件时间 范围	数据盘 存档日期	数据检验	注解/问题 报告/建议等

填表人：　　　　　　　　　　　　日期：

项目负责人：　　　　　　　　　　日期：

（1）将风场短期测风数据订正为代表年风况数据的方法如下：

1）作风场测站与对应年份的长期测站各风向象限的风速相关曲线。某一风向象限内风速相关曲线的具体做法是建一直角坐标系，横坐标轴为长期测站风速，纵坐标轴为风场测站的风速。取风场测站在该象限内的某一风速值（某一风速值在一个风向象限内一般有许多个，分别出现在不同时刻）为纵坐标，找出长期测站各对应时刻的风速值（这些风速值不一定相同，风向也不一定与风场测站相对应），求其平均值作为横坐标即可定出相关曲线的一个点。对风场测站在该象限内的其余每一个风速重复上述过程，就可作出这一象限内的风速相关曲线。对其余各象限重复上述过程，可获得 16 个风场测站与长期测站的风速相关曲线。

2）对每个风速相关曲线，在横坐标轴上标明长期测站多年的年平均风速，以及与风场测站观测同期的长期测站的年平均风速，然后在纵坐标轴上找到对应的风场测站的两个风速值，并求出这两个风速值的代数差值（共有 16 个代数差值）。

3）风场测站数据的各个风向象限内的每个风速都加上对应的风速代数差值，即可获得订正后的风场测站风速风向资料。

（2）测风塔测风数据整理需要符合以下规定：

1）不得对现场采集的原始数据进行任何的删改或增减，并应及时对下载数据进行复制和整理。

2）每次收集数据后应对收集的数据进行初步判断：①判断数据是否在合理的范围内；②判断不同高度的测量记录相关性是否合理；③判断测量参数连续变化趋势是否合理。判断参考值如表 1 - 8 所示。

3）发现数据缺漏和失真时，应立即认真检查测风设备，及时进行设备检修或更换，并应对缺漏和失真数据说明原因。

4）经整理形成现场测量逐 10min 原始数据报告，具体格式（示例）如表 1 - 9 所示。

5）经整理形成现场测量逐小时原始数据与极大风速数据报告，具体格式（示例）如表 1 - 10 所示。

6）将所有未经修改的原始测风数据记录和质量控制记录整理汇总到一起。

表 1-8 主 要 参 数 的 参 考 值

主要参数的合理范围参考值	
主要参数	合理范围
平均风速（小时平均值）	0～40m/s
风向（小时平均值）	0°～360°
平均气压（平均海平面，小时平均值）	94～106kPa
主要参数的合理相关性参考值	
主要参数	合理相关性
100m/30m 高度小时平均风速差值	＜7.0m/s
80m/30m 高度小时平均风速差值	＜5.0m/s
100m/30m 高度风向差值	＜22.5°
主要参数的合理变化趋势参考值	
主要参数	合理变化趋势
1h 平均风速变化	＜6m/s
1h 平均温度变化	＜5℃
3h 平均气压变化	＜1kPa

注：各地气候条件和风况变化很大，表中所列参数范围供检验时参考；当数据超出所列范围时应根据当地风况特点加以分析判断。

表 1-9 现场测量逐 10min 原始数据报告格式（示例）

报告日期：××××年×月×日

风场名称	×××		测风塔编号	××-02
风场地点	××省××县××			
测风塔位置	E×°×′×″，N×°×′×″		海拔/m	××××
测风数据开始日期时间	2008 年 7 月 1 日 0 时 0 分 0 秒		数据完整率/%	××
测风数据截止日期时间	2010 年 6 月 30 日 23 时 59 分 59 秒			

参数—代号	风速—V	风速标准偏差—S	风向—D	温度—T	气压—P	高度代号			
单位	m/s	m/s	(°)	℃	kPa	a	b	c	d
测量高度	a，b，c，d					100m	80m	30m	20m

日期	时间	V_a	S_a	10min极大风速	极大风速对应风向	极大风速对应时间	V_b	S_b	10min极大风速	极大风速对应风向	极大风速对应时间	V_c	S_c	10min极大风速	极大风速对应风向	极大风速对应时间	D_a	D_b	D_c	T_d	P_d
080701	00;00	12.4	1.61	13.5	290	00;03	11.8	1.42	12.5	290	00;03	9.8	1.08	10.5	290	00;03	292	289	288	13.4	81.2
080701	00;10	12.7	1.78	14.1	294	00;14	11.8	1.42	12.5	297	00;14	10.2	1.33	11.5	297	00;14	296	294	295	13.2	81.2
⋮	⋮	⋮	⋮	⋮	⋮	⋮	⋮	⋮	⋮	⋮	⋮	⋮	⋮	⋮	⋮	⋮	⋮	⋮	⋮	⋮	⋮
100630	23;40	8.8	1.41	9.0	310	23;42	8.2	1.39	8.5	310	23;42	7.0	1.19	8.0	310	23;42	305	307	306	15.2	81.1
100630	23;50	8.5	1.62	8.7	300	23;55	7.8	1.48	8.2	303	23;55	6.7	1.21	7.5	303	23;55	302	304	305	14.9	81.1

表 1－10　现场测量逐小时原始数据与极大风速数据报告格式（示例）

报告日期：××××年××月××日											

风场名称	×××	测风塔编号	××－02
风场位置	E×°×′×″～×°×′×″，N×°×′×″～×°×′×″		
测风塔位置	E×°×′×″，N×°×′×″	海拔/m	××××
测风数据开始日期时间	2008 年 7 月 1 日 0 时	数据完整率/%	××
测风数据截止日期时间	2010 年 6 月 30 日 23 时		

参数—代号	风速—V	湍流强度—I_T	风向—D	温度—T	气压—P	高度代号				高度/m	极大风速/(m·s⁻¹)	风向/(°)	发生时间（年-月-日 时:分）
						a	b	c	d	100	28.3	318	2009－02－26 10:03
单位	m/s	—	(°)	℃	kPa	100m	80m	60m	20m	80	26.7	318	2009－02－26 10:03
测量高度	a,b,c	a,b,c	a,b,c	d	d					30	24.3	318	2009－02－26 10:03

日期	时间	V_a	V_b	V_c	I_{Ta}	I_{Tb}	I_{Tc}	D_a	D_b	D_c	T_d	P_d
080701	00	12.4	11.8	9.8	0.13	0.14	0.15	292	289	288	13.4	81.2
080701	01	12.7	11.8	10.2	0.14	0.13	0.14	296	294	295	13.2	81.2
⋮	⋮	⋮	⋮	⋮	⋮	⋮	⋮	⋮	⋮	⋮	⋮	⋮
100630	22	8.8	8.2	7.0	0.16	0.16	0.17	305	307	306	15.2	81.1
100630	23	8.5	7.8	6.7	0.17	0.18	0.18	302	304	305	14.9	81.1

其中表 1－9 和表 1－10 仅为示例，实际应根据测风塔设置情况进行相应调整。

1.3　测风数据处理与风能资源评估

风能资源评估是风电资源开发的前提，是风电场建设的关键。评估的目的主要是摸清风能资源，为确定风电场的装机容量和风力发电机组选型及布置等提供依据，便于对整个项目进行经济技术评价[18]。当测风数据完成验证工作后应进行测风数据的处理，方能实施风能资源评估。本节首先介绍测风数据分析和风能分析，然后介绍风能资源评估的相关内容。

1.3.1　测风数据分析

风能资源统计分析时，对采集的测风数据需要进行恰当的数据分析和统计处理。测风数据分析时应确定主要变量，包括平均风速、风速分布模型、风切变参数和湍流强度。

1. 风速分布

按照数理统计对数据的处理方式，风速均值 $\bar{v}_m$ 可计算为

$$\bar{v}_m = \frac{1}{n} \sum_{i=1}^{n} v_i \tag{1-3}$$

式中　v_i——风速观测序列，m/s；

　　　n——平均风速计算时段内风速序列个数。

采用式（1-3）进行平均风速计算时，基于平均风速求得的平均风功率与各风速下平

均风功率的平均值偏差较大。在进行风能分析时,风功率与风速的 3 次方相关,直接由平均风速求平均风功率会产生误差传递,因此也可以采用另一种方式计算平均风速,即

$$\bar{v}_{m} = \left(\frac{1}{n} \sum_{i=1}^{n} v_i^3 \right)^{\frac{1}{3}} \qquad (1-4)$$

除了确定风速在一定时间段内的平均值外,风速的分布也是风资源评估的关键因素。处于两种平均风速下的同一型号风力发电机组,可能会产生完全不同的能量输出。因此除了平均风速外,还应考虑风速变化的量度,即标准偏差。当求得平均风速后,风速的标准偏差 σ_v 求解为

$$\sigma_v = \sqrt{\frac{1}{n} \sum_{i=1}^{n} (v_i - \bar{v}_m)^2} \qquad (1-5)$$

在测风数据处理时,通常按照不同的风速分布范围来统计风频分布的小时数。若以风频分布的形式来描述风速,平均风速和其标准偏差可分别来计算[19],即

$$\bar{v}_{m} = \left[\frac{\frac{1}{n} \sum_{i=1}^{n} f_i v_i^3}{\sum_{i=1}^{n} f_i} \right]^{\frac{1}{3}} \qquad (1-6)$$

$$\sigma_v = \sqrt{\frac{\frac{1}{n} \sum_{i=1}^{n} f_i (v_i - \bar{v}_m)^2}{\sum_{i=1}^{n} f_i}} \qquad (1-7)$$

式中　f_i——某一风速段的频率;

　　　v_i——各段风速范围的中间值,m/s。

以风速为横坐标,小时数为纵坐标,以 1m/s 为一个风速区间,统计代表年测风序列中每个风速区间内风速出现的频率,可以绘制各段风速频率柱状图。连接各柱状图顶部中点可形成近似的曲线,该曲线为风速频率分布模式。可采用标准的统计函数来模拟,一般多采用威布尔分布函数。威布尔分布的概率密度函数为[20]

$$f(v) = \frac{k}{c} \left(\frac{v}{c} \right)^{k-1} e^{-(v/c)^k} \qquad (1-8)$$

式中　v——风速,m/s;

　　　k——形状参数;

　　　c——尺度参数。

风速均值 $\bar{v}_m$ 和威布尔分布的两个参数(形状参数与尺度参数)存在关系式为

$$\bar{v}_m = c\Gamma \left(1 + \frac{1}{k} \right) \qquad (1-9)$$

式中　Γ——伽马函数。

风速标准偏差 σ_v 和威布尔分布的两个参数存在关系式为

$$\sigma_v = c \left[\Gamma \left(1 + \frac{2}{k} \right) - \Gamma^2 \left(1 + \frac{1}{k} \right) \right]^{\frac{1}{2}} \qquad (1-10)$$

根据测风的风频分布结果，可以确定风场对应的威布尔分布的形状参数和尺度参数。常用的分析方法包括图表法、标准差法、最小二乘法、矩法、最大似然法和能量模式因子法等。国家发改委 2004 年颁布的《全国风能资源评价技术规定》推荐采用标准差法来求解。

根据式（1-9）和式（1-10）可以得到关系式为

$$\left(\frac{\sigma_\mathrm{v}}{\bar{v}_\mathrm{m}}\right)^2 = \frac{\Gamma\left(1+\dfrac{2}{k}\right)}{\Gamma^2\left(1+\dfrac{1}{k}\right)} - 1 \tag{1-11}$$

基于测风数据，由式（1-6）和式（1-7）求得风速均值 $\bar{v}_\mathrm{m}$ 和风速标准偏差 σ_v，一般应通过数值方法求解式（1-11）得到形状参数 k。也可以近似估计为

$$k = \left(\frac{\sigma_\mathrm{v}}{\bar{v}_\mathrm{m}}\right)^{-1.086} \tag{1-12}$$

求得形状参数 k 后，根据式（1-9）可求得尺度参数 c，即

$$c = \frac{\bar{v}_\mathrm{m}}{\Gamma\left(1+\dfrac{1}{k}\right)} \tag{1-13}$$

除了按上述方法确定风速的量值分布外，还需要确定风向频率。根据风向观测资料，按 16 个方位统计观测时段内（年、月）各风向出现的小时数，除以总的观测小时数即为各风向频率。

2. 风湍流强度

风湍流表示的是 10min 平均风速的随机变化。湍流模型包括风速变化、风向变化和风切变，对于海上测风塔而言最关键的是风速变化模型。风能资源评估中采用的湍流指标是水平风速的标准偏差，再根据相同时段的平均风速计算出湍流强度。

10min 湍流强度计算为

$$I_\mathrm{T} = \frac{\sigma}{v} \tag{1-14}$$

式中 σ——10min 风速标准偏差，m/s；

v——10min 平均风速，m/s。

逐小时湍流强度是以 1h 内最大的 10min 湍流强度作为该小时的代表值。对于有风速脉动观测记录的测点，计算其湍流强度为

$$I_\mathrm{T} = \frac{\sqrt{u'^2}}{v} \tag{1-15}$$

式中 u'——脉动风速值（采样时间间隔≤3s）。

1.3.2 风能分析

海上测风塔测风是为了风电场开发所用，根据测风数据评价风能潜力时，常用的指标是一段时期内风功率密度和风中可开发利用的能量。

1. 风功率密度

风功率密度是指与风向垂直的单位面积中风所具有的功率（单位时间内的能量），数值取自测风采集给定时间周期内的平均值。

设定时段的平均风功率密度表达式为

$$D_{wp} = \frac{1}{2n} \sum_{i=1}^{n} \rho v_i^3 \qquad (1-16)$$

式中　n——在设定时段内的记录数；

　　　ρ——空气密度，kg/m³；

　　　v_i——第 i 段记录的风速，m/s。

平均风功率密度的计算应是设定时段内逐小时风功率密度的平均值，不可用年（或月）平均风速计算年（或月）平均风功率密度。式（1-16）中 D_{wp} 计算采用的空气密度 ρ 必须是当地年平均计算值，它取决于大气温度和压力。

如果风场测风有压力和温度的记录，则空气密度计算为

$$\rho = \frac{P}{RT} \qquad (1-17)$$

式中　ρ——空气密度，kg/m³；

　　　P——年平均大气压力，Pa；

　　　R——气体常数，287J/(kg·K)；

　　　T——年平均空气开氏温标绝对温度。

如果没有风场大气压力的实测值，空气密度可以作为海拔高度（z）和温度（T）的函数，计算出估计值为

$$\rho = (353.05/T)e^{-0.034(z/T)} \qquad (1-18)$$

式中　ρ——空气密度，kg/m³；

　　　z——风场的海拔高度，m；

　　　T——年平均空气开氏温标绝对温度，K。

2. 风能密度

风能密度是气流在有效时段内垂直通过单位面积的风能，将风功率密度与时间参数相乘便可得到风能密度。在计算风能密度之前首先应确定风能可利用时间 t。

将式（1-8）表示的威布尔分布概率密度函数以 $f(v)$ 来表示，在计算风能时可利用的时间计算[21]为

$$t = N \int_{v_1}^{v_2} f(v) dv \qquad (1-19)$$

式中　N——统计时段内总时间，h；

　　　v_1——风力发电机切入风速，m/s；

　　　v_2——风力发电机切出风速，m/s。

将式（1-8）代入式（1-19）并进行积分后可得

$$t = N \left[e^{-\left(\frac{v_1}{c}\right)^k} - e^{-\left(\frac{v_2}{c}\right)^k} \right] \qquad (1-20)$$

风能密度表达式为

$$D_{WE} = \frac{1}{2} \sum_{j=1}^{m} \rho v_j^3 t_j \qquad (1-21)$$

式中　D_{WE}——风能密度，$W \cdot h/m^2$；

　　　m——风速区间数目；

　　　ρ——空气密度，kg/m^3；

　　　v_j^3——第 j 个风速区间的风速（m/s）值的立方；

　　　t_j——某扇区或全方位第 j 个风速区间的风速发生的时间，h。

除了确定风能密度量值外，还应确定风能方向频率。根据风速、风向逐时观测资料，按不同方位（16 个方位）统计计算各方向具有的能量，其与总能量之比作为该方向的风能频率。例如，计算年风能方向频率，即

$$F_{东} = \frac{\dfrac{1}{2}\rho \sum_{i=1}^{m} v_i^3}{\dfrac{1}{2}\rho \sum_{j=1}^{n} v_j^3} \qquad (1-22)$$

式中　$F_{东}$——一年内东风所具有的能量占总能量的比值；

　　　m——风向为东风的小时数；

　　　n——年小时数，平年时 $n=8760$，闰年时 $n=8784$。

1.3.3　风能资源评估

1. 评估的参考判据

根据数据处理形成的各种参数，对风电场风能资源进行评估，以判断风电场是否具有开发价值。

风功率密度蕴含风速、风速频率分布和空气密度的影响，是风电场风能资源的综合指标。风功率密度等级在国标"风电场风能资源评估方法"中给出了 7 个级别，具体参数如表 1-11 所示。使用时，应注意表 1-11 中风速参考值依据的标准条件与风场实际条件的差异，风功率密度等级达到或超过 3 级风况的风电场才有开发价值。

表 1-11　风功率密度等级表[20]

风功率密度等级	10m 高度		30m 高度		50m 高度		应用于并网风力发电
	风功率密度/(W·m⁻²)	年平均风速参考值/(m·s⁻¹)	风功率密度/(W·m⁻²)	年平均风速参考值/(m·s⁻¹)	风功率密度/(W·m⁻²)	年平均风速参考值/(m·s⁻¹)	
1	<100	4.4	<160	5.1	<200	5.6	
2	100~150	5.1	160~240	5.9	200~300	6.4	
3	150~200	5.6	240~320	6.5	300~400	7.0	较好
4	200~250	6.0	320~400	7.0	400~500	7.5	好
5	250~300	6.4	400~480	7.4	500~600	8.0	很好
6	300~400	7.0	480~640	8.2	600~800	8.8	很好
7	400~1000	9.4	640~1600	11.0	800~2000	11.9	很好

　　注：1. 不同高度的年平均风速参考值是按风切变指数为 1/7 推算的。

　　　　2. 与风功率密度上限值对应的年平均风速参考值，按海平面标准大气压及风速频率符合瑞利分布的情况推算。

对于"风向频率及风能密度的方向分布"，风电场内风力发电机组位置的排列取决于风能密度的方向分布。在风能玫瑰图上最好有一个明显的主导风向，或两个方向接近相反的主风向。

对于"风速的日变化和年变化"，用各月的风速（或风功率密度）日变化曲线图和全年的风速（或风功率密度）日变化曲线图，与当地同期的电网日负荷曲线对比；风速（或风功率密度）年变化曲线图，与当地同期的电网年负荷曲线对比，两者相一致或接近的部分越多越好，表明风电场发电量与当地负荷相匹配，风电场输出电力的变化接近负荷需求的变化。

对于"湍流强度"，风电场的湍流特征很重要，因为它对风力发电机组性能和寿命有直接影响，当湍流强度大时，会减少输出功率，还可能引起极端荷载，最终削弱和破坏风力发电机组。湍流强度 I_T 值不大于 0.12 表示湍流相对较小；中等程度湍流的 I_T 值为 0.12～0.16；I_T 值大于 0.16 表明湍流过大[22]。对风电场而言，湍流强度 I_T 值不宜超过 0.16。

对于"发电量初步估算"，根据当地风能资源情况，选择当前成熟的机型初步估算风电场发电量。在扣除空气密度影响、湍流影响、尾流影响、叶片污染、风力发电机组可利用率、场用电和线损、气候影响停机等各种损耗后，风电场年等效满负荷小时数应结合标杆电价核算后若满足投资收益要求才具备较好的开发价值。

对于"其他气象因素"，特殊的天气条件要对风力发电机组提出特殊的要求，会增加成本和运行的困难，如最大风速超过 40m/s 或极大风速超过 60m/s；气温低于−20℃；积雪、积冰；雷暴、盐雾或高温等。

应按照以上主要参数和参考判据，对风电场的风能资源做出综合性评估，并编写风能资源评估报告。

鉴于风资源评估的复杂性和计算量级，一般需要借助于数值分析软件方能完成。目前国际上开发了 WAsP、WindFarmer、WindPRO、WindSIM 等多种软件[13]。每一类软件各有所长，在进行风资源评估时可以充分利用这些软件工具。

2. 风况图

按照本节相关方法处理好的各种风况参数绘制成风况图。风况图按适用周期主要分为年风况和月风况两大类。下面以我国福建某海上风电场风能资源分析成果为例来进行说明。

（1）年风况主要包含以下图形：

1）全年的风速和风功率密度日变化曲线图，如图 1−6 所示。

2）风速和风功率密度年变化曲线图，如图 1−7 所示。

3）全年的风速和风能密度分布直方图，如图 1−8 所示。

4）全年的风向和风能玫瑰图，如图 1−9 所示。

（2）月风况主要包含以下图形：

1）各月风速和风功率日变化曲线图。

2）各月风向和风能玫瑰图，如图 1−10、图 1−11 所示。

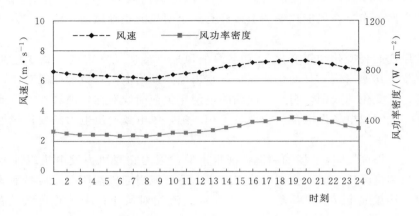

图 1-6　全年的风速和风功率密度日变化曲线

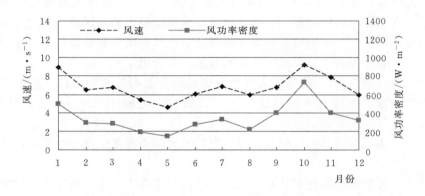

图 1-7　风速和风功率密度年变化曲线

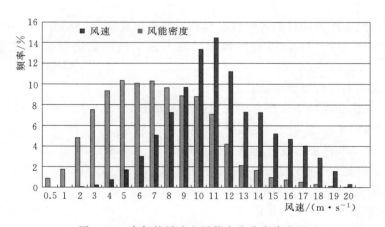

图 1-8　全年的风速和风能密度分布直方图

风电场 85m 高度风向频率玫瑰图　　　风电场 85m 高度风能频率玫瑰图

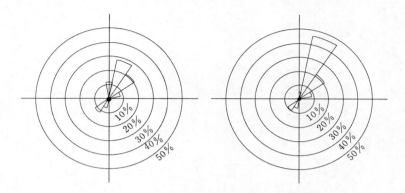

图 1-9　全年的风向和风能玫瑰图

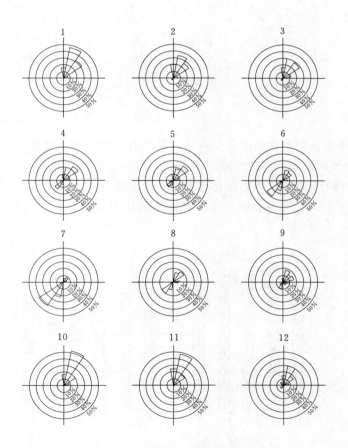

图 1-10　各月风向玫瑰图

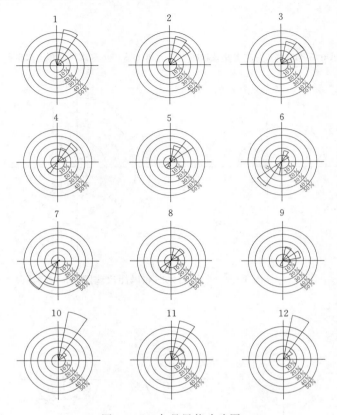

图 1-11 各月风能玫瑰图

（3）此外，相关长期测站风况也要进行风况图表绘制，主要包括：

1）与风场测风塔同期的风速年变化直方图，示例如图 1-12 所示。

2）连续 20～30 年的风速年际变化直方图，示例如图 1-13 所示。

图 1-12 和图 1-13 仅为示例，并不隶属于前述福建某海上风电场的风能资源分析成果。

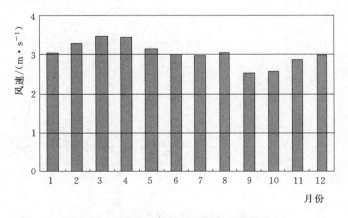

图 1-12 相关长期测站风速年变化直方图

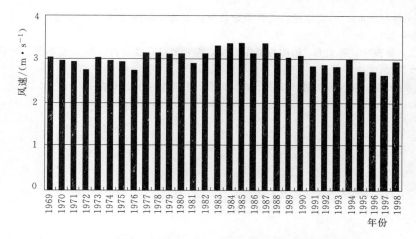

图 1-13　相关长期测站连续 20～30 年风速年际变化直方图

参 考 文 献

［1］中国气象局风能太阳能资源评估中心. 中国风能资源的详查和评估［J］. 风能，2011（8）：26-30.

［2］李赫，齐文静，曹春雨，等. 中国毗邻海域海上风能资源分析［J］. 青岛大学学报（自然科学版），2014，27（4）：31-34.

［3］刘林，葛旭波，张义斌，等. 我国海上风电发展现状及分析［J］. 能源技术经济，2012，24（3）：66-72.

［4］伯云台. 海上风能资源估算与发展对策研究［D］. 青岛：中国海洋大学，2014.

［5］吴佳梁，李成锋. 海上风力发电技术［M］. 北京：化学工业出版社，2010.

［6］王泽林，TAN Shuangpeng. 从国际海洋法的视角看海上风力发电的环境影响［J］. 中国海洋法学评论，2008（2）：90-99.

［7］中国经营报. 海上风电困境调查：南网 42 亿元项目卡壳环评［N/OL］.［2015-10-17］. http://money.163.com/15/1017/08/B647230Q00253B0H.html.

［8］曾一非. 海洋工程环境［M］. 上海：上海交通大学出版社，2007.

［9］南通网. 龙源江苏如东海上示范风电场二期工程年底完工［N/OL］.［2012-11-15］. http://www.zgnt.net/content/2012-11/15/content_2120450_6.htm.

［10］山东电力工程咨询院有限公司. 莱州海上测风塔建成投运［N/OL］.［2012-08-30］. http://www.sdepci.com/art/2012/8/30/art_754_26181.html.

［11］周海，匡礼勇，程序，等. 测风塔在风能资源开发利用中的应用研究［J］. 水电自动化与大坝监测，2010，34（5）：5-8.

［12］孙意卿. 海洋工程环境条件及其荷载［M］. 上海：上海交通大学出版社，1989.

［13］高虎，刘薇，王艳，等. 中国风资源测量和评估实务［M］. 北京：化学工业出版社，2009.

［14］王超. 海洋工程环境［M］. 天津：天津大学出版社，1993.

［15］蒋德才，刘百桥，韩树宗. 工程环境海洋学［M］. 北京：海洋出版社，2005.

［16］阎俊岳. 中国近海气候［M］. 北京：科学出版社，1993.

［17］孙湘平，姚静娴，黄而畅，等. 中国沿岸海洋水文气象概况［M］. 北京：科学出版社，1981.

［18］刘焕彬，董旭光. 风电场风能资源评估综述［C］//中国气象学会. 中国气象学会 2007 年年会气候学分会场论文集. 广州：［出版者不详］，2007.

［19］ Sathyajith Mathew. 风能原理、风资源分析及风电场经济性 ［M］. 许锋飞，译. 北京：机械工业出版社，2011.

［20］ 胡毓仁，李典庆，陈伯真. 船舶与海洋工程结构疲劳可靠性分析 ［M］. 哈尔滨：哈尔滨工程大学出版社，2010.

［21］ 许昌，钟淋涓. 风电场规划与设计 ［M］. 北京：中国水利水电出版社，2014.

［22］ Det Norske Veritas. DNV—OS—J101 Design offshore wind turbine structure ［S］. Norway：2014.

第2章 海上测风塔与工程实施

海上测风塔设计前应首先掌握海上测风塔的组成和各部分的结构型式，还要对测风仪器和设备布置有简要的了解，最后结合海上测风塔工程的实施全过程来进一步阐明测风塔工程的全貌，从而形成一种框架性认识。

2.1 海上测风塔与结构类型

海上测风塔由测风塔架和基础结构部分组成，塔架和基础结构包含多种型式，通过划分其对应的各种类型可以更深刻地认识海上测风塔。每一种结构型式都有各自的特点和适用性。

2.1.1 测风塔类型

测风塔是为在不同高度布设的测风仪器放置而矗立的结构物。从整体来看测风塔类型包括拉线式、自立式、复合式和悬浮式等4种。每一种类型都有特定的适用范围，因其具有各自的优缺点。

1. 拉线式测风塔

拉线式测风塔包括塔架、塔架底座、拉线和拉线锚固端。代表性的拉线式测风塔如图 2 - 1 所示。塔架竖向放置，并搁置在底座上，底座可设置在天然基础或其他类型基础上。拉线一端连接塔架，另一端连接锚固端，拉线一般为钢绞线，只提供拉力，并将拉力传递到锚固端，根据塔架高度拉线可以设置多层。

塔架的自重和拉线拉力的竖向分量作用到底座上，底座承受压力。塔架水平向通过拉线来固定，在塔架竖向稳定性方面拉线与塔架的连接点还起到节点约束的作用。由于塔架上述结构特点和约束条件，塔架自身所受的弯矩相对较小，因

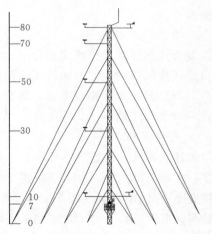

图 2 - 1　拉线式测风塔示意图[1]（单位：m）

此塔架杆件跨度较小，对应的塔体截面和杆件面积小，塔架材料的用钢量较省。

拉线式测风塔必须设置多根拉线，这在陆上风电场中问题不大，但在海上风场中：①拉线的锚固端较难设置，即使能设置也会增加海上安装的工程量；②不同于陆上环境，在海上设置锚固端时海上作业的时间将延长，安装费用高；③海上风场周边可能有过往的渔船或其他通航船舶，拉线布局的平面范围大，对过往船只的通航要求有较大影响；④拉

线较细，在海洋环境中通常难以辨别，容易造成船舶的通航危险。因此在海上测风塔较少采用这种型式。

图 2-2　自立式测风塔[2]

2. 自立式测风塔

与拉线式测风塔相反，自立式测风塔并不需要借助外界约束来维持其平衡，自立式测风塔示例如图 2-2 所示。自立式测风塔依靠自身结构来固定塔身，类似于悬臂构件。根据结构力学常识，悬臂构件的截面竖向分布形式中，根部截面最大，越远离根部截面的尺寸越小，这是因为根部的弯矩最大，因此自立式测风塔塔架下部截面尺寸大，由下往上逐步递减。当塔架由杆件组成时，下部的杆件截面尺寸较大，越往上杆件的截面尺寸越小，以满足局部杆件强度与稳定性的要求。由于自立式测风塔这一结构特点，为了满足强度和稳定性的要求，塔架的材料用量相比拉线式测风塔要大得多。

按常规塔架设计，自立式塔架根开取整个塔高的1/10～1/4 较为合理。但海上测风塔架径高比远小于常规塔架，一般不大于 1/10，以控制"塔影效应"对传感器的影响，减小相应的测风仪支撑横梁长度，避免给横梁的构造、安装及测风仪维护造成较大困难[3]。

自立式测风塔的基础结构尺寸一般与塔架根部尺寸相差不多，因此测风塔的设置对附近通航船舶的影响很小，且其海上施工与安装也较为方便，因此在海上测风时多采用该类型测风塔。

3. 复合式测风塔

复合式测风塔是拉线式与自立式的组合型式。复合式测风塔充分利用了拉线式测风塔和自立式测风塔的优点，改善了这两种测风塔的缺点。因此复合式测风塔的拉线设置层数较少，塔身截面尺寸相对不大，既节省了塔架用钢量，又不至设置过多的拉线而增加海上作业的难度与工期。

4. 悬浮式测风塔

悬浮式测风塔如图 2-3 所示，与上面介绍的 3 种型式测风塔相比，该测风塔的位移要大得多，在海风和波浪作用下，测风塔将产生明显的水平和竖向位移。因此：当水深较浅时，测风塔底座采用船体结构 [图 2-3 (a)]；当水深较深时底座采用空舱结构，依靠海水的浮力来维持竖向平衡 [图 2-3 (b)]。当采用船体结构时，可以抛锚来固定；采用舱体结构时，舱体底部设置一根或多根钢绞线或铁链来连接海底的锚固端，钢绞线或铁链的拉力限制了舱体过大的竖向位移和水平位移。由于该测风塔根部的特殊结构，决定了其并不适合过高的塔架。

一般在选用声雷达和激光雷达测风时多采用悬浮式测风塔，在国外已有工程应用，目前国内尚无实际应用。

2.1.2　塔架结构类型

海上测风塔塔架高度一般介于 80～120m，在结构型式上属于高耸结构。竖向上高度

(a)船体结构型式   (b)舱体结构型式

图 2-3 悬浮式测风塔[4]

大，平面尺寸相对要小得多，因此整个结构的抗弯刚度小，结构刚性方面显得很柔。海上测风塔塔架结构主要受到海风风荷载作用，风荷载作用与塔架的结构型式、塔架高度、截面尺寸、杆件截面与布置等密切相关。由于塔架高度较大，塔架结构选型时还应考虑分段制作、运输、安装与拼接等相关影响因素。

测风塔塔架高度应接近拟安装风力发电机组的轮毂高度。测风塔应当具备设计安全可靠，结构轻便、易于运输及安装，在现场环境下结构稳定，风振动小等特点，并具备防海水、盐雾防腐、防雷电、防热带气旋的要求，还应方便海上交通工具停靠和人员攀登，并配备"请勿攀登"等明显的安全标志，满足航海、航空警示要求。

从塔架结构的型式上来分，塔架结构分为圆筒形塔架和桁架式塔架两大类。

1. 圆筒形塔架

圆筒形塔架由单根圆筒组成，与风力发电机组塔筒结构类似，筒体截面由下而上逐步递减。该型式塔架加工制作较为方便，可直接由钢板卷制焊接而成，施工效率高，且筒体不存在结构连接节点，整体性好。典型的圆筒形塔架如图 2-4 所示。

根据力学常识，在弯矩荷载作用下，远离中和轴的截面发挥的效果更明显，而圆筒形截面沿圆周均匀分布，因此在抗弯方面材料抗弯性能并未得到充分发挥，这就使得圆筒形截面尺寸（直径与壁厚）较大。较大的截面尺寸又增加了塔架所受的风荷载和自重，两方面效应叠加使得该结构型式中塔架用钢量较大。

图 2-4 圆筒形塔架[5]

除了结构受力方面外，圆筒形塔架对测风设备的安装与维护也有不利影响。在该型式塔架安装测风设备时施工作业的危险性比较大，尤其是设备安装到 40m 高度以上时塔体摆动比较大，运行维修也不如桁架式塔架方便[6]。

2. 桁架式塔架

桁架式塔架是由不同截面尺寸的小杆件相互连接组成的空腹式结构，各小杆件可以布置成较大间距，因此其抗弯能力强，结构的挠度小，材料用量省，结构自重较小。小杆件的截面一般包括圆钢、钢管和角钢等不同类型，特殊情况下也采用由圆钢或角钢组合而成的复合式构件。对于海上测风塔，小杆件多采用无缝钢管，因圆钢管体形系数小于角钢，因此由圆钢管组成的桁架式塔架所受的风荷载相对要小。

从桁架式塔架平截面形式来看，包括三角形、四边形和其他多边形，在风荷载不是特别大的情形下，工程上通常采用三角形和四边形桁架式塔架。三角形桁架式塔架如图 2-5 所示，四边形桁架式塔架如图 2-6 所示。

图 2-5　三角形桁架式塔架[7]

图 2-6　四边形桁架式塔架[8]

桁架式塔架的腹杆可以布置成多种型式，如单斜式、X 型、K 型、倒 K 型和心型等，腹杆的型式与塔架受力、主杆跨度或根开、杆件长细比限制条件相关。桁架式塔架在设计时还应考虑塔架根开对基础尺寸的影响，而基础尺寸进一步会影响桩基的布置。

对比三角形桁架式塔架与四边形桁架式塔架，三角形塔架风阻小，传递到基础的作用也小，因此其自重较轻，材料用量也省。当三角形塔架不能满足结构设计要求或有其他特殊要求时可采用四边形塔架。桁架式塔架在测风设备支架安装上要比圆筒形塔架方便得多，但三角形塔架在测风仪器支架的安装上比四边形塔架的安装难度要大，不如四边形塔架安装方便。

2.1.3　基础结构类型

海上测风塔的基础结构以桩基础为主，还包括导管架基础、重力式基础、吸力筒（桶）基础和其他复合式基础等几种型式。基础选型时不仅需要考虑基础结构本身，还应考虑海上运输与安装的方便性。海上测风塔基础工程也是海上风力发电机组基础工程的先行，可将测风塔基础型式与风力发电机组基础型式的选择综合考虑，二者宜采用相同的基础型式，从而使得测风塔基础的实施为后续风力发电机组基础工程提供必要的参考或累积相关经验。

1. 桩基础

当基础结构采用桩基础型式时，可由单根钢管桩（图2-7）或多根钢管桩（多为3根或4根）来组成。桩顶位于海面以上，桩身的上半部分位于海水中，下半部分位于海床泥面以下。桩顶与测风塔塔架连接处一般需要设置过渡转换平台，可采用钢平台［图2-8（a）］或钢筋混凝土平台［图2-8（b）］。在施工时先打设钢管桩，然后在无水条件下施工或吊装转换平台，最后安装测风塔。该基础型式施工方便，因此在海上测风塔工程中得到了广泛应用。

采用单桩基础型式的实例如图2-7所示，采用三桩基础型式的示例如图2-8所示，采用四桩基础型式的示例如图2-9所示。

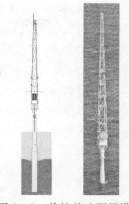

图 2-7　单桩基础测风塔[8]

（a)钢平台

（b)钢筋混凝土平台[9]

图 2-8　三桩基础测风塔

（a)钢平台[10]

（b)钢筋混凝土平台[11]

图 2-9　四桩基础测风塔

2. 导管架基础

导管架基础结构是由钢管相互连接形成的空间四边形棱柱结构，基础结构的 4 根主导管端部下设套筒，套筒与桩基础相连接。导管架基础顶部通常需要设置过渡段平台，通过平台将导管架结构与测风塔结构连接为整体。当水深较深或平台兼作其他用途时往往采用导管架基础型式，典型的导管架结构型式如图 2-10 所示。图 2-10 中导管架底部导管间距大，上部导管间距小，因为在水面附近波浪荷载和水流荷载较大，而海床附近环境荷载小，结构上部减小杆件间距可有效降低环境荷载，底部较大的间距对提高结构整体刚度有利。测风塔转换平台处设置了直升机平台，因风场距离陆地很远，采用直升机作为维护的交通工具更加及时方便。

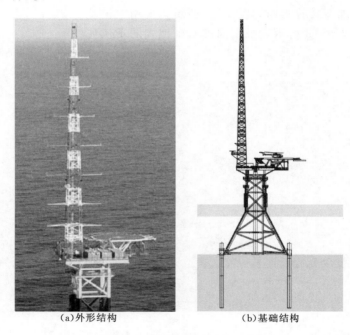

(a)外形结构　　　　　　　(b)基础结构

图 2-10　导管架基础测风塔[12]

导管架基础结构在陆上预制场中加工制作，施工时先用驳船运输导管架到指定地点，然后起吊导管架下水，定位后打设钢管桩，钢管桩与导管架之间的套筒采用水下灌浆，然后安装过渡转换平台，最后吊装测风塔。

当采用导管架基础型式时，导管架的布置方式是多样的，并不局限于某种特定型式。如图 2-11 给出的为扭肢导管架（Twisted Jacket Foundation）基础型式测风塔。该基础的导管架由 4 根主导管组成，位于中间的竖向主导管截面尺寸最大，主要承受竖向荷载，周边 3 根主导管截面尺寸略小，并沿顺时针方向扭转排列绕中心主导管布局，由于周边 3 根主导管斜向布置，对于抵抗水平荷载非常有利。

3. 重力式基础

重力式基础是一种适用于浅海条件下测风塔的基础型式。该基础型式依靠基础自重和地基反力来抵抗测风塔荷载与基础所受的各种环境荷载作用，从而维持基础的抗倾覆、抗

图 2-11 扭肢导管架基础测风塔[13]

滑移稳定。该基础型式适用的水深相对较浅，同时要求基床土体具有较高的承载力，当基床土体不能满足承载力要求时，需要进行地基处理。

就海上风力发电机组而言，由于风力发电机组的水平荷载和倾覆弯矩很大，海上风力发电机组的重力式基础多采用预制钢筋混凝土沉箱型式，同时需要压舱材料，可根据当地情况选择较为经济的压舱材料，如砂、碎石或矿渣以及混凝土等。相比而言，海上测风塔的风荷载要小得多，其重力式基础一般不采用沉箱型式，而是类似陆上风力发电机组承台基础的型式。

为了说明的方便，下面采用德国 Arkona Becken Südost 风场测风塔实例来进行说明。工程始建于 2006 年，环境水深 25m，该风场测风塔采用重力式基础。重力式基础由两部分组成，底部为三叶梅的钢筋混凝土结构，如图 2-12（a）所示，单叶长度 15m，该部分重量 1300t；上部为钢质单管（单桩）柱，高度 40m，重约 150t，如图 2-12（b）所示。基础顶部为转换平台，平台可放置测风数据处理设备，平台上竖立三角形桁架式测风塔，测风塔高度 84m，重约 50t。测风塔建成后如图 2-12（c）所示，其中水面处单管柱突出的部分为靠船设施。

4. 吸力筒基础

吸力筒基础型式由筒体和外伸段两部分组成，筒体为底部开口，顶部密封的筒形构成，外伸段为直径沿曲线变化的渐变单筒，如图 2-13 所示。根据筒体组成材料的不同，可以分为钢筋混凝土预应力结构和钢结构型式。筒体的直径一般大于筒深（裙板长度），外伸段顶部预设过渡平台与测风塔底座相连接。在测风塔荷载和环境荷载作用下，依靠筒壁侧面土体和筒体底部土体提供承载力，在一定程度上受力模式类似于重力式基础。

吸力筒基础源自于海上平台结构锚固所用的吸力筒结构，一般海上平台结构中的吸力筒多以承受上拔力为主，而测风塔吸力筒结构多以承受水平与弯矩荷载为主。吸力筒结构需要在陆上预制场预加工，通常分为多个舱室，以方便抽水下沉时对基础倾斜进行控制。基础安装前将筒体结构托运至指定位置，首先依靠自重下沉，然后抽水使基础在负压作用下沉放至特定深度。该基础可以通过注水来方便地移除。

（a）底部为三叶梅钢筋混凝土结构

（b）上部单管柱

（c）基础与测风塔

图 2-12　重力式基础测风塔[14]

图 2-13　吸力筒基础测风塔[15]

　　图 2-13 所示的为英国 Dogger Bank 海上风电场测风塔的吸力筒基础，始建于 2013 年，这也是英国海上测风塔首次采用该基础型式。基础直径 15m，裙板高度 12m，基础总重量约 450t。

海上风力发电机组和测风塔吸力筒基础的相关技术并不完善，目前仍在发展中。

5. 复合式基础

复合式测风塔基础由上述各种测风塔基础型式组合而成，形式较为多样，但应用的工程实例较少。将吸力筒与导管架基础相组合的型式应用于香港中华电力测风塔项目，将吸力筒与重力式基础相组合的型式应用于中广核江苏大丰 2 号测风塔项目。

鉴于桩基型式的海上测风塔基础结构型式应用最为广泛。

2.2　测风仪器与布置

测风塔工程不仅包括测风塔结构，还包含布置在测风塔上的测风仪器和测风系统，测风仪器的功能和测风系统的组成有以下要求：

（1）测风仪器的功能。风电场测风时除了对风速和风向进行测量外，一般还应测量风场温度、气压和湿度等相关气象要素。

（2）测风系统组成。自动测风系统主要由 6 部分组成，包括传感器、主机、数据存储装置、电源、安全与保护装置[16]。

传感器分风速传感器、风向传感器、温度传感器、气压传感器、输出信号为频率（数字）或模拟信号。

主机利用微处理器对传感器发送的信号进行采集、计算和存储，由数据记录装置、数据读取装置、微处理器、就地显示装置组成。

由于测风系统安装在室外，因此数据存储装置数据存储盒应有足够的存储容量，而且为了户外操作方便，采用可插接形式。一般系统工作一定时间后，将已存有数据的存储盒从主机上替换下来，及时进行风能资源数据分析处理。

测风系统电源一般采用电池供电。为提高系统工作可靠性，应配备一套或两套备用电源，如太阳能光电板等。主电源和备用电源互为备用，当某一出现故障时可自动切换。对有固定电源地段（如地方电网）可利用其为主电源，但也应配备有一套备用电源。

由于系统长期工作在海洋环境中，输入信号可能会受到各种干扰，设备会随时遭受破坏，恶劣的冰雪天气会影响传感器信号、雷电天气干扰传输信号出现误差，甚至毁坏设备等。因此，一般在传感器输入信号和主机之间增设保护和隔离装置，从而提高系统运行可靠性。另外，在离水面一定高度区内采取措施进行保护以防人为破坏。主机箱应严格密封，防止盐雾进入。

总之，测风系统应具备较高的测试性能和精度，防止自然灾害和人为破坏的能力、保护数据安全准确等功能。

代表性的测风塔观测仪器、数据采集器和供电系统示例，即测风塔测风系统示例如图 2-14 所示。

2.2.1　测风仪器

风速测量仪器为风速仪，主要包括杯式风速仪和螺旋桨式风速仪。杯式风速仪包括一个杯组（3 个或 4 个风杯），中心连接到一个垂直轴旋转，至少一个风杯总是迎风，可将

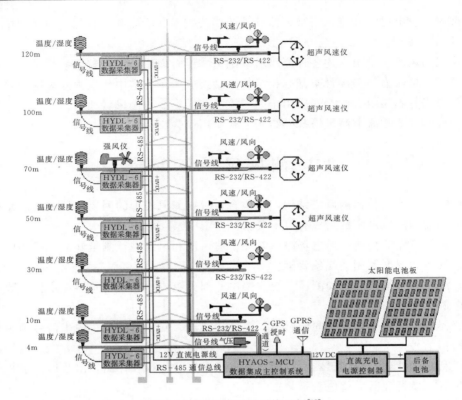

图 2-14 测风塔测风系统示例[17]

风压力转化为风杯扭矩，风杯转速近似线性正比于风速，内部转换器将转速转化为电信号传递至数据采集器，间接计算风速[18]。杯式风速仪在风资源测量中应用较为普遍。

风向测量装置多采用风向标，主要包括单翼型、双翼型和流线型等。风向标一般由尾翼、指向杆、平衡锤和旋转主轴等组成首位不对称的平衡装置。风向标通过不断对准风向寻找力平衡的位置。传送和指示风向标所在方位的方法很多，有电触点盘、环形电位、自整角机和光电码盘等型式[16]。

温度测量通过温度传感器来完成。典型的大气温度传感器由 3 部分组成，即转换器、接口设备和辐射防护罩。由于转换器采用的原材料通常是镍或铂，因此其电阻与温度有关，电阻值通过数据采集器测量，通过一个已知的公式计算空气温度[18]。

大气压力的测量通过气压计来完成。

数据采集器根据数据传输方式的不同可分为现场式和遥控式。拥有远端电话调制解调器和移动电话数据传送器的性能，无需频繁去现场就可获得和检查存储的数据。数据采集器为数字的，并能与传感器类型、传感器数量、测量参数和要求的取样和记录间隔匹配。它应安装在无腐蚀、防水和封闭的电器箱内，以保护它与外围设备不受环境影响和破坏[18]。

2.2.2 仪器要求

测风仪器一般采用传感器型测量仪器，在满足精度和时间要求的条件下，可采用更先进的新技术和新设备测量风能资源。当采用传感器型测量仪器时，应满足以下要求：

（1）测风仪器设备（风速传感器和风向传感器）在现场安装前应经国家法定计量部门检验合格，在有效期内使用。

（2）风速传感器应满足测量范围为 0～60m/s，分辨率为 0.1m/s 的要求。当风速不大于 30.0m/s 时，准确度为 ±0.5m/s；当风速大于 30.0m/s 时，准确度为 ±5%。工作环境温度应满足当地气温条件。

（3）风向传感器应满足测量范围为 0°～360°，精确度为 ±2.5°的要求，工作环境温度应满足当地气温条件。

（4）大气温度计一般应满足测量范围为 −40～+50℃，精确度为 ±0.5℃的要求。

（5）大气压力计一般应满足测量范围为 60～108kPa，精确度为 ±2%的要求。

（6）数据采集器应具有第 1 章 1.2 节要求的测量参数的采集、计算和记录功能，具有在现场或远程室内下载数据的功能，能完整地保存不低于 24 个月采集的数据量，能在现场工作环境温度下可靠运行。

（7）测风设备防护等级为 IP65，测风设备应进行定期维护。

2.2.3 仪器布置要求

在安装测风设备之前，应收集周围已有测站或气象站的测风资料，分析当地风况特征，了解当地盛行风向，为安装测风设备做准备。

测风设备应固定在从测风塔水平伸出的支架上，应根据区域风况特征及当地盛行风向确定支架的朝向。同高度两套传感器支架的夹角宜为 90°，具体应根据当地风资源状况和测风塔的结构型式确定。为减小测风塔"塔影效应"对传感器的影响，传感器与塔身的距离为桁架式结构测风塔直径的 3 倍以上、圆管形结构测风塔直径的 6 倍以上。风向标应根据当地磁北安装，按照磁偏角进行修正。数据采集盒应固定在测风塔上，或者安装在塔底工作平台上，安装盒应防波浪、防雨水、防冰冻、防雷暴、防腐蚀。温度计与气压计可随测风塔安装，也可安装在海上平台的百叶箱内。

对于支撑测风仪器的支架，支架的设置应确保传感器离开塔架，尽可能减小塔架和支架构件对测量参数的影响。传感器支架应满足以下条件[18]：

（1）能经受该处可能发生极端情况下风和冰的荷载。

（2）确保结构稳定，风引起的振动应尽可能小。

（3）正确布置以确保定向到主风向，并牢靠固定于塔架上。

（4）防止环境造成的腐蚀作用。

2.3 海上测风塔工程实施

本章前面两节分别介绍了海上测风塔的结构体系和测风系统，为了从整体上了解海上测风塔工程体系，本节详细介绍海上测风塔工程实施的前期准备工作、测风塔工程的施工过程和施工中应注意的事项，从而为后续章节介绍测风塔中各单项内容时提供一个概要性的框架。

2.3.1 施工前期准备工作

海上风电场测风塔的建设存在海域施工环境复杂程度高、技术难度大、建设周期长、程序繁杂、投资成本大等特点。建设离岸型海上风电场测风塔一般包括下列程序和工作内容[19]：

（1）海上风电场项目选址报告编制完成，初步拟定具有开发潜力的近海风电场址范围，并绘制规划风电场的地理位置图，初步了解场址范围的气象、水文和地质概况。

（2）海上风电场测风塔建设方案编制完成，按照国家、行业相关标准要求合理规划海上风电场址范围内的测风塔数量、分布和型式。

（3）已获取地方政府、海洋、海事、部队（特别是海军）等相关部门支持。

（4）海上风电场测风塔建设场址的地质勘探（包括工程勘察报告编制）工作已完成。

（5）设计院已经根据场址地质勘探所揭示的场址地质条件完成测风塔的相关基础设计、施工设计及其他技术服务工作，并提出测风塔建设技术标准要求。

（6）海上风电场测风塔的基础施工、测风塔塔架工厂制备及海上安装、测风设备采购、海上安装以及海洋水文测试仪器设备采购和海上安装招标工作完成，相关合同已签订并开始实施，相关材料的陆上预制工作已完成，仪器设备已按计划准备好。

（7）海上风电场测风塔海洋、航运等专题论证报告已完成，并通过相关评审。

（8）海上风电场测风塔水上、水下施工许可已办理。

（9）已在全国水运报上发布施工海域的航海安全公告。

（10）测风塔航标工程设计、施工、技术咨询服务合同已签订。

（11）测风塔航标工程设计完成并通过当地航标处组织的评审，航标灯具已准备妥当。

2.3.2　施工过程

海上测风塔工程的施工过程与测风塔塔架结构和基础结构型式、加工制作与安装水平条件等密切相关，同时还受到所在海区海洋环境条件的影响。海上测风塔施工过程流程图

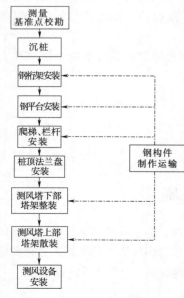

图 2-15　海上测风塔施工
过程流程图[20]

如图 2-15 所示。为了说明的方便，选取江苏大丰 1 号海上风电场测风塔工程为例来进行测风塔施工过程的说明[20]。

测风塔基础采用钢管桩基础，桩顶上部通过撑杆将 4 根桩连接成整体，桩顶上部为钢平台，平台上面为测风塔。钢管桩桩径 1m，桩长约 60m，壁厚 14～18mm，材质为 Q345C，每根钢桩重约 22.61t，桩顶高程处的桩间距 4.96m。测风塔高 90.8m，由 17 段塔架组成，分别在高度 20m、50m、60m、70m、80m、90m、100m 处各布置两套风速仪，在标高 20m、50m、60m、80m、100m 处各布置两套风向仪。

1. 构件制作、运输

确定钢管桩的设计方案后，开始采购钢板进行钢管桩的制作，通过下料、预弯、卷板、单管拼对、涂刷防腐涂料等环节，完成钢桩制作[21]。测风塔塔架的典型施工步骤包括：①根据钢结构设计图编制放样详图；②采购、放样、下料；③工厂加工构件并预拼装；④构件镀

锌后运至工地，由下而上逐层拼装，自升式上升，直至塔顶；⑤检查杆件、螺栓、法兰、地脚螺栓完好性和施工质量，修正缺陷，现场补充涂装防护[3]。当钢管桩、基础钢平台、钢桁架、栏杆、爬梯、法兰、塔架等构件在陆地工厂预制完毕后，按施工顺序分批用施工驳船运至施工点，再利用起重船甲板空间施焊连接。

2. 沉桩施工

根据施工图纸规定的桩位、桩型、桩径、桩长、地质条件和持力层深度，选择沉桩施工设备，主要是打桩锤型号选择。在实际打桩过程中，为避免钢管桩无法下沉到设计土层标高或桩已达到设计标高，但桩的贯入度偏大等情况，必要时可在施工前进行桩基的可打入性分析。

沉桩多采用 GPS 测量定位系统定位。考虑到作业环境和精度，打桩船上 GPS 接收信号必须要稳定，这样才能保证沉桩定位准确。由于桩顶标高控制要求高，采用 GPS 控制桩顶标高很难达到误差小于 50mm，所以在沉桩将达到设计标高（约高 50cm）之前，用 RTK 进行高程复测[22]。可行的定位方式为：①打桩船上设 2 台 GPS 流动站、5 台倾角传感器和 3 台激光测距仪；②实时监测船体的位置、方向和状态，同时利用 2 台漫反射激光测距仪实时校正工程桩的位置；③通过软件系统处理后给出打桩船的移动方向和移动量，据以调整船位。直至满足要求后，则可开始沉桩。沉桩贯入度和桩顶标高的监测由高程监测系统来完成[21]。

工程中打桩施工的工序为：起桩→立桩→插桩→锤击沉桩→停锤→移位→下一根桩起桩。海上桩基施工图，如图 2-16 所示。

（a）起桩

（b）立桩

（c）沉桩

（d）下一根桩

（e）沉桩完毕

图 2-16　海上桩基施工图[23]

3. 桩芯灌注混凝土施工

并不是所有的测风塔桩基中钢管桩都需要灌芯处理，当需要在钢管桩内灌注一定长度的混凝土时应待完成打桩施工后再进行桩芯泥土的吸泥工序，然后灌注特定标号的混凝土。利用离心泵抽取海水通过冲水管引入桩内形成高压射流，破坏土质，同时可以补充桩内海水，保持水位差。空压机供气通过软管连接高压钢管进入排泥管（高压管）下口附近，为防泥浆堵管，采用活盖板将入口密封，在管内和管外形成强大气压差，泥浆顺管被"举"出桩身外。吸泥结束后，冲刷钢管桩管壁，再将潜水泵置入桩内抽取剩余水量。浇注时，混凝土自高处落下，利用混凝土下落时产生的动能达到振实的目的，在自由下落高度不足 4m 时，要借助振捣器将上层混凝土振捣密实[21]。

4. 钢桁架安装

钢桁架位于桩基上部，将基础中各桩连接为整体。为便于施工作业，先在标高＋8.00m 处搭设施工平台，即在每两根斜桩之间使用槽钢套装篮框式吊架，连接部位焊接牢固，然后在临时工作平台上满铺木板，平台四周加设防护栏杆。根据设计图纸测量钢桁架标高，以其中一根最低桩位为基准，距离桩顶65cm处打水平线，确定钢桁架安装位置，完成 4 根钢桁架装配，然后进行剪力支撑安装。钢桁架安装图，如图 2-17 所示。

（a）水平钢桁架安装　　　　　　　　　　（b）剪力撑安装

图 2-17　钢桁架安装图[20]

图 2-17 为钢桁架的一种型式，根据不同的设计目的，基础中各桩也可以通过平台来连接，而不需要单独设置连接桩基的钢管来形成钢桁架，如图 2-18 所示。该工程中钢平台下面直接连接导管架，平台和导管架在陆上预制场加工焊接完毕后，在现场与钢管桩顶部通过焊接连成整体，各桩之间无专门的连接导管。

图 2-18　钢管桩连接构件图[24]

5. 平台安装

钢平台在陆地工厂完成预装，并设计好临时吊点，利用打桩船进行安装作业。钢管桩上焊接直径 400mm 水平连接钢管作为平台的支撑构件[图 2-17（a）]，要求 4 根连接钢管的顶标高误差不超过 2mm。检查水平连接钢管和钢管桩的焊接质量及水平度，在满足设计要求的情况下再进行安装。检查已开口的钢平台上桩孔尺度，并根据检查的情况，予以调整。利用打桩船进行钢平台安装，打桩船就位后，先将钢平台吊至安装位置上方 50～60cm 左右，缓缓下降，人工辅助控制钢平台位置，以便钢平台的开口孔对准钢管桩。钢平台就位后，检查钢平台的平整度，满足设计要求后，立即施焊加固。

如果采用现场制作钢筋混凝土承台时，其实施步骤为[22]：承台采用吊模施工，进行现场管桩与钢筋笼接头混凝土的浇筑并使钢管桩顶深入承台不少于 10cm（或按设计要求）。钢筋笼与钢管桩连接头浇筑完成后，组装钢模板，在模板检查后进行浇筑，振捣并养护。结合海上施工条件，采取分层浇筑方式进行施工，混凝土层面间必须加强凿毛后方可继续浇筑混凝土。混凝土浇筑完毕后应及时加以覆盖，终凝后浇水养护，养护应用淡水。预埋件外露部分经过防腐蚀处理，待混凝土达到规定强度后，拆除群桩临时连接构件。

6. 爬梯与护栏安装

利用带扒杆的抛锚船进行安装，安装前先在钢平台顶面上和爬梯顶部焊接挂钩，用抛锚船起吊，挂在钢平台上，然后进行人工调整，再将钢爬梯焊接在钢管桩上，最后解除吊绳。利用带扒杆的抛锚船，将栏杆散件吊至钢平台上，按设计尺寸通过人工划线标定位置，然后逐件安装。爬梯与护栏的安装图，如图 2-19 所示。

(a)钢爬梯   (b)护栏

图 2-19 爬梯与护栏安装图[20]

当钢平台与桩基采用法兰连接时，还应进行地脚螺栓法兰盘安装。地脚螺栓开孔尺寸误差控制在 10mm 以下，地脚螺栓之间扭转偏差不超过±3mm，法兰面标高偏差不超过±5mm。地脚螺栓安装完毕，检查每个基础法兰盘位置、螺栓的实际尺寸、方向及各自的高程、螺栓间相对距离。地脚螺栓外露部分采用涂环氧富锌漆防腐。

7. 测风塔塔架安装

测风塔塔架安装可采用整体式安装方式或分体散装式吊装方式。

当采用分体式安装方式时，先进行下段塔架安装。利用起重机将测风塔下段整体吊至运输驳船上，运至施工点，用起重机械将分段塔架整体吊装至钢平台上，通过螺栓与桩顶法兰连接。对于其上部的各段塔架安装，采用抱杆、滑车和抱杆提升装置进行高空散件拼装。如图 2-20 所示，利用起重浮吊将组装好的抱杆固定在塔架主钢管上，用 4 条缆风绳固定。抱杆安装在塔架主材上，其根部与塔架主材用钢绳套绑扎两道以上，用 U 形环连好，保证钢绳受力均匀，同时在离根部约 0.5m 处用腰绳再绑扎一道。在已组装好的塔架

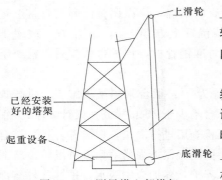

图 2-20　测风塔上部塔架
安装示意图[20]

上层水平钢材靠主材处，固定一个起吊滑车（上滑轮），牵引绳由抱杆根部、塔上的起吊滑车、塔下转向滑车（底滑轮）至起重设备布置。

　　散件拼装时，吊装前注意引绳与塔架构件的绑扎。绑扎点应在塔材的重心以上，防止起吊过程中翻转，调整绳应在构件下端的节点内以防脱落。吊单腿主材时，可直接用牵引钢绳绑扎，绑扎的结扣应放在主材上，使其起吊后吊件向里倾斜，便于安装就位。当塔材吊起至适当高度时，塔上人员应分清内外材，用手拉动斜材调整主材位置，用导向销对准主材连接孔，穿好主材螺栓，把下层的塔材提升就位，再吊装另一片塔材。塔架安装过程中必须严格控制塔架的垂直度。每段塔架拼装完成后，必须提升抱杆，准备起吊上面一段塔架，直至完成塔架的安装。

　　最后安装避雷针、测风仪和风向标并固定信号馈线等测风设备。

　　当进行塔架整体吊装时，首先将塔架在码头进行组装，组装完成后，由浮吊对塔体进行起吊扳正，如图 2-21（a）所示。将塔体扳正吊起后，运抵安装现场，运输过程中浮吊船首两端各有一根风绳带在测风塔底端以免测风塔晃动，如图 2-21（b）所示。安装时在承台上的一个角部设置限位装置（也叫靠山），便于塔基承台就位[22]。限位装置设计如图 2-22 所示。

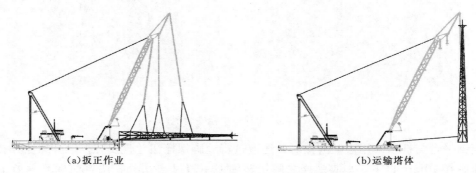

(a)扳正作业　　　　　　　　　　　　　　　　(b)运输塔体

图 2-21　塔架扶正与运输示意图[22]

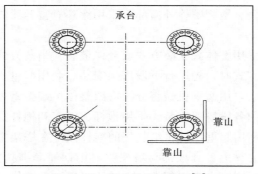

图 2-22　靠山设计示意图[22]

2.3.3 施工注意事项

海上测风塔工程在实施中还应注意的问题[19]有以下方面：

（1）应选择有海洋设计和施工经验的设计和施工单位。建设离岸型海上风电测风塔是一项集资源调查、场址规划以及技术准备的综合性工作，工作难度大。陆上能够轻松实现的工作，比如塔架的吊装，放到海上就变成了高难度动作，除了要有好的海况外还要有特定的技术和经验才能完成。所以应尽量选择有海洋设计和施工经验的设计和施工单位，通过最简洁、科学的设计尽量减少海上作业量和难度，提高海上作业的效率，在海况允许的情况下尽量快捷高效地完成施工作业，这是项目成功的重要保障。

（2）应做好施工前的各项准备工作。建设进度受海况、天气等因素影响大，施工难度大，项目实施前应做好充分的施工组织设计工作。一年当中适合施工的时间一般只有3～5个月，应提前筹划，充分调查了解当地适合施工的季节，掌握天气和潮汐、涌浪的特点和规律，在施工开始前完成前述各项准备工作，以免陆上工作占用适合出海施工的时间。此外，海上测风塔建设相关各方关系复杂，要及时协调好与海事、部队、海洋等管理部门的关系，充分发挥项目参建各方的积极性和创造性，确保项目能够按计划开工建设。

（3）应科学组织现场各项施工工作。由于国内海上风电设计和施工单位缺少离岸海洋工程建设经验，建设初期，施工进度会较慢，但随着工程的进展，工作效率会逐渐提高。业主要根据工程进展和可能出现的各种具体情况采取措施充分协助设计和施工单位反复研究优化测风塔设计和施工组织措施，科学组织现场各项施工工作，防止工期延误和由此带来的投资大幅增加的风险。

（4）应特别强调确保海上施工作业安全。海上施工建设条件恶劣，海况、天气瞬息万变，而且海上施工往往任务繁重，工期紧迫，施工作业面小，交叉作业多，稍有不慎极易发生安全事故，轻则影响工作进度，重则造成人身和设备的重大损失并增加建设成本，导致整个前期工作进度的延误。施工单位要密切关注天气和海况变化，充分利用一切可以利用的时间，避免在大风等恶劣条件下施工，施工期间应按照经批准的施工方案进行作业，服从相关海事部门的监管，在项目实施过程中要制订完备的安全措施，合理安排施工时间，选择有经验的施工队伍，避免人员、设备的安全事故。

（5）应高度重视海上测风塔的防盐雾腐蚀问题。海上测风塔塔体长年受海洋盐雾的侵袭，其腐蚀速度比陆地环境下快，除了在塔体工厂制造时严格按防腐要求进行喷涂外，还要严格保证现场施工中主要焊缝的质量和防腐，并在测风塔建成后定期对塔体进行检查维护。测风塔基础坐落在海底，在海浪、潮汐及海流的作用下，位于高、低潮位间的部分遭受海水和空气的腐蚀最大，对基础的稳定产生很大影响，有时会危及测风塔安全，应作重点加强防腐蚀处理。

（6）应防止施工船舶和测风塔危及过往船舶。适于建设海上风电的海域范围内往往存在重要的海上航线，在建设期间，施工船舶需抛锚作业，稍有不慎可能影响过往船只安全，应按规定向海事部门申请施工所需安全范围，发布航行通告并做好警戒标志。在测风塔基础安装完成前的施工间隙，特别是在风大、浪高、流急、雾浓的时候，更易发生险情，因此，非施工时间，施工船舶应尽量远离测风塔，并安置好测风塔上的临时航标灯，在测风塔基础平台施工完成后的第一时间内应联系航标管理部门安装正式的航标灯具，并按要求发布航行通告，以免过往船只误撞测风塔。

（7）应通过地方政府加强宣传防止施工受到捕捞和养殖活动的影响。近海往往有渔船活动，实践中渔网经常会缠住施工船舶的螺旋桨，影响施工安全和施工工期。

（8）施工前应制定相应的应急预案，包括灾害性天气应急预案，高处坠落、坠海事故应急预案，触电事故应急预案，船舶漏油应急预案[25]。

参 考 文 献

［1］　风能资源的侦察兵——测风塔代表性选址及数量的选择 ［N/OL］. ［2014 - 08 - 18］. http：//news. bjx. com. cn/html/20140818/537563. shtml.

［2］　海上测风塔 ［EB/OL］. http：//baike. baidu. com/subview/9671673/9790207. htm.

［3］　胡晓静，任东辉. 海上测风塔架设计施工技术进展 ［J］. 施工技术，2012，41（增刊）：745 - 749.

［4］　Michigan alternative and renewable energy center, Grand valley state university. Great lakes offshore wind resource assessment project ［EB/OL］. http：//axystechnologies. com/wp - content/uploads/2014/11/Great - Lakes - Offshore - Wind - Resources - Assessment - Project. pdf.

［5］　Liz Kress，Eric Boessneck. South Carolina Offshore Wind Overview of Studies ［EB/OL］. ［2014 - 04 - 03］. http：//www. energy. sc. gov/files/view/Kress％20SanteeCooper. pdf.

［6］　刘焕彬，董旭光. 山东沿海风能观测网测风塔设立综述 ［C］//中国气象学会 2007 年年会气象综合探测技术分会场论文集. 广州：［出版者不详］，2007.

［7］　海洋石油工程股份有限公司. 海油工程新能源简介 ［N/OL］. http：//www. cooec. com. cn/single. aspx？ column_id＝10439.

［8］　Jörg Bendfeld，Anne Higgen，Jens Krieger，et al. Two years operation offshore metmast amrumbank west in the German north sea［EB/OL］. ［2013 - 01 - 02］. http：//www. ewea. org/ewec2007/allfiles2/187_Ewec2007fullpaper. pdf.

［9］　福建省水利水电勘测设计研究院. 莆田平海湾海上风电场测风塔 ［N/OL］. ［2012 - 07 - 30］. http：//www. fjsdy. com/showsl. aspx？ cid＝365258＆id＝977.

［10］　中国十七冶集团有限公司. 风力与太阳能工程技术公司大丰海上测风塔项目竣工 ［N/OL］. ［2010 - 10 - 20］. http：//www. mcc17. cn/News/ShowArticle. asp？ ArticleID＝3072.

［11］　东荣盛世. 我公司进行海上测风塔维护工作 ［N/OL］. ［2014 - 12 - 09］. http：//www. drss. cn/case-view. asp？ id＝6.

［12］　Gundula Fischer. Die BMU - Forschungsplattform FINO 1 - Erfahrungen beim Bau und Messbetrieb ［EB/OL］. ［2012 - 12 - 06］. http：//www. bmub. bund. de/fileadmin/bmu - import/files/pdfs/allgemein/application/pdf/fischer_7. pdf.

［13］　DONG ENERGY. HORNSEA OFFSHORE METEOROLOGICAL MAST ［N/OL］. http：//www. sm-artwind. co. uk/gallery - item. aspx？ phst＝72157629489880150.

［14］　Jörg Bendfeld，Ralf Ditscherlein，Michael Splett. THE GERMAN OFFSHORE - METMASTS AMRUM BANK WEST and ARKONA BECKEN SÜDOST ［EB/OL］. ［2009 - 01 - 12］. http：//www. ontario - sea. org/Storage/27/1879_The_German_Offshore - Metmasts_Amrumbank_West_and_Arkonabecken_Sudost. pdf.

［15］　Offshore WIND. UK：Second Met Mast Erected at Dogger Bank ［N/OL］. ［2013 - 09 - 25］. http：//www. offshorewind. biz/2013/09/25/uk - second - met - mast - erected - at - dogger - bank/.

［16］　许昌，钟淋涓. 风电场规划与设计 ［M］. 北京：中国水利水电出版社，2014.

［17］　李堂椿. 风能资源专业测风塔防雷技术应用 ［C］//中国气象学会. 第 31 届中国气象学会年会 S9

第十二届防雷减灾论坛——雷电物理防雷新技术. 北京：［出版者不详］，2014：1-8.

[18] 高虎，刘薇，王艳，等. 中国风资源测量和评估实务［M］. 北京：化学工业出版社，2009.

[19] 张功权. 离岸型海上风电场测风塔建设应注意的几个问题［J］. 知识经济，2010（19）：125-126.

[20] 徐惠，王学理. 海上大型测风塔整体安装与高空散件拼装结合施工技术［J］. 安装，2013（3）：29-31.

[21] 李海波，周卫，郭俊玲. 北方海域海上测风塔设计与施工［J］. 风能，2011（10）：70-74.

[22] 李近元，张吉，王淼，等. 南日岛海域海上自立型测风塔设计施工技术探讨［J］. 海洋科学，2013，37（2）：95-100.

[23] 海上测风塔系统［EB/OL］.［2012-12-04］. http://wenku.baidu.com/view/df571c6c9b6648d7c1c74-68a.html.

[24] 郑杰. 黄海海域某海上测风塔工程设计［J］. 中国高新技术企业，2014（25）：9-15.

[25] 李正，张在鹏. 浅谈海上测风塔施工质量安全控制［J］. 中国新技术新产品，2012（4）：249-250.

第 3 章　海 洋 工 程 环 境

海洋工程环境指的是与海洋工程结构物相关联的各种环境现象的总称，在此特指与海上测风塔结构物密切相关的海洋环境因素。海洋工程环境可分为物理环境、化学环境和海生物环境等，对海上测风塔有重要影响的物理环境包括海水、海风、潮汐、海流、海冰、波浪等。

3.1　海　　水

海水的温度、盐度和密度是海洋环境的 3 个基本组成要素，它们的时空分布和变化较为复杂，但又密切关系到海洋中发生的各种现象，如环流与海冰的形成、海洋声学传播特性、海洋金属结构物的腐蚀等。

3.1.1　海水温度

海水温度是海水的重要物理力学特性之一，直接影响海水的其他物理性能和动力性能，是海水内部分子热运动平均动能的基本反映，也是度量海水热量的重要指标。

海水的温度变化和分布与海洋中热量收支平衡相关联。若热量收入大于支出，则海水温度升高，反之则温度降低。通常将海水的热量收入和支出总和称为海洋热平衡。海水的年平均温度变化很小，平均而言海洋中热量的收支基本平衡。但在一年中的不同时期，热量的收支并不平衡，这种差异决定了海水温度的分布和变化。

从地理位置方面来看，我国海域水温分布规律如下[1]：

（1）温度从北向南逐渐增高。

（2）北方海域温度年差（冬夏季之差）比南方海域显著增大。

（3）等温线具有与海岸线平行的趋势。

（4）海流对等温线的分布有较大影响。

从水温竖向分布来看，由海洋表面到海底水温的分布很不均匀，由上到下通常可分为两个区域，即上部温度高且温度梯度较大的暖水区和下部温度低且温度梯度很小的均匀冷水区。暖水区可细分为近海面的上均匀层和其下方的温跃层两部分。在薄薄的上均匀层中，由于太阳和大气的直接影响，海水温度较高，对流旺盛，水温上下一致。温跃层的垂直温度梯度大，且终年保持一致。温跃层将暖水区和下层冷水区隔开，其深度和厚度随纬度不同而变化。

水温的年变化主要与太阳辐射量的年变化有关，此外各海域的海流性质不同、盛行风系的年变化和结冰融冰等因素的变化也影响着表层水温的年变化，造成不同海域水温分布有较大的不同[2]。世界大洋的整体水温平均值为 3.8℃，大洋表面温度最高值出现在每天的 14：00—15：00，最低值出现在黎明时刻的 4：00—5：00。大洋表层水温的变化幅度一般在-2～30℃之间，海洋深处的水温变化在-1～4℃，水温低且较均匀。

我国近海全年以 2 月的水温最低，8 月达到最高。由于我国海域跨越温带、亚热带和热带，海水温度差异很大。渤海和黄海北部在冬季受到寒潮南下作用时会出现冰冻现象，而南海终年气温较高，水温变幅小。渤海表面水温的年平均值为 11.6℃；黄海北部为 13℃，黄海中部为 14.9℃，黄海南部为 16.9℃；东海北部为 18.9℃，东海中部为 21.3℃，东海南部为 23.5℃；南海中南部为 27.5℃，粤东为 25.8℃，粤西为 25.7℃。年平均水温自北向南增高，尤其是在冬季，增高变化幅度明显。

受大陆季节性影响，渤海、黄海和东海海域的水温季节性变化大。夏季在太阳强辐射作用下，各海区的表层水温最高，渤海、黄海表层水温可达 24～27℃，东海可达 26～29℃，南海北部可达 27～29℃，南海中部和南部可达 29～30℃，且分布均匀，等温线分布稀疏，水平梯度小。冬季陆上气温低于海上气温，沿岸表层水温比外海低，渤海表层水温在-1.5～3.6℃，黄海为 0～13℃，东海的西部浙闽沿岸表层为 9～12℃，东海东北部为 12～19℃，南海南部可达 28℃，南海北部一般为 18～23℃，珠江口以东至汕头一带为 16～18℃，冬季表层水温分布水平梯度大。

我国近海水温的年较差变化各不相同，渤海海域表面水温的年变幅最大，年较差 24.6℃，黄海的年较差次之，为 19.8℃，东海的年较差为 11.7℃，南海的年较差最小，仅为 5.6℃。对于浅海和边缘海，由于受到大陆影响，其年变幅比大洋更大，东海的年变幅为 14～25℃，黄海为 16～25℃，渤海为 23～28℃，南海的年变幅一般在 10℃以下。

3.1.2 海水盐度

盐度定义为 1kg 海水中的碳酸盐全部转化成氧化物，溴和碘全部被氯当量置换，有机物全部氧化之后所生成的固体物质（无机盐）的总克数，也即 1kg 海水中的含盐总量，符号为 $S‰$，单位为 g/kg。以上为原始盐度的定义，下面将介绍实用盐度的表达方式。

大量海水分析结果表明，尽管海水中溶解盐量的总浓度或大或小，但其主要离子间浓度的比例几乎不随时间和地点而变化，这种规律称为海水组成的恒定性。根据海水组成的恒定性，海水盐度可以通过海水的氯度间接推算。但从 1998 年开始出现了实用盐度标度，从而使海水盐度的测定不再依赖于对氯度的测定，此时采用高纯度的 KCl 配置一定浓度的溶液作为实用盐度的参考标准，而标准 KCl 溶液与盐度 35‰ 的国际标准海水的电导率相同，由海水样品的电导率和标准 KCl 溶液的电导率之比来计算海水盐度。实用盐度是无量纲参量，原始盐度中的‰将不再使用，例如原始盐度 $S‰=35‰$，实用盐度则表示为 $S=35$。在一个标准大气压与温度 15℃时，实用盐度与电导率之比的关系式为[2]

$$S = -0.0080 - 0.16922K_{15}^{0.5} + 25.3851K_{15} + 14.0941K_{15}^{1.5} - 7.0261K_{15}^{2} + 2.708K_{15}^{2.5}$$

$$(3-1)$$

式中　K_{15}——海水样品与标准 KCl 溶液之间的电导率之比。

在应用时，应注意式（3-1）的适用范围为 $2 \leqslant S \leqslant 42$。

大洋海水的实用盐度一般约为 35，变化范围为 34～38，海水盐度的变化比温度小得多。海水盐度的变化主要是由海面蒸发、降水、径流、融冰和结冰等因素造成。总体而

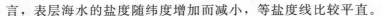

言，表层海水的盐度随纬度增加而减小，等盐度线比较平直。

我国渤海实用盐度最低，年平均值为 30.0 左右，在沿岸海域只有 26.0 左右，海区东部和渤海海峡略高，平均可达 31.0。其分布变化主要取决于黄河、海河等大陆径流与来自外海高盐水的消长关系。夏季由于入海径流量的增大，使得海面盐度降至最低，尤其是河口海区附近的实用盐度可低于 24.0。冬季的入海径流量小，等盐度线与海岸线大致平行，渤海中央的实用盐度可达到 34.0。

黄海实用盐度的年平均值为 30.0～32.0，比渤海高。影响黄海盐度的因素除鸭绿江等河流外，主要受到黄海暖流的影响。夏季在北部沿岸鸭绿江河口海区因受河流影响呈现低盐度特征，其盐度值可低于 28.0，其他海区的表层盐度也有所降低；到了冬季则主要受黄海暖流的影响，有一高盐水舌自南向北一直伸入黄海北部，盐度通常大于 32.0。

东海的实用盐度比渤海、黄海高，年平均值为 33.0 左右，影响其分布变化的主要有沿岸长江等径流和外海的高盐水，黑潮流域的实用盐度高达 34.0 左右。夏季的长江径流量大，其附近海区实用盐度可降低至 4.0～10.0，产生极大的水平盐度梯度，长江冲淡水的水平扩散范围广，甚至可能影响到济州岛附近。冬季的长江径流量减小，受长江冲淡水顺岸南下的影响，导致闽浙沿岸实用盐度较低，在 30.0 左右，而外海暖流流域为高盐区。

南海实用盐度最高，多为 33.0～34.0，局部可达到 35.0。影响南海盐度分布的因素主要是沿岸水系与外海高盐水的消长变化。近岸海域多受低盐沿岸水控制，存在季节变化，盐度值较低，并在夏季形成较明显的盐度跃层，深水区受外海高盐水的影响，盐度终年较高，分布较均匀。

3.1.3　海水密度

海水的密度指单位体积海水的质量。海水密度是温度、盐度和压力的函数。在一个标准大气压下可由实用盐度 S 和温度 T 来计算海水密度 ρ。近海海水密度的计算为[2]

$$(\rho - 1) \times 10^3 = 28.14 - 0.0735T - 0.00469T^2 + (0.802 - 0.002T)(S - 35) \quad (3-2)$$

式中　ρ——海水密度，kg/m³ 或 g/cm³；

　　　T——温度，℃。

由于海洋表层海水密度主要受海洋温度和盐度的分布变化影响，表层海水密度的分布由赤道向两极递增。在垂直方向上，海水的结构总是稳定的，密度随着深度而增加。但在海洋的上层，密度的垂直梯度一般较大，尤其是夏季，与温跃层、盐跃层相对应而出现密度跃层。在跃层以下的冷水区中，密度的垂直梯度减小甚至接近于零。

我国近海河口海区受径流影响，海水盐度变化大，表面密度分布变化主要由盐度决定，其他离河口较远的海区及深水区域则以温度变化为主，密度主要随温度变化。就整体区域性而言，南部海区密度低，北部海区密度高，南海表层密度值最低。随温度及盐度的季节性变化影响，密度在夏季普遍较低，在冬季普遍增高。

近海密度随深度增加而增大，与铅直方向温跃层、盐跃层的季节性变化相对应，密度在铅直方向存在季节性的密度跃层。在秋、冬季由于海面降温增盐增密，上下层发生对流混合，出现垂直均匀层。在春夏季由于海面的增温、降盐、降密等作用，出现稳定的密度层结。

3.2　潮　汐

地球上的海水，受到月球、太阳和其他天体引力作用而产生周期性运动，包括海面周期性垂直水位涨落和海水周期性水平流动，前者称为潮汐，后者称为潮流。

3.2.1　潮汐及其分类

地球绕太阳运动的轨迹为椭圆，且太阳位于该椭圆的一个焦点上，因此地球绕太阳运动的速度每日都在变化，真太阳日有长有短。月球绕地球运动的轨迹为一更扁的椭圆，且地球和月球一起绕太阳公转，真太阴日也有长有短。当地球、月球和太阳相对位置不同时，地球上的海水所受到的天体引力有所差异，从而使得海水产生相对运动。海水除了受到天体的引力之外，还受到绕地球与月球、地球与太阳共同质心转动而产生的离心力作用，这种引力与离心力总称为引潮力，由其引起的海面升降称为天文潮。台风与寒潮等天气系统带来的大风或气压剧变也能引起海面水位异常升降，则称为风暴潮[3]。

从潮位随时间变化的过程曲线（图3-1）来看，海面上升到最高点时称为高潮，海面下降至最低点时称为低潮。在潮汐升降的每一个周期内，从低潮升至高潮所经历的时间称为涨潮历时，从高潮降至低潮所经历的时间称为落潮历时。在高潮和低潮之际，海面有短暂时间不做升降运动，称为停潮和平潮。相邻的高潮至低潮的水位差称为落潮潮差，相邻的低潮至高潮的水位差称为涨潮潮差。

潮位的分布特征曲线随着地点和时间而变化，从长期来看大致可分为3种类型，分别为半日潮、日潮和混合潮。在一个太阴日（24h50min）内发生两次高潮和两次低潮，相邻两次高潮和两次低潮的潮位大致相等，涨潮历时和落潮历时相同，潮位曲线近似为对称的余弦曲线，则称为半日潮，如图3-1（a）所示。我国青岛和厦门港的潮汐具有半日潮特点。在一个太阴月中的大多数太阴日内，每日出现一次高潮和一次低潮，则称为日潮，如图3-1（b）所示。我国南海的北部湾为典型的日潮潮汐海区[2]。

混合潮又分为不规则半日潮和不规则日潮。不规则半日潮基本具有半日潮的特征，在一个朔望月中的大多数日子里，每个太阴日内一般有两次高潮和两次低潮，但相邻的高潮或低潮的潮位高度相差很大，涨潮历时和落潮历时也不同。有少数日子的第二次高潮很小，半日潮特征不明显，如图3-1（c）所示。我国浙江镇海、福建诏安与香港海区内具有这种潮汐的特点。不正规日期的特征是在一个朔望月中的大多数日子里具有日潮型的特征，但有少数日子出现两次高潮和两次低潮的半日潮特征，如图3-1（d）所示。我国海南榆林海区符合不规则日潮的特点。

潮汐存在着日不等、半月不等、月不等和年不等现象。地球上某点由于地球自转在一天内出现两次高潮和两次低潮，若该天月球的赤纬为零，则两次高潮大小相等，低潮亦然；若月球的赤纬不等于零则两次高潮不等，低潮亦然，从而形成了日不等现象。其中较高的高潮称为高高潮，较低的高潮称为低高潮，较低的低潮称为低低潮，较高的低潮称为高低潮。太阴潮和太阳潮形成的合成潮与月球、太阳和地球的相对位置有直接关系，每逢

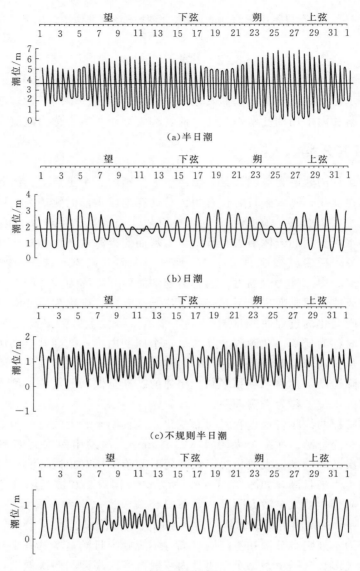

图 3-1　潮汐月过程曲线[4]

朔（初一）、望（十五）时，太阳、月球和地球在一条直线上，合成潮的高潮最高，低潮最低，潮差最大，亦名朔望潮；至上弦（初七、初八）和下弦（廿二、廿三）之日，地球、月球和太阳处于直角位置，出现半月中潮差最小的潮汐，形成了半月不等现象。月球绕地球公转的轨迹为椭圆，一个公转周期内月球距离地球的距离时远时近，对应的潮汐为远地潮和近地潮，在一个月之内变化一次，形成了潮汐的月不等现象。由于地球绕太阳公转的轨迹为一椭圆，且黄道与白道交点以周期 18.61 年不断移动，进而形成了潮汐的年不等现象。

　　海洋水文分析中经常需要利用已有的潮位资料来推算该地点将来的潮位变化规律，称为潮汐预报，调和分析方法是当今世界上用来预报海岸海域潮汐现象的主要方法。由于潮位曲线具有明显的周期特性，在数学上可以将其分解为多个振幅与位相不同的余弦曲线的叠加，每一个余弦曲线则代表一个假想的天体在天球赤道上做等速圆周运动所产生的潮位变化过程线。每一个假想天体引起的潮位余弦变化曲线称为分潮。分潮分为天文分潮、浅水分潮和气象分潮，调和分析中分潮的个数可以是 11 个、64 个或更多，其中最主要的 11 个分潮的名称、符号、角速度与周期如表 3－1 所示，具体分析计算时常采用最小二乘法来进行。

表 3－1　11 个分潮特性表[3]

种类	名称	符号	角速度/[(°)·h⁻¹]	周期/h
半日分潮	主太阴半日分潮	M_2	29.98	12.42
	主太阴椭圆率半日分潮	N_2	28.44	12.66
	主太阳半日分潮	S_2	30.00	12.00
	太阴太阳赤纬半日分潮	K_2	30.82	14.96
日分潮	主太阴日分潮	O_1	13.94	25.82
	主太阴椭圆率日分潮	Q_1	13.40	26.87
	主太阳日分潮	P_1	14.96	24.07
	太阴太阳赤纬日分潮	K_1	15.04	23.93
海线分潮	太阴浅海分潮	M_4	57.96	6.21
	太阴太阳浅海分潮	M_{S4}	58.98	6.10
	太阴浅海分潮	M_6	86.94	4.14

在工程实际应用中，根据当地全日分潮和半日分潮的振幅比值来判断潮汐类型，其比值为潮型数，计算为[2]

$$A = \frac{A_{K_1} + A_{O_1}}{A_{M_2}}$$　　　　　　　　（3－3）

式中　A——潮型数；

A_{K_1}——K_1 分潮的振幅；

A_{O_1}——O_1 分潮的振幅；

A_{M_2}——M_2 分潮的振幅。

潮汐类型根据潮型数 A 来分类：当 $0 < A \leqslant 0.5$ 时为半日潮，当 $0.5 < A \leqslant 2.0$ 时为不规则半日潮，当 $2.0 < A \leqslant 4.0$ 时为不规则日潮，当 $A > 4.0$ 时为日潮。例如，我国青岛港的潮型数 $A = 0.38$，为正规半日潮；香港海区的潮型数 $A = 1.4$，为不正规半日潮；海南榆林港海区的潮型数 $A = 2.7$，为不正规日潮；东方港的潮型数 $A = 6.48$，为正规日潮[2]。

3.2.2　潮位特征值

当进行海上风电场建设开发时，不管是工程地质勘察还是海图测量等工作，均需要一个高程基准面来确定各位置的高程，高程基准面多采用某海域的平均海平面。海面的周期性涨落表现为相对于平均海平面的上下振动，平均海平面为某处所测潮位记录（1 次/h）的平均值，可分为日平均海平面、月平均海平面、年平均海平面和多年平均海平面。由于天文要素的变化周期为 18.6 年，因此要精确得到多年平均海平面必须取得 19 年每小时潮位的平均值。1987 年 5 月我国开始采用"1985 国家高程基准"作为大地高度的起算面，其平均海平面系以青岛验潮站 19 年验潮观测记录数据为依据计算确定的黄海平均海平面[2]。

　　用平均海平面表示海域的深度并不方便，因为低潮位时水深为负值。为了保证航海的安全，在海图上基准深度以最小深度为宜，最小深度的基准面称为海图深度基准面。关于海图深度基准面的确定各国并不统一，我国于 1956 年统一采用"理论深度基准面"作为海图深度基准面，它是用 8 个分潮（M_2、S_2、N_2、K_2、K_1、O_1、P_1、Q_1）进行组合，通过计算得到的理论上潮汐可能达到的最低潮面。

　　潮汐表上预报潮位值的零点称为潮高基准面，其在平均海平面以下，与海图深度基准面也不一定一致。任何时刻海区某处的实际水深等于海图深度加上潮高基准面与海图深度基准面之间的差值和该海区潮位表上的预报潮位值[3]。

　　工程上常用的特征潮位包括以下几种：

　　（1）极高（低）潮位。历史上曾经观测到的潮位最高（低）值，可能包含了非天文因素引起的水位升高值。

　　（2）平均最高（低）潮位。在多年潮位观测资料中，取每年最高（低）潮位的多年平均值。

　　（3）平均大潮高（低）潮位。取每月两次大潮的高（低）潮位的多年平均值。

　　（4）平均小潮高（低）潮位。取每月两次小潮的高（低）潮位的多年平均值。

　　各基准面与不同特征潮位间的相互关系如图 3-2 所示。

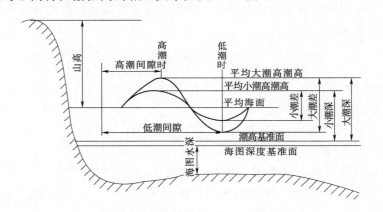

图 3-2　基准面与特征潮位[3]

　　设计潮位在港口工程的设计与施工中是一个重要的水文参数，设计高、低水位是港口水工建筑物在正常使用条件下的高、低水位。对于海岸港的设计高、低水位，各国所采用的标准并不相同，有的国家采用平均大潮高、低潮位；有的国家采用潮位历时累积频率 1%、98% 的潮位。

3.2.3　我国近海潮汐

　　我国渤海大部分的海区都是不正规半日潮，在秦皇岛附近有一小块正规全日潮海区，其周围部分的环形海域是不正规全日潮,在黄河口外有一小块不正规全日潮。

除山东半岛成山头有小范围全日潮,海州湾和济州岛附近存在不正规半日潮外,黄海的大部分海区都是正规半日潮。

整个东海的潮型数 $A<2.0$,属于半日潮,其中以正规半日潮为主。仅部分海域如舟山群岛附近是不正规半日潮。此外,东南侧与外海邻接海域,如济州岛、九州西南及琉球群岛等处是不正规半日潮。

南海的潮汐性质较复杂,绝大部分海域是不正规全日潮,北部湾等地是正规日潮,另有少数不正规半日潮散布在广东沿岸广州湾、雷州湾等地,北部湾是世界典型的全日潮海区之一,如吉婆岛的 M_2 分潮平均振幅为 3cm, K_1 分潮平均振幅为 70cm, O_1 分潮平均振幅为 80cm,潮型数 $A=50$,全日潮占主要优势。

我国海区的潮差在近岸受水深变浅影响,潮差逐渐增大,而在外海大洋潮波传入处的潮差很小,近岸蕴藏着丰富的海洋潮汐能资源。就沿海潮差的分布而言,东海闽浙沿岸的潮差大,如浙江省杭州湾澉浦的潮差达 8.93m,福建三都澳的潮差达 8.54m。而东海的东面潮差小。受黄海旋转潮波的影响,黄海的东岸潮差大于西岸,如朝鲜半岛西岸的仁川附近高达 11m,我国沿海潮差相对较小。但在江苏小洋口附近可出现较大潮差,有文献给出 9.28m 的潮差值。渤海的潮差较小,多在 2~3m 之间,但在湾顶有最大潮差,如辽东湾湾顶可达 5.4m,渤海湾湾顶可达 5.1m,而秦皇岛和龙口附近的潮差最小。南海的潮差一般较小,少数较大的地方,如广东东部沿岸的潮差为 1~3m,西部沿岸可达 4m,在北部湾湾顶最大可达 7m 左右[5]。表 3-2 为我国沿海部分潮汐观测站的平均潮差和最大可能潮差。

表 3-2 我国沿海部分潮汐观测站的平均潮差和最大可能潮差[6]

观测站名	平均潮差/m	最大可能潮差/m
营口	2.58	5.41
秦皇岛	0.71	1.44
塘沽	2.48	5.02
烟台	1.66	2.93
青岛	2.80	5.23
连云港	3.15	6.44
芦潮港	3.21	4.90
旋门港	5.15	8.92
厦门	3.96	7.20
汕尾	0.98	2.78
黄埔	1.64	3.78
湛江港	2.15	5.22
海口	0.82	3.38
东方	1.49	4.09
榆林	0.85	2.01
北海	2.36	7.83

3.3 海 流

近海海流通常分为潮流和非潮流。潮流是海水受天体引潮力作用而产生的海水周期性的水平运动。非潮流又可分为永久性海流和暂时性海流。永久性海流包括大洋环流、地转流等；暂时性海流则是由气象因素变化引起的，如风海流、近岸波浪流、气压梯度流[3]。

3.3.1 海流组成与分类

海流为一矢量，海流的方向是指其流去的方向，以度（°）为单位，正北为零，按照顺时针计量；流速是指单位时间内海水流动的距离，以 m/s 或 kn（节）为单位，其中 1kn＝1.852km/h。

海水流动有周期性及非周期性之分，取决于形成海流的原因。海流成因中对海洋工程关系密切的主要有 3 种。第一种是潮汐现象引起的潮流，它是周期性的；第二种是作用于广阔海面上的风力使海面产生漂流，又称风海流；第三种则是由于广阔海面受热或受冷，蒸发或降水不均匀而引起的海水温度、盐度乃至密度的分布不匀而形成的密度流[2]。下面主要介绍与海岸及近海岸工程密切相关的潮流、近岸波浪流、漂流（风生流）等。

潮流与潮汐相对应，存在半日潮流、日潮流、混合潮流。由于海底地形与海岸形状的不同，潮流现象要比潮汐现象更加复杂。涨（落）潮时海水的流动称为涨（落）潮流。潮流不仅流速具有周期性，流向也具有周期性。按照流向来分潮流有两种运动形式，分别为旋转流和往复流。

旋转流一般发生在外海和开阔的海区，是潮流的普遍形式。由于地球的自转和海底摩擦的影响，潮流往往不是单纯地形成往复的流动形式，其流向不断地发生变化，如图 3 - 3（a）所示。往复流常发生在近海岸狭窄的海峡、水道、港湾、河口以及多岛屿的海区。由于地形的限制，致使潮流主要在相反的两个方向变化，进而形成海水的往复流动，如图 3 - 3（b）所示。

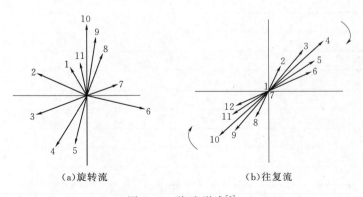

(a)旋转流　　　　　　　　(b)往复流

图 3 - 3　海流形式[3]

除了按照潮流的方向进行分类外，根据我国《海港水文规范》（JTS 145—2—2013），潮流按其性质可分为规则的半日潮流和不规则的半日潮流，周期为 6h12min30s；规则的

全日潮流和不规则的全日潮流，其周期为 12h25min。定义潮流类型的型数 K 计算为

$$K = \frac{W_{O_1} + W_{K_1}}{W_{M_2}} \tag{3-4}$$

式中　W_{O_1}——主太阴日分潮流椭圆长半轴长度；

　　　W_{K_1}——太阴、太阳赤纬日分潮流椭圆长半轴长度；

　　　W_{M_2}——主太阴半日分潮流的椭圆长半轴长度。

潮流类型的判断标准为：当 $K \leqslant 0.5$ 为规则半日潮流；当 $0.5 < K \leqslant 2.0$ 为不规则半日潮流；当 $2.0 < K \leqslant 4.0$ 为不规则日潮流；当 $K > 4.0$ 为规则日潮流。

由于海底摩擦、渗透及海水涡动等造成能量损耗，使得波浪从深海传播至浅水区域时波浪发生破碎，引起波浪能量的重新分布。波浪作用引起的近岸流系主要由 3 部分组成，分别为向岸的水体质量输移、平行岸边的沿岸流、流向外海的裂流亦称离岸流。波浪在向岸传播的过程中，根据高阶斯托克斯波浪理论，水质点的动轨迹是不封闭的，在波向上存在净的水体质量输送。离岸流是近岸流系中最显著的部分，是穿过破碎区向外海流流动的一束较强而狭窄的集中于表面的水流，流速通常较大。顺岸流是沿着岸线流动的，速度较小，离岸流依靠顺岸流来维持，两者相互衔接，形成补偿流[7]。

漂流是风和海水表面摩擦作用引起的，其流向受地球自转惯性力的影响，在北半球偏于风向的右方，在南半球偏于风向的左方，海水的摩擦使得表层海水运动的能量逐渐向深层传递。

艾克曼（V. W. Ekman）在 20 世纪初提出了漂流理论用以研究漂流，该理论的两个假设为：漂流发生在广阔的大洋中，或离岸甚远的大海中；大洋深度是无限的，至少有足够的深度以便使稳定的风向、风力能引起恒定的漂流。漂流理论主要归纳为以下结论：

（1）表层漂流的方向在北半球偏于风向右 45°，在南半球则偏于左 45°。这种偏转不随风速、流速、纬度的改变而变化。

（2）表层流速与风速的经验关系为

$$V_0 = \frac{0.0127}{\sqrt{\sin\varphi}}U \tag{3-5}$$

式中　U——风速，m/s；

　　　φ——纬度；

　0.0127——风力系数。

在垂直方向上，漂流流速随水深的增加迅速减小。当水深无限时，深度 z 处的漂流流速 V 的复数表达式为

$$V = V_0 \exp\left[-\pi\frac{z}{D} - i\left(\frac{\pi}{4} - \pi\frac{z}{D}\right)\right] \tag{3-6}$$

式中　D——摩擦深度。

基于式（3-6），在摩擦深度处的流速仅为表面漂流流速的 1/23。

水深对潮流的流向也会产生影响，当水深 d 愈浅，表面流向与风向之间的偏角 α 值也愈小；当 $d > D$ 时，$\alpha = 45°$，不再变化。相对水深 d/D 与偏角 α 之间的关系如表 3-3 所示。

表 3 - 3　相对水深与偏角的关系[7]

d/D	0	0.1	0.25	0.50	0.75	1.00	2.00	...	∞
α	0	3.7°	21.5°	45°	45.5°	45°	45°	45°	45°

3.3.2　海流特征值

海流最大可能流速的计算，应尽量根据实测海流利用统计关系求得。在潮流和风海流为主的近岸海区，海流最大可能流速等于潮流最大可能流速与风海流最大可能流速的矢量和。

潮流最大可能流速 v_{max} 按照以下方法计算：

（1）在规则半日潮流海区，v_{max} 计算为

$$v_{max} = 1.295W_{M_2} + 1.245W_{S_2} + W_{K_1} + W_{O_1} + W_{M_4} + W_{MS4} \tag{3-7}$$

式中　W_{M_2}、W_{S_2}、W_{K_1}、W_{O_1}、W_{M_4}、W_{MS4}——M_2 分潮、S_2 分潮、K_1 分潮、O_1 分潮、
　　　　　　　　　　　　　　　　　　　　　M_4 分潮和 M_{S4} 分潮的椭圆长半轴矢量，
　　　　　　　　　　　　　　　　　　　　　流速单位为 cm/s。

（2）在规则全日潮流海区，v_{max} 计算为

$$v_{max} = W_{M_2} + W_{S_2} + 1.600W_{K_1} + 1.450W_{O_1} \tag{3-8}$$

（3）在不规则半日潮流或不规则日潮流海区可选取两者之中较大者。在潮流比较显著的近岸海区，风海流是余流的主要组成部分。在有长期海流连续观测资料的基础上，可用统计方法求得余流特征值。在海流实测资料不足的情况下，如果只有风的观测资料，风海流的量值[7]计算为

$$\begin{cases} v_w = kU \\ \theta_w = \beta \end{cases} \tag{3-9}$$

式中　v_w——风海流的速度，m/s；

　　　θ_w——风海流的流向，(°)；

　　　U——风速，m/s；

　　　β——海底等深线方向；

　　　k——系数，取 $0.024 \leqslant k \leqslant 0.030$。

在国际上，通常认为海流由潮流和风生流两者叠加而成。深度 z 处的海流流速 $v(z)$ 确定为

$$\begin{cases} v(z) = v_{tide}(z) + v_{wind}(z) \\ v_{tide}(z) = v_{tide0}\left(\dfrac{h+z}{h}\right)^{\frac{1}{7}}, \qquad z \leqslant 0 \\ v_{wind}(z) = v_{wind0}\left(\dfrac{h_0+z}{h_0}\right), \qquad -h_0 \leqslant z \leqslant 0 \end{cases} \tag{3-10}$$

式中　z——纵坐标，坐标零点位于静水面处，竖直向上为正；

　　　h——从静水位开始的水深（正数）；

　　　h_0——风生流参照水深，挪威船级社 DNV 标准[8]中取 $h_0 = 50m$，国际电工协会
　　　　　　IEC 标准[9]中取 $h_0 = 20m$；

v_{wind0}——静水位处的风生流流速；

v_{tide0}——静水位处的潮流流速。

除有实测资料外，结合式（3-9），静水位处的风生流流速 v_{wind0} 计算为

$$v_{wind0} = kU_0 \qquad (3-11)$$

式中　U_0——海平面以上 10m 处 1h 平均风速，它存在以下转换关系：1h 风速＝0.916 倍 10min 风速；

　　　k——取值为 0.015～0.03。

在近岸区域由于水深变浅常出现波浪破碎现象，波浪破碎时将产生破波流，在靠近岸边区域水流流向与岸线平行，由于波浪破碎而产生的水流流速 v_{bw} 计算为[10]

$$v_{bw} = 2s\sqrt{gH_b} \qquad (3-12)$$

式中　s——海底斜率；

　　　H_b——破碎波波高；

　　　g——重力加速度。

3.3.3　我国近海海流

渤海潮流以半日潮为主，流速一般为 0.5～1.0m/s；最强的潮流出现于老铁山水道附近，可达 1.5～2.0m/s；辽东湾次之，为 1.0m/s；莱州湾仅为 0.5m/s 左右。

黄海的潮流大都为正规半日潮，仅在渤海海峡及烟台近海为不正规全日潮流。流速一般是东部大于西部，朝鲜半岛西岸的一些水道，曾观测到 4.8m/s 的强流。黄海西部强流区出现在老铁山水道、成山角附近，达 1.5m/s 左右，吕四、小洋口及斗龙港以南水域，可达 2.5m/s 以上。

东海潮流在东海的西部大多为正规半日潮流，东部则主要为不正规半日潮流，台湾海峡和对马海峡分别为正规和不正规半日潮流。潮流流速近岸大，远岸小。闽、浙沿岸可达 1.5m/s，长江口、杭州湾、舟山群岛附近为中国沿岸潮流最强区，可高达 3.0～3.5m/s 以上，如岱山海域的龟山水道，潮流速度高达 4m/s。九州西岸的某些海峡，水道中的流速也可达 3m/s 左右。

南海潮流较弱，大部分海域潮流流速不到 0.5m/s。北部湾强流区，也不过 1m/s 左右，琼州海峡潮流最强可达 2.5m/s。南海以全日潮流为主，则全日潮流显著大于半日潮流，仅在广东沿岸以不正规半日潮流占优势[5]。

3.4　海　冰

在温带和高纬度地区的海洋工程结构物，海冰对结构物的影响将变得非常显著。海冰是海水在寒冷季节气温降至冰点以下后逐步由液态转化为固态的产物，同时伴随着海水中盐分的析出。海冰的破坏作用巨大，在重冰年海冰可封锁海湾和航道、毁坏过往船舶、推垮海洋建筑物，构成严重的海洋灾害。海冰对海洋工程建筑物的作用力是寒冷海域工程设计的主控荷载之一，建筑物所受到的海冰作用力不仅取决于建筑物的尺寸和结构型式，而且与海冰的物理力学特性密切相关。

3.4.1 海冰结构与类型

海冰是海上出现的所有冰的总称，包括由海水直接冻结而成的冰和源于陆地的淡水冰（河冰、湖冰和冰川冰等）。海冰一般由固态的水（纯水）、多种固态盐和浓度大于原生海水浓度而被圈闭在冰结构空隙部分的盐水包组成。在纯冰形成过程中，海水中的盐分被析出并转移至下方。盐水包是造成在相同温度下海冰强度低于淡水冰强度的主要原因。尽管冰是一种晶体材料，但单个冰晶体的外形和尺寸相差很大，形状上可能呈片状、板状或柱状，尺度可由 1mm 至几厘米不等。当冰晶格有序排列时，冰的变形和强度通常是各向异性的。

就海冰的结构形态而言，海冰的上表层一般由细小的粒状冰晶组成，厚度取决于结冰时的海况。其下为过渡层，厚度由几毫米至 2cm 左右，冰晶体具有沿生长方向变长的趋势。再下面为冰排的基本结构层，亦即柱状冰层，冰的晶体明显地沿生长方向变长、冰的晶格对称轴位于与水面平行的平面内[11]。

冰是由氢离子（H^+）和氧离子（O^{2-}）组成的六方形晶体，晶体与晶体之间的排列随着冰冻过程的发展而变化。海冰在形成过程中经历多种变化阶段，呈现不同的状态特征。处于不同结冰时期的海冰具有不同的结冰特点。根据不同的分类依据和标准，可以将海冰分为各种类型。通常采用的海冰分类依据包括成长过程、表面特征、晶体结构、运动形态、密集程度和融解过程等，不同分类依据下包含的海冰类型如表 3-4 所示。

表 3-4 海 冰 分 类[12]

分类依据	海冰类型
成长过程	初生冰、尼罗冰、冰皮、莲叶冰、灰冰、灰白冰、白冰
表面特征	平整冰、重叠冰、堆积冰、冰丘、冰山、裸冰、雪帽冰
晶体结构	原生冰、次生冰、层叠冰、集块冰
运动形态	大冰原、中冰原、小冰原、浮冰区、冰群、浮冰带和浮冰舌等
密集程度	密结浮冰、非常密集浮冰、密集浮冰、稀疏浮冰、非常稀疏浮冰、无冰区
融解过程	水坑冰、水孔冰、干燥冰、蜂窝冰、覆水冰

由于海冰的分类标准和类型较多，为了便于理解，工程中常用的海冰类型和定义有以下方面：

（1）浮冰，指冰体不与海岸、岛屿冻结在一起，随风、流、浪等水温气象因素而漂泊的冰。

（2）固定冰，指不随风、流、浪等水温气象因素而流动，但可以随潮汐的涨落作升降运动的冰。

（3）饼冰，指冰体的直径小于 3m，厚度小于 5cm 的冰。

（4）冰皮，指厚度大于 5cm 的冰。

（5）板冰，指冰体厚度在 5～15cm 时的冰。

（6）厚冰，指厚度大于 30cm 的冰。

（7）重叠冰，指在浮冰中的重叠冰，冰层相互重叠，层次分明，重叠面的倾斜度不大。

（8）堆积冰，指在风、浪、流的作用下，冰块杂乱地重叠堆积在冰面上，呈直立或倾斜状态。

3.4.2 海冰物理力学特性

由于海冰的力学强度比海上结构物的材料强度要小得多，因而海冰作用在结构物上的冰压力主要取决于海冰自身强度。海冰强度除了与其温度、含盐度和结晶构造有关外，还与冰的加载速度等相关[7]。

1. 海冰的物理特性参数

海冰的物理特性参数包括海冰密度、温度、盐度和比重等。

海冰密度指单位体积海冰的质量，主要取决于海冰的温度、盐度和冰内气泡的含量。渤海和黄海北部平整冰的密度通常为 $750 \sim 950 \text{kg/m}^3$，集中分布在 $840 \sim 900 \text{kg/m}^3$。堆积冰的密度减少 $5\% \sim 15\%$。海冰密度在垂直方向上的变化不明显。

海冰的温度指冰内部的温度。渤海和黄海北部平整冰的表层温度通常为 $-2 \sim -9℃$，多集中于 $-3 \sim -5℃$。有时表层冰温可用海上日平均气温代替。表层 20cm 以下的海冰温度基本不变，为 $-1.6 \sim -1.8℃$。冰层的温度主要受气温、冰厚和冰的热传导系数等因素控制，工程中常采用等效冰温来确定这些因素的综合影响。

海冰的盐度指海冰融化成海水所含的盐度，其高低取决于形成海冰的海水盐度、结冰速度和海冰在海中生存的时间等。渤海和黄海北部平整冰的盐度通常为 $3.0 \sim 12.0$，集中分布于 $4.0 \sim 7.0$，河口浅滩附近海冰的盐度集中于 $1.0 \sim 4.0$。

冰的比重比较稳定，典型值在 $0.88 \sim 0.92$ 之间。

2. 海冰的力学特性参数

当进行海冰对结构物作用力计算时，对于具有垂直外表面的结构物冰压力计算，需要掌握冰的抗压强度参数，而一些有锥形外缘的结构物，则需要了解海冰的抗弯强度参数。海冰的力学特性参数包括海冰的抗压强度、抗拉强度、抗弯强度、弹性模量和摩擦系数等。

海冰的抗压强度是最重要的海冰力学特性参数，其大小与众多变量有关。海冰抗压强度与海冰的密度相关，海冰密度增大时其冰质愈坚硬，抗压强度愈大。抗压强度还与海冰温度有关，当冰的温度降低时，冰质坚硬，冰的抗压强度就相应增大。随着冰温下降，海冰内盐水滴中的一部分水离析出来而冻化，盐水滴尺寸变小，冰的强度和弹性刚度提高。冰温的变化对冰极限抗压强度的影响比较明显，大体上从 0℃ 开始每下降 10℃，冰的极限抗压强度增加一倍。抗压强度还与海冰的盐度有关，海水中含盐量越高，强度和弹性刚度参数越低。冰的盐度愈大，其抗压强度越低。

海冰的抗压强度还与加载速度有关系。所谓加载速度是指冰层对建筑物产生挤压作用的速度，在自然条件下作用于建筑物上行进的冰速范围较大。实验表明，当加荷速率增快时，抗压极限强度明显降低。加荷速率快、慢不同，抗压强度可相差 $2 \sim 3$ 倍。当海冰在风和潮流的携带下，随着潮流的变化，冰层对建筑物的挤压力也在变化。

海冰抗压强度沿着冰厚在竖向分布上并不均匀，冰体上部的强度大于冰体下部的强度，工程中采用冰体强度垂直分布的平均值。除此之外，建筑物形状对抗压强度也有影响，建筑物（墩柱）形状的不同，可使冰块接触应力状态发生变化，从而直接影响着极限抗压强度，尤其是尖角形建筑物，会降低冰极限抗压强度。

与海冰的抗压强度不同，海冰的抗拉强度与加载速率、冰的孔隙度和海冰温度等没有很强的依赖关系。对于淡水冰抗拉强度可达 2MPa，对于海水冰抗拉强度可达 1MPa。对于柱状冰，其抗拉强度与其加载方向有关，沿柱状方向的强度是沿垂直于该方向强度的4倍。

海冰的抗弯强度是在弯矩作用下，海冰因受拉而破坏的强度。海冰受弯时将引起中和轴的偏移，海冰的弹性性能取决于中和轴沿冰厚的位置，因此当采用冰的弯曲试验来推算海冰的抗拉强度时应慎重。一般情况下，海冰的弯曲强度约为抗压强度的 0.23～0.40 倍。在缺乏实测资料时，平整冰的弯曲强度可近似计算为[13]

$$\sigma_f = 0.96(1 - 0.063\sqrt{V_b}) \tag{3-13}$$

$$V_b = S_t(0.532 - 49.185/T_1) \tag{3-14}$$

式中　　σ_f——平整冰的弯曲强度；

　　　　V_b——平整冰盐水体积；

　　　　S_t——平整冰盐度；

　　　　T_1——平整冰温度，且适用范围为 −22.9～−0.5℃。

当冰的变形过程不是纯弹性时，冰的弹性模量取决于其加载速率，通常使用有效弹性模量来描述冰的这一特性。在准静力速度下，海冰有效弹性模量在 3～5GPa 之间，当加载速率很慢时，有效弹性模量可低至 1GPa。除非在设计中考虑冰的弯曲和屈曲，否则冰的弹性模量对海洋结构物的设计影响不大。

冰的泊松比在声速时为 0.25，在准静力工程荷载时为 0.3，在长期蠕变荷载作用下约为 0.5。很多作用对海冰的泊松比并不敏感，对于准静力弯曲和屈曲，泊松比约为 0.3[11]。

3.4.3　我国冰情与分布

我国近海的海冰，仅在冬季出现于渤海和北黄海沿岸。山东半岛的黄海沿岸，除个别深入陆地的海湾外，一般都不结冰。由于地理位置不同和气象条件等的影响，我国海冰的冰期、冰情等有明显的区域差异和时间变化。海冰有与岸冰冻结在一起的固定冰，也有随着风和流漂移的流冰，还有重叠冰、堆积冰等。我国海冰属于一冬生消的"一年冰"。

辽东湾的初冰日最早，一般在 11 月中旬；终冰日最晚，一般在 3 月下旬；冰期最长。辽东湾内部也有区域差异，在北部东岸年平均冰期（鲅鱼圈 127 天）比西岸（葫芦岛 98 天）长，而在该海域南部却是西岸（秦皇岛 105 天）比东岸（长兴岛 67 天）长。莱州湾冰期最短，如龙口年平均仅 62 天，最长纪录 97 天。渤海湾冰期居于二者之间。黄海北部的冰期各地差异较大，如大鹿岛平均长达 124 天，而小长山岛平均只有 32 天。

固定冰主要出现于辽东湾，冰期一般在 60～70 天，其北部区域可能更长，如营口年平均为 119 天，最长曾达 127 天。固定冰宽度可达 2～8km。

根据渤海、北黄海常冰年的冰情分布情况，盛冰期中渤海和黄海北部沿岸固定冰的宽度多在 0.2～2km 之间。冰厚在北部多为 20～40cm，最大约 60cm；南部约 10～30cm，最大约 40cm。渤海流冰外缘线，除辽东湾大致沿 10～15m 等深线分布外，辽东湾流冰外缘线离湾顶约 120～150km。流冰漂流方向与岸平行，或与最大潮流方向接近。

冰期内，由于天气转暖或因潮、流、风作用下，海冰漂移他处，使能见海域内观测不到冰，从而出现冰期内的"无冰日"。冰期内无冰日最多的海域是渤海湾，可占52%；其次是莱州湾，约为33%；再次为黄海北部，约占13%；最少的是辽东湾，仅为12%。这说明某些海区容易出现流冰。

以上为常年冰情分布，而冰情的年际变化不容忽视，我国将渤海和北黄海的冰情分为5个等级，即轻冰年、偏轻冰年、常冰年、偏重冰年和重冰年。表3-5和表3-6分别给出了我国冰情等级的一般范围和一般最大冰厚。

表3-5 我国海冰冰情等级（冰界）[14]

等级	冰界/n mile			
	辽东湾	渤海湾	莱州湾	黄海北部
轻冰年	<35	<5	<5	<10
偏轻冰年	35～65	5～15	5～15	10～15
常冰年	65～90	15～35	15～25	15～25
偏重冰年	90～125	35～65	25～35	25～30
重冰年	>125	>65	>35	>30

表3-6 我国海冰冰情等级（冰厚）[14]

等级	冰厚/cm							
	辽东湾		渤海湾		莱州湾		黄海北部	
	一般	最大	一般	最大	一般	最大	一般	最大
轻冰年	<15	30	<10	20	<10	20	<10	20
偏轻冰年	15～25	45	10～20	35	10～15	30	10～20	35
常冰年	25～40	60	20～30	50	15～25	45	20～30	50
偏重冰年	40～50	70	30～40	60	25～35	50	30～40	65
重冰年	>50	100	>40	80	>35	70	>40	80

就我国海冰的整体空间分布而言，存在以下特点：渤海北部冰情重于南部；海岸附近冰情重于海中；辽东湾东岸附近冰情重于辽东湾西岸附近；莱州湾西岸附近冰情重于莱州湾东岸附近；黄海北部鸭绿江口附近的冰情较重，沿辽东半岛南岸往西，冰情逐渐减轻；深水区以及渤海中部海区，冰主要是由岸边漂移来的，重冰年时可以生成尼罗冰。

就我国海冰的整体时间变化而言，渤海和黄海北部海冰随时间变化的特点为：

（1）日变化明显。由于受气温、风和潮流的影响，一日内常常出现早晨有冰，下午无冰，涨潮时有冰，退潮时无冰，以及向岸风时有冰，离岸风时无冰的情况。这种情况在初冰期和终冰期内尤为明显。

（2）日际变化明显。冷空气过境，特别是寒潮侵袭期间，海冰会突然增多、加厚，冷空气或寒潮过后，随着气温的回升，海冰又会融化或流往别处，从而出现几天冰重，几天冰轻的情况。

（3）年变化明显。海冰经历生成→发展→相对稳定→融化消失的过程，即通常所称的初冰期、盛冰期和终冰期。初冰期较长，可达50天；盛冰期长短随年际而变化，是一年中冰情最严重的时期；终冰期很短，仅5～7天。

（4）年际变化（多年变化）明显。由于冬季气候的变化，渤海和黄海北部的冰情各年不同；在极暖的冬季，渤海的结冰面积在 15% 以下；而在严寒的冬季，结冰面积占渤海总面积的 80% 以上。

就我国海冰的整体类型分布而言，盛冰期间各海区海冰的类型分布为：辽东湾以灰白冰、灰冰和白冰为主；黄海北部以灰白冰、灰冰和初生冰为主；渤海湾以灰冰、灰白冰和尼罗冰为主；莱州湾以灰冰、灰白冰和初生冰为主。除此之外，辽东湾北部和东北部以及渤海湾西部和南部容易出现重叠冰和堆积冰。

3.5 波　　浪

波浪是海水运动的形式之一，是海水在外力、重力与海水表面张力共同作用的结果。不同外因引起的波浪的周期和波幅均不相同。1965 年 Kinsman 根据波浪周期，结合主要扰动力和恢复力来划分波浪的类型，并给出其能量的近似分布，如图 3-4 所示。波动周期最短的为毛细波，周期大于 5min 的长周期波起因于地震、海啸或风暴，而能量分布最显著的为周期处于 1～30s，特别是 4～16s 这一范围内的重力波，在海洋工程中占据重要的地位，是海洋建筑物需要考虑的主要波浪荷载。

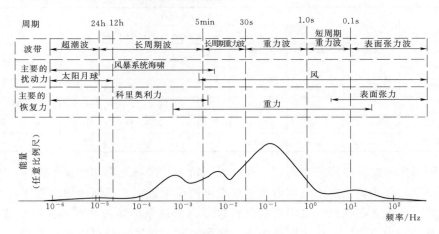

图 3-4　波浪周期、能量与类型[15]

对于由风引起的重力波，它是风浪、涌浪和近岸波浪的总称。风浪主要是指在风直接作用下产生的波浪。涌浪指风停止、转向或离开风区传播至无风水域的波浪。涌浪传播至浅水区，由于受到水深和地形变化的影响，发生变形，出现波浪的折射、绕射和破碎而形成近岸波浪[3]。

3.5.1　波浪要素

规则波是一种对波浪传播形式的理想化处理，认为波浪具有二维波动的特点，通常假定波浪以一定的周期、波长和波高在水中传播，如图 3-5 所示。图 3-5 中波浪剖面高出静水面的部分称为波峰，波峰的最高点称为波峰顶。同样的，波浪剖面低于静水面的部分

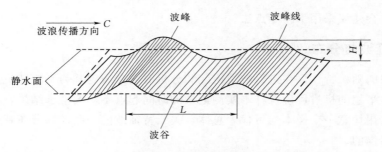

图 3-5　规则波的波浪要素[3]

称为波谷，波谷的最低点称为波谷底。垂直波浪传播方向上波峰顶的连线为波峰线。与波峰线正交的线为波浪的传播方向，波向和风向一样，指波浪的来向，可分为 16 个方位。相邻波峰顶和波谷底之间的垂直距离为波高，通常以 H 表示，单位为 m。相邻波峰顶（或波谷底）之间水平距离为波长，通常以 L 表示，单位为 m。而波浪周期指的是波浪起伏一次所需的时间，或相邻两波峰顶通过空间固定点所经历的时间间隔，通常以 T 表示，单位为 s。顾名思义，波速指的是波浪的移动或传播速度，通常以 C 来表示，单位为 m/s，大小等于波长与周期之比，即 $C=L/T$。波高与波长之比则为波陡，用 δ 表示，即 $\delta = H/L$，海洋上常见的波陡范围为 1/30～1/10。波陡的倒数则为波坦[3]。

　　海洋中波浪的波动实际为不规则波，波面各点的波动形状和大小随不同时间和地点在时刻发生变化，作为随机变量需根据统计特征量来描述。如图 3-6 所示，横轴表示时间，同时代表静水面，纵轴表示波面相对于静水面的垂直位移。波面自下而上跨过横轴的交点称为上跨零点（如点 0、点 9）。自上而下跨过横轴的交点称为下跨零点（如点 3、点 6）。相邻的两个上跨零点（或下跨零点）间的时间间隔称为周期。对于不规则波，各个周期是不等的，通常取其平均值作为平均周期 $\overline{T}$。在一个周期内波面的最高点为波峰顶（如点 4），波面的最低点为波谷底（如点 2），波峰顶与波谷底之间的垂直距离为波高，显然图中各个波高也不相等，取其平均值作为平均波高 $\overline{H}$。统计表明，无论是采用上跨零点还是下跨零点定义波高与周期，其平均值是基本相同的[7]。

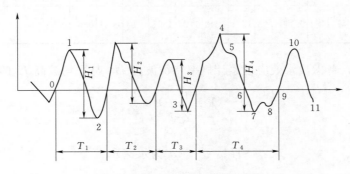

图 3-6　不规则波的波浪要素[7]

　　在进行波浪要素统计时，多采用上跨零点方法。但在破波带，此处的波剖面明显地向前倾斜，此时波浪具有明显的不对称性，最大波浪力常发生在波前拍击结构物时，故国际水力学研究协会建议采用下跨零点法。

3.5.2 特征波与分布

鉴于波浪的随机特性，在进行波浪研究和分析时通常假定其为平稳随机过程和各态历经随机过程。平稳随机过程确保样本实测记录的时间起点不影响推求结果，各态历经随机过程保证了采用任意一个样本均可代表总体。关于特征波的一些统计分布特性均是基于这两个前提而得出的。

根据不同的统计分类标准，可以采用不同的特征波表示方法。对于特征波的定义，欧美国家多采用部分大波的平均值，苏联多采用超值累积概率法，我国港口与海港工程领域多采用超值累计概率法，我国海上石油工程领域多采用部分大波法。

当采用部分大波法时，平均波采用 $\bar{H}$ 和 $\bar{T}$ 表示，指波列中所有波浪的平均波高和平均周期。有效波采用 $H_{1/3}$ 和 $T_{1/3}$ 表示，分别指按照波高大小次序排列后，取前面 1/3 部分波的平均波高和平均周期。1/10 大波采用 $H_{1/10}$ 和 $T_{1/10}$ 表示，分别指按照波高大小次序排列后，取前面 1/10 部分波的平均波高和平均周期。最大波采用 $H_{\max}$ 和 $T_{H\max}$ 表示，指波列中波高最大的波浪和其周期。

当采用超值累计概率法时，H_F 指在波列中超过此波高的累计概率为 F 对应的波高大小，常用的波高类型包括 $H_{1\%}$、$H_{4\%}$、$H_{5\%}$ 和 $H_{13\%}$ 等。

当波谱为窄带谱时，波面分布服从正态概率分布，波高分布服从瑞利分布，进而可以理论上分析得出不同波高分布与平均波高的关系。

对于深水波，累计概率特征波高 H_F 与平均波高 $\bar{H}$ 的关系为[16]

$$\frac{H_F}{\bar{H}} = \left(\frac{4}{\pi} \ln \frac{1}{F}\right)^{1/2} \tag{3-15}$$

不同累计概率下特征波高 H_F 与平均波高 $\bar{H}$ 的具体比值如表 3-7 所示。

表 3-7 累计概率波高与平均波高关系[2]

$F/\%$	0	0.1	1	2	3	5	10	20	30	40	50	60	70	80	90	95	97	98	100
$\dfrac{H_F}{\bar{H}}$	∞	2.96	2.42	2.23	2.11	1.95	1.71	1.43	1.24	1.08	0.94	0.81	0.67	0.53	0.37	0.26	0.20	0.16	0.00

在浅水区域，考虑浅水效应后累计概率特征波高 H_F 与平均波高 $\bar{H}$ 的关系为[16]

$$\frac{H_F}{\bar{H}} = \left[\frac{4}{\pi}\left(1 + \frac{H^*}{\sqrt{2\pi}}\right) \ln \frac{1}{F}\right]^{(1-H^*)/2} \tag{3-16}$$

其中
$$H^* = \frac{\bar{H}}{d} \quad (d \text{ 为水深})$$

对于 $1/p$ 部分大波特征波高 $H_{1/p}$，深水条件下其与平均波高 $\bar{H}$ 的关系为

$$\frac{H_{1/p}}{\bar{H}} = \left[\left(\frac{4}{\pi}\right) \ln p\right]^{1/2} + p\{1 - \mathrm{erf}[(\ln p)^{1/2}]\} \tag{3-17}$$

其中
$$\mathrm{erf}(t) = \frac{2}{\sqrt{\pi}} \int_0^t \mathrm{e}^{-t^2} \, \mathrm{d}t$$

式中　erf——误差函数。

部分大波波高 $H_{1/p}$ 与平均波高 $\bar{H}$ 的具体比值如表 3-8 所示。

表 3-8　部分大波波高与平均波高关系[2]

$1/p$	0.01	0.05	0.1	0.2	0.25	0.3	0.3333	0.4	0.5	0.6	0.7	0.8	0.9	1.0
$\dfrac{H_{1/p}}{\bar{H}}$	2.663	2.242	2.032	1.796	1.712	1.642	1.598	1.520	1.418	1.327	1.244	1.164	1.086	1.000

在浅水区域，考虑浅水效应后部分大波波高 $H_{1/p}$ 与平均波高 $\bar{H}$ 的关系为

$$\frac{H_{1/p}}{\bar{H}} = p \left[\frac{2}{\pi} \left(1 + \frac{H^*}{\sqrt{2\pi}} \right) \right]^{(1-H^*)/2} \int_{(2\ln p)^{1/2}}^{\infty} x^{(2-H^*)} \mathrm{e}^{-x^2/2} \, \mathrm{d}x \qquad (3-18)$$

无论是基于深水波波高的瑞利分布还是浅水下波高的格鲁霍夫斯基分布，波高值的上限都是无限的，而在工程实际中最大波高均为有限值。当最大波高作为一个随机变量，其与波高样本个数 N_0 和波高分布形式有关。结合波高平均值与有效波波高的关系 $H_{1/3} = 1.598\bar{H}$，最大波高的众值、均值和累积率 $\mu\%$ 对应的最大波高与有效波高关系[17]如下：

众值最大波高 $(H_{\max})_{\mathrm{m}}$ 为

$$\frac{(H_{\max})_{\mathrm{m}}}{H_{1/3}} \approx 0.706 \sqrt{\ln N_0} \qquad (3-19)$$

均值最大波高 $\bar{H}_{\max}$ 为

$$\frac{\bar{H}_{\max}}{H_{1/3}} \approx 0.706 \left[\sqrt{\ln N_0} + \frac{\gamma}{2\sqrt{\ln N_0}} \right] \qquad (3-20)$$

式中　γ——欧拉常数，$\gamma \approx 0.5772$。

累积率为 $\mu\%$ 的最大波高 $(H_{\max})_{\mu\%}$ 为

$$\frac{(H_{\max})_{\mu\%}}{H_{1/3}} \approx 0.706 \left\{ \ln \left[\frac{N_0}{\ln\left(\frac{1}{1-\mu}\right)} \right] \right\}^{1/2} \qquad (3-21)$$

对于浅水条件下，最大波高与平均波高的关系更为复杂，可以参考相关文献。

波浪的波长服从瑞利分布，则根据线性波中波浪波长与周期的关系，可得到周期 T 的分布。其分布函数为[17]

$$F(T) = \exp\left[-\Gamma^4 \left(\frac{5}{4} \right) \left[\frac{T}{\bar{T}} \right]^4 \right] \qquad (3-22)$$

式中　Γ——伽马函数，其中 $\Gamma^4\left(\dfrac{5}{4}\right) = 0.675$；

　　　$\bar{T}$——平均周期。

统计数据表明，波浪周期的概率密度函数的离差系数 $C_\mathrm{v} \approx 0.283$，偏态系数 $C_\mathrm{s} \approx 0$；

而波高的离差系数 $C_v \approx 0.552$，偏态系数 $C_s \approx 0.635$。可见周期的分布比波高的分布更集中（周期的离差系数 C_v 更小），且几乎是对称的（周期的偏态系数接近 0），因此波浪周期中出现机会最多的是平均周期。

海浪由深水进入浅水后，平均周期几乎不变。浅水周期的分布规律与水深无关，且变化很小。不同累积频率波高对应的周期是不同的，但它们只是统计出来的大致规律，理论关系还未完全确定。为简化起见，一般均将设计周期采用平均周期 $\bar{T}$。对于大的波高，其波周期的分布比较集中于平均周期附近；对于较小的波高，其波周期的分布就比较分散。亦即，对于大的波高，一般不会遇到比平均周期大得很多的波周期；而对于小的波高，则有可能遇到比平均周期大得多的波周期[3]。

若当地大的波浪主要为风浪，可由当地风浪的波高与周期的相关关系外推与该设计波高相对应的周期，或按表 3-9 确定相应的周期。

表 3-9　风浪的波高与周期的近似关系[18]

$H_{1/3}/\text{m}$	2	3	4	5	6	7	8	9	10
T_s/s	6.1	7.5	8.7	9.8	10.6	11.4	12.1	12.7	13.2

当地大的波浪主要为涌浪或者混合浪时，可采用与波浪年最大值相对应的周期系列进行频率分析，确定与设计波高为同一重现期的周期值。

日本的合田良实根据现场实测资料，统计得出波浪周期的相互关系为

$$T_{\max} = (0.6 \sim 1.3)T_{1/3} \qquad (3-23)$$

$$T_{1/10} = (0.9 \sim 1.1)T_{1/3} \qquad (3-24)$$

$$T_{1/3} = (0.9 \sim 1.4)\bar{T} \qquad (3-25)$$

在工程上，也可以近似按照如下关系式来确定波浪周期[16]，即

$$T_{\max} \approx T_{1/10} \approx T_{1/3} = 1.1\bar{T} \qquad (3-26)$$

一般最大波高 $H_{\max}$ 和最大波周期 $T_{\max}$ 并不一定对应同一个波，其他特征值下的波高与周期也不一定对应同一个波，但在工程上二者往往配对使用。

3.5.3　我国近海波浪

我国近海波浪的形成、发展和消衰主要取决于风的盛衰，此外地形和岛屿对局部地区的海浪也会产生不同程度的影响。

就波浪方向而言，我国海区冬季盛行偏北浪，夏季盛行偏南浪，春秋为过渡季节。渤海于 9 月首先出现偏北浪，随后由北向南逐渐发展，至 10 月则可遍及东海、南海北部和中部。夏季盛行偏南风，因而以偏南浪为主。与冬季相反，它首先在南海出现，再逐次向北发展。早在 5 月，在南海南部即出现南向浪，至 6 月西南风盛行后，整个南海遍布西南向海浪，到 7 月，最北的渤海也盛行偏南浪。

就波浪平均周期而言，国内海区中波浪平均周期冬季最大，12 月至翌年 2 月，大部海区的风浪周期在 4～5s，在夏季降至 3s 左右。在大浪中心海域，周期增大，如南黄海年平均为 6s，东海、台湾周围至南海中部可达 6～7s。涌浪周期与涌高有对应关系，在大涌

区，冬季各月和夏季 7—8 月的周期较大，过渡季节的周期小。就海区而言，一般北部小而南部大。例如渤海的周期，几乎全年均小于 4s；而黄海到东海逐渐增大，至东海南部可达 7～8s。在南海，则以北部湾海区较大，其他海区一般年平均为 5s 左右。

就波浪波高而言，冬季因各海区平均风力最大，平均波高亦最大，自 10 月开始，各海区平均波高渐增至 1.5m 以上，台湾海峡至南海中部可达 2.0m 以上，且大多能保持到翌年 2 月。夏季整个海区平均波高一般都显著降低，进入 6 月，渤海、黄海北部、朝鲜半岛西岸的浪高不到 1m，其他海区也在 1.2m 以下。7—8 月，由于台风活动，南部海区的浪高有所增加，强台风过境时浪高可达 8～10m。

我国沿海大浪受台风和寒潮大风影响十分明显。冬季在寒潮大风作用下，北方沿海波高较大；夏季东南沿海受台风影响，南方沿海波高较大。波高超过 10m 与周期 10s 以上的大浪多出现在开敞的东海。中国沿海最大波高分布如表 3-10 所示。

表 3-10　中国沿海最大波高分布[19]

海区	站名	波高/m	波向	最大周期/s
渤海、黄海沿岸	小长山	5.5	SSW	9.7
	老虎滩	8.0	SW	9.0
	葫芦岛	4.6	SSE	8.2
	芝罘岛	4.7	NE	7.3
	屺姆岛	7.2	NE	13.1
	成山角	8.0	NE	13.3
	小麦岛	6.1	ESE	14.7
	连云港	5.0	NE	8.3
东海沿岸	引水船	6.2	E	16.1
	嵊山	15.2	SE	17.1
	马迹山	7.71	SE	13.9
	南麂	10.0	E	14.8
	北礵	15.0	ESE、SE、SSE	11.3
	平潭	16.0	ESE	10.1
	崇武	6.9	SE	10.1
南海沿岸	云澳	6.5	SW、WSW	11.5
	遮浪	9.0	ESE	10.1
	硇洲岛	8.1	NNE	10.3
	玉苞	7.7	NE	10.9
	东方	6.0	NNW	9.5
	涠洲岛	5.0	SE	8.8
	莺歌海	9.0	ESE	9.1
	西沙	11.0	SSW	18.8

参 考 文 献

[1]　王超. 海洋工程环境 [M]. 天津：天津大学出版社，1993.

［2］　曾一非. 海洋工程环境［M］. 上海：上海交通大学出版社，2007.

［3］　邱大洪. 工程水文学［M］. 北京：人民交通出版社，1999.

［4］　陈宗镛. 海洋科学概论［M］. 青岛：中国海洋大学出版社，1992.

［5］　蒋德才，刘百桥，韩树宗. 工程环境海洋学［M］. 北京：海洋出版社，2005.

［6］　孙湘平，姚静娴，黄而畅，等. 中国沿岸海洋水文气象概况［M］. 北京：科学出版社，1981.

［7］　董胜，孔令双. 海洋环境工程概论［M］. 青岛：中国海洋大学出版社，2005.

［8］　Det Norske Veritas. DNV—OS—J101 Design offshore wind turbine structure［S］. Norway，2014.

［9］　International Electro technical Commission. Design requirements for offshore wind turbines（IEC 61400－3）［S］. British Electrotechnical Committee，2009.

［10］　Germanischer. Lloyd WindEnergie GmbH. Guideline for the Certification of Offshore Wind Turbines［S］. Uetersen：Heydorn Druckerei und Verlag，2012.

［11］　中华人民共和国国家石油与化学工业局. SY/T 10031—2000　寒冷条件下结构和海管规划、设计和建造的推荐做法［S］. 北京：石油工业出版社，2000.

［12］　中华人民共和国国家海洋局. GB/T 14914—2006　海滨观测规范［S］. 北京：中国标准出版社，2006.

［13］　中国海洋石油总公司. Q/HSn 3000—2002　中国海海冰条件及应用规定［S］. 北京：中国海洋石油总公司，2002.

［14］　金尚柱. 辽河油田浅海油气区海洋环境［M］. 大连：大连海事大学出版社，1996.

［15］　Robert E. Randall. 海洋工程基础［M］. 上海：上海交通大学出版社，2002.

［16］　竺艳蓉. 海洋工程波浪力学［M］. 天津：天津大学出版社，1991.

［17］　俞聿修，柳淑学. 随机波浪及其工程应用［M］. 大连：大连理工大学出版社，2010.

［18］　中华人民共和国交通部. JTS 145—2—2013　海港水文规范［S］. 北京：人民交通出版社，2013.

［19］　薛鸿超，谢金赞. 中国海岸带水文［M］. 北京：海洋出版社，1995.

第4章 波浪理论与分析

通常波浪观测数据的统计分析提供了在海洋环境中波浪的波高和周期，但在特定的水深条件下波浪的各种特性（诸如波面形态、速度与加速度分布规律）尚无法确定。本章介绍几种常用波浪理论来分析波浪的相关特性，包括线性波、斯托克斯波、椭圆余弦波、孤立波和流函数理论，最后给出了各种波浪理论的适用范围。

4.1 线 性 波（Airy 波）

微幅线性波理论是应用势函数来研究波浪运动的一种线性波浪理论。线性波是一种简化了的最简单的波动，其水面呈现简谐形式的起伏，水质点以固定的圆频率 ω 作简谐振动，如图 4-1 所示。同时波形以一定的速度 c 向前运动，波浪中线（平分波高的中线）与静水面重合。线性波理论最初由 Airy 提出，故又称为艾瑞波（Airy 波）。该理论求解中假定波面高度 η 与波长 L 之比为一小量，故也称作微幅波。微幅线性波的波剖面与坐标系如图 4-1 所示。

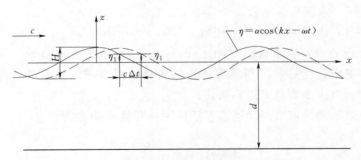

图 4-1 微幅线性波的波剖面与坐标系

4.1.1 基本原理与方程

线性波是一种最简单的波浪求解理论，该理论基于众多假定条件而提出，这些假定条件包括[1]：

（1）流体是无黏性不可压缩的均匀流体。

（2）流体作有势的运动。

（3）重力是唯一的外力。

（4）流体表面上的压强等于大气压。

（5）海底为水平的固体边界。

（6）波幅或者波高相对于波长是无限小的，流体质点的运动速度是缓慢的。

按上述 6 条假定的最后一条，可以认为波动的自由表面所引起的非线性影响可以忽略，即非线性的自由表面运动边界条件和动力边界条件可以简化为线性的自由表面边界条件。

在重力场中处于平衡的液体的自由面为一平面。如果在某处外来干扰的作用下，液体自由表面的各个质点将离开其平衡位置，但失去平衡状态的各液体质点在重力和惯性力的作用下，有恢复初始平衡位置的趋势，于是形成了液体质点的振荡运动，并以波的形式沿整个表面传播。对于势波，只要得到波动海域的速度势 φ 便可求得各点的速度，因此研究势波的问题归结为寻求波动海域的速度势 φ。

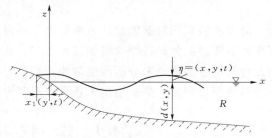

图 4-2　波动海域 R 示意图[1]

对于如图 4-2 所示的海域 R，其速度势应满足拉普拉斯方程，即

$$\nabla^2 \varphi = \frac{\partial^2 \varphi}{\partial x^2} + \frac{\partial^2 \varphi}{\partial y^2} + \frac{\partial^2 \varphi}{\partial z^2} = 0 \quad 海域 R:\begin{cases} x_s(y,\ t) \leqslant x < \infty \\ -\infty < y < \infty \\ -d(x,\ y) \leqslant z \leqslant \eta(x,\ y,\ t) \end{cases} \quad (4-1)$$

式中　x、y、z——笛卡尔坐标变量；

　　$x_s(y,\ t)$——t 时刻海域和陆域交线上的 x 坐标；

　　$\eta(x,\ y,\ t)$——自由水面的铅直位移；

　　$d(x,\ y)$——水深变量函数。

由于式（4-1）边界约束条件中函数 $x_s(y,\ t)$ 和函数 $\eta(x,\ y,\ t)$ 均为未知函数，因此拉普拉斯方程的求解域不仅随时间而变，而且本身也是要求解的一部分。对于线性波，为了能唯一确定速度势 φ，所需要的边界条件包括海域底部运动边界条件、自由表面运动边界条件和自由表面动力边界条件。

采用势函数表示的海域底部运动边界条件为（变量 d 为水深）

$$\frac{\partial \varphi}{\partial z}\Big|_{z=-d} = 0 \quad (4-2)$$

采用势函数和波面函数表示的自由表面运动边界条件为

$$\frac{\partial \varphi}{\partial z}\Big|_{z=\eta} = \frac{\partial \eta}{\partial t} \quad (4-3)$$

采用势函数和波面函数表示的自由表面动力边界条件为（g 为重力加速度）

$$\eta = -\frac{1}{g}\frac{\partial \varphi}{\partial t}\Big|_{z=\eta} \quad (4-4)$$

式（4-3）和式（4-4）所描述的边界条件可以合并为

$$\left(\frac{\partial \varphi}{\partial z} + \frac{1}{g}\frac{\partial^2 \varphi}{\partial t^2}\right)\Big|_{z=\eta} = 0 \quad (4-5)$$

综上可知，常深度下二维线性波的速度势 $\varphi(x,\ z,\ t)$ 由以下基本方程和边界条件所确定，即

$$\begin{cases} \nabla^2 \varphi = \dfrac{\partial^2 \varphi}{\partial x^2} + \dfrac{\partial^2 \varphi}{\partial z^2} = 0 \quad -d \leqslant z \leqslant 0, \ -\infty < x < \infty \\[3mm] \left. \dfrac{\partial \varphi}{\partial z} \right|_{z=-d} = 0 \\[3mm] \left(\dfrac{\partial \varphi}{\partial z} + \dfrac{1}{g} \dfrac{\partial^2 \varphi}{\partial t^2} \right) \bigg|_{z=0} = 0 \end{cases} \tag{4-6}$$

因为研究的是随时间作简谐振动的周期解答，显然可以不考虑初始条件，可以从设定一个反应时间周期性变化的速度势来进行分析。

4.1.2 特征参量的求解

波浪理论中经常用的变量包括波速 c 和波数 k，它们与波浪的波长 L、周期 T 和频率 f、圆频率 ω 的关系为

波速为

$$c = \frac{L}{T} \tag{4-7}$$

波数为

$$k = \frac{2\pi}{L} \tag{4-8}$$

圆频率为

$$\omega = \frac{2\pi}{T} = 2\pi f \tag{4-9}$$

波浪推进中不同波长（频率）的水波以不同的速度传播，从而导致波浪分散现象的产生，在波浪理论中称为色散关系或频散关系，关系式为

$$\omega^2 = kg\,\mathrm{th}(kd) \tag{4-10}$$

基于式（4-7）～式（4-10），可以推得有限水深条件下（$0.05 < d/L < 0.5$）波浪的周期、波长和波速三者之间相互关系为

$$c = \frac{gT}{2\pi}\mathrm{th}(kd) \tag{4-11}$$

$$T = \sqrt{\frac{2\pi L}{g}\mathrm{cth}(kd)} \tag{4-12}$$

$$L = \frac{gT^2}{2\pi}\mathrm{th}(kd) \tag{4-13}$$

在深水条件下（$d/L \geqslant 0.5$），波浪的周期、波长和波速三者之间的关系为

$$c_0 = \frac{gT}{2\pi} \tag{4-14}$$

$$T = \sqrt{\frac{2\pi L_0}{g}} \tag{4-15}$$

$$L_0 = \frac{gT^2}{2\pi} \tag{4-16}$$

在浅水条件下（$d/L \leqslant 0.05$），波浪的周期、波长和波速三者之间的关系为

$$c = \sqrt{gd} \tag{4-17}$$

$$T = \sqrt{\frac{L^2}{gd}} \tag{4-18}$$

$$L = T\sqrt{gd} \tag{4-19}$$

当水深为有限时，常深度二维线性波的速度势表达式为

$$\varphi = \frac{gH}{2\omega} \frac{\text{ch}[k(z+d)]}{\text{ch}(kd)} \sin(kx - \omega t) \tag{4-20}$$

式中　H——波高。

波面位置 η 对应的波面方程为

$$\eta = \frac{H}{2} \cos(kx - \omega t) \tag{4-21}$$

不同相位和深度位置下波浪质点的水平速度 u_x 和垂直速度 u_z 分别如式（4-22）和式（4-23）所示。

$$u_x = \frac{\pi H}{T} \frac{\text{ch}[k(z+d)]}{\text{sh}(kd)} \cos(kx - \omega t) \tag{4-22}$$

$$u_z = \frac{\pi H}{T} \frac{\text{sh}[k(z+d)]}{\text{sh}(kd)} \sin(kx - \omega t) \tag{4-23}$$

不同相位和深度位置下波浪质点的水平加速度 a_x 和垂直加速度 a_z 分别如式（4-24）和式（4-25）所示。

$$a_x = \frac{\partial u_x}{\partial t} = \frac{2\pi^2 H}{T^2} \frac{\text{ch}[k(z+d)]}{\text{sh}(kd)} \sin(kx - \omega t) \tag{4-24}$$

$$a_z = \frac{\partial u_z}{\partial t} = (-1) \frac{2\pi^2 H}{T^2} \frac{\text{sh}[k(z+d)]}{\text{sh}(kd)} \cos(kx - \omega t) \tag{4-25}$$

4.1.3　波浪质点运动轨迹

对于线性波，波动场内波浪质点的运动轨迹为一椭圆，即质点沿着封闭椭圆轨迹线作振荡运动。其运动轨迹方程为

$$\frac{(x - x_0)^2}{\alpha^2} + \frac{(z - z_0)^2}{\beta^2} = 1 \tag{4-26}$$

$$\alpha = \frac{H}{2} \frac{\text{ch}[k(z_0 + d)]}{\text{sh}(kd)} \tag{4-27}$$

$$\beta = \frac{H}{2} \frac{\text{sh}[k(z_0 + d)]}{\text{sh}(kd)} \tag{4-28}$$

式中　x_0、z_0——波浪质点静止时水平与竖向位置坐标；

　　　H——波高；

　　　k——波数。

进一步可以发现，式（4-26）～式（4-28）描述的椭圆长半轴 α 和垂直向短半轴 β 决定于波浪质点静止位置的纵坐标 z_0，而与水平坐标 x_0 无关。

对于深水条件，由式（4-26）～式（4-28）可得波浪质点的运动轨迹方程为

$$(x - x_0)^2 + (z - z_0)^2 = \left(\frac{H}{2}e^{kz_0}\right)^2 \tag{4-29}$$

由式（4-29）可见，深水条件下波浪质点的轨迹是一个半径 r 为 $(H/2)e^{kz_0}$ 的圆，即水质点沿着闭合圆轨迹作振荡运动。在水面处 $z_0 = 0$，质点运动轨迹线圆的半径 $r_0 = H/2$。随着深度的增加，质点运动轨迹圆的半径 r 迅速减小。

水深对波浪运动起着很大的影响。在深水（$d \geqslant 0.5L$）中的波浪为深水波；在浅水（$0.05L \leqslant d < 0.5L$）中的波浪为浅水波；在极浅水（$d < 0.05L$）中的波浪为极浅水波。这 3 种波浪其水质点的运动轨迹、水平速度和垂直速度随深度的变化如图 4-3 所示，图 4-3 中位于左侧的图形为质点运动轨迹，右侧图形为质点水平速度和垂直速度沿水深变化曲线。

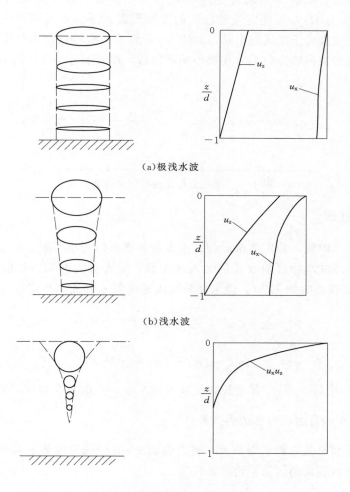

（a）极浅水波

（b）浅水波

（c）深水波

图 4-3　质点轨迹、水平速度和垂直速度随深度变化示意图[1]

4.2 斯 托 克 斯 波（Stokes波）

　　线性波采用了对非线性波面边界条件进行线性化处理的假设，对于海洋中波高较小或振幅较小的波浪运动采用线性波来分析是适宜的。但海洋中实际波浪的波面振幅较大时，采用线性波理论这种线性化的处理方法将带来较大的误差[2]，为此需要考虑非线性自由表面边界条件的影响。一般而言，严格满足非线性自由表面条件的解答通常难以得出，实际在求解中往往对非线性自由表面条件采用不同形式的拟合方法[3]。非线性波浪理论可分为斯托克斯（Stokes）波、椭圆余弦（Cnoidal）波和孤立（Solitary）波和流函数理论等。本节介绍斯托克斯波，其他几种波浪理论后续依次进行介绍。

　　与线性波相比，斯托克斯波理论中波高相对于波长不再视为无穷小，考虑了波陡 H/L 的影响，认为 H/L 是决定波动性质的主要因素。波面也不再是余弦形式，而是波峰较窄，波谷较宽接近于摆线的形状，如图 4-4 所示。水质点也不是简单地沿封闭轨迹线运动，而是在波浪传播方向上存在微小的纯位移，即波浪运动中伴随着质量的迁移[1]。

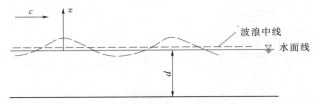

图 4-4　斯托克斯波的波剖面与坐标系

4.2.1 分析原理

　　斯托克斯波求解时，假定波浪运动基本方程解答可以用小参数 ε 的幂级数展开式来表示。小参数 ε 是与波动特征值有关的无因次常数，最有效的波动特征值在水深较大时为 H/L，而在水深较小时为 H/d。设未知的波浪速度势 φ 和波面高度 η 为幂级数，即

$$\varphi = \sum_{n=1}^{\infty} \varepsilon^n \varphi_n = \varepsilon^1 \varphi_1 + \varepsilon^2 \varphi_2 + \cdots + \varepsilon^n \varphi_n + \cdots \qquad (4-30)$$

$$\eta = \sum_{n=1}^{\infty} \varepsilon^n \eta_n = \varepsilon^1 \eta_1 + \varepsilon^2 \eta_2 + \cdots + \varepsilon^n \eta_n + \cdots \qquad (4-31)$$

　　式（4-30）中每一项 φ_n 都是拉普拉斯方程 $\nabla^2 \varphi_n = 0$ 的独立解答，并满足海底边界条件 $\left. \dfrac{\partial \varphi_n}{\partial z} \right|_{z=-d} = 0$ 和自由表面的边界条件。

　　由于自由表面总是在静水面附近，自由表面 $z = \eta$ 处的速度势 φ 可用麦克劳林级数来表示，即可得自由表面的运动学边界条件为

$$\frac{\partial}{\partial z} \left(\varphi + \eta \frac{\partial \varphi}{\partial z} + \frac{\eta^2}{2!} \frac{\partial^2 \varphi}{\partial z^2} + \frac{\eta^3}{3!} \frac{\partial^3 \varphi}{\partial z^3} + \cdots \right)$$

$$= \frac{\partial \eta}{\partial t} + \frac{\partial \eta}{\partial x} \frac{\partial}{\partial x} \left(\varphi + \eta \frac{\partial \varphi}{\partial z} + \frac{\eta^2}{2!} \frac{\partial^2 \varphi}{\partial z^2} + \frac{\eta^3}{3!} \frac{\partial^3 \varphi}{\partial z^3} + \cdots \right) \qquad (4-32)$$

结合二维波动的非线性自由表面动力边界条件的一般表达式，对于斯托克斯波，其自由表面的动力边界条件为

$$\frac{\partial}{\partial t}\left(\varphi + \eta\,\frac{\partial\varphi}{\partial z} + \frac{\eta^2}{2!}\,\frac{\partial^2\varphi}{\partial z^2} + \frac{\eta^3}{3!}\,\frac{\partial^3\varphi}{\partial z^3} + \cdots\right)$$

$$+ \frac{1}{2}\left\{\left[\frac{\partial}{\partial x}\left(\varphi + \eta\,\frac{\partial\varphi}{\partial z} + \frac{\eta^2}{2!}\,\frac{\partial^2\varphi}{\partial z^2} + \frac{\eta^3}{3!}\,\frac{\partial^3\varphi}{\partial z^3} + \cdots\right)\right]^2\right.$$

$$\left. + \left[\frac{\partial}{\partial z}\left(\varphi + \eta\,\frac{\partial\varphi}{\partial z} + \frac{\eta^2}{2!}\,\frac{\partial^2\varphi}{\partial z^2} + \frac{\eta^3}{3!}\,\frac{\partial^3\varphi}{\partial z^3} + \cdots\right)\right]^2\right\} + g\eta = 0 \qquad (4-33)$$

　　将式（4-30）和式（4-31）代入式（4-32）和式（4-33）后，按小参数 ε 的幂次归并整理，可得

$$\varepsilon^1\left(\frac{\partial\varphi_1}{\partial z} - \frac{\partial\eta_1}{\partial t}\right) + \varepsilon^2\left(\frac{\partial\varphi_2}{\partial z} - \frac{\partial\eta_2}{\partial t} + \eta_1\,\frac{\partial^2\varphi_1}{\partial z^2} - \frac{\partial\eta_1}{\partial x}\,\frac{\partial\varphi_1}{\partial x}\right) + \varepsilon^3(\cdots) + \cdots = 0 \qquad (4-34)$$

$$\varepsilon^1\left(\frac{\partial\varphi_1}{\partial t} + g\eta_1\right) + \varepsilon^2\left\{g\eta_2 + \frac{\partial\varphi_2}{\partial t} + \eta_1\,\frac{\partial^2\varphi_1}{\partial t\,\partial z} + \frac{1}{2}\left[\left(\frac{\partial\varphi_1}{\partial x}\right)^2 + \left(\frac{\partial\varphi_1}{\partial z}\right)^2\right]\right\} + \varepsilon^3(\cdots) + \cdots = 0$$

$$(4-35)$$

　　由于小参数 ε 为小于 1 的常数，要使上述两式成立，只有使 ε^n 前面的各系数为零，这样就得到一系列独立于 ε 的偏微分方程组。

　　对应于小参数 ε 的一阶条件，存在方程组为

$$\left.\begin{array}{l}\dfrac{\partial\varphi_1}{\partial z} - \dfrac{\partial\eta_1}{\partial t} = 0 \\[3mm] \dfrac{\partial\varphi_1}{\partial t} + g\eta_1 = 0\end{array}\right\} \qquad (4-36)$$

　　对于小参数 ε 的二阶条件，存在方程组为

$$\left.\begin{array}{l}\dfrac{\partial\varphi_2}{\partial z} - \dfrac{\partial\eta_2}{\partial t} + \eta_1\,\dfrac{\partial^2\varphi_1}{\partial z^2} - \dfrac{\partial\eta_1}{\partial x}\,\dfrac{\partial\varphi_1}{\partial x} = 0 \\[3mm] \dfrac{\partial\varphi_2}{\partial t} + g\eta_2 + \eta_1\,\dfrac{\partial^2\varphi_1}{\partial t\,\partial z} + \dfrac{1}{2}\left[\left(\dfrac{\partial\varphi_1}{\partial x}\right)^2 + \left(\dfrac{\partial\varphi_1}{\partial z}\right)^2\right] = 0\end{array}\right\} \qquad (4-37)$$

　　对于小参数 ε 的 n 阶条件，任意阶方程组可表示为

$$\left.\begin{array}{l}\dfrac{\partial\varphi_n}{\partial z} - \dfrac{\partial\eta_n}{\partial t} + f_{n-1}^1(\varphi_{n-1},\ \eta_{n-1}) = 0 \\[3mm] \dfrac{\partial\varphi_n}{\partial t} + g\eta_n + f_{n-1}^2(\varphi_{n-1},\ \eta_{n-1}) = 0\end{array}\right\} \qquad (4-38)$$

　　在求得一阶时的 φ_1 和 η_1 后，将结果代入二阶方程组式（4-37），便可以得到同时满足拉普拉斯方程和海底边界条件的 φ_2 和 η_2。以此类推，可由低阶到高阶逐步解出这些微分方程，便得到各阶的近似解 φ_n 和 η_n。

　　关于斯托克斯波，很多学者作了详尽的研究。Miche（1945）导出了斯托克斯 2 阶波，Skjelbreia（1959）导出了 3 阶波和 5 阶波的近似方程[2]。随着阶数的增加，斯托克

斯波应用范围也更为广泛，即2阶波、3阶波可以求解的问题，5阶波同样可以求解且所得结果更为精确，以下对海洋工程中广泛采用的斯托克斯5阶波进行分析，相对于斯托克斯2阶波和3阶波的推导过程而言，斯托克斯5阶波的推导过程更为复杂。

4.2.2 斯托克斯5阶波求解

斯托克斯5阶波的计算公式如表4-1所示[1]。

表4-1 斯托克斯5阶波计算公式汇总表

项目	表达式
速度势 g	$\dfrac{k\varphi}{c} = \sum\limits_{n=1}^{5} \Phi'_n \mathrm{ch}[nk(z+d)]\sin(n\theta)$
波浪传播速度 c	$\dfrac{c^2}{gd} = \dfrac{\mathrm{th}(kd)}{kd}(1 + \lambda^2 C_1 + \lambda^4 C_2)$
波面高度 η	$k\eta = \sum\limits_{n=1}^{5} \eta'_n \cos(n\theta)$
质点水平速度 u_x	$\dfrac{u_x}{c} = \sum\limits_{n=1}^{5} n\Phi'_n \mathrm{ch}[nk(z+d)]\cos(n\theta)$
质点垂直速度 u_z	$\dfrac{u_z}{c} = \sum\limits_{n=1}^{5} n\Phi'_n \mathrm{sh}[nk(z+d)]\sin(n\theta)$
质点水平加速度 a_x	$\dfrac{a_x}{\omega c} = \sum\limits_{n=1}^{5} n^2\Phi'_n \mathrm{ch}[nk(z+d)]\sin(n\theta)$
质点垂直加速度 a_z	$\dfrac{a_z}{-\omega c} = \sum\limits_{n=1}^{5} n^2\Phi'_n \mathrm{sh}[nk(z+d)]\cos(n\theta)$

注：表中 $\theta = k(x - ct) = kx - \omega t$，$k$ 为波数。

表4-1中系数 Φ'_n 表达式如表4-2所示。

表4-2 系数 Φ'_n 表达式

系数	表达式
Φ'_1	$\lambda A_{11} + \lambda^3 A_{13} + \lambda^5 A_{15}$
Φ'_2	$\lambda^2 A_{22} + \lambda^4 A_{24}$
Φ'_3	$\lambda^3 A_{33} + \lambda^5 A_{35}$
Φ'_4	$\lambda^4 A_{44}$
Φ'_5	$\lambda^5 A_{55}$

表4-1中系数 η'_n 表达式如表4-3所示。

表4-3 系数 η'_n 表达式

系数	表达式
η'_1	λ
η'_2	$\lambda^2 B_{22} + \lambda^4 B_{24}$
η'_3	$\lambda^3 B_{33} + \lambda^5 B_{35}$
η'_4	$\lambda^4 B_{44}$
η'_5	$\lambda^5 B_{55}$

表 $4-1$ ~表 $4-3$ 中系数 A_{ij}、B_{ij}、C_i 为与相对水深（d/L）有关的变量，具体表达式为

$$A_{11} = \frac{1}{s} \tag{4-39}$$

$$A_{13} = \frac{-c_1^2(5c_1^2 + 1)}{8s^5} \tag{4-40}$$

$$A_{15} = \frac{-(1184c_1^{10} - 1440c_1^8 - 1992c_1^6 + 2641c_1^4 - 249c_1^2 + 18)}{1536s^{11}} \tag{4-41}$$

$$A_{22} = \frac{3}{8s^4} \tag{4-42}$$

$$A_{24} = \frac{192c_1^8 - 424c_1^6 - 312c_1^4 + 480c_1^2 - 17}{768s^{10}} \tag{4-43}$$

$$A_{33} = \frac{13 - 4c_1^2}{64s^7} \tag{4-44}$$

$$A_{35} = \frac{512c_1^{12} + 4224c_1^{10} - 6800c_1^8 - 12808c_1^6 + 16704c_1^4 - 3154c_1^2 + 107}{4096s^{13}(6c_1^2 - 1)} \tag{4-45}$$

$$A_{44} = \frac{80c_1^6 - 816c_1^4 + 1338c_1^2 - 197}{1536s^{10}(6c_1^2 - 1)} \tag{4-46}$$

$$A_{55} = \frac{-(2880c_1^{10} - 72480c_1^8 + 324000c_1^6 - 432000c_1^4 + 163470c_1^2 - 16245)}{61440s^{11}(6c_1^2 - 1)(8c_1^4 - 11c_1^2 + 3)} \tag{4-47}$$

$$B_{22} = \frac{(2c_1^2 + 1)gc_1}{4s^3} \tag{4-48}$$

$$B_{24} = \frac{(272c_1^8 - 504c_1^6 - 192c_1^4 + 322c_1^2 + 21)gc_1}{384s^9} \tag{4-49}$$

$$B_{33} = \frac{3(8c_1^6 + 1)}{64s^6} \tag{4-50}$$

$$B_{35} = \frac{88128c_1^{14} - 208224c_1^{12} + 70848c_1^{10} + 54000c_1^8 - 21816c_1^6 + 6264c_1^4 - 54c_1^2 - 81}{12288s^{12}(6c_1^2 - 1)}$$

$$\tag{4-51}$$

$$B_{44} = \frac{(768c_1^{10} - 448c_1^8 - 48c_1^6 + 48c_1^4 + 106c_1^2 - 21)gc_1}{384s^9(6c_1^2 - 1)} \tag{4-52}$$

$$B_{55} = \frac{(192000c_1^{16} - 262720c_1^{14} + 83680c_1^{12} + 20160c_1^{10} - 7280c_1^8 + 7160c_1^6 - 1800c_1^4 - 1050c_1^2 + 225)gc_1}{12288s^{10}(6c_1^2 - 1)(8c_1^4 - 11c_1^2 + 3)}$$

$$\tag{4-53}$$

$$C_1 = \frac{8c_1^4 - 8c_1^2 + 9}{8s^4} \tag{4-54}$$

$$C_2 = \frac{3840c_1^{12} - 4096c_1^{10} + 2592c_1^8 - 1008c_1^6 + 5944c_1^4 - 1830c_1^2 + 147}{512s^{10}(6c_1^2 - 1)} \tag{4-55}$$

式中 c_1——中间变量，$c_1 = \text{ch}(kd)$；

　　　　s——中间变量，$s = \text{sh}(kd)$。

波高 H 与波面高度 η 之间存在关系式为

$$H = \eta\,|_{\theta=0} - \eta\,|_{\theta=\pi} \qquad (4-56)$$

将表 4-1 中波面高度 $k\eta$ 的表达式（波面高度 η 对应项）和表 4-3 中系数 η'_n 的表达式一并代入式（4-56）可得

$$\frac{\pi H}{d} = \frac{1}{d/L}\left[\lambda + \lambda^3 B_{33} + \lambda^5(B_{35} + B_{55})\right] \qquad (4-57)$$

同时表 4-1 中波速 c 的表达式可进一步表示为

$$\frac{d}{L_0} = \frac{d}{L}\text{th}(kd)(1 + \lambda^2 C_1 + \lambda^4 C_2) \qquad (4-58)$$

式中 L_0——深水波长，$L_0 = gT^2/2\pi$。

在已知波高 H、波周期 T 和水深 d 后，由于系数 B_{33}、B_{35}、B_{55}、C_1 和 C_2 仅是 d/L 的函数，故可联立求解式（4-57）和式（4-58）组成的超越方程组，一般应通过迭代来求解，进而确定出系数 λ 和波长 L。计算得到系数 λ 和波长 L 后，斯托克斯 5 阶波其他的波浪参数可根据表 4-1、表 4-2 和表 4-3 中所列关系式来确定。

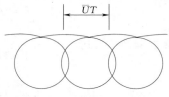

图 4-5　水质点运动轨迹

$\overline{U}$—质点速度；T—周期

4.2.3　运动轨迹与极限波陡

与线性波理论不同，采用斯托克斯波理论下波动水质点的运动轨迹不再是一个封闭的椭圆或圆形，而是呈螺旋状向前不断前进的连续曲线，如图 4-5 所示。进而在波传播的水平方向上产生沿着波动方向的净位移，这种净位移造成了一种水平波动，称为波流。这表明沿着波向不仅有动量和能量的传播，而且也在传输质量，这对泥沙等物质在海洋中的输运具有重要意义。在一个波周期内波浪质点的平均迁移速度沿水深分布是不均匀的，在自由水面处最大，随着深度增加而呈指数规律减小。

波浪观测资料表明，波高和波长的比值（波陡）增大至某一量值时，波峰附近的波面破碎，出现浪花。一般假定当波陡趋于极限时，波峰附近的波面可视为直线，并取波峰顶附近水质点的最大水平速度和波形传播速度相等的状态来作为波陡的极限状态。这是因为当波浪质点的最大水平速度大于等于波速时，质点将脱离波面，故波浪会失稳破碎。采用斯托克斯波按此极限条件给出的极限波陡为

$$\left(\frac{H}{L}\right)_{\max} = \left(\frac{H_0}{L_0}\right)_{\max}\text{th}(kd) = 0.142\text{th}(kd) \approx \frac{1}{7}\text{th}(kd) \qquad (4-59)$$

此时对应的波峰顶角为 $120°$，如图 4-6 所示。而实际观测到的深水极限波陡 $(H_0/L_0)_{\max} \approx 1/10$。

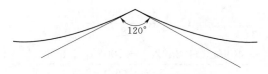

图 4-6　极限波峰顶角

4.3 椭 圆 余 弦 波 （Cnoidal 波）

当波浪由深水区传至浅水区（$0.05 <$ $d/L \leqslant 0.1$）后，海底边界的摩擦阻力影响迅速增加，波高和波形将不断变化，波面在波峰附近变得很陡，而两波峰之间却相隔一段很长但又较平坦的水面，如图 4-7 所示。两波峰处的水质点运动特性与波动 H/L 的关系减弱，而与相对波高 H/d 的关系增强，即 H/L 和 H/d 都成为决定波动性质的主要因

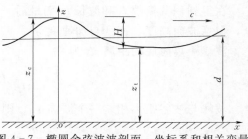

图 4-7　椭圆余弦波波剖面、坐标系和相关变量

素。在这种浅水情况下，即使取很高的阶数，采用斯托克斯波理论仍不能达到所要求的精度。此时采用能反映 H/L 和 H/d 主要影响因素的椭圆余弦波理论来描述波浪运动，可以取得较为满意的结果。[1]

所谓椭圆余弦波是指水深较浅条件下的有限振幅、长周期波。它之所以称为椭圆余弦波，是由于波面高度 η 是用雅克比（Jacobian）椭圆余弦函数 cn() 来表示。鉴于该理论求解的推导过程极为繁琐，本着工程应用的目的，在此直接给出该理论对应的主要计算结果。

4.3.1 积分模数

椭圆余弦波计算时最基本的变量为模数 k。为了求解模数，首先应建立波浪要素（波长 L、波高 H、周期 T）、水深 d 与椭圆积分模数 k 之间的关系。

波长 L 与模数 k 之间的关系为

$$L = \sqrt{\frac{16d^3}{3H}} kK(k) \tag{4-60}$$

$$K(k) = F\left(k, \frac{\pi}{2}\right) = \int_0^{\frac{\pi}{2}} \frac{\mathrm{d}\theta}{\sqrt{1 - k^2 \sin^2\theta}} \tag{4-61}$$

式中　　$K(k)$——第一类完全椭圆积分；

k——椭圆积分的模数，$|k| < 1$。

波浪的波速 c 与模数 k 的关系有两种形式，即

$$c = \sqrt{gd}\left\{1 + \frac{H}{d}\left[-1 + \frac{1}{k^2}\left(2 - 3\frac{E(k)}{K(k)}\right)\right]\right\}^{1/2} \tag{4-62}$$

$$c = \sqrt{gd}\left[1 + \frac{H}{d}\frac{1}{k^2}\left(\frac{1}{2} - \frac{E(k)}{K(k)}\right)\right] \tag{4-63}$$

$$E(k) = E\left(k, \frac{\pi}{2}\right) = \int_0^{\frac{\pi}{2}} \sqrt{1 - k^2 \sin^2\theta}\, \mathrm{d}\theta \tag{4-64}$$

式中　　$E(k)$——第二类完全椭圆积分。

根据波浪波速 c、波长 L 和周期 T 的关系，即 $c = L/T$，结合式（4-60）和式（4-

62）或结合式（4－60）与式（4－63）可求得模数 k，进而由式（4－60）求得波长。

4.3.2 特征参量的求解

在得到积分模数 k 和波长 L 变量后，可以依次求得椭圆余弦波对应的波浪诸特征参量，包括波面高度、速度与加速度等。

波峰距离海底的距离 z_c 为

$$z_c = d + \frac{16d^3}{3L^2}K(k)[K(k) - E(k)] \tag{4-65}$$

波峰与波谷距离相差一个波高 H，则由上式可知，波谷距离海底的距离 z_t 为

$$z_t = d + \frac{16d^3}{3L^2}K(k)[K(k) - E(k)] - H \tag{4-66}$$

海底以上的波面高度 z_s 与波谷至海底距离 z_t 的关系为

$$z_s = z_t + H\mathrm{cn}^2\left[2K(k)\left(\frac{x}{L} - \frac{t}{T}\right),\ k\right] \tag{4-67}$$

$$\mathrm{cn}(u,\ k) = 1 - \frac{u^2}{2!} + (1 + 4k^2)\frac{u^4}{4!} - (1 + 44k^2 + 16k^4)\frac{u^6}{6!} + \cdots \tag{4-68}$$

式中 $\mathrm{cn}(u,\ k)$ ——雅克比椭圆余弦函数。

将式（4－66）代入式（4－67）后，得到任一相位 x 和时刻 t 下海底以上的波面高度 z_s 为

$$z_s = d + \frac{16d^3}{3L^2}K(k)[K(k) - E(k)] - H + H\mathrm{cn}^2\left[2K(k)\left(\frac{x}{L} - \frac{t}{T}\right),\ k\right] \tag{4-69}$$

静水面以上的波面高度 η 为

$$\eta = z_s - d = \frac{16d^3}{3L^2}K(k)[K(k) - E(k)] - H + H\mathrm{cn}^2\left[2K(k)\left(\frac{x}{L} - \frac{t}{T}\right),\ k\right] \tag{4-70}$$

波动场内任意点 $(x,\ z)$ 处水质点的水平向与竖向速度 u_x、u_z 分别为

$$\frac{u_x}{\sqrt{gd}} = \left\{ -\frac{5}{4} + \frac{3z_t}{2d} - \frac{z_t^2}{4d^2} + \left(\frac{3H}{2d} - \frac{z_t H}{2d^2}\right)\mathrm{cn}^2(u,\ k) - \frac{H^2}{4d^2}\mathrm{cn}^4(u,\ k) - \frac{8HK^2(k)}{L^2} \right.$$

$$\times \left(\frac{d}{3} - \frac{z^2}{2d}\right)[-k^2\mathrm{sn}^2(u,\ k)\mathrm{cn}^2(u,\ k) + \mathrm{cn}^2(u,\ k)\mathrm{dn}^2(u,\ k) - \mathrm{sn}^2(u,\ k)\mathrm{dn}^2(u,\ k)]\bigg\} \tag{4-71}$$

$$\frac{u_z}{\sqrt{gd}} = z\frac{2HK(k)}{Ld}\left\{1 + \frac{z_t}{d} + \frac{H}{d}\mathrm{cn}^2(u,\ k) + \frac{32K^2(k)}{3L^2}\left(d^2 - \frac{z^2}{2}\right)\right.$$

$$\times [k^2\mathrm{sn}^2(u,\ k) - k^2\mathrm{cn}^2(u,\ k) - \mathrm{dn}^2(u,\ k)]\bigg\}\mathrm{sn}(u,\ k)\mathrm{cn}(u,\ k)\mathrm{dn}(u,\ k) \tag{4-72}$$

式（4－71）、式（4－72）中，函数 $\mathrm{sn}(u,\ k)$ 为雅克比椭圆正弦函数，$\mathrm{cn}(u,\ k)$ 为雅克比椭圆余弦函数，$\mathrm{dn}(u,\ k)$ 为雅克比椭圆德尔塔（Delta）函数，3 个函数的自变量

u 为

$$u = 2K(k)\left(\frac{x}{L} - \frac{t}{T}\right) \tag{4-73}$$

雅克比椭圆正弦函数、余弦函数和德尔塔函数存在关系式为

$$\mathrm{cn}^2(u,\ k) + \mathrm{sn}^2(u,\ k) = 1 \tag{4-74}$$

$$\mathrm{dn}^2(u,\ k) = 1 - k^2\mathrm{sn}^2(u,\ k) \tag{4-75}$$

根据式（4-68）可求得雅克比椭圆余弦函数值，结合式（4-74）和式（4-75）可以求得对应的椭圆正弦函数和椭圆德尔塔函数值。

波动场内任意点 $(x,\ z)$ 处水质点的水平向与竖向加速度 a_x、a_z 分别为

$$a_x = \frac{\partial u_x}{\partial t} = \sqrt{gd}\,\frac{4HK(k)}{Td}\left\{\left(\frac{3}{2} - \frac{z_t}{2d}\right) - \frac{H}{2d}\mathrm{cn}^2(u,\ k) + \frac{16K^2(k)}{L^2}\left(\frac{d^2}{3} - z^2\right)\right.$$

$$\left. \times\left[k^2\,\mathrm{sn}^2(u,\ k) - k^2\mathrm{cn}^2(u,\ k) - \mathrm{dn}^2(u,\ k)\right]\right\}\mathrm{sn}(u,\ k)\mathrm{cn}(u,\ k)\mathrm{dn}(u,\ k) \tag{4-76}$$

$$a_z = \frac{\partial u_z}{\partial t} = z\sqrt{gd}\,\frac{4HK^2(k)}{LTd}\left\{\left(1 + \frac{z_t}{2d}\right)\left[\mathrm{sn}^2(u,\ k)\,\mathrm{dn}^2(u,\ k) - \mathrm{cn}^2(u,\ k)\,\mathrm{dn}^2(u,\ k)\right.\right.$$

$$\left. + k^2\,\mathrm{sn}^2(u,\ k)\mathrm{cn}^2(u,\ k)\right] + \frac{H}{d}\left[3\,\mathrm{sn}^2(u,\ k)\,\mathrm{dn}^2(u,\ k) - \mathrm{cn}^2(u,\ k)\right.$$

$$\times\mathrm{dn}^2(u,\ k) + k^2\,\mathrm{sn}^2(u,\ k)\Big]\mathrm{cn}^2(u,\ k) - \frac{32K^2(k)}{3L^2}\left(d^2 - \frac{z^2}{2}\right)\Big[9k^2\,\mathrm{sn}^2(u,\ k)$$

$$\left. \times\mathrm{cn}^2(u,\ k)\,\mathrm{dn}^2(u,\ k) - AA + \mathrm{dn}^4(u,\ k)(\mathrm{sn}^2(u,\ k) - \mathrm{cn}^2(u,\ k))\right]\right\} \tag{4-77}$$

$$AA = k^2\,\mathrm{sn}^4(u,\ k)\left[k^2\mathrm{cn}^2(u,\ k) + \mathrm{dn}^2(u,\ k)\right] - k^2\mathrm{cn}^4(u,\ k)\left[k^2\,\mathrm{sn}^2(u,\ k) + \mathrm{dn}^2(u,\ k)\right] \tag{4-78}$$

式（4-78）表示的变量 AA 为式（4-77）所包含的中间变量。

4.3.3 极限情形

对于椭圆余弦波，当模数取极值 $k = 0$ 时，根据式（4-61）和式（4-64）可得，$K(k) = \frac{\pi}{2}$，$E(k) = \frac{\pi}{2}$。将 $k = 0$ 代入式（4-68）后得到，$\mathrm{cn}(u,\ 0) = \cos(u)$，此时椭圆函数变成了三角函数。结合上述关系代入式（4-67）和式（4-70）后得到

$$\eta = z_s - d = -d + z_t + H\mathrm{cn}^2\left[2K(k)\left(\frac{x}{L} - \frac{t}{T}\right),\ k\right]$$

$$= -d + z_t + H\cos^2\left[\pi\left(\frac{x}{L} - \frac{t}{T}\right)\right]$$

$$= -d + z_t + \frac{H}{2} + \frac{H}{2}\cos\left[2\pi\left(\frac{x}{L} - \frac{t}{T}\right)\right]$$

$$= -d + d + \frac{H}{2}\cos\left[2\pi\left(\frac{x}{L} - \frac{t}{T}\right)\right]$$

$$= \frac{H}{2}\cos\left[2\pi\left(\frac{x}{L} - \frac{t}{T}\right)\right] \tag{4-79}$$

线性波的波面高度计算式，即式（4-21）可表达为

$$\eta = \frac{H}{2}\cos(kx - \omega t) = \frac{H}{2}\cos\left(\frac{2\pi}{L}x - \frac{2\pi}{T}t\right) = \frac{H}{2}\cos\left[2\pi\left(\frac{x}{L} - \frac{t}{T}\right)\right] \tag{4-80}$$

式（4-79）与式（4-80）相同。由此可见，线性波就是椭圆余弦波当模数 $k=0$ 时的一种特殊情况。

同样可以证明孤立波就是椭圆余弦波当模数 $k=1$ 时的另一种特殊情形。

4.4 孤 立 波 （Solitary 波）

波浪理论中，波浪运动是周期的或近似周期的运动。线性波为周期波，波浪质点沿着封闭椭圆轨迹线作振荡运动，没有净位移。斯托克斯波在传播方向上有质量迁移，水质点的运动轨迹不再是一个封闭的椭圆或圆形，而是呈螺旋状向前前进的连续曲线，进而存在一个净位移。与上述波浪理论不同，还存在一种特殊的情形，波浪质点仅在波浪传播方向运动，称为移动波，孤立波属于这种类型。

4.4.1 运动形态

纯粹的孤立波全部波剖面在静水面以上，波长无限，如图4-8所示。设波峰沿正 x 方向传播，当波峰位于水面质点1的左侧很远距离时，质点1的运动可以忽略。随着波峰的移进，质点1开始向上并向右运动。波峰经过时，质点1上升至最高位置。当波峰移去后，此质点倾斜下降，直至波

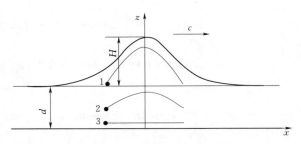

图4-8 孤立波波剖面、坐标系和相关变量[4]

峰传至相当远为止，质点又恢复几乎无运动的状态。质点1的运动轨迹为一抛物线，由于波峰经过而移动了一段水平距离。质点2的运动轨迹与质点1相似，水平移动距离也大致相同，但其上升的高度比质点1要小。遵循同样的规律，质点3沿底面移动类似的距离。

在自然界中纯粹的孤立波是难以形成的，但当波浪传至近岸浅水区接近破碎时的波面形状和运动特性与孤立波比较接近。因此海洋工程中为研究波浪的破碎水深、泥沙运动以及分析破碎波对海工结构物的作用等问题中，孤立波理论得到了广泛应用[1]。

4.4.2 特征参量的求解

孤立波理论的求解可以按照两个途径来进行：一是根据无旋运动的假定，求出满足自由面以及海底条件的解答[5]；二是作为椭圆余弦波的一种极限情况，从椭圆余弦波理论来求解。由于第二种方式应用较多，且求解较为方便，以下给出这一方式的计算过程。

当模数 $k=1$ 时，根据式（4-61）和式（4-64）可得，$K(k) \rightarrow \infty$，$E(k)=1$。此时

还存在关系式 $cn(u，1)=sech(u)$。根据式（4-60），且 $k=1$，进而得到

$$K(k)=L\sqrt{\frac{3H}{16d^3}} \tag{4-81}$$

根据式（4-81），且 $K(k)\rightarrow\infty$，因此孤立波的波长 $L\rightarrow\infty$。

将式（4-81）和 $E(k)=1$ 以及 $L\rightarrow\infty$ 代入式（4-66），可得波谷距离海底的距离 z_t 为

$$z_t=d+\frac{16d^3}{3L^2}K(k)[K(k)-1]-H=d+H+\sqrt{\frac{16d^3}{3}}\frac{H}{L}-H=d \tag{4-82}$$

进一步，将关系式 $cn(u，1)=sech(u)$ 和式（4-81）代入式（4-70），可得静水面以上的波面高度 η 为

$$\eta=\frac{16d^3}{3L^2}K(k)[K(k)-1]-H+Hcn^2\left[2K(k)\left(\frac{x}{L}-\frac{t}{T}\right)，1\right]$$

$$=H\,sech^2\left[\sqrt{\frac{3H}{4d^3}}(x-ct)\right] \tag{4-83}$$

式中 x——起点设在波峰处；

c——孤立波的波速。

将模数 $k=1$ 和 $K(k)\rightarrow\infty$ 代入式（4-62）可得孤立波的波速 c 为

$$c=\sqrt{gd}\left[1+\frac{H}{d}(-1+2)\right]^{1/2}=\sqrt{g(d+H)} \tag{4-84}$$

类似的，将模数 $k=1$ 代入式（4-71）和式（4-72）可得到孤立波的速度分布。近似取一阶而略去高阶项，波浪质点的水平向和竖向速度 u_x、u_z 分别为

$$\frac{u_x}{\sqrt{gd}}=\frac{H}{d}\,sech^2\left[\sqrt{\frac{3H}{4d^3}}(x-ct)\right] \tag{4-85}$$

$$\frac{u_z}{\sqrt{gd}}=\sqrt{3}\left(\frac{H}{d}\right)^{3/2}\frac{z}{d}\,sech^2\left[\sqrt{\frac{3H}{4d^3}}(x-ct)\right]th\left[\sqrt{\frac{3H}{4d^3}}(x-ct)\right] \tag{4-86}$$

通过以上各表达式可以看出，决定孤立波波动性质的主要因素是 H/d。当 H/d 增大至一定程度时，波峰附近的波面将产生破碎现象。不同的学者曾给出不同的 H/d 极值，一般介于 $0.714\sim1.03$ 之间，常用值为 0.78。McCowan（1891）假定波峰水质点速度等于波速时产生破碎，得到水深与波高的关系式为[6]

$$\left(\frac{H}{d}\right)_{max}=0.78 \tag{4-87}$$

4.5 流函数方法（Stream Function）

非线性波理论的解析方法尽管在海洋工程中有所应用，但包含着许多限制条件，例如对于浅水条件下应用斯托克斯波或深水条件下应用椭圆余弦波等理论将使得计算很难收敛，因此 20 世纪 60 年代以来不少研究者发展了另一种完全不同的方法——直接数值计算方法来研究波浪的非线性影响。其中应用最为广泛的是 1965 年由 R. G. Dean 首先提出的基于流函数采用数值方法来求解非线性边值问题的流函数理论[7]。

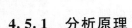

4.5.1　分析原理

与斯托克斯波求解中基于傅里叶级数的小参数摄动展开来计算不同，流函数采用直接求解非线性方程来数值确定相关系数。对于不同的求解阶数，采用这种数值处理方法而言更易于扩充实现。整体而言，流函数波理论包括两类[3]：其一是对称的或规则的流函数波理论，描述了对称的周期波，具有预定的周期、波高和水深的不变形波；其二是不规则流函数波理论，流函数和相应波浪运动学参数具有预定的波形，这种理论特别适于分析波浪水池或场试数据。

不规则流函数波理论的一般形式，对波浪形状没有限制。当各种相速度及分量相互作用引起波浪传播和相对运动时，波浪可以改变形状。在规则流函数波理论中，假定波浪以常速 c 传播，形状不变。若选择与波浪相同方向、相同速度 c 移动的坐标系，坐标系跟随波浪运动，坐标原点总处于波峰上，在此坐标系中，波形不变，边值问题得以简化。此时，运动是定常的，时间变量消失。相对移动坐标系的水平速度为 $u-c$，微分方程用拉普拉斯方程描述，坐标系如图4-9所示。

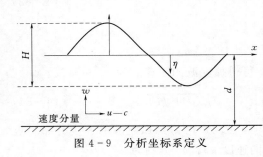

图4-9　分析坐标系定义

求解流体波动的解析函数问题依照数学的观点可以归结为求解边界值问题。也即在流体波动内部存在着为某个函数必须满足的运动微分方程，在流体波动的边界上存在着为这个函数必须满足的边界条件。如果假定在均匀不变水深中沿正方向传播的表面波，其波动无旋，流体无黏性且不可压缩，则上述边界值问题的二维形式可写成[8]

$$\nabla^2 \phi = \nabla^2 \psi = 0 \tag{4-88}$$

$$w = 0, \ z = -d \tag{4-89}$$

$$\frac{\partial \eta}{\partial t} + u \frac{\partial \eta}{\partial x} = w, \ z = \eta(x, \ t) \tag{4-90}$$

$$\frac{p}{\rho g} + \frac{1}{2g}(u^2 + w^2) + \eta(x, \ t) - \frac{1}{g} \frac{\partial \phi}{\partial t} = 0, \ z = \eta(x, \ t) \tag{4-91}$$

$$u = -\frac{\partial \phi}{\partial x} = -\frac{\partial \psi}{\partial z} \tag{4-92}$$

$$w = -\frac{\partial \phi}{\partial z} = \frac{\partial \psi}{\partial x} \tag{4-93}$$

式中　　　ϕ——速度势函数；

　　　　　ψ——流函数；

　　u、w——水质点速度的水平分量和垂直分量；

　$\eta(x, \ t)$——波剖面；

　　　　　p——压力；

　　　　　ρ——水的质量密度；

　　　　　g——重力加速度；

x、z——水平坐标和垂直坐标；

d——平均水深。

式（4-88）为 ϕ 或 ψ 所满足的运动微分方程，式（4-89）为底部边界条件，式（4-90）为运动学自由表面边界条件，式（4-91）为动力学自由表面边界条件。

4.5.2 求解过程

流函数的求解过程往往非常复杂，John. D. Fenton（1988）提出了一种无量纲化的流函数求解方法，从而极大地简化了流函数的求解过程[9]。首先将流函数求解中各几何变量和物理变量进行无量纲化转换，9 个变量的名称和转化表达式如表 4-4 所示。

表 4-4　变量的无量纲化表示

变量序号	参量名称	无因次变量
1	水深	kd
2	波高	kH
3	周期	$t\sqrt{gk}$
4	波速	$c\sqrt{k/g}$
5	欧拉流	$\overline{u}_1\sqrt{k/g}$
6	Stokes 流	$\overline{u}_2\sqrt{k/g}$
7	参照坐标系平均波速	$\overline{U}\sqrt{k/g}$
8	波通量	$q\sqrt{k^3/g}$
9	伯努利常数	rk/g

对于如图 4-10 所示的求解坐标系，波浪波动传播问题可视为一沿着海床水平的且不变形态的二维波浪波动，坐标系（x，y）的原点位于海底，波以速度 c 沿着 x 轴正向传播。设存在一移动速度为 c 的参照坐标系（X，Y），对于两个坐标系下的几何变量和速度变量存在关系式为

$$x = X + ct \qquad (4-94)$$
$$y = Y \qquad (4-95)$$
$$u = U + c \qquad (4-96)$$
$$v = V \qquad (4-97)$$

式中　t——时间；

u——静止坐标系下的水平速度；

v——静止坐标系下的竖向速度；

U——参照坐标系下的水平速度；

V——参照坐标系下的竖向速度。

为了完成问题的求解，所需要的方程数量和方程表达式如下：

（1）方程 1。将无量纲的两个参数水深 kd 和波高（幅）kH 通过波浪的波高与水深比值联系起来，建立的关系式是恒成立的，即

$$f_1 = kH - kd\left(\frac{H}{d}\right) = 0 \qquad (4-98)$$

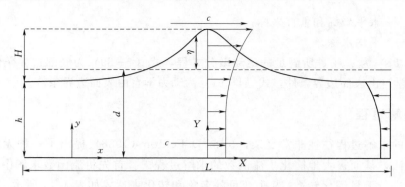

图 4 - 10　流函数求解的坐标系

（2）方程 2。该项包含了两个平行的方程，在求解时应根据所给具体条件来选取。当波浪周期已知时，将无量纲化的波高 kH 与周期 $t\sqrt{gk}$ 通过 H/gt^2 联系起来，表达式为

$$f_2 = kH - \left(\frac{H}{gt^2}\right)(t\sqrt{gk})^2 = 0 \qquad (4-99)$$

或者，当波长 L 已知时，将无量纲化的 kH 与 H/L 联系起来，可见

$$f_2 = kH - 2\pi\left(\frac{H}{L}\right) = 0 \qquad (4-100)$$

（3）方程 3。通过定义 $c = L/t$，即波速等于波长除以周期，将波速 $c\sqrt{k/g}$ 与周期 $t\sqrt{gk}$ 联系起来，则无量纲形式的方程表达式为

$$f_3 = c\sqrt{\frac{k}{g}}\, t\sqrt{gk} - 2\pi = 0 \qquad (4-101)$$

由于波速 c 事先未知，它取决于移动参照坐标系所依赖的速度，设参照坐标系下的平均水平流速为 $-\bar{U}$，则在静止坐标系中时域平均速度可表达为

$$\bar{u}_1 = c - \bar{U} \qquad (4-102)$$

（4）方程 4。当无水流时，$\bar{u}_1 = 0$，$c = \bar{U}$。将上式各变量依据表 4 - 4 中无量纲化的参量表示为

$$f_4 = \bar{u}_1\sqrt{\frac{k}{g}} + \bar{U}\sqrt{\frac{k}{g}} - c\sqrt{\frac{k}{g}} = 0 \qquad (4-103)$$

另一种情况下，若 $\bar{u}_2$ 为静止坐标系下沿深度积分的平均流速，也即平均质量传输速度，而 Q 为参照坐标系下的体积流量，则单位深度值为 Q/d，从而存在关系式为

$$\bar{u}_2 = c - \frac{Q}{d} \qquad (4-104)$$

（5）方程 5。同样地将上式各变量依据表 4 - 4 中无量纲化的参量并结合式 $q = \bar{U}d - Q$ 可表示为

$$f_5 = \bar{u}_2\sqrt{\frac{k}{g}} + \bar{U}\sqrt{\frac{k}{g}} - c\sqrt{\frac{k}{g}} - \frac{q\sqrt{\dfrac{k^3}{g}}}{kd} = 0 \qquad (4-105)$$

（6）方程 6。当已知 $\bar{u}_1$ 时，可以建立关系式为

$$f_6 = \bar{u}_1 \sqrt{\frac{k}{g}} + \frac{\bar{u}_1}{\sqrt{gH}} \sqrt{kH} = 0 \qquad (4-106)$$

当已知 $\bar{u}_2$ 时，可以建立关系式为

$$f_6 = \bar{u}_2 \sqrt{\frac{k}{g}} + \frac{\bar{u}_2}{\sqrt{gH}} \sqrt{kH} = 0 \qquad (4-107)$$

式（4-106）和式（4-107）是平行关系式，二者只选其一来计算。

以上方程是所有质点均需要满足的条件，以下两个方程式（方程 7 和方程 8）将波面离散化成 $N+1$ 个节点所得到的结果，其中 N 为傅里叶求解的阶数，如图 4-11 所示。

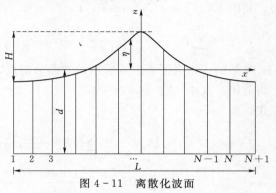

图 4-11　离散化波面

非线性波面边界条件在波面每一个节点处都应该满足，一个周期内波面共存在 $N+1$ 个节点，这些计算节点应在波峰与波谷间水平均匀分布。这些点相对于平均水面的距离由 $\eta_m = \eta(x_m)$，$m = 0$，1，2，…，N 来表示，其中 η_0 表示波峰的相对高度，η_N 表示波谷的相对高度。根据平均水位的定义可知波面各点相对距离的总和为零。

（7）方程 7。将波面各点上述特性进行归纳可表示为

$$f_7 = \frac{1}{2}(k\eta_0 + k\eta_N) + \sum_{m=1}^{N-1} k\eta_m = 0 \qquad (4-108)$$

（8）方程 8。波高等于波面中波峰与波谷之间的高度差，即 $H = \eta_0 - \eta_N$，从而存在恒成立的表达式为

$$f_8 = k\eta_0 - k\eta_N - kH = 0 \qquad (4-109)$$

（9）方程 9 及其他方程。根据流体运动学边界条件，采用流函数在海底处的表达式和在水面处 $[Y = d + \eta(X)]$ 的表达式，即

$$\psi(X, 0) = 0 \qquad (4-110)$$
$$\psi[X, d + \eta(X)] = -Q \qquad (4-111)$$

根据流体动力边界条件，采用流函数表达时应满足波面处为零，此时在自由表面处伯努利方程可表示为

$$\frac{1}{2}\left[\left(\frac{\partial \psi}{\partial X}\right)^2 + \left(\frac{\partial \psi}{\partial Y}\right)^2\right] + g(d + \eta) = R \qquad (4-112)$$

式中　R——常量。

符合式（4-110）～式（4-112）所有条件的流函数可设定为

$$\psi(X, Y) = -\bar{U}Y + \sqrt{\frac{g}{k^3}} \sum_{j=1}^{N} B_j \frac{\mathrm{sh}jkY}{\mathrm{ch}jkd} \cos jkX \qquad (4-113)$$

引入变量 $q = \bar{U}d - Q$ 和 $r = R - gd$ 后由式（4-111）和式（4-112）分别得到

$$\sum_{j=1}^{N} B_j \frac{\text{sh}[jk(d+\eta)]}{\text{ch}(jkd)}\cos(jkX) - \bar{U}\sqrt{\frac{k}{g}}k\eta - q\sqrt{\frac{k^3}{g}} = 0 \qquad (4-114)$$

$$\frac{1}{2}\left\{-\bar{U}\sqrt{\frac{k}{g}} + \sum_{j=1}^{N} jB_j \frac{\text{ch}[jk(d+\eta)]}{\text{ch}(jkd)}\cos(jkX)\right\}^2$$

$$+ \frac{1}{2}\left\{\sum_{j=1}^{N} jB_j \frac{\text{sh}[jk(d+\eta)]}{\text{ch}(jkd)}\sin(jkX)\right\}^2 + k\eta - \frac{rk}{g} = 0 \qquad (4-115)$$

结合图 4-11 所示的波面分割点，运动学表面边界条件应该在 $N+1$ 个节点上均适用。其中 $kX_m = m\pi/N(m=0, 1, 2, \cdots, N)$，由式（4-114）进一步可得到

$$f_{9+m} = \sum_{j=1}^{N} B_j \frac{\text{sh}[j(kd+k\eta_m)]}{\text{ch}(jkd)}\cos\left(\frac{jm\pi}{N}\right) - \bar{U}\sqrt{\frac{k}{g}} \times k\eta_m - q\sqrt{\frac{k^3}{g}} = 0 \qquad (4-116)$$

类似的，结合图 4-11 所示的波面分割点，动力学表面边界条件应该在 $N+1$ 个节点上均适用。其中 $kX_m = m\pi/N(m=0, 1, 2, \cdots, N)$，由式（4-115）进一步可得到方程式，即

$$f_{N+10+m} = \frac{1}{2}\left\{-\bar{U}\sqrt{\frac{k}{g}} + \sum_{j=1}^{N} jB_j \left[\frac{\text{ch}[j(kd+k\eta_m)]}{\text{ch}(jkd)}\right]\cos\left(\frac{jm\pi}{N}\right)\right\}^2$$

$$+ \frac{1}{2}\left\{\sum_{j=1}^{N} jB_j \left[\frac{\sinh[j(kd+k\eta_m)]}{\cosh(jkd)}\right]\sin\left(\frac{jm\pi}{N}\right)\right\}^2 + k\eta_m - \frac{rk}{g} = 0 \qquad (4-117)$$

至此对于流函数的求解问题，上述方法共得到 $2N+10$ 个方程，同时含有 $2N+10$ 个未知量，故可以进行求解计算，最终得到表 4-4 中全部变量，同时可得到图 4-11 所示各点对应的 $k\eta_j (j=0, 1, 2, \cdots, N)$ 值和系数 $B_j (j=0, 1, 2, \cdots, N)$。

4.5.3　最终变量转换

当选择流函数理论进行波浪分析后，需要得到不同位置、不同时刻的波面高度、波浪质点的水平速度、竖向速度和水平加速度、竖向加速度等变量结果。因为求解方法中采用了无量纲化处理，故上一部分中求得的未知量需要经过转化方能得到最终要求的波面高度、速度和加速度等量值。

在移动坐标系下，流函数与势函数的相互关系为

$$\begin{cases} \dfrac{\partial \Phi}{\partial X} = \dfrac{\partial \psi}{\partial y} \\ \dfrac{\partial \Phi}{\partial y} = -\dfrac{\partial \psi}{\partial X} \end{cases} \qquad (4-118)$$

在移动坐标系中，变量 X 与静止坐标系下的 x 存在关系式为

$$X = x - ct \qquad (4-119)$$

结合式（4-113）和上述两式，势函数的表达式为

$$\Phi(X, y) = -\bar{U}X + \sqrt{\frac{g}{k^3}}\sum_{j=1}^{N} B_j \frac{\text{ch}jky}{\text{ch}jkd}\sin jkX \qquad (4-120)$$

进一步可得到在静止坐标系下的势函数为

$$\phi(x, y, t) = \Phi(x-ct, y) + c(x-ct) \qquad (4-121)$$

对于质点的水平速度 u，可分别采用移动坐标系下的势函数和静止坐标系下的势函数来表达，由于针对的是同一个变量，故两种表示方法相等，进而有

$$u = \frac{\partial \phi}{\partial x} = \frac{\partial \Phi}{\partial x} + c = U + c \tag{4-122}$$

根据式（4-120）～式（4-122）可得

$$\phi(x, y, t) = (c - \bar{U})(x - ct) + \sqrt{\frac{g}{k^3}} \sum_{j=1}^{N} B_j \frac{\mathrm{ch}jky}{\mathrm{ch}jkd} \sin jk(x - ct) \tag{4-123}$$

根据速度与势函数的导数关系，则水平向和竖向速度 u 和 v 的计算式分别为

$$u = c - \bar{U} + \sqrt{\frac{g}{k}} \sum_{j=1}^{N} j B_j \frac{\mathrm{ch}jky}{\mathrm{ch}jkd} \cos jk(x - ct) \tag{4-124}$$

$$v = \sqrt{\frac{g}{k}} \sum_{j=1}^{N} j B_j \frac{\mathrm{sh}jky}{\mathrm{ch}jkd} \sin jk(x - ct) \tag{4-125}$$

势函数 $\phi(x, y, t)$ 还存在关系式为

$$\frac{\partial \phi}{\partial t} = -c \frac{\partial \phi}{\partial x} = -cu \tag{4-126}$$

基于式（4-124）～式（4-126）可得到水平向和竖向加速度的表达式为

$$\frac{\partial u}{\partial t} = c \sqrt{gk} \sum_{j=1}^{N} j^2 B_j \frac{\mathrm{ch}jky}{\mathrm{ch}jkd} \sin jk(x - ct) \tag{4-127}$$

$$\frac{\partial v}{\partial t} = -c \sqrt{gk} \sum_{j=1}^{N} j^2 B_j \frac{\mathrm{sh}jky}{\mathrm{ch}jkd} \cos jk(x - ct) \tag{4-128}$$

当已知波面各点对应的 $k\eta_m (m = 0, 1, 2, \cdots, N)$ 值后，可以结合快速傅里叶变换得到波面的表达式为

$$k\eta(x, t) = \frac{2}{N} \sum_{j=0}^{N} E_j \cos jk(x - ct) \tag{4-129}$$

$$E_j = \sum_{m=0}^{N} k\eta_m \cos \frac{jm\pi}{N} \quad j = 0, 1, \cdots, N \tag{4-130}$$

通过上述步骤，完成了基于 $2N + 10$ 个中间量求得不同时刻和位置处的波面高度、质点速度和加速度等变量，从而为进行海洋结构物波浪荷载计算提供了必要的基础。

4.6 波浪理论的适用范围

波浪理论是通过某些假设与简化而得到的，由于不同的简化与假设，理论计算结果有别，也各有其适用范围。为确定各种波浪理论的适用范围，不少研究者进行了大量理论分析和实验检测。这些研究大多是针对波面形状、波速、水质点运动速度和加速度、水质点运动轨迹形状、波浪的极限波陡等波浪特性确定的。

在讨论波浪理论中常遇到水深的划分问题，即如何确定浅水、深水的标准。根据国内外相关研究成果，水深通常划分为3个范围，即浅水、过渡水深和深水。通常而言，单独划分水深的范围并无实际意义，应和具体的波浪性状相结合来进行判断。不同水深判定的标准如下：

（1）深水：$d/L=0.500$ 或 $d/gT^2=0.0792$。

（2）浅水：$d/L=0.04$ 或 $d/gT^2=0.00155$。

（3）过渡水深：位于深水和浅水之间的区域。

在深水条件下影响波浪波动性质的主要因素是波陡（H/L），在浅水条件下影响波浪波动性质的主要因素是波陡（H/L）和相对水深（d/L），而在极浅水影响波浪波动性质的因素是相对波高（H/d）。迄今为止尚无一种波浪理论可以普遍地适用任意水深的波况，各种波浪理论只能适用于各自特定的波况条件。挪威船级社 DNV—OS—J101 标准[10] 给出了波浪理论适用的定性描述，线性波仅适用于深水区的小振幅波，斯托克斯波适用于有限振幅的波况，流函数则适用于更广范围下的波浪分析，布辛奈斯克高阶波则适用于浅水波，而椭圆余弦波则适用于极浅水条件下的波浪分析。

在应用波浪理论进行海上测风塔基础结构受力分析之前，需要根据特定的海洋环境条件来确定合适的波浪理论。纵观国际上对波浪理论适用范围的研究成果，Dean（1970）、Le Méhauté（1976）和 Komar（1978）等先后对此进行了详细分析，并将试验测量数据与理论计算结果进行了比较[11-12]。

挪威船级社 DNV—OS—J101 标准中，采用波陡系数（S）、相对水深（μ）和 Ursell 数（U_r）等 3 个参量来作为波浪理论选择的标准，这 3 个系数的定义表达为

$$S = 2\pi \frac{H}{gT^2} = \frac{H}{L_0} \tag{4-131}$$

$$\mu = 2\pi \frac{d}{gT^2} = \frac{d}{L_0} \tag{4-132}$$

$$U_r = \frac{H}{k_0^2 d^3} = \frac{1}{4\pi^2} \frac{S}{\mu^3} \tag{4-133}$$

式中　H——波高；

　　　　T——波浪周期；

　　　　L_0——深水波长；

　　　　d——水深。

结合上述的 3 个参量，波浪理论适用的范围如表 4-5 所示。图 4-12 为波浪实测试验数据与表 4-5 这一适用范围规定的验证关系。

表 4-5　DNV 标准中各波浪理论适用范围

波浪理论	适用条件	
	深度	大概范围
线性波	深水和浅水	$S<0.006$；$S/\mu<0.03$
2 阶斯托克斯波	深水	$U_r<0.65$；$S<0.04$
5 阶斯托克斯波	深水	$U_r<0.65$；$S<0.14$
椭圆余弦波	浅水	$U_r>0.65$；$\mu<0.125$

基于 Le Méhauté 的分析结果，美国《海滨防护手册》中给出了如图 4-13 所示的波浪理论选择方法。

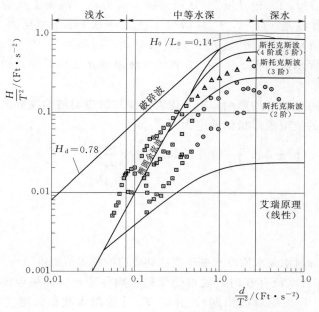

图 4-12 试验结果与波浪理论选择对比

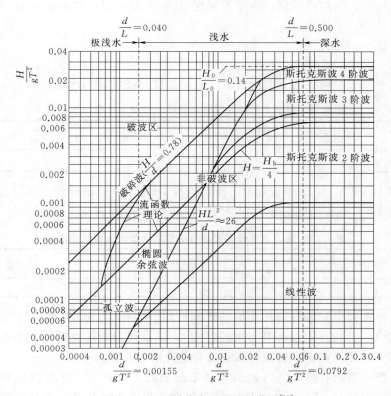

图 4-13 不同波浪理论适用范围[13]

图 4-13 中采用无量纲参量 H/gT^2 和 d/gT^2 分别为纵、横坐标。两条实线为波浪破碎限界，其中深水波的破波限界是 $(H_0/L_0)_b = (H_0/L_0)_{max} = 0.142$［参见式（4-59）］，浅水波的破波限界是 $(H/d)_b = (H/d)_{max} = 0.78$［参见式（4-87）］。图 4-13 中与纵坐标平行的两条虚线分别是深水波限界 $d/L = 0.5$ 和浅水波限界 $d/L = 0.04$，也即本节开始部分的水深类别判定标准。

上述破碎波破波界限未考虑海底坡度的影响。当考虑海底岸坡坡度对波浪破碎的影响效应后，对于无流规则波条件下的波浪破碎指标确定为[14]

$$\frac{H_b}{d_b} = A\left\{1 - \exp\left[-1.5\frac{\pi d_b}{L_0}(1 + 1.5i^{4/3})\right]\right\}\left(\frac{L_0}{d_b}\right) \tag{4-134}$$

式中　　L_0——深水波长；

　　　　H_b——破碎波波高；

　　　　d_b——水深；

　　　　i——海底坡度；

　　　　A——常数，由破碎波波峰时水面水质点水平速度达到波速的临界值可得 $A \approx 0.17$。

当海底坡度 i 不小于 1/50 并有水流存在时，波浪受流的影响将变形。如果取波浪相对于水流的波周期 T_r（$T_r \neq T$，T 为绝对波周期），并以 T_r 计算深水波长，则式（4-134）仍然成立，且 $A = 0.17$[15]。

Nelson（1983，1987）指出，当岸坡平缓（$i \leqslant 0.01$）时，破碎指标将下降，其可能的最大值为[16-17]

$$\left(\frac{H_b}{d_b}\right)_{max} = 0.55 + \exp(-0.012/i) \quad i \leqslant 0.01 \tag{4-135}$$

采用式（4-135）确定的不同海底坡度对应的破碎波波高与水深比如表 4-6 所示。

表 4-6　缓坡上破碎波波高与破碎水深最大比值（理论）

i	$\leqslant\frac{1}{1000}$	$\frac{1}{500}$	$\frac{1}{400}$	$\frac{1}{300}$	$\frac{1}{200}$	$\frac{1}{140}$
$(H_b/d_b)_{max}$	0.55	0.55	0.56	0.58	0.64	0.74

我国 JTS 145—2—2013 中也规定了海底坡度 $i < 1/140$ 时破碎波波高与破碎水深的最大比值，如表 4-7 所示。当坡度 $1/140 < i < 1/50$ 时，比值 H_b/d_b 的最大值可取 0.78。

表 4-7　缓坡上破碎波波高与破碎水深最大比值（标准）

i	$\leqslant\frac{1}{1000}$	$\frac{1}{500}$	$\frac{1}{400}$	$\frac{1}{300}$	$\frac{1}{200}$	$\frac{1}{140}$
$(H_b/d_b)_{max}$	0.60	0.60	0.61	0.63	0.69	0.78

图 4-13 中椭圆余弦波与斯托克斯波之间的限界采用 Ursell 参数 $L^2H/d^3 = 26$ 来划定［注意与式（4-133）中 Ursell 参数的区别］，其右侧为斯托克斯波和小振幅线性波理论的适用范围，左侧是椭圆余弦波和孤立波理论的适用范围。

Ursell 参数分割的右侧区域可近似地再划分成若干区：第Ⅰ区为线性波，其限界为 $H_0/L_0 \approx 0.00625$（$H/gT^2 \approx 0.001$）；第Ⅱ区至第Ⅳ区为斯托克斯 2 阶至斯托克斯 4 阶波，其中第Ⅱ区与第Ⅲ区的界限为 $H_0/L_0 \approx 0.0503$（$H/gT^2 \approx 0.0086$）；第Ⅲ区与第Ⅳ

区的界限为 $H_0/L_0 \approx 0.107(H/gT^2 \approx 0.0196)$。

Ursell 参数分割的左侧区域中，椭圆余弦波与孤立波限界为 $d/L = 0.04$ 或 $d/gT^2 = 0.00155$，该界限右侧是椭圆余弦波理论适用范围，左侧为孤立波理论的适用范围[18]。

上面给出了各波浪理论或方法的适用范围，鉴于流函数这一数值分析方法的广泛适用性，包括挪威船级社 DNV 规范、德国劳氏船级社 GL 标准[19]和美国石油协会的 API 标准[20]均给出了流函数分析中函数阶数的选择和适用范围，如图 4 - 14 所示。

由图 4 - 14 可见，对于斯托克斯波和线性波的适用范围中，采用 3 阶流函数均能满足分析精度的要求，当位于斯托克斯波和线性波适用范围的左侧（波高更高或水深更浅）时，应加大流函数计算的阶数，通常采用阶数 $N = 11$ 可满足大部分情况下的波浪分析要求。对于极浅水的情况下应采用更高阶的流函数来进行计算分析。

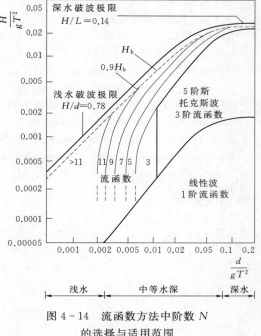

图 4 - 14　流函数方法中阶数 N
的选择与适用范围

参 考 文 献

[1]　竺艳蓉. 海洋工程波浪力学 [M]. 天津：天津大学出版社，1991.

[2]　邱大洪. 工程水文学 [M]. 北京：人民交通出版社，1999.

[3]　李远林. 波浪理论及波浪载荷 [M]. 广州：华南理工大学出版社，1994.

[4]　王树清，梁丙臣. 海洋工程波浪力学 [M]. 青岛：中国海洋大学出版社，2013.

[5]　Munk W H. The solitary wave theory and its application to surf problems，ocean surface waves [C] //Annals of the New York Academy of Sciences，1949，51 (3)：376 - 424.

[6]　McCowan J. On the solitary wave [J]. Philosophical Magazine，1891，32：45 - 58.

[7]　Dean R. G. Stream function representation of nonlinear ocean waves [J]. Journal of Geophysical Research，1965，70 (18)：4561 - 4572.

[8]　刘书攻，李彦彬，韩洁芬. 非线性流函数波浪理论的求解 [J]. 海洋与湖沼，1984，15 (2)：146 - 155.

[9]　Fenton，J. D. The numerical solution of steady water wave problems [J]. Computers & Geosciences，1988，14 (3)：357 - 368.

[10]　Det Norske Veritas. DNV—OS—J101 Design offshore wind turbine structure [S]. Norway，2014.

[11]　Dean R G. Relative validities of water wavetheories [J]. Gainesville：Journal of the Waterways，Harbors and Coastal Engineering Division，1970，96 (1)：105 - 119.

[12]　Komar P D. Beach processes and sedimentation [J]. Prentice-Hall：Englewood Cliffs，New Jersey，1976，429 - 430.

［13］　美国海岸工程研究中心. 海滨防护手册［M］. 梁其苟，方矩，译. 北京：海洋出版社，1988.

［14］　合田良实. 港工建筑物的防浪设计［M］. 北京：海洋出版社，1983.

［15］　李玉成，滕斌. 波浪对海上建筑物的作用［M］. 2 版. 北京：海洋出版社，2002.

［16］　Nelsen R. C. Wave heights in depth limited condition［J］. Civil Engineering Trans.，Inst. Engrs. Aust.，1983，CE27（2）：210 – 215.

［17］　Nelsen R. C. Design wave height on very mild slope—an experimental study［J］. Civil Engineering Trans.，Inst. Engrs. Aust.，1987，CE29（3）：157 – 161.

［18］　蒋德才，刘百桥，韩树宗. 工程环境海洋学［M］. 北京：海洋出版社，2005.

［19］　Germanischer. Lloyd WindEnergie GmbH. Guideline for the Certification of Offshore Wind Turbines（GL 2012）［S］. Uetersen：Heydorn Druckerei und Verlag，2012.

［20］　American Petroleum Institute. Recommended practice for planning，designing，and constructing fixed offshore platforms-working stress design（RP – 2A – WSD）［S］. Washington：Petroleum Industry Press，2014.

第 5 章　海上测风塔基础设计体系

与陆上测风塔基础不同，海上测风塔基础指测风塔塔架底端以下的全部结构物，包括基础结构、桩基与土体。与直观的概念迥异，海上测风塔基础中桩基通常延伸至海床泥面以下，这部分桩基既可以看作桩的一部分，又可以看作基础结构的一部分。本章所指的桩基是位于泥面以下的桩基部分，泥面以上的桩基与结构物归为基础结构。

基础设计体系应基于不同可靠度标准的极限状态分析来制定。总体而言，设计体系包括两大类，分别为荷载与抗力、作用与效应。因此对于设计荷载的种类和计算方法、多种荷载同时出现时的组合以及荷载的分项系数取值等需要进行详细的规定。而对于抗力和效应部分的分析将放在后续章节进行介绍。

5.1　极 限 状 态 分 析

海上测风塔属于高耸结构，其在规定的设计使用年限内应具有足够的可靠度。可靠度可采用以概率理论为基础的极限状态设计方法分析确定。海上测风塔基础设计使用年限一般为 5 年，在设计使用年限内应满足各种功能要求，包括在正常施工和正常使用条件下，基础结构能承受可能出现的各种作用，在正常使用时具有良好的工作性能，在正常维护下具有足够的耐久性能，在设计规定的偶然事件发生时及发生后，仍能保持必需的整体稳定性。

海上测风塔基础设计的极限状态分为承载能力极限状态和正常使用极限状态。基础结构应根据承载能力极限状态和正常使用极限状态的相关要求，确定地基或桩基的承载能力和抗滑移、抗倾覆等稳定性，对所有基础结构构件进行承载能力计算，对有抗震设防要求的结构进行结构抗震承载力计算，对使用上需要控制变形值的基础与结构构件进行变形验算，对使用上要求不出现裂缝的构件进行混凝土拉应力计算，对使用上允许出现裂缝的构件进行裂缝宽度验算。桩基与地基承载力采用特征值，结构与构件的承载力采用荷载设计值，变形、抗裂和裂缝宽度验算采用荷载代表值。

5.1.1　设计等级与安全等级

单独针对海上测风塔基础的设计等级尚无明确规定，在设计时可参照风力发电机组地基基础设计等级的相关规定。根据《风电机组地基基础设计规定》（试行）（FD 003—2007），由风力发电机组的单机容量、轮毂高度和地质条件的复杂程度，将海上风电场风力发电机组地基基础分为 3 个设计等级，具体如表 5-1 所示。

海上测风塔结构从泥面算起的高度一般在 100m 以上，但测风塔的风荷载要远远小于风力发电机组的风荷载，无论是水平受力还是倾覆弯矩一般均小于 0.75MW 单机容量的风机荷载，结合表 5-1，海上测风塔基础设计等级应介于风力发电机组地基基础设计等级所属的 1 类和 3 类之间，可取测风塔地基基础设计等级为 2 类。当设计等级为 2 类时，设计时应满足两项基本规定，其一为测风塔地基基础均应满足承载力和稳定性的要求；其二为测风塔地基基础均应进行地基变形计算。

表 5-1　海上风力发电机组地基基础设计级别[1]

设计级别	单机容量、轮毂高度和地基类型
1	单机容量大于 1.5MW，轮毂高度大于 80m，复杂地质条件或软土地基
2	介于 1 级、3 级之间的地基基础
3	单机容量小于 0.75MW，轮毂高度小于 60m，地质条件简单的岩土地基

注：1. 地基基础设计级别按表中指标划分分属不同级别时，按最高级别确定。

2. 对于 1 级地基基础，地基条件较好时，经论证基础设计级别可降低一级。

按照《高耸结构设计规范》（GB 50135—2006）的规定，海上测风塔结构设计时，应根据结构破坏可能产生的后果（如危及人的生命安全、造成经济损失和产生社会影响等）的严重性，采用不同的安全等级。高耸结构的安全等级划分如表 5-2 所示。

表 5-2　高 耸 结 构 安 全 等 级[2]

基础结构安全等级	基础的重要性	基础破坏后果
1	重要基础	很严重
2	一般基础	严重

相对于海上风力发电机组基础，海上测风塔的基础重要性可设定为"一般基础"，基础破坏后果归为"严重"类。鉴于海上测风塔工程直接影响到后续风电场工程建设，宜适当提高其结构安全等级。综上所述可将海上测风塔基础结构的安全等级划分为 2 级，设计时对应的结构重要性系数 $\gamma_0 = 1.0$。

5.1.2　设计基准期

如前所述，海上测风塔的设计使用年限一般为 5 年，由于其设计使用年限明显小于海上风力发电机组 25 年的设计使用年限，因此需要确定海上测风塔的设计基准期。

设计基准期的定义为：确定可变作用及与时间有关的材料性能等取值而选用的时间参数。它不等同于结构的设计使用年限，大部分标准所考虑的荷载统计参数都是按设计基准期为 50 年确定的，如设计时需采用其他设计基准期则必须另行确定在设计基准期内最大荷载的概率分布及相应的统计参数。

选取泊松分布来定量分析重现期 T 与破坏危险率的关系，泊松分布适合于描述单位时间内随机事件发生的次数。泊松分布的概率分布函数定义为

$$p(x) = \frac{\lambda^x e^{-\lambda}}{x!} \tag{5-1}$$

式中　x——变量；

　　　λ——单位时间内随机事件的平均发生率，泊松分布的期望和方差均为 λ。

基于式（5-1），在 t 年内发生 n 次破坏的概率为

$$p(n) = \frac{(t/T)^n \, \mathrm{e}^{-(t/T)}}{n!} \qquad (5-2)$$

根据上式可得不遭受破坏的概率为

$$p(0) = \frac{(t/T)^0 \, \mathrm{e}^{-(t/T)}}{0!} = \mathrm{e}^{-(t/T)} \qquad (5-3)$$

则在 t 年内至少遭遇一次的概率 q 为

$$q = 1 - p(0) = 1 - \mathrm{e}^{-(t/T)} \qquad (5-4)$$

当设计使用年限 m 和遭遇风险概率 q 确定后，将其代入式（5-4）可得对应的重现期为

$$T = \frac{-m}{\ln(1-q)} \qquad (5-5)$$

对于常规结构设计，重现期 T 和设计使用年限 m 常取 50 年；对于海上风力发电机组基础结构，重现期 $T=50$ 年，设计使用年限 $m=25$ 年；对于海上测风塔，设计使用年限 $m=5$ 年，不同重现期 T 对应的遭受风险概率如表 5-3 所示。

表 5-3 不同设计使用年限 m 与重现期 T 组合下的遭遇风险概率

m/年	风险概率				
	$T=5$ 年	$T=10$ 年	$T=20$ 年	$T=25$ 年	$T=50$ 年
50	1.000	0.993	0.918	0.865	0.632
25	0.993	0.918	0.713	0.632	0.393
5	0.632	0.393	0.221	0.181	0.095

由表 5-3 可知，对于常规结构设计其遭遇风险概率为 63.2%（$m=50$ 年，$T=50$ 年），对于海上风力发电机组基础设计其遭遇风险概率为 39.3%（$m=25$ 年，$T=50$ 年）。对于海上测风塔基础结构设计，由于海上测风塔用于风场建设的事前测风，其成败直接影响到整个风电场的建设工期，因此其重现期的取值应该有更高的保证率，也即更低的遭遇风险概率。当选取设计重现期为 25 年时，对应的遭遇风险概率相比风力发电机组基础设计要降低一半，当选取设计重现期为 50 年时，对应的遭遇风险概率约为风力发电机组基础设计对应值的 1/4。

上述分析表明，海上测风塔基础设计中环境荷载的取值标准采用设计重现期 25 年已经具备较高的保证率，而采用 50 年设计重现期似乎保证率有些偏高，但应同时注意到，设计重现期还与设计组合中分项系数的取值密切关联，为了能充分利用现有设计标准中的组合分项系数和设计标准，且考虑到每个风场中海上测风塔数量较少，采用较高的设计重现期标准也不至于导致工程造价过分偏大，综合权衡后海上测风塔基础设计中选取设计重现期为 50 年。

5.1.3 承载能力极限状态

对于基础结构的承载能力极限状态，应按荷载效应的基本组合或偶然组合进行荷载（效应）组合，并应采用以下设计表达式进行设计[3]，即

$$\gamma_0 S \leqslant R \qquad (5-6)$$

式中　γ_0——结构重要性系数，测风塔可取 1.0；

　　　S——荷载效应组合的设计值；

　　　R——结构构件抗力的设计值。

结构构件的抗力设计值 R 确定为

$$R = \frac{1}{\gamma_m} f_k \qquad (5-7)$$

式中　γ_m——材料安全系数（抗力分项系数）；

　　　f_k——材料强度标准值。

结构构件的截面抗震验算，应采用的设计表达式为

$$S \leqslant \frac{R}{\gamma_{RE}} \qquad (5-8)$$

式中　γ_{RE}——承载力抗震调整系数，除另有规定外，应按表 5-4 采用；

　　　R——结构构件承载力设计值。

表 5-4　承载力抗震调整系数表[4]

材料	结构构件	受力状态	γ_{RE}
钢	柱、梁、支撑、节点板件、螺栓、焊缝	强度	0.75
	柱、支撑	稳定	0.80
混凝土	梁	受弯	0.75
	轴压比小于 0.15 的柱	偏压	0.75
	轴压比不小于 0.15 的柱	偏压	0.80
	抗震墙	偏压	0.85
	各类构件	受剪、偏拉	0.85

当仅计算竖向地震作用时，各类结构构件承载力抗震调整系数均应采用 1.0。

海上测风塔基础结构设计中，对于地基或滑动稳定以及基础抗浮稳定计算时，作用效应应按承载能力极限状态下的基本组合，但其分项系数均为 1.0；在确定基础或桩基承台的高度、结构截面、计算结构内力、确定配筋和验算材料强度时，测风塔荷载作用效应、环境荷载作用效应、对应的基底反力等应按承载能力极限状态作用的基本组合，采用相应的分项系数；且设计中结构重要性系数 γ_0 不应小于 1.0[5]。

5.1.4　正常使用极限状态

海上测风塔基础结构设计中，按地基承载力确定重力式基础的底面积及埋深或按单桩承载力（水平、抗拔与承压）确定基础桩数时，传至基础或基底上的作用效应应按正常使用极限状态下作用的标准组合，相应的抗力应采用地基承载力特征值或单桩承载力特征值。计算地基变形时，基底上的作用效应按正常使用极限状态下作用的准永久组合，相应的限值应为地基变形容许值。当需要验算基础裂缝宽度时，应按正常使用极限状态下作用的标准组合或准永久组合。

1. 桩基承载力验算

对于轴心竖向力作用下的测风塔群桩基础，对应的桩顶作用效应为[6]

$$N_k = \frac{F_k + G_k}{n} \qquad (5-9)$$

式中 F_k——非自重荷载效应标准组合下，作用于泥面标高处桩基的竖向力标准值；

     G_k——桩基与结构自重标准值，对水位以下部分扣除水的浮力；

     N_k——荷载效应标准组合轴心竖向力作用下，第 i 根桩的平均竖向力；

     n——群桩基础的桩数。

对于偏心竖向力作用下的测风塔群桩基础，桩顶作用效应为

$$N_k = \frac{F_k + G_k}{n} \pm \frac{M_{xk} y_i}{\sum y_j^2} \pm \frac{M_{yk} x_i}{\sum x_j^2} \qquad (5-10)$$

式中 M_{xk}、M_{yk}——荷载效应标准组合偏心竖向力作用下，作用于泥面标高处且通过桩群形心的 x、y 主轴的合力矩标准值；

   x_i、x_j、y_i、y_j——第 i、j 根桩至 y 轴、x 轴的距离。

式（5-10）是根据基础刚性假定而得出的计算表达式，当测风塔基础处于海水中的高度较大时通常并不满足刚性基础假定条件，此时应结合基础结构三维分析来确定各桩在泥面处的桩顶荷载。

（1）桩基竖向承载力计算应符合以下要求：

1）轴心竖向力作用下，有

$$N_k \leqslant R_a \qquad (5-11)$$

2）偏心竖向力作用下除满足式（5-11）外，还应满足

$$N_{kmax} \leqslant 1.2 R_a \qquad (5-12)$$

式中 N_k——荷载效应标准组合轴心竖向力作用下，泥面处桩的平均竖向力；

   N_{kmax}——荷载效应标准组合偏心竖向力作用下，泥面处桩顶最大竖向力；

   R_a——桩的竖向承载力特征值。

（2）考虑地震作用效应和荷载效应标准组合时桩基竖向承载力计算应符合以下要求：

1）轴心竖向力作用下，有

$$N_{Ek} \leqslant 1.25 R_a \qquad (5-13)$$

2）偏心竖向力作用下，除满足式（5-13）外，还应满足

$$N_{Ekmax} \leqslant 1.5 R_a \qquad (5-14)$$

式中 N_{Ek}——地震作用效应和荷载效应标准组合下，泥面处桩的平均竖向力；

   N_{Ekmax}——地震作用效应和荷载效应标准组合下，泥面处桩的最大竖向力。

（3）鉴于海上测风塔结构特定的受力模式（水平力、倾覆力矩大）这一特点，基础布置时桩间距较大，基础抗拔状态验算时往往由非整体破坏来控制，而不由群桩整体上拔来控制。对于承受拔力的测风塔基础，应验算群桩呈非整体破坏时桩的抗拔承载力，计算应符合极限状态计算表达式，即

$$N_k \leqslant \frac{T_{uk}}{2} + G_p \qquad (5-15)$$

式中 N_k——荷载效应标准组合下，桩的拔力；

   T_{uk}——群桩呈非整体破坏时桩的抗拔极限承载力标准值；

   G_p——桩自重，水位以下取浮重度。

与式（5-11）相对应，式（5-15）可进一步表达为当荷载标准组合中扣除了桩基自

重后，桩基抗拔承载力计算应符合

$$N_k \leqslant R_{ta} \qquad (5-16)$$

式中　R_{ta}——单桩抗拔承载力特征值。

（4）当考虑地震作用效应和荷载效应标准组合时桩基抗拔承载力计算应符合

$$N_{Ek} \leqslant 1.25R_{ta} \qquad (5-17)$$

式中　N_{Ek}——地震作用效应和荷载效应标准组合下单桩的上拔荷载；

　　　R_{ta}——考虑地震液化效应影响后的单桩抗拔承载力特征值。

（5）群桩中桩顶受力应考虑荷载效应的标准组合，水平力作用下单桩的水平受力为

$$H_{ik} = \frac{H_k}{n} \qquad (5-18)$$

式中　H_k——荷载效应标准组合下，作用于群桩桩顶的水平力；

　　　H_{ik}——荷载效应标准组合下，作用于第 i 根桩的水平力；

　　　n——桩基中桩数。

式（5-18）是根据基础刚性假定而得出的计算表达式，当测风塔基础处于海水中的高度较大时通常并不满足刚性基础假定条件，此时应结合基础结构三维分析来确定各桩在泥面处的桩顶水平荷载，并取群桩中各桩的最大值来进行验算。

1）水平力荷载作用下，桩基水平承载力计算应符合

$$H_{ik} \leqslant R_h \qquad (5-19)$$

式中　H_{ik}——荷载效应标准组合下，作用于第 i 根桩泥面处的水平力；

　　　R_h——桩的水平承载力特征值。

2）水平力荷载作用下，考虑地震作用效应和荷载效应标准组合时桩基水平承载力计算应符合

$$H_{Eik} \leqslant 1.25R_h \qquad (5-20)$$

式中　H_{Eik}——地震作用效应和荷载效应标准组合下，作用于第 i 根桩泥面处的水平力；

　　　R_h——考虑地震液化效应影响后桩的水平承载力特征值。

2. 基础结构变形

对于正常使用极限状态，应根据不同的设计要求，采用荷载的标准组合、频遇组合或准永久组合，并应按照设计表达式进行设计，即

$$S \leqslant C \qquad (5-21)$$

式中　C——结构或结构构件达到正常使用要求的规定限值，例如变形、裂缝、振幅、加速度、应力等的限值。

海上测风塔结构变形应满足两部分要求，第一部分为塔架结构的变形要求，第二部分为基础结构的变形要求。根据结构对象归类方法的不同，塔架结构的定义也不同。一种分类方法为将测风塔厂家提供的塔架单独定义为塔架结构；另一种分类方法为将泥面以上的所有结构定义为塔架结构。这在验算塔架结构变形要求时是需要引起注意的事项。

（1）塔架结构位移要求。根据 GB 50135—2006，高耸结构在以风为主的荷载标准组合及以地震作用为主的荷载标准组合下的水平位移，不得大于表 5-5 的规定。除此之外，塔架结构位移还应满足测风仪器或设备为保障测量精度而对结构位移的特殊要求。

表 5-5　高耸结构水平位移限值

结构类型	相对位移	以风为主的荷载标准组合作用下		以地震作用为主的荷载标准组合作用下
		按线性分析	按非线性分析	
自立塔	$\Delta u/H$	1/75	1/50	1/100
桅杆	$\Delta u/H$	—	1/75	1/100
	$\Delta u'/h$	—	1/50	—

注：1. Δu 为水平位移（与分母代表的高度对应）。

　　2. $\Delta u'$ 为纤绳层间水平位移差（与分母代表的高度对应）。

　　3. H 为总高度。

　　4. h 为纤绳之间距。

根据《建筑抗震设计规范》（GB 50011—2010）规定，对于多遇地震作用下的抗震变形验算，多、高层钢结构的弹性层间位移角 θ_e 的限值为 1/250。抗震变形应验算为

$$\Delta u_e \leqslant [\theta_e]h \tag{5-22}$$

式中　Δu_e——多遇地震作用标准值产生的楼层内最大的弹性层间位移，计算时除以弯曲变形为主的超高建筑外，可不扣除结构整体弯曲变形，但应计入扭转变形，各作用分项系数均应采用 1.0；

　　　　h——计算层高；

　　　　$[\theta_e]$——弹性层间位移角限值，宜按表 5-6 采用。

表 5-6　弹性层间位移角限值

结构类型	$[\theta_e]$
钢筋混凝土框架	1/550
钢筋混凝土框架—抗震墙、板柱—抗震墙、框架—核心筒	1/800
钢筋混凝土抗震墙、筒中筒	1/1000
钢筋混凝土框支层	1/1000
多、高层钢结构	1/250

（2）基础变形要求。在基础沉降和倾斜方面，根据《建筑桩基技术规范》（JGJ 94—2008），高耸结构桩基沉降变形容许值，应按表 5-7 规定采用。

表 5-7　建筑高耸结构桩基沉降变形容许值

变形特征	H_g 值	容许值
高耸结构桩基的整体倾斜	≤20	0.008
	$20 < H_g \leqslant 50$	0.006
	$50 < H_g \leqslant 100$	0.005
	$100 < H_g \leqslant 150$	0.004
	$150 < H_g \leqslant 200$	0.003
	$200 < H_g \leqslant 250$	0.002
高耸结构基础的沉降量/mm	$H_g \leqslant 100$·	350
	$100 < H_g \leqslant 200$	250
	$200 < H_g \leqslant 250$	150

注：H_g 为自室外地面算起的建筑物高度。

根据 FD 003—2007，地基变形容许值可按表 5-8 的规定采用。

表 5-8　风电机组地基变形容许值

轮毂高度 H/m	沉降容许值/mm		倾斜率容许值 tanθ
	高压缩性黏性土	低、中压缩性黏性土，砂土	
$H<60$	300		0.006
$60<H\leqslant80$	200	100	0.005
$80<H\leqslant100$	150		0.004
$H>100$	100		0.003

注：倾斜率系指基础倾斜方向实际受压区域两边缘的沉降差与其距离的比值，计算方法为 $\tan\theta=(s_1-s_2)/b_s$；s_1、s_2 为基础倾斜方向实际受压区域两边缘的最终沉降值；b_s 为基础倾斜方向实际受压区域的宽度。

通过对比表 5-7 和表 5-8 中的沉降与倾斜控制标准，后者关于风电机组地基变形的控制标准相对严格，海上测风塔基础变形控制标准可结合实际情况在两者之间进行选择。

3. 混凝土结构裂缝

当海上测风塔采用钢筋混凝土承台结构时还应考虑混凝土结构裂缝的控制标准。对于严格要求不出现裂缝的构件，裂缝控制等级应按一级考虑，按照标准组合进行计算，构件受拉边缘混凝土不应产生拉应力[7]，即

$$\sigma_{ck}-\sigma_{pc}\leqslant0 \qquad (5-23)$$

式中　σ_{ck}——荷载标准组合下抗裂验算边缘混凝土法向应力；

σ_{pc}——扣除全部预应力损失后在抗裂验算边缘混凝土的预压应力。

一般要求不出现裂缝的构件，裂缝控制等级应按二级，按准永久组合计算时，构件受拉边缘混凝土不应产生拉应力；按照标准组合计算时，构件受拉边缘混凝土允许产生拉应力，但拉应力应满足

$$\sigma_{ck}-\sigma_{pc}\leqslant f_{tk} \qquad (5-24)$$

式中　f_{tk}——混凝土轴心抗拉强度标准值。

容许出现裂缝的构件，裂缝控制等级应按三级，一般钢筋混凝土构件按准永久荷载进行裂缝控制计算，预应力混凝土构件按标准组合进行裂缝控制计算，其最大裂缝宽度不应超过规定的限值。根据《水运工程混凝土结构设计规范》（JTS 151—2011），非预应力钢筋混凝土结构裂缝控制等级与最大裂缝宽度限值如表 5-9 所示。

表 5-9　基础混凝土结构最大裂缝宽度限值（W_{max}）

构件类别	钢筋种类	裂缝宽度限值/mm			
		大气区	浪溅区	水位变动区	水下区
钢筋混凝土	等级	三级	三级	三级	三级
		0.20	0.20	0.25	0.30

对于海上测风塔结构物一般可采用三级裂缝控制等级来设计，当有特殊的更高要求时可选用二级裂缝控制等级。

5.1.5　耐久性

为了保证基础结构在设计使用寿命期限内能满足前述两种极限状态的要求，结构必须

具备足够的耐久性，故对耐久性问题予以简要介绍。

无论是钢结构还是钢筋混凝土结构应按结构所处的环境条件和设计使用年限进行相适应的耐久性设计。由于海上测风塔基础结构所处的海洋环境条件决定了其在不同高度所处的海洋工程分区不同，一般应根据各区的特点来进行针对性的耐久性设计。

钢筋混凝土结构中混凝土强度等级对保证混凝土结构的耐久性十分重要，这不同于结构按承载能力极限状态要求的混凝土强度等级。基于耐久性要求的海洋环境下混凝土最低强度等级应满足表 5-10 的规定。

表 5-10 基于耐久性要求的混凝土最低强度等级

所在区	钢筋混凝土	素混凝土
大气区	C30	C20
浪溅区	C40	C25
水位变动区	C35	C25
水下区	C30	C25

注：有抗冲耐磨要求的部位，应专门研究确定，且混凝土强度等级不应低于 C30。

钢筋混凝土结构的氯离子含量指水溶性氯离子占胶凝材料的质量百分比，当氯离子含量在钢筋周围达到某一临界值时，钢筋的钝化膜开始破裂，丧失对钢筋的保护作用，从而引起钢筋锈蚀。对处于海水环境中的钢筋混凝土，由于海水中的氯离子不断渗入到钢筋周围，因此对混凝土拌和物中氯离子含量要求的标准更高。海水中混凝土中最大氯离子含量，对于预应力混凝土不宜超过 0.06%，对于钢筋混凝土不宜超过 0.10%。有活性的骨料有可能与来自水泥或其他来源的碱（Na_2O 和 K_2O）发生反应，反应产生物使混凝土膨胀，引起混凝土开裂或破裂，因此规定混凝土中最大碱含量不宜超过 3.0kg/m³，碱含量为可溶性碱在混凝土原材料中以 Na_2O 当量计的含量。

混凝土的冻融破坏试验表明，饱和的混凝土才发生冻融破坏，不饱和的混凝土破坏程度要轻，冻融循环次数虽对冻融破坏有一定的影响，但只限于表面浅层，而最冷月的气温则影响到深层，其比冻融次数的影响更为严重，因此对混凝土的抗冻等级应进行规定。海水环境下水位变动区有抗冻要求的混凝土抗冻等级应符合表 5-11 的规定。浪溅区中下部 1m 范围内应按水位变动区选择抗冻等级。

表 5-11 混凝土抗冻等级的选用标准

建筑物所在地区	钢筋混凝土	素混凝土
严重受冻地区（最冷月平均气温低于 -8℃）	C30	C20
受冻地区（最冷月平均气温在 -8~-4℃）	C35	C25
微冻地区（最冷月平均气温在 -4~0℃）	C30	C25

混凝土的抗渗性对其耐久性也有影响，有抗渗要求的结构混凝土抗渗等级不应低于 P4 等级。混凝土的抗氯离子侵入性指标表示混凝土抗氯离子渗入的能力，其值越小，防止或延缓氯离子渗入引起混凝土结构发生钢筋锈蚀破坏的能力越强，因此海水环境中结构混凝土的抗氯离子渗透性指标宜符合表 5-12 的规定。当不能满足时，可采取混凝土表面涂层和防腐蚀面层、涂层钢筋、钢筋阻锈剂或阴极保护等措施。

表 5 - 12　混凝土氯离子渗透性限值（C）

环境条件	钢筋混凝土		预应力混凝土	
	北方	南方	北方	南方
大气区	≤2000	≤2000	≤2000	≤1500
浪溅区	≤1500	≤1500	≤1000	≤1000
水位变动区	≤2000	≤2000	≤1500	≤1500

注：试验用的混凝土试件应在标准条件下养护 28 天，试验应在 35 天内完成，对掺加粉煤灰或磨细粒化高炉矿渣的混凝土，可按 90 天龄期结果判定。

对处于海水环境水位变动区、浪溅区和大气区的混凝土构件宜采用高性能混凝土，也可同时采用其他防腐蚀措施。高性能混凝土的特点是高耐久性、高尺寸稳定性和较高的强度，在条件允许的情况下应优先采用。

钢结构耐久性的保证之一是确保钢材的质量合格，钢结构的钢材应具有抗拉强度、屈服强度、伸长率和硫、磷含量的合格保证，对焊接结构尚应具有碳含量的合格保证。焊接承重结构和非焊接承重结构采用的钢材还应具有冷弯试验的合格保证。除此之外，钢结构的防腐蚀措施有效性和防火保护层的设计也是确保其耐久性的重要因素。钢结构的防腐蚀设计应与结构设计同时进行，防腐蚀措施、钢材表面的除锈等级和防腐蚀对钢结构的构造要求应根据钢材材质、环境条件、使用要求以及施工、维护管理条件等确定。钢结构构件的防火涂层应根据防火等级对不同构件所要求的耐火极限进行设计，防火涂料和涂层厚度及质量应满足相关规定[9]。

5.2　设　计　荷　载

结构物设计计算时应首先确定可能受到的各种荷载与作用，处于海洋环境中的测风塔基础结构承受的设计荷载包括风荷载、波浪荷载、海冰荷载、海流力和地震作用以及自重与浮力、船只停靠荷载等。波浪荷载与海流力可以分别计算，也可以将波浪质点和水流质点速度矢量叠加后再计算波流力，前者是力矢量叠加方式，后者是速度矢量叠加方式。当水流速度较小时两者差异不大。

5.2.1　风荷载

按照受风结构物的类别划分，测风塔风荷载由两部分组成，分别为测风塔塔架风荷载和测风塔基础位于海面以上部分所受风荷载。测风塔风荷载计算并不仅仅将上述两部分风荷载简单累加，相对单独的测风塔塔架，包含泥面以上测风塔基础结构后的整体塔架自振频率将产生显著变化，会使得测风塔风荷载增大。海洋环境中水位始终在变化，测风塔基础结构位于海面以上的高度也在不断变化，风荷载计算时应反映这一特性。

垂直于测风塔表面上的风荷载 w_k 计算为

$$w_k = \beta_z \mu_s \mu_z w'_0 \tag{5-25}$$

式中　β_z——高度 z 处的风振系数；

　　　μ_s——风荷载体型系数；

μ_z——风压高度变化系数；

w'_0——经风压修正后的基本风压，kN/m^2。

根据式（5-25）计算的风荷载按照测风塔迎风面积进行积分可求得风荷载合力，以下分别介绍该式中 4 个参量的计算方法。

1. 基本风压

基本风压取决于风速和空气密度两个参量。风速可由临近气象站或海洋站的测风资料来推算，当无法取得风速资料时也可直接按照临近陆上基本风压来换算。空气密度可按式（1-17）或式（1-18）来计算，空气密度与海拔高度和温度相关，若进一步简化并忽略平均气温的影响，可近似计算空气密度为

$$\rho = 0.00125e^{-0.0001z} \tag{5-26}$$

式中 ρ——空气密度，t/m^3；

z——所处的高度，m。

取得空气密度和风速后，基本风压 w_0 计算为

$$w_0 = \frac{1}{2}\rho v_0^2 \tag{5-27}$$

式中 v_0——离海平面 10m 高，50 年一遇 10min 平均最大风速，m/s。

海上及海岛的基本风压，由于下垫面磨阻力的减小，使风压较陆上偏大。对沿海海面及海岛基本风压，应按邻近陆上基本风压乘以海上风压增大系数后采用。对于远离海岸的基本风压应乘以放大系数进行修正，修正后的基本风压 w'_0 计算为

$$w'_0 = \eta w_0 \tag{5-28}$$

式中 η——修正系数，可按表 5-13 来取值。

表 5-13 海上风压增大系数参照表[10]

海面及海岛距海岸距离/km	海上与沿海陆上风压比值
<2	<1.2
2~3	1.2~1.3
30~50	1.3~1.5
50~100	1.5~1.7
>100	根据实测或调查资料确定

2. 风压高度变化系数

根据地面覆盖情况地面粗糙度可分为 A、B、C、D 等 4 类。对于远海海面和海岛的建筑物或构筑物，风压高度变化系数可按 A 类粗糙度类别确定。其风压高度变化系数 μ_z 可查表 5-14 或按照式（5-29）来计算。由于测风塔塔架底端至海面部分的基础高度通常在 10~20m 左右，故表中仅给出高度 30m 范围内的风压高度变化系数值。

表 5-14 风压高度变化系数 μ_z

离海平面高度/m	μ_z
5	1.09
10	1.28

离海平面高度/m	μ_z
15	1.42
20	1.52
30	1.67

根据地面粗糙度指数和梯度风高度，除了查表计算外，A 类粗糙度时风压高度变化系数计算为

$$\mu_z^A = 1.284\left(\frac{z}{10}\right)^{0.24} \qquad (5-29)$$

式中　z——相对于海面的高度，m。

3. 风荷载体型系数

海上测风塔塔架多由圆钢管或角钢构件焊接而成，在风荷载体形系数求解时，圆钢塔架的风荷载体型系数是在角钢塔架的风荷载体型系数基础上得到的。按照塔架体型和风荷载作用方向分为如图 5-1 所示的 5 类。

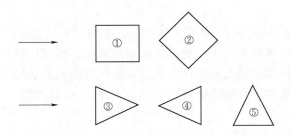

图 5-1　塔架体型与风荷载作用方向
①～⑤—塔架体型与风向关系

对于角钢塔架的风荷载体型系数按表 5-15 取值。

表 5-15　角钢塔架的风荷载体型系数[3]

挡风系数 ϕ	方形塔架			三角形塔架 风向③④⑤
	风向①	风向②		
		单角钢	组合角钢	
≤0.1	2.6	2.9	3.1	2.4
0.2	2.4	2.7	2.9	2.2
0.3	2.2	2.4	2.7	2.0
0.4	2.0	2.2	2.4	1.8
0.5	1.9	1.9	2.0	1.6

注：表中挡风系数 $\phi = A_n/A$，A_n 为桁架杆件及节点挡风的净投影面积，A 为桁架的轮廓面积。

对于圆钢塔架，直径 d，修正后基本风压 w_0'，风压高度变化系数 μ_z。若 $\mu_z w_0' d^2 \leqslant 0.002$，则圆钢塔架风荷载体型系数 μ_s 在角钢塔架对应的 μ_s 基础上乘以 0.8 采用；若 $\mu_z w_0' d^2 \geqslant 0.0015$，则圆钢塔架风荷载体型系数 μ_s 在角钢塔架对应的 μ_s 基础上乘以 0.6

采用；其余情况按插值法计算。

上述为常用的桁架式塔架和基础结构的体形系数，由于圆筒形塔架应用较少，设计时可参照相关文献计算。

4. 风振系数

对于结构物自振周期 $T_1 > 0.25s$ 的高耸结构，应考虑风压脉动对基础结构产生顺风向风振的影响。顺风向风振响应计算应按结构随机振动理论进行。风振系数计算为

$$\beta_z = 1 + 2g I_{10} B_z \sqrt{1 + R^2} \tag{5-30}$$

式中　g——峰值因子，可取 2.5；

　　I_{10}——10m 高度名义湍流强度，对应 A 类地面粗糙度，可取 0.12；

　　R——脉动风荷载的共振分量因子；

　　B_z——脉动风荷载的背景分量因子。

脉动风荷载的共振分量因子 R 计算为

$$R = \sqrt{\frac{\pi}{6\xi_1} \frac{x_1^2}{(1 + x_1^2)^{4/3}}} \tag{5-31}$$

$$x_1 = \frac{30 f_1}{\sqrt{k_w \omega_0}} \quad x_1 > 5 \tag{5-32}$$

式中　k_w——地面粗糙度修正系数，对 A 类地面粗糙度，可取 1.28；

　　ξ_1——结构阻尼比，对海上测风塔结构可取 0.01，也可根据工程经验确定；

　　ω_0——考虑海面粗糙度后的基本风压；

　　f_1——结构第 1 阶自振频率，Hz，为结构基本自振周期 T_1 的倒数。

对于高耸结构，自振周期应通过模态分析来确定，简化情形下自振周期 T_1 为

$$T_1 = (0.007 \sim 0.013)H \tag{5-33}$$

式中　T_1——自振周期，s；

　　H——结构总高度，m。

对体型和质量沿高度均匀分布的高耸结构，脉动风荷载的背景分量因子 B_z 计算为

$$B_z = k H^{a_1} \rho_x \rho_z \frac{\phi_1(z)}{\mu_z} \tag{5-34}$$

式中　$\phi_1(z)$——结构第 1 阶振型系数；

　　H——结构总高度，m，对 A 类地面粗糙度，H 的取值不应大于 300m；

　　k、a_1——系数，对于高耸结构物 k 取 1.276，a_1 取 0.186；

　　ρ_x——脉动风荷载水平方向相关系数；

　　ρ_z——脉动风荷载竖直方向相关系数。

海上测风塔结构体型并不沿高度均匀分布，而是在迎风面和侧风面的宽度沿高度按直线或接近直线变化时，而质量沿高度按连续规律变化，因此应在式（5-34）计算的背景分量因子 B_z 基础上乘以修正系数 θ_B 和 θ_v。系数 θ_B 为塔架在 z 高度处的迎风面宽度 $B(z)$ 与底部宽度 $B(0)$ 的比值，系数 θ_v 按表 5-16 确定。

表 5-16　修正系数 θ_V 的取值[3]

$B(H)/B(0)$	1	0.9	0.8	0.7	0.6	0.5	0.4	0.3	0.2	≤0.1
θ_V	1.00	1.10	1.20	1.32	1.50	1.75	2.08	2.53	3.30	5.60

脉动风荷载竖直方向的相关系数 ρ_z 计算为

$$\rho_z = \frac{10\sqrt{H + 60\mathrm{e}^{-H/60} - 60}}{H} \tag{5-35}$$

式中　H——结构总高度，m，对 A 类地面粗糙度，H 的取值不应大于 300m。

脉动风荷载水平方向的相关系数 ρ_x 计算为

$$\rho_x = \frac{10\sqrt{B + 50\mathrm{e}^{-B/50} - 50}}{B} \tag{5-36}$$

式中　B——结构迎风面宽度 $B \leqslant 2H$，m。

对迎风面宽度较小的高耸结构，水平方向相关系数可取 $\rho_x = 1$。

式 (5-34) 中的振型系数 $\phi_1(z)$ 应根据结构动力计算确定。对外形、质量、刚度沿高度按连续规律变化的竖向悬臂型高耸结构，振型系数 $\phi_1(z)$ 也可根据相对高度 z/H 按表 5-17 确定，H 为结构物总高度。

表 5-17　振型系数 $\phi_1(z)$[3]

相对高度 z/H	$\phi_1(z)$
0.1	0.02
0.2	0.06
0.3	0.14
0.4	0.23

根据海上测风塔结构的动力分析结果，按照结构变形特点对高耸结构可按弯曲型考虑，除了查表外也可采用以下近似公式计算结构的振型系数 $\phi_1(z)$，即

$$\phi_1(z) = 2\kappa^2 - \frac{4}{3}\kappa^3 + \frac{1}{3}\kappa^4 \tag{5-37}$$

式中　κ——变量，$\kappa = \dfrac{z}{H}$。

5.2.2　波浪荷载

对于海上测风塔的基础型式，测风塔底端的平台无非是钢平台或钢筋混凝土平台，因此为了保障测风塔的正常工作，平台高程需位于波浪最高点以上并留有一定的安全裕度。测风塔的荷载量级决定了其基础结构的杆件数量较少，且杆件的截面尺寸相比海上风力发电机组基础结构而言要小得多，杆件直径 D 与波浪波长 L 之比远小于 0.15，因此测风塔基础结构波浪荷载计算可采用莫里森（Morison）方程。

1. 莫里森（Morison）方程

Morison 方程是一种半经验半理论计算公式，该理论假定，柱体的存在对波浪运动无

显著影响，流场中各点的速度和加速度仍可按第 4 章中相关波浪理论来确定。同时认为波浪对柱体的作用主要是黏滞效应和附加质量效应。设有一柱体，直立在水深为 d 的海底上，波高为 H 的入射波沿 x 正向传播，柱体竖向中心轴与海底线的交点为坐标系（x，z）的原点，如图 5-2 所示。

作用在柱体任意高度 z 处的水平波浪力包括两部分：一部分为流体流过桩柱时由于黏性作用在柱壁产生的阻力和在柱后产生涡旋而引起的阻力，其与波浪水质点运动的水平速度 u_x 密切相关，故称为水平拖曳力 f_D 或速度力；另一部分为流经桩柱的流体由于物体的存在而引起流体运动的加速或减速所产生的力，即波浪水质点运动水平加速度 du_x/dt 引起的水平惯性力 f_I，或称为质量力[11]。

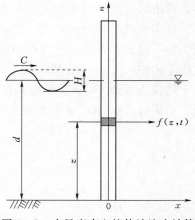

图 5-2　小尺度直立柱体波浪力计算
的坐标系统

波浪作用在柱体上的拖曳力与波浪水质点的水平速度的平方和单位柱高垂直于波向的投影面积成正比。波浪作用在柱体上的质量力与等效柱体体积的水体质量和加速度成正比，还应考虑柱体附近附加水体的影响。

基于上述分析，作用于直立柱体任意高度 z 处单位柱高上的水平波浪力为[11]

$$f_H = f_D + f_I = \frac{1}{2} C_D \rho A u_x |u_x| + C_M \rho \overline{V_0} \frac{du_x}{dt} \tag{5-38}$$

式中　u_x——柱体轴线任意高度 z 处波浪水质点的水平速度；

$\dfrac{du_x}{dt}$——柱体轴线任意高度 z 处波浪水质点的水平加速度；

A——单位柱高垂直于波向的投影面积；

$\overline{V_0}$——单位柱高的排水体积；

ρ——海水密度；

C_D——拖曳力系数；

C_M——惯性力系数。

对于圆柱体，式（5-38）可进一步转化为

$$f_H = \frac{1}{2} C_D \rho D u_x |u_x| + C_M \rho \frac{\pi D^2}{4} \frac{du_x}{dt} \tag{5-39}$$

式中　D——圆柱体直径。

由式（5-39），为了准确计算桩柱体的波浪力需要确定两大类变量，其一为根据所在位置的水深、波高和波浪周期选择合适的波浪理论来得到波浪质点的速度和加速度；其二为选取合理的拖曳力系数 C_D 和惯性力系数 C_M。

拖曳力系数 C_D 和惯性力系数 C_M 应根据波浪和海流的参数以及杆件的形状、粗糙度（海生物）、尺寸和方向来确定。与结构物表面相对粗糙度 $\varepsilon = k/D$、雷诺数 Re、流—波速度比 V_1/U_{mo}、杆件的方位有关。其中 V_1 代表海流在波浪方向的分量，U_{mo} 是由二维波浪

理论得出的在波峰处水质点的最大水平速度。

自莫里森公式提出以来，已有不少学者对 C_D 和 C_M 进行了大量的模型试验和现场观测工作，给出了系数的一些取值范围和确定方法。这些方法被一些行业标准引用并应用于实际工程中，下面介绍挪威船级社 DNV 规范中给出的系数确定方法。

拖拽力系数 C_D 和质量力系数 C_M 为雷诺数 Re、KC 常数和结构杆件相对粗糙度的函数。雷诺数 Re、KC 常数的定义分别为

$$Re = \frac{U_{\max} D}{v} \tag{5-40}$$

$$KC = \frac{U_{\max} T_i}{D} \tag{5-41}$$

式中　D——杆件直径；

$\quad U_{\max}$——静水位下水质点的最大速度；

$\quad v$——运动黏滞系数；

$\quad T_i$——波浪周期。

稳定流下，相对糙率 k/D 决定了系数 C_{DS}，其表达式为

$$C_{DS} = \begin{cases} 0.65 & k/D < 10^{-4}（光滑） \\ \dfrac{29 + 4\log_{10}(k/D)}{20} & 10^{-4} < k/D < 10^{-2} \\ 1.05 & k/D > 10^{-2}（粗糙） \end{cases} \tag{5-42}$$

对于刚刚加工完毕未加涂层的钢材和涂刷油漆的钢材均可视为光滑。对于混凝土和高度锈蚀的钢材，可假定 $k=3\text{mm}$。对于海生物生长状态下的杆件，可取值 $k=5\sim50\text{mm}$。

C_D 可根据 KC 常数和系数 C_{DS} 来计算，即

$$C_D = C_{DS} g\psi(C_{DS}, KC) \tag{5-43}$$

式中　ψ——尾流放大系数，可由图 5-3 查得。

图 5-3 中给出了光滑杆件（实线）和粗糙杆件（虚线）对应的曲线，中等糙率的杆件可根据两条曲线进行插值计算。

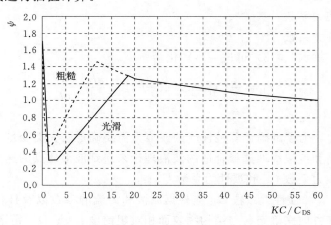

图 5-3　ψ 与 KC 的关系[12]

对于质量力系数 C_M，当 $KC < 3.0$ 时 $C_M = 2.0$；当 $KC > 3.0$ 时计算为

$$C_M = \max\{[2.0 - 0.044(KC - 3)], [1.6 - (C_{DS} - 0.65)]\} \tag{5-44}$$

当波浪可忽略不计稳定流的影响或 $KC > 30$ 的大波浪情况下，根据上述方法可确定杆件表面光滑和粗糙两种极端情况下系数 C_D 和 C_M 的取值，结果如表 5-18 所示。

表 5-18 C_D 和 C_M 取值

构件表面	C_D	C_M
光滑	0.65	1.60
粗糙	1.05	1.20

2. 桩柱波浪荷载

根据莫里森方程和波浪力计算系数的确定方法可以进行桩柱体波浪荷载的计算。下面首先介绍垂直杆件波浪荷载的计算，然后介绍任意倾斜杆件波浪荷载的计算方法。

取如图 5-2 所示的坐标系统，根据式（5-39）得到作用于单个圆柱体柱高 $\mathrm{d}z$ 上的水平波浪力为

$$\mathrm{d}F_H = f_H \mathrm{d}z = \frac{1}{2} C_D \rho D u_x |u_x| \mathrm{d}z + C_M \rho \frac{\pi D^2}{4} \frac{\mathrm{d}u_x}{\mathrm{d}t} \mathrm{d}z \tag{5-45}$$

为了得到作用在某一段柱体（$z_2 - z_1$）上的水平波浪力，可将上式从高度 z_1 到 z_2 积分，即

$$F_H = \int_{z_1}^{z_2} f_H \mathrm{d}z = \int_{z_1}^{z_2} \frac{1}{2} C_D \rho D u_x |u_x| \mathrm{d}z + \int_{z_1}^{z_2} C_M \rho \frac{\pi D^2}{4} \frac{\mathrm{d}u_x}{\mathrm{d}t} \mathrm{d}z \tag{5-46}$$

当 $z_1 = 0$，$z_2 = d + \eta$ 时（η 为波面高度），可得到整个柱体上的总水平波浪力为

$$F_H = \int_0^{d+\eta} \frac{1}{2} C_D \rho D u_x |u_x| \mathrm{d}z + \int_0^{d+\eta} C_M \rho \frac{\pi D^2}{4} \frac{\mathrm{d}u_x}{\mathrm{d}t} \mathrm{d}z \tag{5-47}$$

根据式（5-47）可以得到整个柱体上的总水平力矩为

$$M_H = \int_0^{d+\eta} \frac{1}{2} C_D \rho D u_x |u_x| z \mathrm{d}z + \int_0^{d+\eta} C_M \rho \frac{\pi D^2}{4} \frac{\mathrm{d}u_x}{\mathrm{d}t} z \mathrm{d}z \tag{5-48}$$

总水平波浪力作用点距海底的距离为

$$e = \frac{M_H}{F_H} \tag{5-49}$$

以上是直立柱体上的波浪力计算，海上测风塔基础结构通常还包含倾斜柱体构件。对于倾斜柱体上的波浪力计算，其方法在概念上与直立柱体的典型莫里森方程式是相同的，后者可视为前者的一种特殊情况。对于任意倾斜柱体，建立如图 5-4 所示的坐标体系。

就沿 x 方向传播的二维波浪的情况而论，在柱体上任一点处，与柱轴正交和相切的水质点的速度 U_n、U_t 和加速度 $\dot{U}_n$、$\dot{U}_t$ 是由波浪水质点的速度 u 和加速度 $\dot{u}$ 组成的。由于波浪水

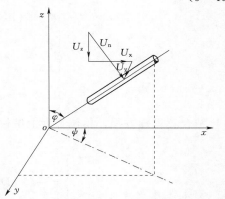

图 5-4 倾斜柱体波浪力计算的坐标系统[11]

质点的速度分量和加速度分量的大小是不同的，使得速度 u 和加速度 $\dot{u}$ 虽同在 zox 平面内，但不在一条线上，因此由拖曳力和惯性力叠加的总力，就必须写成矢量形式，即

$$f = \frac{1}{2} C_D \rho D \boldsymbol{U}_n |\boldsymbol{U}_n| + C_M \rho \frac{\pi D^2}{4} \dot{\boldsymbol{U}}_n \tag{5-50}$$

式中　f——作用在倾斜圆柱体任意高度 z 处单位柱长上的波浪力矢量；

$\boldsymbol{U}_n$、$\dot{\boldsymbol{U}}_n$——与柱轴正交的水质点速度和加速度矢量；

$|\boldsymbol{U}_n|$——速度矢量 $\boldsymbol{U}_n$ 的模。

设 e 为沿柱轴线的单位矢量，对于直角坐标系，则有

$$e = e_x i + e_y j + e_z k \tag{5-51}$$

$$\begin{cases} e_x = \sin\varphi\cos\psi \\ e_y = \sin\varphi\sin\psi \\ e_z = \cos\psi \end{cases} \tag{5-52}$$

速度矢量 $\boldsymbol{U}_n$ 可由下面三重矢量积得到，即

$$\boldsymbol{U}_n = e \times |u \times e| \tag{5-53}$$

式中　u——波浪水质点的速度矢量，其在 3 个坐标轴上的投影为 $\{U_x, U_y, U_z\}$。

对于二维波浪 $U_y = 0$，有

$$u = u_x i + u_z k \tag{5-54}$$

联立式（5-51）和式（5-53）可得速度矢量 $\boldsymbol{U}_n$ 及 U_x、U_y、U_z 和模 $|\boldsymbol{U}_n|$ 的表达式分别如式（5-55）～式（5-57），即

$$\boldsymbol{U}_n = [u_x(1-e_x^2) - u_z e_x e_z]i + [-u_x e_x e_y - u_z e_z e_y]j + [-u_x e_x e_z + u_z(1-e_z^2)]k \tag{5-55}$$

$$\begin{cases} U_x = [u_x(1-e_x^2) - u_z e_x e_z] \\ U_y = [-u_x e_x e_y - u_z e_z e_y] \\ U_z = [-u_x e_x e_z + u_z(1-e_z^2)] \end{cases} \tag{5-56}$$

$$|\boldsymbol{U}_n| = [u_x^2 + u_z^2 - (e_x u_x + e_z u_z)^2]^{1/2} \tag{5-57}$$

加速度 3 个分量 $\dot{U}_x$、$\dot{U}_y$、$\dot{U}_z$ 的表达式为

$$\begin{cases} \dot{U}_x = (1-e_x^2)\dfrac{\partial u_x}{\partial t} - e_x e_z \dfrac{\partial u_z}{\partial t} \\[2mm] \dot{U}_y = -e_x e_y \dfrac{\partial u_x}{\partial t} - e_z e_y \dfrac{\partial u_z}{\partial t} \\[2mm] \dot{U}_z = -e_x e_z \dfrac{\partial u_x}{\partial t} + (1-e_z^2)\dfrac{\partial u_z}{\partial t} \end{cases} \tag{5-58}$$

结合莫里森方程，单位长度上桩柱体波浪力的一般形式可表示为[11]

$$\begin{Bmatrix} f_x \\ f_y \\ f_z \end{Bmatrix} = \frac{1}{2} C_D \rho D |U_n| \begin{Bmatrix} U_x \\ U_y \\ U_z \end{Bmatrix} + C_M \rho \frac{\pi D^2}{4} \begin{Bmatrix} \dot{U}_x \\ \dot{U}_y \\ \dot{U}_z \end{Bmatrix} \tag{5-59}$$

若计算整个倾斜柱体上的总波浪力，可由式（5-45）或式（5-59）沿整个柱长积分得到，但由于在某一时刻位于柱轴不同高度 z 处的水质点的速度和加速度不是处在同一相位，故沿柱长积分通常需采用数值积分的方法来实现。

3. 破波力

当海上测风塔基础结构位于破波区时，破碎波，特别是卷破波将对基础结构物产生非常大的冲击作用，因此破碎波对桩柱结构的作用力是海洋工程和近岸工程中一个十分重要的问题。同行进波相比破碎波的作用力要显著地增大，问题的处理也复杂得多。由于破碎波产生的破波力为一历时很短的冲击力形式，这使得对破碎波进行详细研究变得非常困难。以下介绍 JTS 145—2—2013 给出的一种简化分析方法。

该方法是对 5 种底坡上的破波波浪力进行了试验进而得到的结果。它适用于浅水破波区中直立状态的小直径（$D/L \leqslant 0.2$）柱状结构物，当水底坡度 $i \leqslant 1/15$ 时，作用在直立圆柱建筑物上的最大破波力 F 计算为

$$F/\gamma DH_0^2 = A(D/H_0)^{0.35}(H_0/L_0)^B \tag{5-60}$$

式中　H_0——换算深水波高；

　　　L_0——深水波长；

　　　D——杆件直径；

　　　γ——海水重度；

　　A、B——系数。

式（5-60）中系数 A、B 值可查表 5-19 或查图 5-5 计算，其值可内插。

表 5-19　系数 A、B 值与底坡 i 的关系取值[13]

i	1/15	1/20	1/25	1/33	1/50	1/100
A	0.48	0.45	0.28	0.16	0.12	0.11
B	−0.42	−0.48	−0.60	−0.70	−0.75	−0.76

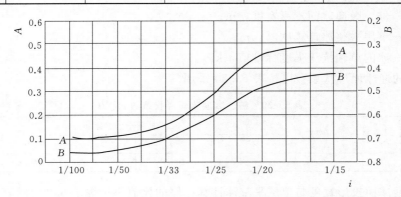

图 5-5　系数 A 和 B 值与底坡 i 的关系[13]

计算水深为 d，直立圆柱上最大破波力的作用点在水底面以上的高度 l 可计算为

$$\frac{l}{d} = B_3 - 0.2\left[\lg\left(\frac{H_0}{L_0}\right) + 2\right] \tag{5-61}$$

式中　B_3——与海底坡度有关的参数，当 $i \geqslant 1/20$ 时，$B_3 = 1.4$；当 $i \leqslant 1/33$ 时，$B_3 =$

1.2；当 $1/20 > i > 1/33$ 时，可依据海底坡率进行线性内插。

实验表明，破波力随破碎点与桩柱相对位置的变化而变化。式（5-60）计算的破波力是最大破波力，出现于破碎点位于柱前深水一侧距离柱 $0.5 \sim 5$ 倍破碎水深范围的某一位置，离开这一位置破波力迅速减小，出现最大破波力的位置随入射波波陡的增加而加大。

5.2.3　海冰荷载

海冰对海上测风塔结构物产生的荷载取决于两个方面，一方面为结构物的杆件几何形式；另一方面为海冰的类型，即属于流冰还是固定冰。根据冰的特性和其与结构物的相互作用，冰荷载的主要作用形式包括两类。

第一类为在海流和风作用下大面积冰原呈整体移动挤压结构物产生的固定冰荷载。大面积冰原是指海岸向外延伸数米甚至数百数千米，整个海面处于冰层覆盖状态的固定冰。在潮流及风的作用下，大面积冰原将整体移动，缓慢挤压结构物。如果结构物强度能够承受住这种推力，则冰原被桩柱割裂而继续向前移动。大面积冰原挤压荷载呈周期性变化，并伴随振动。

第二类为自由漂流的流冰冲击荷载，流冰一般自由浮在海面上，能随风、海流漂移。它可由大小不一、厚度各异的冰块形成。在流冰期间自由漂流的冰块碰撞结构物时可产生作用力。

1. 圆柱结构物冰荷载

大面积冰场对桩或墩产生的极限冰压力标准值宜计算[14]为

$$F_I = ImkBH\sigma_c \tag{5-62}$$

式中　F_I——极限挤压冰力标准值，kN；

$\quad\quad I$——冰的局部挤压系数；

$\quad\quad m$——桩、墩迎冰面形状系数；

$\quad\quad k$——冰和柱、墩之间的接触条件系数，可取 0.32；

$\quad\quad B$——桩、墩迎冰面投影宽度，m；

$\quad\quad H$——单层平整冰计算冰厚，m；

$\quad\quad \sigma_c$——冰的单轴抗压强度标准值，kPa。

桩或墩的迎冰面形状系数可按表 5-20 采用。

表 5-20　桩、墩迎冰面形状系数 m[14]

迎冰面形状系数	平面	圆形	棱角形的迎冰面夹角				
			45°	60°	75°	90°	120°
m	1.00	0.90	0.54	0.59	0.64	0.69	0.77

桩、墩迎冰面投影宽度与单层平整冰计算冰厚的比值小于等于 6.0 时的直立桩、直立墩，冰的局部挤压系数可按表 5-21 确定。

表 5-21　冰 的 局 部 挤 压 系 数[14]

B/H	局部挤压系数 I
≤0.1	4.0
0.1<B/H<1.0	在 4.0～2.5 之间线性插值

B/H	局部挤压系数 I
1.0	2.5
$1.0<B/H\leqslant6.0$	$\sqrt{1+5H/B}$

注：B 为桩、墩迎冰面投影宽度；H 为单层平整冰计算冰厚。

流冰对直立圆桩、直立圆墩的撞击力标准值可计算为

$$F_z = 2.22HV\sqrt{IkA\sigma_c} \qquad (5-63)$$

式中　F_z——流冰对圆柱、圆墩产生的撞击力标准值，kN；

　　　H——单层平整冰计算冰厚，m；

　　　V——流冰速度，m/s；

　　　I——冰的局部挤压系数，可按表 5-21 及相关说明确定；

　　　k——冰和柱、墩之间的接触条件系数，可取 0.32；

　　　A——流冰块平面面积，m²；

　　　σ_c——冰的单轴抗压强度标准值，kPa。

2．锥形结构物冰荷载

锥形结构物多出现于海上结构物的抗冰锥设计中，锥形结构按结构型式分为正锥形和倒锥形，两者在计算海冰荷载方法上有所区别，以下方法适用于圆锥结构物坡面与水平面的倾斜角度 α 不超过 65°的情况。

如图 5-6 所示，单层冰或大块浮冰将沿锥形结构发生向上弯曲破坏，此时将对锥形结构物产生水平力 R_H 和竖向力 R_V。对于单层冰或大块浮冰挤压锥形结构发生向上弯曲破坏的计算采用 Ralston 公式来计算。

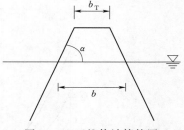

图 5-6　正锥体计算简图

单层冰产生的水平力 R_H 和单层冰产生的竖向力 R_V 的计算为

$$R_H = [A_1\sigma_F h^2 + A_2\rho_w ghb^2 + A_3\rho_w gh_R(b^2 - b_T^2)]A_4 \qquad (5-64)$$

$$R_V = B_1 R_H + B_2\rho_w gh_R(b^2 - b_T^2) \qquad (5-65)$$

式中　A_1、A_2、A_3、A_4、B_1、B_2——无因次系数，由图 5-7 查得，其中 μ 是冰与结构之间的摩擦系数；

　　　R_H——作用在锥体上的水平力，kN；

　　　R_V——作用在锥体上的垂直力，kN；

　　　ρ_w——海水的密度，kg/m³；

　　　σ_F——单层冰的弯曲强度，kPa；

　　　h——冰厚，m；

　　　h_R——冰上爬的厚度，m；

　　　b——水线处锥体的直径，m；

　　　b_T——锥体顶部直径，m；

　　　g——重力加速度，m/s²。

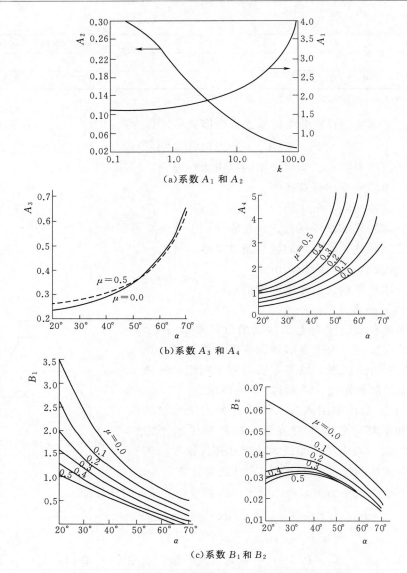

(a)系数 A_1 和 A_2

(b)系数 A_3 和 A_4

(c)系数 B_1 和 B_2

图 5-7　无因次系数与摩擦系数及锥角的关系图[12]

在按图 5-7 计算系数 A_1 和 A_2 时，横坐标组成的变量 k 为

$$k = \frac{\rho_w g b^2}{\sigma_f h} \tag{5-66}$$

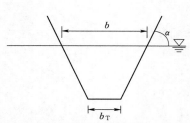

图 5-8　倒锥体计算简图

求得正锥体 k 值后，根据图 5-7（a）来确定对应的系数 A_1 和 A_2。

与图 5-6 所示的正锥体相对应，倒锥体的形式如图 5-8 所示，单层冰或大块浮冰作用在倒锥体发生向下破坏时，同样将对锥形结构物产生水平力 R_H 和竖向力 R_V。

对于单层冰或大块浮冰挤压倒锥形结构发生向下破坏的计算，同样可以采用 Ralston 公式来计算，单层冰产生的水平力 R_H 按照式（5-67）计算，单层冰产生的竖向力 R_V 按照式（5-68）计算。

$$R_H = [A_1 \sigma_F h^2 + (1/9)A_2 \rho_w g h b^2 + (1/9)A_3 \rho_w g h_R \times (b^2 - b_T^2)]A_4 \quad (5-67)$$

$$R_V = B_1 R_H + (1/9)B_2 \rho_w g h_R (b^2 - b_T^2) \quad (5-68)$$

对于倒锥体，按照上述方法计算时同样需要根据图 5-7 进行查表来确定系数 A_1、A_2、A_3、A_4、B_1 和 B_2。但在查图计算系数 A_1 和 A_2 时，变量 k 的表达式与正锥体对应的式（5-66）不同，此时横坐标组成的变量 k 为

$$k = \frac{\rho_w g b^2}{9 \sigma_F h} \quad (5-69)$$

求得倒锥体 k 值后，根据图 5-7（a）来确定对应的系数 A_1 和 A_2。

5.2.4　海流力

海流观测资料表明，海流流速随着水深深度的增加呈现逐渐减小的趋势，但其变化较为缓慢。由于海流对海上测风塔基础结构产生的海流力相对于结构所受到的其他环境荷载而言，所占比重较小，因此可近似认为同一垂线上海流流速相等，这样可视作用在结构物上的海流力将不随深度而改变。但若需要精确地确定海流力沿水深的变化规律得出海流力的详细计算结果，可根据第 3 章 3.3 节来确定海流的分布规律。无论海流的分布规律如何，均可根据下文所述方法来计算基础结构所受到的海流力。

1. 计算方法

深度 z 处，作用于结构物单位高度范围内的海流力标准值 f_w（单位为 kN）计算为

$$f_w = C_w \frac{\rho}{2} V^2 A \quad (5-70)$$

式中　V——某一深度 z 处水流设计流速，m/s；

　　　ρ——水的密度，t/m³，无实测资料时，对于海水取 1.025；

　　　A——计算构件在与水流垂直平面上的投影面积，m²；

　　　C_w——水流阻力系数。

基于式（5-70），作用于整个结构物上的海流力可沿杆件高度进行积分来求解，即

$$F_w = \int_z f_w \mathrm{d}z \quad (5-71)$$

式（5-71）中的竖向积分下限为海床泥面标高或结构物底端高程，上限为结构物顶端高程或结构物与水面交点高度，应根据具体情况来确定。在海上测风塔基础结构计算时，水流力通常以分布力的作用方式来施加，水流力的作用方向与水流方向一致。

当需要近似确定结构物总体水流力合力作用点的位置时，对于上部构件，迎水面和背水面间的水压力差分布呈矩形，上部构件合力作用点位于阻水面积形心处。对于淹没或部分淹没的下部构件，迎水面与背水面间的水压力差呈倒梯形或倒三角形分布，故结构物顶面在水面以下时，合力作用点位于顶面以下 1/3 高度处；结构物顶面在水面以上时，合力作用点位于水面以下 1/3 水深处。

不同规范对水流阻力系数 C_w 有不同的规定取值，《海上固定平台入级与建造规范》指出对圆形构件可取 $C_w = 0.6 \sim 1.0$[15]；《港口工程荷载规范》（JTS 144—1—2010）规定对圆形墩柱构件，取 $C_w = 0.73$，同时应根据以下规定予以修正[14]：

（1）遮流影响系数。当计算作用于沿水流方向排列的墩、柱构件上的水流力时应将各构件的水流阻力系数 C_w 乘以相应的遮流影响系数 m_1。遮流影响系数 m_1 可按表 5 - 22 选用。

表 5 - 22　遮流影响系数 m_1

前墩后墩	L/D	1	2	3	4	6	8	12	16	18	＞20
	后墩 m_1	−0.38	0.25	0.54	0.66	0.78	0.82	0.86	0.88	0.90	1.00
	前墩 m_1	1.0	1.0	1.0	1.0	1.0	1.0	1.0	1.0	1.0	1.0

（2）淹没深度影响系数。需要考虑构件淹没深度对水流力的影响时，应根据构件淹没深度将水流阻力系数 C_w 乘以相应的淹没深度影响系数 n_1，n_1 可按表 5 - 23 选用。

表 5 - 23　淹没深度影响系数 n_1

	d_1/h	0.5	1.0	1.5	2.0	2.25	2.5	3.0	3.5	4.0	5.0
	n_1	0.70	0.89	0.96	0.99	1.0	0.99	0.97	0.95	0.88	

（3）水深影响系数。当需要考虑水深对水流力的影响时，应根据构件水深将水流阻力系数 C_w 乘以相应的水深影响系数 n_2，n_2 可按表 5 - 24 选用。

表 5 - 24　墩柱相对水深影响系数 n_2

	H/D	1	2	4	6	8	10	12	≥14
	n_2	0.76	0.78	0.82	0.85	0.89	0.93	0.97	1.0

注：D 为墩柱迎水面宽度。

2. 流速剖面竖向修正

当海面上出现波浪时，由于波浪的波动使得海面不再为一平面，而是呈现波动起伏变化状态，波峰与波谷交替出现。相对于静水面位置下的海流分布模式，当处于波面起伏状态时，应对无波浪时的流速垂向分布进行修正，以使瞬时波面处的流速保持不变。当波面高于平均水位时应进行拉伸修正，当波面低于平均水位时应进行压缩修正。

对于如图 5 - 9 所示的坐标系，整体坐标系的零点位于平均水面处，并定义向上为正，同时以变量 x 表示波面相对于静水位的高差，水深为 h，风生流的参照水深为 h_0，当波面位置处于 x 时，对应的风生流参照水深变为 $\dfrac{h_0}{h}(h+x)$，超过此深度则不进行修正，小于此深度则基于线性方式进行修正[15]。

当 $z \geqslant x - \dfrac{h_0}{h}(h+x)$ 时，此范围内流速修正为

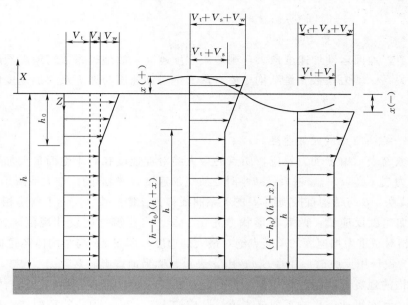

图 5-9 流速剖面修正坐标系[15]

$$V = V_t + V_s + V_w \left[\frac{z - x + \dfrac{h_0}{h}(h + x)}{\dfrac{h_0}{h}(h + x)} \right] \qquad (5-72)$$

当 $z < x - \dfrac{h_0}{h}(h + x)$ 时，此范围内流速不需要修正，仍为

$$V = V_t + V_s \qquad (5-73)$$

式中 V——设计海流流速；

V_t——潮流流速；

V_s——风暴涌流速；

V_w——风生流流速；

h_0——风生流的参考水深，DNV 标准中取 $h_0 = 50\text{m}$，IEC 标准中取 $h_0 = 20\text{m}$；

z——水质点相对于静水面的位置。

5.2.5 地震作用与动水压力

地震时地面原来静止的结构物因地面运动而产生强迫振动，因此结构地震反应是一种动力反应，其大小或振动幅值不仅与地面运动有关，还与结构动力特性（自振周期、振型和阻尼）有关，一般需采用结构动力学方法来进行计算。

1. 地震反应谱

地震系数 k 表示地面运动的最大加速度与重力加速度之比，即

$$k = \frac{|\ddot{x}_0(t)|_{\max}}{g} \qquad (5-74)$$

式中 $|\ddot{x}_0(t)|_{\max}$——地面运动最大加速度；

t——时间变量；

g——重力加速度。

一般而言，地面运动加速度愈大，则地震烈度越高，故地震系数与地震烈度之间存在一定的对应关系。动力系数 β 是结构单质点最大绝对加速度与地面最大加速度的比值，即

$$\beta = \frac{S_a}{|\ddot{x}_0(t)|_{\max}} \tag{5-75}$$

式中　S_a——结构质点最大加速度。

动力系数 β 表示由于动力效应，质点的最大绝对加速度相对于地面最大加速度放大了多少倍。因为当 $|\ddot{x}_0(t)|_{\max}$ 增大或减小时，质点加速度 S_a 相应随之增大或减小，因此 β 值与地震烈度无关。β 与结构自振周期 T 的关系曲线称为 β 谱曲线，实际上就是相对于地面最大加速度的加速度反应谱，两者在形状上完全一样。《建筑抗震设计规范》（GB 50011—2010）采用相对于重力加速度的单质点绝对最大加速度，即 S_a/g 与结构体系自振周期 T 之间的关系作为设计用反应谱，并将 S_a/g 用 a 表示，称为地震影响系数。

建筑结构的地震影响系数应根据烈度、场地类别、设计地震分组和结构自振周期以及阻尼比确定。其水平地震影响系数最大值 $a_{\max}$ 应按表 5-25 采用；特征周期应根据场地类别和设计地震分组按表 5-26 采用，计算罕遇地震作用时，特征周期应增加 0.05s。

表 5-25　水平地震影响系数最大值[4]

地震影响	6 度	7 度	8 度	9 度
多遇地震	0.04	0.08 (0.12)	0.16 (0.24)	0.32
罕遇地震	0.28	0.50 (0.72)	0.90 (1.20)	1.40

注：括号中数值分别用于设计基本地震加速度为 0.15g 和 0.30g 的地区。

表 5-26　特　征　周　期　值[4]　　　　　　　　　　　　　　　　单位：s

设计地震分组	场地类别				
	I_0	I_1	II	III	IV
第一组	0.20	0.25	0.35	0.45	0.65
第二组	0.25	0.30	0.40	0.55	0.75
第三组	0.30	0.35	0.45	0.65	0.90

结构地震影响系数曲线如图 5-10 所示。图 5-10 中，a 为地震影响系数；$a_{\max}$ 为地

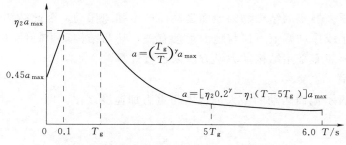

图 5-10　地震影响系数 a 曲线[4]

震影响系数最大值；η_1 为直线下降段的下降斜率调整系数；η_2 为阻尼调整系数；γ 为衰减指数；T_g 为特征周期；T 为结构自振周期。

（1）除有专门规定外，建筑结构的阻尼比应取 0.05，地震影响系数曲线的阻尼调整系数应按 1.0 采用，形状参数应符合以下规定：

1）直线上升段，周期小于 0.1s 的区段。

2）水平段，自 0.1s 至特征周期区段，应取最大值 $a_{\max}$。

3）曲线下降段，自特征周期至 5 倍特征周期区段，衰减指数应取 0.9。

4）直线下降段，自 5 倍特征周期至 6s 区段，下降斜率调整系数应取 0.02。

（2）当结构的阻尼比按有关规定不等于 0.05 时，地震影响系数曲线的阻尼调整系数和形状参数应符合以下规定：

1）曲线下降段的衰减指数应确定为

$$\gamma = 0.9 + \frac{0.05 - \zeta}{0.3 + 6\zeta} \tag{5-76}$$

式中　γ——衰减指数；

　　　ζ——阻尼比。

2）直线下降段的下降斜率调整系数应确定为

$$\eta_1 = 0.02 + \frac{0.05 - \zeta}{4 + 32\zeta} \tag{5-77}$$

式中　η_1——直线下降段的下降斜率调整系数，当小于 0 时取 0。

3）阻尼调整系数应确定为

$$\eta_2 = 1 + \frac{0.05 - \zeta}{0.08 + 1.6\zeta} \tag{5-78}$$

式中　η_2——阻尼调整系数，当小于 0.55 时应取 0.55。

2. 振型分解反应谱法

对于海上测风塔基础结构地震作用分析，应采用振型分解反应谱法。当不进行扭转耦联计算时，水平地震作用标准值按以下步骤计算：

（1）首先计算 j 振型的参与系数 γ_j，即

$$\gamma_j = \frac{\sum_{i=1}^{n} X_{ji} G_i}{\sum_{i=1}^{n} X_{ji}^2 G_i} \tag{5-79}$$

式中　X_{ji}——j 振型 i 质点的水平相对位移；

　　　G_i——集中于质点 i 的重力荷载代表值；

　　　n——质点总数。

（2）然后计算结构 j 振型 i 质点的水平地震作用标准值，即

$$F_{ji} = \alpha_j \gamma_j X_{ji} G_i \quad i = 1, 2, \cdots, n; \ j = 1, 2, \cdots, m \tag{5-80}$$

式中　a_j——j 振型自振周期的地震影响系数，按照图 5-10 来确定；

　　　γ_j——j 振型的参与系数；

　　　m——振型总数。

1）按扭转耦联振型分解法计算时，可取两个正交的水平位移和一个转角共 3 个自由度，并计算结构的地震作用为

$$F_{xji} = \alpha_j \gamma_{tj} X_{ji} G_i \tag{5-81}$$

$$F_{yji} = \alpha_j \gamma_{tj} Y_{ji} G_i \quad i = 1,\ 2,\ \cdots,\ n;\ j = 1,\ 2,\ \cdots,\ m \tag{5-82}$$

$$F_{tji} = \alpha_j \gamma_{tj} r_i^2 \varphi_{ji} G_i \tag{5-83}$$

式中　F_{xji}、F_{yji}、F_{tji}——j 振型 i 层的 x、y 方向和转角方向的地震作用标准值；

　　　　X_{ji}、Y_{ji}——j 振型 i 层质心在 x、y 方向的水平相对位移；

　　　　φ_{ji}——j 振型 i 层的相对扭转角；

　　　　r_i——i 层转动半径，可取 i 层绕质心的转动惯量除以该层质量的商的正二次方根；

　　　　γ_{tj}——计入扭转的 j 振型的参与系数。

当仅取 x 方向地震作用时，参与系数 γ_{tj} 的计算式为

$$\gamma_{tj} = \frac{\sum\limits_{i=1}^{n} X_{ji} G_i}{\sum\limits_{i=1}^{n} (X_{ji}^2 + Y_{ji}^2 + \varphi_{ji}^2 r_i^2) G_i} \tag{5-84}$$

当仅取 y 方向地震作用时，参与系数 γ_{tj} 的计算式为

$$\gamma_{tj} = \frac{\sum\limits_{i=1}^{n} Y_{ji} G_i}{\sum\limits_{i=1}^{n} (X_{ji}^2 + Y_{ji}^2 + \varphi_{ji}^2 r_i^2) G_i} \tag{5-85}$$

当取与 x 方向斜交的地震作用时，参与系数 γ_{tj} 的计算式为

$$\gamma_{tj} = \gamma_{xj} \cos\theta + \gamma_{yj} \sin\theta \tag{5-86}$$

式中　γ_{xj}、γ_{yj}——仅取 x、y 方向地震作用时按照式（5-84）和式（5-85）求得的参与系数；

　　　　θ——地震作用方向与 x 方向的夹角。

2）对于不进行扭转耦联计算的结构，当相邻振型的周期比小于 0.85 时，水平地震作用效应确定为

$$S_{Ek} = \sqrt{\sum S_j^2} \tag{5-87}$$

式中　S_j——j 振型水平地震作用标准值的效应，对于海上测风塔基础结构计算时振型个数可取 9～15 个。

3）对于进行扭转耦联计算的结构，单向水平地震作用下的扭转耦联效应，可确定为

$$S_{Ek} = \sqrt{\sum_{j=1}^{m} \sum_{k=1}^{m} \rho_{jk} S_j S_k} \tag{5-88}$$

$$\rho_{jk} = \frac{8\sqrt{\zeta_j \zeta_k}\,(\zeta_j + \lambda_T \zeta_k) \lambda_T^{1.5}}{(1 - \lambda_T^2)^2 + 4\zeta_j \zeta_k (1 + \lambda_T^2) \lambda_T + 4(\zeta_j^2 + \zeta_k^2) \lambda_T^2} \tag{5-89}$$

式中　S_{Ek}——地震作用标准值的扭转效应；

　　S_j、S_k——j、k 振型地震作用标准值的效应，可取前 9～15 个振型；

ζ_j、ζ_k——j、k 振型的阻尼比;

ρ_{jk}——j 振型与 k 振型的耦联系数;

λ_T——k 振型与 j 振型的自振周期比。

对于抗震设防烈度为 8 度和 9 度地区的海上测风塔基础设计,除了上述水平向地震作用外,还应计算竖向地震作用。

3. 地震动水压力

由于海上测风塔基础结构沿高度方向有较大部分位于海水中,在地震动时不仅结构自身部分会产生地震作用,结构周边的海水还会产生地震动水压力。地震时任意方向细长构件水下部分所受到的动水压力为[16]

$$P = CK_H\beta(C_M - 1)V\gamma \sin^2\phi(i, l) \tag{5-90}$$

式中 C_M——惯性系数,应尽量由试验确定,在试验资料不足的情况下,对圆形构件可取 2.0;

V——浸水部分的构件体积;

γ——流体的容重;

$\phi(i, l)$——地震的震动方向 i 与构件 l 之间的夹角;

C——综合影响系数,取 0.30;

K_H——水平向地震系数,可按表 5-27 取值;

β——动力放大系数。

表 5-27 水平向地震系数 K_H 取值

抗震设防烈度	6 度	7 度	8 度	9 度
K_H	0.05	0.10 (0.15)	0.20 (0.30)	0.40

注:括号内数值用于设计基本地震加速度为 $0.15g$ 和 $0.30g$ 的地区。

动力放大系数 β 按以下规则取值:

(1) 直线上升段,即周期小于 0.1s 的区段,$\beta_{min} = 1.0$,$\beta_{max} = 2.25$,中间线性内插。

(2) 水平段,自 0.1s 至特征周期区段,应取 $\beta_{max} = 2.25$。

(3) 曲线下降段,自特征周期至 6s,$\beta = \left(\dfrac{T_g}{T}\right)^{0.9} \times 2.25$。

当抗震设防烈度较低时,参照桁架式高桩码头动水压力的计算要求[17],抗震计算时也可不予考虑。

5.2.6 其他荷载

海上测风塔基础结构的自重常采用标准值来表示,自重标准值通常按照结构物的设计尺寸和材料的平均重度来计算,对于固定的设备则按照质量来换算。

基础位于水下部分将受到浮力作用,由于海水的密度大于淡水的密度,因此结构物在海水中受到的浮力要大于地下水作用下的浮力值。海洋环境条件下随着潮汐与风浪变化,基础结构所处的水位也时刻处在变化中,因此基础结构物所受到的水浮力是一个变化的值。在具体的计算项目中,首先需要确定对应的水位,然后才能得到对应的浮力大小。

平台活荷载是与测风塔工作平台使用有关的荷载,按其作用方向分为竖向活荷载与护栏水平荷载。平台上无设备区域的操作荷载，包括操作人员、检修人员、一般工具等，可按均布荷载考虑，采用 2.0kN/m²。平台的爬梯活荷载，采用集中力来表示，一般可取 2.0kN，或按实际情况取用。

当工作船只停靠在测风塔基础上时，基础结构承受船舶撞击力、挤靠力和系缆力。由于这些荷载相对不大，且测风塔基础结构型式较为简单，详细考虑这些荷载的计算并无必要，可简单按照失控船筏撞击荷载来予以整体表征。我国行业标准《铁路桥涵设计基本规范》（TB 10002.1—2005/J460—2005）规定结构承受船只或漂流物的撞击力可计算（kN）为

$$F = \gamma v \sin\alpha \sqrt{\frac{W}{C_1 + C_2}} \qquad (5-91)$$

式中　γ——动能折减系数，$s/m^{1/2}$，当漂流物或船只斜向撞击（指驶近方向与撞击点处墩台面法线方向不一致）时可采用 0.2，正向撞击（指驶近方向与撞击点处墩台面法线方向一致）时可采用 0.3；

　　　v——漂流物或船只撞击时的速度，对于排筏可取水流速度，m/s；

　　　α——漂流物或船只驶近方向与撞击点处切线所成的夹角，应根据具体情况确定，如有困难，可采用 $\alpha = 20°$；

　　　W——船只或排筏的重量，kN；

C_1、C_2——船只或排筏的弹性变形系数和测风塔基础结构的弹性变形系数，缺乏资料时，可假定 $C_1 + C_2 = 0.0005 m/kN$。

上述撞击力的作用高度应根据具体情况确定，缺乏资料时可采用通航水位的高度。

在高纬度寒冷地区的海上测风塔还可能出现雪荷载与覆冰荷载，设计时应予以适当考量。由于测风塔设计使用年限较短，一般可不考虑海生物附着而导致的自重变化和对环境荷载的影响。

5.3　设计类项与荷载组合

海上测风塔基础设计时应首先确定设计类项，根据不同设计类项的要求来展开各项的设计或验算。在进行荷载计算前还应明确各类环境要素的设计标准，进而求得对应的各类荷载代表值。在荷载代表值基础上进一步按照承载能力极限状态设计和正常使用极限状态设计来进行荷载组合。

5.3.1　设计类项

总体而言，海上测风塔基础结构设计涉及的相关设计类项包括桩基设计、结构强度与稳定性分析、钢筋混凝土承台的强度验算、基础结构变形计算、混凝土结构的裂缝计算、基础结构的疲劳强度验算等，结构强度分析中还应包含结构连接节点的强度计算。由于海上测风塔设计使用年限较短，与海上风力发电机组基础结构不同，在海风和波浪、海冰等动力荷载作用下引起的疲劳损伤较为有限，一般可不作疲劳分析。

1. 桩基设计

桩基设计包括桩型选择、持力层选择、桩径与壁厚、桩长和桩数确定等。桩数的确定

采用荷载效应的标准组合，同时与桩基的竖向承载力、抗拔承载力和水平承载力有关，具体复核的内容与选定的海上测风塔基础结构型式有关。桩基础单桩承载力均采用特征值，取最不利环境条件和对应的水位条件组合来验算。地震工况时应复核多遇地震工况下单桩荷载与单桩抗震承载力特征值，此时水位采用抗震设计水位，并取最不利水位。

桩数确定时应考虑海床冲刷情况与防冲刷措施设计的影响。当多桩基础呈非轴对称布置时，应考虑风、浪、冰、流等环境要素沿不同入射方向角的影响。

2. 结构强度与稳定性验算

结构强度与稳定性验算包括海上测风塔基础结构的拉、压、弯、剪、扭和内水压力等可能的多种内力组合形式下结构强度与整体稳定性、局部稳定性和翘曲稳定性的验算。

结构强度与稳定性验算采用荷载基本组合，各荷载需乘以相应的分项系数，并应考虑结构重要性系数的影响。抗震工况验算时多遇地震作为可变荷载来进行。取最不利环境条件和对应的水位条件组合，涉及的环境荷载均需乘以对应的荷载分项系数。海上测风塔桩基多采用钢管桩，其结构强度验算与稳定性验算与上部结构类似。

除了单桩基础型式外，由于其他型式基础结构中杆件众多，不同部位杆件的最不利内力组合可能不同，不应盲目采用某一固定组合进行所有杆件的结构强度与稳定性验算。结构强度与稳定性验算应考虑海床冲刷的影响，必要时可考虑腐蚀效应对杆件壁厚的影响。

3. 承台结构强度验算

当采用桩基承台基础结构型式时，需要进行承台结构的强度验算。承台结构强度验算包括承台抗剪、抗弯、抗冲切和局部承压强度等几项。承台结构强度验算采用荷载基本组合。对于海上测风塔基础，通常将承台底面布置在最高水位对应的波峰以上，结构受力较为明确。当承台布置高程较低时，在水平方向上承台受到波浪的水平推力和倾覆力矩，在竖向上承台受到波浪的浮托力和浮托力矩，承台受力与水位密切相关，应进行慎重分析。

4. 变形计算

海上测风塔基础结构的变形包括基础的沉降、水平位移、倾斜率和泥面以上结构部分的倾斜与位移等几项。变形验算时采用荷载的标准组合或频遇值组合或准永久组合，取决于具体的计算项目。

变形验算时对应的水位取设计高水位和设计低水位之间的某一最不利水位。当基础结构为非轴对称结构时，应取最弱轴方向的变形计算结果作为代表值进行验算。基础结构变形计算中还应考虑结构腐蚀的影响和海床冲刷的影响。

5. 钢筋混凝土结构裂缝计算

当基础采用桩基承台结构型式或桩基采用灌注桩或预应力钢筋混凝土管桩时，涉及钢筋混凝土结构的裂缝宽度验算问题。混凝土结构的裂缝验算采用荷载的标准组合或准永久组合，取决于裂缝控制等级。裂缝宽度验算时不考虑多遇地震作用工况，水位取设计高水位和设计低水位之间的某一最不利水位。

海上测风塔基础设计时，相关各主要设计内容与其对应的荷载和效应组合如表5-28所示。表中将桩基设计部分分为桩数确定和桩身结构强度验算两部分，桩数确定与桩基承载力特征值有关，荷载效应组合采用标准组合。桩身结构强度与稳定性验算则采用基本组合。由于承台结构属于钢筋混凝土结构，其强度计算项目与钢结构强度与稳定性计算项目不同，故承台结构强度和基础结构强度单独进行说明。裂缝宽度计算一般可采用准永久组合，当裂缝要求很严格时也可采用标准组合。倾斜与变形验算可采用标准组合，基础沉降计算采用准永久组合。

表 5 – 28　海上测风塔基础设计内容、荷载效应组合和主要设计荷载

设计内容	荷载效应组合	测风塔荷载	自重与水浮力	基础风荷载	波浪荷载	水流荷载	海冰荷载	漂浮物撞击力	检修船舶荷载	多遇地震作用	工作平台荷载
桩数确定	标准组合	√	√	√	√	√	√	√	√	*	√
桩身结构强度与稳定性	基本组合	√	√	√	√	√	√	√	√	*	√
承台结构强度验算	基本组合	√	√	√	√	√	√	√	√	*	√
基础结构强度验算	基本组合	√	√	√	√	√	√	√	√	*	√
基础结构稳定性验算	基本组合	√	√	√	√	√	√	√	√	*	√
裂缝宽度验算	准永久组合	√	√	√	√	√	√	—	—	—	√
变形与倾斜验算	标准组合	√	√	√	√	√	√	√	√	*	√
沉降验算	准永久组合	√	√	√	√	√	√	—	—	—	√

注：1. "√"表示该荷载参与组合；"—"表示该荷载不参与组合；"＊"表示仅当多遇地震工况为基础设计的控制荷载工况时才进行该项验算。

2. 进行荷载组合时，波浪荷载和冰荷载不同时考虑。

3. 波浪荷载可以与水流荷载同时考虑，表中仅列出了分开考虑的情况。

4. 施工工况根据具体情况单独考虑，表中未列出。

5.3.2　设计环境要素

1. 水位

海上测风塔基础设计时环境要素中的水位标准包括：设计高水位、设计低水位、极端高水位和极端低水位。按照我国行业标准 JTS 145—2—2013 的规定，设计高水位采用高潮（即潮峰）累积频率 10％的潮位；设计低水位采用低潮（即潮谷）累积频率 90％的潮位。若已有历时累积频率统计资料的情况下，设计高、低水位应分别采用历时累积频率 1％和 98％的潮位。极端高水位采用重现期为 50 年的年极值高潮位；极端低水位采用重现期为 50 年的年极值低潮位。当涉及海冰项设计与计算时，应采用冬季最高天文潮和冬季最低天文潮作为该工况下的设计高水位和设计低水位。

确定设计高水位和设计低水位，进行高潮和低潮累积频率统计时，应有完整的一年或多年的实测潮位资料。设计潮位的推算常采用两种方法：一种是根据潮位历时累积频率曲线；另一种是根据高潮或低潮累积频率曲线。当潮位实测资料不足一整年时，可与附近有一年以上验潮资料的验潮站进行同步相关分析，采用"短期同步差比法"来计算相当于高潮 10％或低潮 90％的数值，并应继续观测，对上述数值进行校正。差比计算时，二者必须满足潮汐性质相似、地理位置邻近和受河流径流影响相似等条件。

确定极端高水位和极端低水位，进行高潮和低潮的年频率分析，应有不少于 20 年的年最高潮位和年最低潮位实测资料，并应调查历史上出现的特殊水位。不同重现期的高潮位和低潮位采用极值Ⅰ型（Gumbel 或耿贝尔）分布律计算。对于有不少于连续 5 年的最高潮位和最低潮位的港口，极端高水位和极端低水位可用"极值同步差比法"与附近不少于连续 20 年资料的验潮站进行同步相关分析，计算相当于重现期 50 年的年极值高潮位和

年极值低潮位。在进行差比计算时除具备前面"短期同步差比法"所要求的 3 个条件外，还应满足受增减水影响相似的条件。

风暴潮将引起海面的异常升降（风暴增减水），由于形成风暴潮的天气系统的多样性，造成了风暴潮本身的多样性和复杂性。国内外广泛使用的风暴潮推算和预报的方法包括两类：①经验统计法；②动力数值模拟方法。动力数值模拟方法是依动力物理模型来进行数值计算。为了简便起见，有时也采用依靠数值模式而建立的一套简化实用的图解方法来推算[18]，称为诺谟图方法。设计中对于风暴潮的考虑，不仅要注意潮位与风暴潮的耦合影响，在浅水区，还应注意波浪增水对水位结果的影响[19]。对工程设计而言，宜采用联合概率法研究沿海数值水位的实际分布与可能出现的分布，以选取工程所需的合理而安全的设计水位。

2. 海风

设计风速的标准包括设计风速的重现期和风速资料的取值等两个方面，其中风速资料的取值包括风速观测距地面的标准高度，风速观测的标准次数和时距等。我国颁布的国家标准《建筑结构荷载规范》（GB 50009—2012）和 JTS 144—1—2010 均采用 10m 高处 50 年一遇的自记 10min 平均最大风速作为设计标准。

海上测风塔基础结构设计前确定适当的设计风速时，需考虑以下几点：

（1）应按其重现期确定各特定风向、时距的设计极端风速。

（2）确定设计极端风速时所采用的风速记录资料要包括测量地点、出现日期、阵风及持续风速的测量值和风向等。

（3）在使用年限内特定风向的持续风速超过某一规定的风速下限时所出现的次数。

我国沿海和海岛基本风压可参见我国行业标准 JTS 144—1—2010。当风电场所处海域在我国沿海和海岛基本风压表、我国基本风压分布图中没有给出风压时，基本风压确定应符合：当地有 25 年以上的最大风速资料时，应通过统计分析确定；当地年最大风速资料不足 25 年时，宜与长期资料或有规定基本风压的附近地区的风压值进行对比后确定。

若海域当地最大风速不足 10 年或没有风速资料时，宜通过对气象和地形条件的调查分析，参照附近地区的基本风压或全国基本风压分布图上的等值线用插入法确定。若海上长期风速实测资料不足时，也可用邻近陆上风速实测资料进行海陆风速间的相关分析，将陆上设计风速换算为海上设计风速。当无条件进行海陆风速间相关分析时，可用陆上风速计算得到的基本风压乘以风压增大系数后间接推算海上风压值。

3. 波浪

设计波浪的标准包括设计波浪的重现期和设计波浪的波列累积频率。设计波浪的重现期指某一特定的波列平均多少年出现一次，它代表波浪要素的长期（以几十年计）统计分布规律。设计波浪的重现期主要反映建筑物的使用年限和重要性程度。海上测风塔基础设计时设计波浪的重现期采用 50 年。

除了设计波浪的重现期外，还应确定对应的不同特征波高值，可采用不同累积频率波高。设计波浪的波列累积频率标准指的是设计波浪要素在实际海面上不规则波列中的出现概率，它代表波浪要素的短期（以十几分钟计）统计分布规律。海上测风塔基础结构对波浪的反映较为灵敏，波列中个别的大波即可影响其安全，所以应该采用较小的波高累积频率值，即标准要高一些，波高累积频率取 $F=1\%$ 为设计标准。

设计波高的推算通常根据经验累积频率和理论累积频率曲线采用适线法来确定。年极值波高和周期的频率曲线常采用皮尔逊型（Pearson）Ⅲ型曲线。除了皮尔逊型Ⅲ型分布的理论频率曲线外，可选配其他的理论频率曲线，如极值Ⅰ型分布、对数正态分布和威布尔分布等，最终确定不同重现期的设计波浪。近海风电场海域通常水深较浅，当推算的波高大于浅水极限波高时，则均以极限波高作为设计波高。极限波高与水深和海底坡度等参量有关。

工程上设计波浪要素包括设计波高和设计周期两个要素，由于波高在工程设计中起控制作用，首先确定设计波浪的设计波高，然后再确定其对应的设计周期。但设计波浪周期与设计波浪波高的选取不同，目前尚无确定公认的统一方法。因为波高与周期大小是不对应的，如年极大值波高对应的平均周期未必是当年的极值，它可能比年极值要小。因此不能取某一波向平均周期的年极大值作为样本，而应该选取与波高年最大值相对应的平均周期所组成的序列进行频率分析，仍采用皮尔逊型Ⅲ型曲线按照适线法确定。但这一处理方法一般适用于波浪主要为涌浪或混合浪的情形，若波浪为风浪时，则取值明显偏大。当工程海域波浪主要为风浪时，可利用极值波高相应的周期之间的散布图，在散布图上绘制相关直线，在此直线上读取对应设计波高的周期。对于海上测风塔结构而言，波浪周期可近似选取平均周期来计算。

工程设计时，在波列中选取某一累积频率对应的波高作为特征波高（$H_{F\%}$），对于不规则的海浪，可用其统计特征值表示。工程上常用的各种累积频率波高与平均波高间的换算关系为

$$H_{1\%} = 2.42\bar{H} \tag{5-92}$$

$$H_{5\%} = 1.95\bar{H} \tag{5-93}$$

$$H_{13\%} = 1.61\bar{H} \tag{5-94}$$

式中　$\bar{H}$——平均波高。

4. 海冰

进行海冰荷载计算时，应首先考察海上测风塔基础结构所处海域的冰情，并应取得以下资料：

（1）固定冰和流冰在滩海区域的作用范围。

（2）流冰冰块的大小（单个冰块的最大水平尺度）、流动方向和流动速度。

（3）固定冰、流冰（包括单层冰、重叠冰和堆积冰）的厚度。

（4）流冰期间的气温、水温和冰温。

（5）固定冰期和流冰期及起止时间范围。

（6）海冰的物理、力学性能指标包括：密度温度、盐度、弹性模量、泊松比、单轴抗压强度、弯曲强度、剪切强度、冻结强度等。

（7）考虑滩海冰情时，应考虑该海域的历史严重冰情及严重冰情重现期。

海冰设计重现期应采用 50 年，该重现期包括冰厚重现期和海冰强度重现期两个方面。根据我国行业标准 JTS 144—1—2010，我国沿海港口地区不同重现期下海冰的厚度、单轴抗压强度和弯曲强度取值分别见表 5-29～表 5-31。弯曲强度多用于布置抗冰锥后结构物冰荷载的计算。

表 5 - 29　不同重现期时各海区设计冰厚 H[14]　　　单位：cm

重现期	地区											
	鸭绿江口	大连	营口、辽河口	葫芦岛、锦州湾	秦皇岛	南堡	曹妃甸	塘沽	黄骅港、黄河口	龙口	烟台、蓬莱	威海
1 年	11.7	5.2	16.0	13.1	7.6	6.8	6.2	6.6	6.5	5.3	—	—
5 年	33.0	18.5	34.2	33.0	22.0	22.4	20.4	21.4	21.0	18.6	—	—
50 年	46.0	31.5	47.6	46.7	35.0	36.2	37.4	39.5	38.2	32.5	13.0	13.0

表 5 - 30　不同重现期时海冰单轴抗压强度 σ_c 的标准值[14]　　　单位：MPa

重现期	地区											
	鸭绿江口	大连	营口、辽河口	葫芦岛、锦州湾	秦皇岛	南堡	曹妃甸	塘沽	黄骅港、黄河口	龙口	烟台、蓬莱	威海
1 年	1.93	1.83	2.05	2.03	1.86	1.85	1.82	1.85	1.81	1.80	—	—
5 年	2.05	1.84	2.16	2.10	1.90	1.90	1.85	1.86	1.84	1.85	—	—
50 年	2.27	1.98	2.35	2.30	2.07	2.06	2.01	2.03	1.99	2.04	1.85	1.85

表 5 - 31　不同重现期时海冰弯曲强度 σ_f 的标准值[14]　　　单位：MPa

重现期	地区											
	鸭绿江口	大连	营口、辽河口	葫芦岛、锦州湾	秦皇岛	南堡	曹妃甸	塘沽	黄骅港、黄河口	龙口	烟台、蓬莱	威海
1 年	588	534	657	648	548	538	524	538	516	516	—	—
5 年	653	537	718	686	565	564	543	545	533	544	—	—
50 年	784	615	835	803	664	661	638	645	619	651	541	542

5. 地震

海上测风塔基础结构也需进行地震工况的验算与校核。我国工程抗震设计采用"三水准设防目标，两阶段设计步骤"的路线。

三水准的地震作用水平，按照 3 个不同超越概率（或重现期）来进行区分。多遇地震对应于 50 年超越概率 63.2%，重现期为 50 年。设防烈度地震（基本地震）对应于 50 年超越概率 10%，重现期为 475 年。罕遇地震对应于 50 年超越概率 2%～3%，重现期为 1600～2400 年，平均重现期约为 2000 年[20]。

结构物抗震设计的设防目标为三水准设防：当遭受低于本地区抗震设防烈度的多遇地震影响时，一般不受损坏或不需要修理可继续使用；当遭受相当于本地区抗震设防烈度的地震影响时，可能损坏，经一般修理或不需修理仍可继续使用；当遭受高于本地区设防烈度的预估的罕遇地震影响时，不致倒塌或发生危及生命的严重破坏。

对于两个阶段设计步骤而言，第一阶段，对绝大多数结构进行多遇地震作用下的结构和构件承载力验算和结构弹性变形验算，对各类结构按规定要求采取抗震措施；第二阶段，对一些规范规定的结构进行罕遇地震下的弹塑性变形验算[20]。

海上测风塔基础的抗震设防分类为丙类，抗震设防标准为标准设防类。地震作用一般按地震基本烈度区划或地震动参数区划对当地的规定采用。在建筑抗震体系中，多遇地震属于可变荷载，而非偶然荷载。

在进行测风塔基础结构抗震设计时，一般情况下，应至少在基础结构的两个主轴方向分别计算水平地震作用，各方向的水平地震作用应由该方向抗侧力构件承担。更详细的分析应在地震作用分析时计入双向水平地震作用下的扭转影响。当海上风电场所处区域抗震设防烈度为 8 度或 9 度时，应计算竖向地震作用。

除了上述分析外，必要时可采用时程分析法进行多遇地震下基础地震作用的补充计算。当取 3 组加速度时程曲线输入时，计算结果宜取时程法的包络值和振型分解反应谱法的较大值。当取 7 组及 7 组以上的时程曲线时，计算结果可取时程法的平均值和振型分解反应谱法的较大值[4]。

5.3.3　荷载组合

海上测风塔基础设计考虑的荷载主要包括测风塔塔架荷载（包括自重与风荷载）、波浪荷载、海冰荷载、水流力、基础风荷载、地震作用、检修船舶荷载、撞击力以及自重与浮力等。设计时应确定各荷载的代表值，荷载代表值为设计中用以验算极限状态所采用的荷载量值，例如标准值、组合值、频遇值和准永久值。

标准值是荷载的基本代表值，为设计基准期内最大荷载统计分布的特征值（例如均值、众值、中值或某个分位值）。组合值是对可变荷载而言，使组合后的荷载效应在设计基准期内的超越概率，能与该荷载单独出现时的相应概率趋于一致的荷载值；或使组合后的结构具有统一规定的可靠指标的荷载值。频遇值是对可变荷载而言，在设计基准期内，其超越的总时间为规定的较小比率或超越频率为规定频率的荷载值。准永久值是对可变荷载而言，在设计基准期内其超越的总时间约为设计基准期一半的荷载值[3]。

根据我国国家标准 GB 50009—2012，结构设计时对不同荷载应采用不同的代表值。对永久荷载应采用标准值作为代表值。对可变荷载应根据设计要求采用标准值、组合值、频遇值或准永久值作为代表值。对偶然荷载应按建筑结构使用的特点确定其代表值。

承载能力极限状态设计或正常使用极限状态按标准组合设计时，对可变荷载应按组合规定采用标准值或组合值作为代表值。可变荷载组合值，应为可变荷载标准值乘以荷载组合值系数。正常使用极限状态按频遇组合设计时，应采用频遇值、准永久值作为可变荷载的代表值；按准永久组合设计时，应采用准永久值作为可变荷载的代表值。可变荷载频遇值应取可变荷载标准值乘以荷载频遇值系数。可变荷载准永久值应取可变荷载标准值乘以荷载准永久值系数。

荷载组合指的是按极限状态设计时，为保证结构的可靠性而对同时出现的各种荷载设计值的规定。基本组合的定义为承载能力极限状态计算时，永久作用和可变作用的组合。偶然组合的定义为承载能力极限状态计算时，永久作用、可变作用和一个偶然作用的组合。标准组合的定义为正常使用极限状态计算时，采用标准值或组合值为荷载代表值的组合。频遇组合的定义为正常使用极限状态计算时，对可变荷载采用频遇值或准永久值为荷载代表值的组合。准永久组合的定义为正常使用极限状态计算时，对可变荷载采用准永久值为荷载代表值的组合。

对于基本组合，荷载效应组合的设计值 S 应从以下组合值中取最不利值确定，即

$$S = \gamma_G S_{G_k} + \gamma_{Q_1} S_{Q_{1k}} + \sum_{i=2}^{n} \gamma_{Q_i} \psi_{c_i} S_{Q_{ik}} \qquad (5-95)$$

式中 γ_G——永久荷载的分项系数；

S_{G_k}——按永久荷载标准值 G_k 计算的荷载效应值；

γ_{Q_i}——第 i 个可变荷载的分项系数，其中 γ_{Q_1} 为可变荷载 Q_1 的分项系数；

$S_{Q_{ik}}$——按可变荷载标准值 Q_{ik} 计算的荷载效应值，其中 $S_{Q_{1k}}$ 为诸可变荷载效应中起控制作用者；

ψ_{c_i}——可变荷载 Q_i 的组合值系数；

n——参与组合的可变荷载数。

基本组合中的设计值仅适用于荷载与荷载效应为线性的情况。当对 $S_{Q_{1k}}$ 无法明显判断时，轮次以各可变荷载效应为 $S_{Q_{1k}}$，选其中最不利的荷载效应组合。

结构构件的地震作用效应和其他荷载效应的基本组合，应计算为

$$S = \gamma_G S_{GE} + \gamma_{Eh} S_{Ehk} + \gamma_{Ev} S_{Evk} + \psi_w \gamma_w S_{wk} \qquad (5-96)$$

式中 S——结构构件内力组合的设计值，包括组合的弯矩、轴向力和剪力设计值等；

γ_G——重力荷载分项系数，一般情况应采用 1.2，当重力荷载效应对构件承载能力有利时，不应大于 1.0；

γ_{Eh}、γ_{Ev}——水平、竖向地震作用分项系数；

γ_w——风荷载分项系数；

S_{GE}——重力荷载代表值的效应；

S_{Ehk}——水平地震作用标准值的效应，尚应乘以相应的增大系数或调整系数；

S_{Evk}——竖向地震作用标准值的效座，尚应乘以相应的增大系数或调整系数；

S_{wk}——环境荷载标准值的效应；

ψ_w——环境荷载组合值系数。

对于正常使用极限状态，应根据不同的设计要求，采用荷载的标准组合、频遇组合或准永久组合。

对于标准组合，荷载效应组合的设计值 S 应采用

$$S = S_{Gk} + S_{Q_{1k}} + \sum_{i=2}^{n} \psi_{c_i} S_{Q_{ik}} \qquad (5-97)$$

对于频遇组合，荷载效应组合的设计值 S 应采用

$$S = S_{Gk} + \psi_{f_1} S_{Q_{1k}} + \sum_{i=2}^{n} \psi_{q_i} S_{Q_{ik}} \qquad (5-98)$$

式中 ψ_{f_1}——可变荷载 Q_1 的频遇值系数；

ψ_{q_i}——可变荷载 Q_i 的准永久值系数。

对于准永久组合，荷载效应组合的设计值 S 可采用

$$S = S_{Gk} + \sum_{i=1}^{n} \psi_{q_i} S_{Q_{ik}} \qquad (5-99)$$

上述 3 种组合中，组合中的设计值仅适用于荷载与荷载效应为线性的情况。

5.3.4　分项系数与组合系数

测风塔基础设计时，标准组合下各单项荷载的分项系数均为 1.0，基本组合下各单项荷载的分项系数如表 5-32 所示。

表 5-32　基本组合下各荷载分项系数

单项荷载	塔架荷载（竖向）	塔架荷载（其他）	波浪荷载	冰荷载	水流力
分项系数	1.2/1.0	1.4	1.5	1.5	1.5
单项荷载	基础风荷载	撞击力	自重	浮力（有利）	浮力（不利）
分项系数	1.4	1.5	1.2/1.0	1.0	1.2
单项荷载	平台活荷载	动水压力	地震力（水平）	地震力（竖向）	—
分项系数	1.4	1.3	1.3	0.5/0.0	—

注：1. 地震力组合时仅适用于以水平地震力为主，当考虑竖向地震力影响时取 0.5 分项系数，当不考虑竖向地震力时，取 0。

　　2. 竖向力和自重为不利荷载时取 1.2，有利荷载时取 1.0。

对于海上测风塔基础结构设计，包含的各种抗力分项系数取值为：钢材的抗力分项系数取 1.1，钢筋的抗力分项系数取 1.1，混凝土材料的抗力分项系数取 1.4。桩基承载力（竖向承载力、抗拔承载力和水平承载力）均采用特征值，对应的安全系数为 2。

组合系数设置的目的是为了使多种环境荷载同时出现的概率与主控荷载出现的概率相当，可以通过 50 年重现期的环境荷载乘以相应的组合系数来反映。海上测风塔基础设计时，针对不同的设计项目，选取的环境荷载种类和其最不利组合是不同的。下面分别针对具体的设计类项单独进行说明。

当进行桩基承载力验算（包括桩基承压、抗拔和水平抗力验算）、基础结构强度与稳定性验算（包括桩身结构）和水平变形计算以及裂缝（按标准组合）计算时，当不考虑地震力时则应采用表 5-33 所示的组合系数配置。

表 5-33　组 合 系 数 配 置

组合情况	测风塔荷载	波浪	冰	水流	基础风荷载	船舶荷载	活荷载	自重	水浮力
1	1.0	0.7	0	0.7	1.0	0.7	0.7/0	1.0	1.0
2	0.7/1.0	1.0	0	0.7	0.7	0.7	0.7/0	1.0	1.0
3	1.0	0	0.7	0.7	1.0	0.7	0.7/0	1.0	1.0
4	0.7/1.0	0	1.0	0.7	0.7	0.7	0.7/0	1.0	1.0

注：1. 根据海上测风塔实际情况，基本控制荷载为塔架荷载、波浪和冰，故其他环境荷载不再进行主控组合。

　　2. 船舶荷载包括靠泊力、挤靠力和系缆力以及漂浮物撞击力等，可取最大值进行设计计算。

　　3. 当测风塔荷载不作为主控荷载时，由于其竖向力包含了塔架自重，故"0.7/1.0"表示荷载中的弯矩、水平力项采用 0.7，但竖向力取 1.0。

　　4. 自重包含基础自重、桩基自重、灌芯混凝土重量、平台自重、爬梯和靠船装置、附属物重量等。

　　5. "0.7/0"表示当活荷载有利时，组合系数取 0；不利时组合系数取 0.7。

　　6. 非水平变形计算时，水位采用极端高水位与极端低水位之间的最不利水位；水平变形计算时，水位采用设计高水位与设计低水位之间的最不利水位；冰期水位单独考虑。

　　7. 该表仅给出了波、流单独计算的模式，实际中波流也可直接叠加计算。

对于多遇地震工况下的各项验算，可采用表 5-34 所示的组合系数配置。

表 5 - 34 地震工况下组合系数配置

组合情况	测风塔荷载	波浪	冰	水流	基础风荷载	船舶荷载	活荷载	自重	水浮力	地震作用	动水压力
1	0.2/1.0	0	0	0.7/1.0	0.2	0.5/0	0	1.0	1.0	1.0	1.0

注：1. "0.2/1.0"表示测风塔竖向力组合系数为1.0，其他方向荷载组合系数为0.2。

2. 水位采用设计高水位与设计低水位之间的最不利水位。

3. 当检修船舶荷载经常出现时组合系数取1.0，其他情况可取0.5。

4. 当水流采用50年一遇值时组合系数取0.7，其他情况取1.0。

当进行基础结构沉降计算以及裂缝（按准永久组合）计算时，应采用如表5-35所示的组合系数。

表 5 - 35 沉降计算组合系数配置

组合情况	测风塔荷载	波浪	冰	水流	基础风荷载	船舶荷载	活荷载	自重	水浮力
1	0.6/1.0	0.6	0	0.6	0.6	0	0.5	1.0	1.0
2	0.6/1.0	0	0.6	0.6	0.6	0	0.5	1.0	1.0

注：1. "0.6/1.0"表示测风塔竖向力组合系数为1.0，其他方向荷载组合系数为0.6。

2. 水位采用设计高水位与设计低水位之间的最不利水位。

3. 表中仅给出了波、流单独计算的模式，实际中波流也可直接叠加计算。

4. 沉降计算不考虑地震作用。

参 考 文 献

[1] 中国水电水利规划设计总院. FD 002—2007 风电场工程等级划分及设计安全标准（试行）[S]. 北京：中国水利水电出版社，2008.

[2] 中华人民共和国建设部. GB 50135—2006 高耸结构设计规范 [S]. 北京：中国计划出版社，2007.

[3] 中华人民共和国住房和城乡建设部. GB 50009—2012 建筑结构荷载规范 [S]. 北京：中国建筑工业出版社，2012.

[4] 中华人民共和国住房和城乡建设部. GB 50011—2010 建筑抗震设计规范 [S]. 北京：中国建筑工业出版社，2010.

[5] 中华人民共和国住房和城乡建设部. GB 50007—2011 建筑地基基础设计规范 [S]. 北京：中国建筑工业出版社，2012.

[6] 中华人民共和国住房和城乡建设部. JGJ 94—2008 建筑桩基技术规范 [S]. 北京：中国建筑工业出版社，2008.

[7] 中华人民共和国住房和城乡建设部. GB 50010—2010 混凝土结构设计规范 [S]. 北京：中国建筑工业出版社，2011.

[8] 中华人民共和国交通部. JTS 151—2011 水运工程混凝土结构设计规范 [S]. 北京：人民交通出版社，2011.

[9] 中华人民共和国交通部. JTS 152—2012 水运工程钢结构设计规范 [S]. 北京：人民交通出版社，2012.

[10] 顾民权. 海港工程设计手册 [M]. 北京：人民交通出版社，2001.

[11] 竺艳蓉. 海洋工程波浪力学 [M]. 天津：天津大学出版社，1991.

[12] Det Norske Veritas. DNV—OS—J 101 Design offshore wind turbine structure [S]. Norway, 2014.

[13] 中华人民共和国交通运输部. JTS 145—2—2013 海港水文规范 [S]. 北京：人民交通出版社，2013.

[14]　中华人民共和国交通运输部. JTS 144—1—2010 港口工程荷载规范 [S]. 北京：人民交通出版社，2010.

[15]　中国船级社. 海上移动平台入级与建造规范 [S]. 北京：人民交通出版社，2005.

[16]　中国船级社. 浅海固定平台规范 [S]. 北京：人民交通出版社，2003.

[17]　中华人民共和国交通运输部. JTS 146—2012 水运工程抗震设计规范 [S]. 北京：人民交通出版社，2012.

[18]　王喜年，叶琳. 中国大陆沿海的风暴潮及其预报 [J]. 海洋通报，1989，8 (2)：98-105.

[19]　蒋德才，刘百桥，韩树宗. 工程环境海洋学 [M]. 北京：海洋出版社，2005.

[20]　高晓旺，龚思礼，苏经宇，等. 建筑抗震设计规范理解与应用 [M]. 北京：中国建筑工业出版社，2002.

第6章 桩基设计与计算

海上测风塔基础中结构部分的形式通常较为简单，因此桩基础的合理设计对确保基础的安全性和经济性具有更显著的影响。桩基方案设计时应满足对桩型、持力层、桩间距等分项的基本设计原则，竖向承载力、抗拔承载力和水平承载力应符合承载力验算要求，还应进行在竖向荷载与水平荷载作用下桩基的沉降与变形分析。关于桩身结构强度与稳定性的验算归属到结构强度验算中，将在第7章予以介绍。

6.1 测风塔桩基设计原则

桩基础是由设置于岩土中的桩和与桩相连接的测风塔基础结构（包含钢结构或钢筋混凝土承台）共同组成的基础，也可以是由过渡连接结构与桩基直接连接组成的单桩基础。桩基设置于岩土体中，地基土的性质间接影响着桩基的承载力和变形特性，在桩基设计时不应忽略与地基相关的设计参量和其内涵意义。在此并不对地基土特性再作专门的介绍，可参考相关文献。桩基方案拟订时首先需要确定桩型规格，然后选择合适的桩端持力层，布桩时还应考虑桩间距的限制条件。

6.1.1 桩基设计的基本原则

海上测风塔为海上风电场风能资源分析提供测风分析数据，是整个风电场工程的先行，在风电场中属于重要构筑物。从海床泥面算起，海上测风塔高度多在100m以上，属于高耸结构。综上所述，海上测风塔基础结构中的桩基设计等级应为甲级。

1. 桩基设计计算

作为桩基设计的首要原则，桩基础应按下列两类极限状态设计：承载能力极限状态和正常使用极限状态。承载能力极限状态指的是桩基达到最大承载能力、整体失稳或发生不适于继续承载的变形。正常使用极限状态指桩基达到测风塔正常使用所规定的变形限值或达到耐久性要求的某项限值。

（1）针对极限状态验算，桩基应根据具体条件分别进行下列承载能力计算和稳定性验算[1]：

1）应根据桩基的使用功能和受力特征分别进行桩基的竖向承载力计算和水平承载力计算。

2）应对桩身和承台结构承载力进行计算；对于桩侧土不排水抗剪强度小于10kPa、且长径比大于50的桩应进行桩身压屈验算；对于混凝土预制桩应按吊装、运输和锤击作用进行桩身承载力验算；对于钢管桩应进行局部压屈验算。

3）当桩端平面以下存在软弱下卧层时，应进行软弱下卧层承载力验算。

4）对位于坡地、岸边的桩基应进行整体稳定性验算。

5) 对于抗浮、抗拔桩基,应进行单桩和群桩的抗拔承载力计算。

6) 对于抗震设防区的桩基应进行抗震承载力验算。

(2) 除此之外还应进行以下内容的计算:

1) 计算基础的沉降和差异沉降以及由于沉降而产生的倾斜。

2) 对受水平荷载较大,或对水平位移有严格限制的桩基,应计算其水平位移。

3) 应根据桩基所处的环境类别和相应的裂缝控制等级,验算桩和承台正截面的抗裂和裂缝宽度。

2. 桩位布置原则

在进行桩型选择和成桩工艺确定时,桩型与成桩工艺应根据结构类型、荷载性质、桩的使用功能、穿越土层、桩端持力层、地下水位、施工设备、施工环境、施工经验、制桩材料供应条件等,按安全适用、经济合理的原则选择。

进行桩位布置时,宜使桩群承载力合力点与竖向永久荷载合力作用点重合,并使桩在受水平力和力矩较大方向有较大抗弯截面模量。桩端标高选择上应选择较硬土层作为桩端持力层,并应使桩端进入持力层一定深度。

(1) 位于软土地基中的桩基,进行桩基设计时应符合以下设计原则:

1) 软土中的桩基宜选择中、低压缩性土层作为桩端持力层。

2) 桩周围软土因自重固结、大面积堆载、降低地下水位、大面积挤土沉桩等原因而产生的沉降大于桩的沉降时,应视具体工程情况分析计算桩侧负摩阻力对桩的影响。

3) 采用挤土桩时,应采取消减孔隙水压力和挤土效应的技术措施,减小挤土效应对成桩质量和周边环境等产生的不利影响。

(2) 位于抗震设防区的桩基,其设计原则应符合以下规定:

1) 桩进入液化土层以下稳定土层的长度(不包括桩尖部分)应按计算确定;对于碎石土,砾、粗砂、中砂,密实粉土,坚硬黏性土尚不应小于2~3倍桩身直径,对其他非岩石土尚不宜小于4~5倍桩身直径。

2) 当桩基水平承载力不满足计算要求时,可将桩基附近一定范围内的土进行加固。

3) 对于存在液化扩展的地段,应验算桩基在土流动的侧向作用力下的稳定性。

(3) 当桩基所处浅层土体为欠固结土时,应考虑负摩阻力的影响。对于桩基处于可能出现负摩阻力情况下,桩基设计原则应符合以下规定:

1) 对欠固结土可采取先期排水预压措施。

2) 对于挤土沉桩,应采取消减超孔隙水压力、控制沉桩速率等措施。

3) 对于中性点以上的桩身可对表面进行处理,以减少负摩阻力。

(4) 对于抗拔桩基,其设计原则应符合以下规定:

1) 应根据环境类别及水土对钢筋的腐蚀、钢筋种类对腐蚀的敏感性和荷载作用时间等因素确定抗拔桩的裂缝控制等级。

2) 对于严格要求不出现裂缝的一级裂缝控制等级,桩身应设置预应力筋;对于一般要求不出现裂缝的二级裂缝控制等级,桩身宜设置预应力筋。

3) 对于三级裂缝控制等级,应进行桩身裂缝宽度计算。

4) 当桩的抗拔承载力要求较高时,可采用桩侧后注浆、扩底等技术措施。

除此之外，桩基结构的耐久性应根据设计使用年限、现行国家标准《混凝土结构设计规范》（GB 50010—2010）的环境类别规定以及水、土对钢、混凝土腐蚀性的评价进行设计。

6.1.2　桩型选择

　　海上测风塔桩基础中桩型的选择，应综合考虑基础类型、土层条件、荷载类型和荷载水平、桩型特点、施工难度、施工周期、当地加工制作水平、工程造价等因素来进行综合比选。目前常用的桩型包括钢管桩、高强预应力混凝土管桩（PHC桩）和灌注桩等，由于测风塔数量较少，且测风塔基础所受荷载水平并不高，因此桩基多采用钢管桩，较少情况下采用灌注桩，混凝土管桩的应用则更少。

　　对于滩涂风电场，当潮差条件使得具备干作业施工条件或设置围堰形成干作业施工条件时，测风塔基础可采用桩基承台基础型式（低桩承台），此时桩基可选择PHC桩或灌注桩。当选择多节PHC桩时应确保桩节端板的焊接质量，且达到设计所需的连接强度。

　　相对于海上风力发电机组基础，测风塔基础的风荷载和其他环境荷载较小，基础中桩数越多将导致泥面上基础结构所受的波浪力、海冰荷载、水流力等环境荷载增加，一般宜设置尽可能少的桩数，但均摊到每根桩的水平荷载相对而言并不小，而预制混凝土桩的桩径最大值有限，且抗水平荷载方面对桩身结构较为不利，故测风塔桩基础的桩型多在钢管桩和灌注桩两种类型之间选取，极少采用预制混凝土桩。

　　除了桩基承载能力极限状态的相关要求外，海上风电场所处环境特点对桩基的防腐蚀和疲劳性能提出了很高要求。在防腐蚀方面，由于灌注桩可采用加大混凝土保护层厚度、限制水灰比和加入外加剂等措施进行有效防腐，因此可满足防腐蚀要求。钢管桩的防腐蚀措施也较为成熟，可采用阴极保护，并辅以防腐蚀涂层保护，并已积累了丰富经验，该方面两种桩型差别不大。由于钢材具有材质均匀、较大的塑性和延展性等特点，因此具有较高的抗疲劳性能，相对而言，灌注桩的抗疲劳性能略差。从施工的角度而言，海上灌注桩施工需要施工平台，往往需要打设临时钢管桩来支撑平台，而且灌注桩施工中还需要钢护筒，灌注桩的施工周期较长，海上浇注混凝土对用水和拌制要求较高，而钢管桩尽管造价略高一些，但施工简便，施工速度快，综合经济性更强。

　　除了上述因素之外，桩型选择时还应考虑桩基的施工可行性。选择钢管桩时应考虑锤击或静压施工时场地土层条件是否满足可打入性或可沉入性等。当场地土层为碎石土时一般沉桩施工较为困难而且对于其垂直度的控制也较难，此时应慎重选择钢管桩，建议桩型以灌注桩为佳。当桩端持力层为中风化或微风化基岩时，此时可选择灌注桩或灌注型嵌岩桩；直接采用钢管桩往往难以沉至要求的桩端标高，可采用预制型植入嵌岩桩或预制型芯柱嵌岩桩，这两种桩型均为以钢管桩为主而形成的组合桩型。当采用灌注桩时应根据地质资料进行钢护筒设计，采用斜桩施工时宜采用全钢护筒。

6.1.3　持力层选择

　　桩基持力层的选择直接影响到桩基端阻力和桩基沉降变形的大小。桩端应进入持力层适当的深度。不同规范对此进行了不同的规定，相关标准的有关规定有以下方面：

（1）我国行业标准 JGJ 94—2008 中，对于桩端持力层进行了以下规定[1]：

1）应选择较硬土层作为桩端持力层。桩端全断面进入持力层的深度，对于黏性土、粉土不宜小于 $2d$ ❶，砂土不宜小于 $1.5d$，碎石类土不宜小于 d。当存在软弱下卧层时，桩端以下硬持力层厚度不宜小于 $3d$。

2）对于嵌岩桩，嵌岩深度应综合荷载、上覆土层、基岩、桩径、桩长诸因素确定；对于嵌入倾斜的完整和较完整岩的全断面深度不宜小于 $0.4d$ 且不小于 $0.5m$，倾斜度大于 30% 的中风化岩，宜根据倾斜度及岩石完整性适当加大嵌岩深度；对于嵌入平整、完整的坚硬岩和较硬岩的深度不宜小于 $0.2d$，且不应小于 $0.2m$。

3）对于抗震设防区桩基的设计原则应符合：桩进入液化土层以下稳定土层的长度（不包括桩尖部分）应按计算确定；对于碎石土，砾、粗砂、中砂，密实粉土，坚硬黏性土尚不应小于 2~3 倍桩身直径，对其他非岩石土尚不宜小于 4~5 倍桩身直径。

（2）我国行业标准《港口工程桩基规范》（JTS 167—4—2012）中，对于桩端持力层进行了以下规定[2]：

1）桩基宜选择中密或密实砂层、硬黏性土层、碎石类土或风化岩层等良好土层作为桩端持力层。桩端进入持力层的深度（不包括桩尖部分长度），对黏性土和粉土不小于 2 倍桩径，对中等密实砂土不小于 1.5 倍桩径，对密实砂土和碎石类土不宜小于 1 倍桩径，对风化岩根据其力学性能确定，对强风化岩不小于 1.5 倍桩径。

2）在桩端以下 4 倍桩径范围内，如存在软弱土层时，应考虑冲剪破坏的可能性。在确定打入桩进入硬土层的深度时，应根据类似工程经验考虑桩的可沉性，必要时应进行试沉桩。

6.1.4 桩间距要求

海上测风塔基础结构在环境荷载下倾覆弯矩较大，这就使得基础桩基的桩间距不会太小，且测风塔桩基数量较少，多为三桩或四桩型式，一般而言桩间距远大于相关标准对最小桩间距的要求。分析 JGJ 94—2008 和 JTS 67—4—2012 两个桩基标准中关于最小桩间距的规定，具体如下：

（1）根据 JGJ 94—2008 规定，桩的最小中心距应符合表 6-1 的规定；当施工中采取减小挤土效应的可靠措施时，可根据当地经验适当减小。

表 6-1　桩 的 最 小 中 心 距[1]

土类与桩工艺		排桩不少于 3 排且桩数不少于 9 根的摩擦型桩桩基	其他情况
非挤土灌注桩		3.0d	3.0d
部分挤土桩		3.5d	3.0d
挤土桩	非饱和土	4.0d	3.5d
	饱和黏性土	4.5d	4.0d

注：1. d 为圆桩直径或方桩边长。

　　2. 当纵横向桩距不相等时，其最小中心距应满足"其他情况"一栏规定。

　　3. 当为端承桩时，非挤土灌注桩的"其他情况"一栏可减小至 2.5d。

---

❶ d 为圆桩直径或方桩边长。

（2）根据 JTS 167—4—2012 规定，打入桩中心距不宜小于 3.5 倍桩径，灌注桩中心距不宜小于 2.5 倍桩径，嵌岩桩的中心距不宜小于 2 倍桩径，采用冲孔工艺时不宜小于 3 倍桩径。

桩基设计中，桩的中心距大于或等于表 6-2 规定时可按单桩计算，不满足时应按群桩计算。

表 6-2　按单桩计算承载力的最小桩距[2]

桩的类型	轴向承载桩	水平承载桩
打入桩、灌注桩	中心距 6d，或中心距（3~6）d 且桩端进入良好持力层	沿水平力作用方向桩与桩的中心距（6~8）d，砂土、桩径较大时取较小值，黏性土、桩径较小时取较大值
嵌岩桩	以嵌岩段受轴向力为主时，中心距 2d；考虑覆盖层段承受较大轴向力时，中心距为 3d	以嵌岩段承受水平力为主时，沿水平作用方向，中心距 2d，以覆盖层段承受水平力为主时，中心距（6~8）d，砂土、桩径较大时取较小值，黏性土、桩径较小时取较大值

注：1. d 为圆桩直径或方桩边长。
　　2. 同类土质中，打入桩取较大值，灌注桩取较小值。

当地层存在埋藏较浅的基岩时，根据《港口工程嵌岩桩设计与施工规范》（JTJ 285—2000）规定，嵌岩桩基中桩的中心距不宜小于 2 倍桩径，这与表 6-2 对嵌岩桩的桩间距要求是一致的。

6.2　桩基承载力计算

桩基承载力包括单桩竖向承载力、单桩抗拔承载力和单桩水平承载力。部分文献中将单桩承压承载力和抗拔承载力统一归为竖向承载力，本章中桩基竖向承载力仅指承压承载力。承载力包括极限值和特征值两种表达方式，前者为后者的 2 倍。单桩竖向极限承载力指单桩在竖向荷载作用下到达破坏前或出现不适于继续承载的变形时所对应的最大荷载，它取决于土对桩的支承阻力和桩身承载力，同理可以推得单桩极限抗拔承载力和单桩极限水平承载力。本节详细介绍桩基 3 种承载力的计算方法。

6.2.1　竖向承载力

当前我国工程领域中，单桩竖向极限承载力的计算多采用原位测试法和经验参数法两类，并已积累了大量参数取值经验。原位测试法包括利用单桥探头静力触探资料或双桥探头静力触探资料来确定单桩竖向极限承载力标准值。采用单桥探头静力触探资料时根据静力触探比贯入阻力值来进行计算，采用双桥探头静力触探资料时则根据探头侧阻力和相关修正系数来进行计算。经验参数法则根据各层土的极限侧阻力标准值和极限端阻力标准值等物理指标来计算单桩竖向极限承载力标准值。二者计算原理相同，仅所利用的基础资料不同而已。

当采用经验参数法时，根据土的物理指标和承载力参数之间的经验关系确定单桩竖向极限承载力标准值 Q_{uk}，计算为

$$Q_{uk} = Q_{sk} + Q_{pk} = u \sum q_{sik} l_i + q_{pk} A_p \qquad (6-1)$$

式中　Q_{sk}——总极限侧阻力标准值；

$\quad\quad Q_{pk}$——总极限端阻力标准值；

$\quad\quad u$——桩身周长；

$\quad\quad l_i$——桩周第 i 层土的厚度；

$\quad\quad A_p$——桩端面积；

$\quad\quad q_{sik}$——桩侧第 i 层土的极限侧阻力标准值；

$\quad\quad q_{pk}$——极限桩端阻力标准值。

1. 钢管桩

以式（6-1）所示的经验参数法为基础，对于海上测风塔基础中经常采用的钢管桩，根据土的物理指标和承载力参数之间的经验关系确定其单桩竖向极限承载力标准值 Q_{uk} 时，可计算为

$$Q_{uk}=u\sum q_{sik}l_i+\lambda_p q_{pk}A_p \qquad (6-2)$$

式中　u——桩身周长；

$\quad\quad q_{sik}$、q_{pk}——桩侧第 i 层土的极限侧阻力标准值和极限端阻力标准值；

$\quad\quad A_p$——由桩端处桩外径围成的总面积；

$\quad\quad \lambda_p$——桩端土塞效应系数；

$\quad\quad l_i$——桩周第 i 层土的厚度。

对于敞口钢管桩而言，沉桩过程中桩端部分土将涌入管内形成"土塞"。土塞的高度及闭塞效果随土性、管径、壁厚、桩进入持力层的深度等诸多因素有关。桩端土的闭塞程度又间接影响桩的承载力性状，故称此为土塞效应。

对于闭口钢管桩，桩端土塞效应系数 $\lambda_p=1$。此时闭口钢管桩承载力计算与混凝土预制桩相同，大量试验结果证明，二者尽管桩侧表面性质不同，但侧阻剪切破坏面多发生于靠近桩表面的土体中，因此极限侧阻力可视为相等。

对于敞口钢管桩桩端土塞效应系数应分情况取值，计算为

$$\begin{cases} \lambda_p=\dfrac{0.16h_b}{d} & \dfrac{h_b}{d}<5 \\[2mm] \lambda_p=0.8 & \dfrac{h_b}{d}\geqslant 5 \end{cases} \qquad (6-3)$$

式中　h_b——桩端进入持力层深度；

$\quad\quad d$——钢管桩外径。

对于带隔板的半敞口钢管桩的端阻力计算，应以等效直径 d_e 代替钢管桩的外径 d 根据式（6-3）来确定 λ_p，其中等效直径转换关系式为

$$d_e=\frac{d}{\sqrt{x}} \qquad (6-4)$$

式中　x——桩端隔板分割数，如图 6-1 所示。

上述桩端土塞效应系数取值为 JGJ 94—2008 的规定，设计人员也可按照 JTS 167—4—2012 给出的土塞效应系数取值参考表来选用。前者一般适用于桩径不超过 0.65m 的桩基，后者适用于桩径不超过 1.5m 的桩基，当测风塔桩基的桩径超过上述界限时宜作专

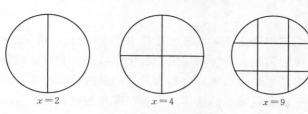

$x=2$ $x=4$ $x=9$

图 6-1 桩端隔板分割数

门分析来设定土塞效应系数。

2. 混凝土空心桩

混凝土空心桩主要包括预应力钢筋混凝土空心方桩和空心管桩两类，这一桩型在潮间带风电场测风塔中可能会有所应用，故仅作简要介绍。根据土的物理指标和承载力参数之间的经验关系确定敞口预应力混凝土空心桩单桩竖向极限承载力标准值 Q_{uk} 时，可计算为

$$Q_{uk} = u \sum q_{sik} l_i + q_{pk}(A_j + \lambda_p A_{pl}) \tag{6-5}$$

式中　　u——桩身周长；

　　q_{sik}、q_{pk}——桩侧第 i 层土的极限侧阻力标准值和极限端阻力标准值；

　　　　l_i——桩周第 i 层土的厚度；

　　　　A_j——空心桩桩端净面积；

　　　　A_{pl}——空心桩敞口面积；

　　　　λ_p——桩端土塞效应系数。

比较混凝土空心桩承载力计算式（6-5）和钢管桩承载力计算式（6-2），二者计算方法类似，仅在桩端阻力计算方式上不同。相比钢管桩而言，混凝土空心桩桩端壁厚要大得多，计算端阻力时不能忽略空心桩壁端部提供的端阻力，故端阻力包含两部分，其一为空心桩壁端部的端阻力，其二为空心部分的端阻力。

空心桩的桩端净面积根据具体桩型计算为

$$\begin{cases} A_j = \dfrac{\pi}{4}(d^2 - d_1^2) & 管桩 \\ A_j = b^2 - \dfrac{\pi}{4}d_1^2 & 空心方桩 \end{cases} \tag{6-6}$$

式中　　d——空心桩外径；

　　　　b——空心桩边长；

　　　　d_1——空心桩内径。

空心桩桩端敞口面积计算为

$$A_{pl} = \frac{\pi}{4}d_1^2 \tag{6-7}$$

对于混凝土空心桩，桩端土塞效应系数 λ_p 计算为

$$\begin{cases} \lambda_p = \dfrac{0.16h_b}{d_1} & \dfrac{h_b}{d_1} < 5 \\ \lambda_p = 0.8 & \dfrac{h_b}{d_1} \geqslant 5 \end{cases} \tag{6-8}$$

式中　　h_b——桩端进入持力层深度。

3. 大直径灌注桩

海上测风塔桩基若选用灌注桩，其桩径往往大于 800mm。对于桩径大于 800mm 的大直径灌注桩，应考虑极限侧阻力和极限端阻力的尺寸效应。大直径桩静载荷试验 $Q—S$ 曲线均呈缓变型，反映出其端阻力以压剪变形为主导的渐进破坏模式。砂土中大直径桩的极限端阻随桩径增大而呈双曲线减小的规律。大直径灌注桩成孔后产生应力释放，孔壁出现松弛变形，导致侧阻力有所降低，侧阻力随桩径增大呈双曲线减小规律。

基于上述分析规律和式（6-1），根据土的物理指标和承载力参数之间的经验关系，确定大直径灌注桩单桩竖向极限承载力标准值 Q_{uk} 时，可计算为

$$Q_{uk} = u \sum \psi_{si} q_{sik} l_i + \psi_p q_{pk} A_p \qquad (6-9)$$

式中　u——桩身周长；

　　　q_{sik}——桩侧第 i 层土的极限侧阻力标准值，对于扩底桩斜面及变截面以上 $2d$ 长度范围内不计侧阻力，d 为灌注桩的直径；

　　　q_{pk}——桩径 $d = 800\text{mm}$ 对应的极限端阻力标准值；

　　　l_i——桩周第 i 层土的厚度；

　　　A_p——桩端总面积；

ψ_{si}、ψ_p——大直径桩侧阻力、桩端力尺寸效应系数，按表 6-3 取值。

表 6-3　大直径灌注桩桩侧阻力尺寸效应系数和端阻力尺寸效应系数

土类型	黏性土、粉土	砂土、碎石类土
ψ_{si}	$(0.8/d)^{1/5}$	$(0.8/d)^{1/3}$
ψ_p	$(0.8/D)^{1/4}$	$(0.8/D)^{1/3}$

注：D 为灌注桩桩端直径；d 为桩身直径；当为等直径桩时 $d = D$。

在桩基设计计算时，岩土工程勘察报告分别给出各层土预制桩和灌注桩对应的侧阻力与端阻力取值，在灌注桩承载力计算时应选择灌注桩对应的侧摩阻力和端阻力取值建议值，而不能与预制桩参数值相混淆。

4. 嵌岩桩

对于桩端置于完整、较完整基岩（或中风化、微风化或未风化基岩）的嵌岩桩，其承载力计算应采用嵌岩桩对应的计算方法，而不能再采用诸如式（6-1）所示的黏土或砂土中单桩承载力计算方法。

嵌岩桩承载力根据不同标准所采用取值标准也不相同，我国行业标准 JGJ 94—2008 中采用极限承载力标准值与特征值进行设计，而我国行业标准 JTJ 285—2000 则采用竖向承载力设计值进行设计，因此当采用后者时应将承载力设计值转化为特征值以符合海上测风塔桩基设计体系。

相对于 JGJ 94—2008，JTJ 285—2000 中对嵌岩桩承载力计算方法的确定更为详细，在此给出其规定的设计方法。对进行静载荷试验的工程，单桩轴向抗压承载力设计值应计算为

$$Q_{cd} = \frac{Q_{ck}}{\gamma_c} \qquad (6-10)$$

式中　Q_{cd}——单桩轴向抗压承载力设计值；

　　　Q_{ck}——单桩轴向抗压极限承载力标准值；

γ_c——单桩轴向抗压承载力分项系数，根据地质情况取 1.6～1.7。

对于海上测风塔桩基，除非存在相似地层临近的测风塔工程，否则难以取得桩基静载荷试验成果。对于不作静载荷抗压试验的工程，嵌岩桩单桩轴向抗压承载力设计值计算[3]为

$$Q_{cd} = \frac{\mu_1 \sum \xi_{fi} q_{fi} l_i}{\gamma_{cs}} + \frac{\mu_2 \xi_s f_{rc} h_r + \xi_p f_{rc} A}{\gamma_{cR}} \qquad (6-11)$$

式中　μ_1——覆盖层桩身周长；

　　　μ_2——嵌岩段桩身周长；

　　　ξ_{fi}——桩周第 i 层土的侧阻力计算系数，当 $D \leqslant 1m$ 时，岩面以上 $10D$ 范围内的覆盖层，取 0.5～0.7，$10D$ 以上覆盖层取 1；当 $D > 1m$ 时，岩面以上 10m 范围内的覆盖层，取 0.5～0.7，10m 以上覆盖层取 1，D 为覆盖层中桩的外径；

　　　q_{fi}——桩周第 i 层土的极限侧阻力标准值；

　　　l_i——桩穿过第 i 层土的厚度；

　　　f_{rc}——岩石饱和单轴抗压强度标准值，f_{rc} 的取值应根据工程勘察报告提供的数据确定，对黏土质岩石取天然湿度单轴抗压强度标准值，当 f_{rc} 值大于桩身混凝土轴心抗压强度标准值 f_{ck} 时，应取 f_{ck} 值；

　　　A——嵌岩段桩端面积；

　　　h_r——桩身嵌入基岩的深度，当 $h_r > 5d$ 时，取 $h_r = 5d$，当岩层表面倾斜时，应以岩面最低处计算嵌岩深度，d 为嵌岩段桩径；

　　　γ_{cs}——覆盖层单桩轴向受压承载力分项系数，预制桩取 1.45～1.55，灌注桩取 1.65；

　　　γ_{cR}——嵌岩段单桩轴向受压承载力分项系数，取 1.7～1.8；

　　ξ_s、ξ_p——嵌岩段侧阻力和端阻力计算系数，与嵌岩深径比 h_r/d 有关，按表 6-4 采用。

表 6-4　嵌岩桩侧阻力和端阻力计算系数（ξ_s、ξ_p）[3]

嵌岩深径比 h_r/d	1.0	2.0	3.0	4.0	5.0
ξ_s	0.070	0.096	0.093	0.083	0.070
ξ_p	0.72	0.54	0.36	0.18	0.12

注：当嵌入中等风化岩时，按表中数值乘以 0.7～0.8 计算。

基于如式（6-11）所示的嵌岩桩竖向承载力设计值的计算方法，根据《港口工程结构可靠性设计统一标准》（GB 50158—2010），可近似确定嵌岩桩的竖向承载力特征值，即

$$Q_{ca} = \frac{\mu_1 \sum \xi_{fi} q_{fi} l_i}{1.3 \gamma_{cs}} + \frac{\mu_2 \xi_s f_{\gamma c} h_\gamma + \xi_p f_{\gamma c} A}{1.3 \gamma_{cR}} \qquad (6-12)$$

式中　Q_{ca}——嵌岩桩单桩轴向抗压承载力特征值。

5. 群桩效应

上面介绍了单桩竖向承载力的计算方法，当基础由群桩组成时，由于桩和周边土体组成一个相互作用的整体，其变形和承载力均受群桩相互作用的影响。制约群桩效应的主要

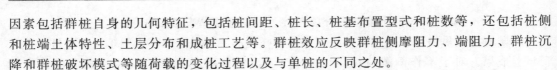

因素包括群桩自身的几何特征，包括桩间距、桩长、桩基布置型式和桩数等，还包括桩侧和桩端土体特性、土层分布和成桩工艺等。群桩效应反映群桩侧摩阻力、端阻力、群桩沉降和群桩破坏模式等随荷载的变化过程以及与单桩的不同之处。

对于海上测风塔基础结构中的桩基，桩间距通常较大，群桩相互作用程度很弱，若不考虑群桩效应并不会带来显著影响。若认为确有必要来考虑群桩效应，对于端承型群桩基础，由于桩与土体相互作用程度很弱，其极限承载力可取单桩承载力之和来计算。对于摩擦型群桩基础，应根据其破坏模式建立相应的计算模式。群桩极限承载力的计算按其计算模式和计算所用参数大体划分3种，分别为：①以单桩极限承载力为参数的群桩效率系数法；②以土强度为参数的极限平衡理论方法；③以桩侧阻力、端阻力为参数的经验计算方法。

若单桩极限承载力为已知参数，根据群桩效率系数计算群桩极限承载力，是一种沿用已久的传统简单方法。根据 JTS 167—4—2012 规定，对于按群桩设计的高桩承台桩基，其单桩垂直极限承载力设计值尚应考虑群桩效应影响，高桩承台中单桩垂直极限承载力应乘以群桩折减系数，折减系数可计算为

$$\lambda = \frac{1}{1+\eta} \tag{6-13}$$

$$\eta = 2A_1 \frac{m-1}{m} + 2A_2 \frac{n-1}{n} + 4A_3 \frac{(m-1)(n-1)}{mn} \tag{6-14}$$

$$A_1 = \left(\frac{1}{3S_1} - \frac{1}{2L\tan\varphi}\right)d \tag{6-15}$$

$$A_2 = \left(\frac{1}{3S_2} - \frac{1}{2L\tan\varphi}\right)d \tag{6-16}$$

$$A_3 = \left(\frac{1}{3\sqrt{S_1^2 + S_2^2}} - \frac{1}{2L\tan\varphi}\right)d \tag{6-17}$$

式中　λ——群桩折减系数；

　　　n——高桩承台横向每排桩的桩数；

　　　m——高桩承台纵向每排桩的桩数；

　　　L——相邻桩的入土深度；

　　　S_1——纵向间距，当桩距不等时，可取其平均值；

　　　S_2——横向间距，计算方法与 S_1 相同；

　　　φ——土的固结快剪内摩擦角，对成层土可取桩入土深度范围内的加权平均值；

　　　d——桩径或桩宽。

式（6-15）～式（6-17）中的中间参量 A_1、A_2 和 A_3 必须满足大于等于零的条件，如其值小于零，则应取零。

6.2.2　抗拔承载力

与桩基竖向承载力对应的是桩基抗拔承载力，海上测风塔基础的受力特点是环境荷载综合产生的水平荷载大，倾覆力矩大，在荷载作用下基础中的桩基以部分承压、部分抗拔

来抵御倾覆弯矩的作用，因此不存在基础整体上拔的情形。

鉴于海上测风塔基础结构中桩基不存在整体上拔这一特点，桩基抗拔承载力计算中可仅进行单桩抗拔承载力计算。在桩基抗拔承载力计算方法中，JGJ 94—2008 针对不同桩型给出了统一的计算公式，同时 JTJ 285—2000 或 JTS 167—4—2012 则针对嵌岩桩这一特殊桩型给出了对应的计算方法。

1. 桩基抗拔承载力

桩基抗拔极限承载力标准值根据基础破坏型式选择对应的计算方法。当群桩呈非整体破坏时，计算公式为

$$T_{uk} = \sum \lambda_i q_{sik} u_i l_i \qquad (6-18)$$

式中 T_{uk}——桩基极限抗拔承载力标准值；

   u_i——桩身周长，对于等直径桩取 $u = \pi d$，d 为桩径；

   l_i——桩周第 i 层土的厚度；

   q_{sik}——桩侧第 i 层土的极限侧阻力标准值；

   λ_i——抗拔系数，按表 6-5 取值。

表 6-5　抗　拔　系　数　λ_i

土类	λ_i 值
砂土	0.50～0.70
黏性土、粉土	0.70～0.80

注：桩长 l 与桩径 d 之比小于 20 时，λ_i 取小值。

海上测风塔基础的自重较小，且以水平受荷和倾覆弯矩为主，群桩并不会出现整体上拔破坏的情形，这里给出群桩整体上拔破坏时的抗拔承载力计算方法，以便设计人员加深理解。当群桩呈整体破坏时，单桩抗拔承载力为

$$T_{gk} = \frac{1}{n} u_1 \sum \lambda_i q_{sik} l_i \qquad (6-19)$$

式中 T_{gk}——群桩中单桩极限抗拔承载力标准值；

   u_1——桩群外围周长；

   n——桩数。

采用上述方法计算的单桩抗拔承载力标准值用于抗拔验算时，扣除水浮力后的桩基自重作为荷载参与标准组合，然后与桩基抗拔承载力特征值进行验算，也即桩身自重部分不出现在承载力计算项中。在按照表 6-5 确定抗拔系数时，应根据桩型、桩长和土性来进行选择，基本规律为：灌注桩抗拔系数高于预制桩，长桩抗拔系数高于短桩，黏性土抗拔系数高于砂土。

2. 嵌岩桩抗拔承载力

嵌岩桩在进行抗拔试验时，单桩轴向抗拔承载力设计值为

$$Q_{td} = \frac{Q_{tk}}{\gamma_t} \qquad (6-20)$$

式中 Q_{td}——单桩轴向抗拔承载力设计值；

Q_{tk}——单桩轴向抗拔极限承载力标准值；

γ_t——单桩轴向抗拔承载力分项系数，取 $1.8 \sim 2.0$。

当不进行抗拔试验时，若嵌岩深度不小于 3 倍桩径，单桩轴向抗拔承载力设计值计算为

$$Q_{td} = \frac{\mu_1 \sum \xi'_{fi} q_{fi} l_i + G\cos\alpha}{\gamma_{ts}} + \frac{\mu_2 \sum \xi'_s f_{rc} h_r}{\gamma_{tR}} \qquad (6-21)$$

式中　μ_1——覆盖层桩身周长；

μ_2——嵌岩段桩身周长；

ξ'_{fi}——第 i 层覆盖土的侧阻抗拔折减系数，取 $(0.7 \sim 0.8)\xi_{fi}$，ξ_{fi} 为桩周第 i 层土的侧阻力计算系数；

ξ'_s——嵌岩段侧阻力抗拔计算系数，取 0.045；

G——桩重力，水下部分按浮重计算；

α——桩轴线与铅垂线夹角；

γ_{ts}——覆盖层单桩轴向抗拔承载力分项系数，预制桩取 $1.45 \sim 1.55$，灌注桩取 1.65；

γ_{tR}——嵌岩段单桩轴向抗拔承载力分项系数，取 $2.0 \sim 2.2$；

q_{fi}——桩周第 i 层土的极限侧阻力标准值；

l_i——桩穿过第 i 层土的厚度；

f_{rc}——岩石饱和单轴抗压强度标准值，对黏土质岩石取天然湿度单轴抗压强度标准值，当 f_{rc} 值大于桩身混凝土轴心抗压强度标准值 f_{ck} 时，应取 f_{ck} 值；

h_r——桩身嵌入基岩的深度，当 h 超过 $5d$（d 为嵌岩段桩径）时，h 取 $5d$，当岩层表面倾斜时，应以岩面最低处计算嵌岩深度。

基于如式（6-21）所示的嵌岩桩抗拔承载力设计值的计算方法，根据《港口工程结构可靠性设计统一标准》，可近似确定嵌岩桩的抗拔承载力特征值，即

$$Q_{ta} = \frac{\mu_1 \sum \xi'_{fi} q_{fi} l_i + G\cos\alpha}{1.3\gamma_{ts}} + \frac{\mu_2 \sum \xi'_s f_{rc} h_r}{1.3\gamma_{tR}} \qquad (6-22)$$

对比式（6-18）和式（6-22），前者计算的抗拔承载力未包含桩身有效自重，后者包含了桩身有效自重，因此在进行抗拔承载力验算时，前者对应的桩基上拔荷载应先扣除桩身自重后再行验算，后者应采用不考虑桩身自重参与荷载组合下求解的上拔荷载来直接进行承载力验算。

6.2.3　水平承载力

影响单桩水平承载力和位移的因素包括桩身截面抗弯刚度、材料强度、桩侧土质条件、桩的入土深度、桩顶约束条件等。如对于低配筋率的灌注桩，通常是桩身先出现裂缝，随后断裂破坏，此时单桩水平承载力由桩身强度控制。对于抗弯性能强的桩，如高配筋率的混凝土预制桩和钢桩，桩身虽未断裂，但由于桩侧土体塑性隆起，或桩顶水平位移大大超过使用容许值，也认为桩的水平承载力达到极限状态，此时单桩的水平承载力由位移控制。

当采用弹性地基反力法（m法）进行分析时，由桩身强度控制和桩顶水平位移控制两种工况均受桩侧土水平抗力系数的比例系数 m 影响，但是，前者受影响较小，呈 $m^{1/5}$ 的关系；后者受影响较大，呈 $m^{3/5}$ 的关系。

单桩的水平承载力特征值应通过单桩水平静力荷载试验确定。对于钢筋混凝土预制桩、桩身全截面配筋率不小于 0.65％的灌注桩，可根据静载试验结果取地面处水平位移为 10mm（对于水平位移敏感的建筑物取水平位移 6mm）所对应荷载的 75％为单桩水平承载力特征值。对于桩身配筋率小于 0.65％的灌注桩，可取单桩水平静载试验临界荷载的 75％为单桩水平承载力特征值[1]。

当根据水平位移大小来确定桩基水平承载力时，桩基水平向变形的计算方法，主要分为 m 法、p—y 曲线法和 NL 法等。以桩身位移控制的承载力确定方法为采用 m 法计算临界位移对应的桩顶荷载，且仅适用于弹性长桩，对于刚性短桩应采用其他适应的分析方法。

1. 单桩水平承载力

当缺少单桩水平静载试验资料时，可估算桩身配筋率小于 0.65％的灌注桩（由桩身强度来控制）的单桩水平承载力特征值，即

$$R_{ha} = \frac{0.75\alpha\gamma_m f_t W_0}{\nu_m}(1.25 + 22\rho_g)\left(1 \pm \frac{\zeta_N N_{ik}}{\gamma_m f_t A_n}\right) \qquad (6-23)$$

式中　R_{ha}——单桩水平承载力特征值，"$\pm$"号根据桩顶竖向力性质确定，压力取"$+$"，
　　　　　　拉力取"$-$"；
　　α——桩的水平变形系数；
　　γ_m——桩截面模量塑性系数，圆形截面 $\gamma_m = 2$；
　　f_t——桩身混凝土抗拉强度设计值；
　　ν_m——桩身最大弯矩系数，按表 6-6 取值；
　　ρ_g——桩身配筋率；
　　A_n——桩身换算截面积，圆形截面时，$A_n = \frac{\pi d^2}{4}[1 + (\alpha_E - 1)\rho_g]$，其中 α_E 为钢
　　　　　　筋弹性模量与混凝土弹性模量的比值；
　　ξ_N——桩顶竖向力影响系数，竖向压力取 0.5，竖向拉力取 1.0；
　　N_{ik}——在荷载标准组合下桩顶竖向力；
　　W_0——桩身换算截面受拉边缘的截面模量。

表 6-6　桩顶（身）最大弯矩系数 ν_m 和桩顶水平位移系数 ν_x 表[1]

桩顶约束情况	桩的换算埋深 αh	ν_m	ν_x
铰接、自由	4.0	0.768	2.441
	3.5	0.750	2.501
	3.0	0.703	2.727
	2.8	0.675	2.905
	2.6	0.639	3.163
	2.4	0.601	3.526

149

续表

桩顶约束情况	桩的换算埋深 αh	ν_m	ν_x
固接	4.0	0.926	0.940
	3.5	0.934	0.970
	3.0	0.967	1.028
	2.8	0.990	1.055
	2.6	1.018	1.079
	2.4	1.045	1.095

注：1. 铰接的 ν_m 为桩身的最大弯矩系数，固接的 ν_m 为桩顶最大弯矩系数。

2. 当 $\alpha h > 4$ 时，取 $\alpha h = 4.0$。

3. α 为水平变形系数；h 为桩的入土深度。

桩的水平变形系数 α 计算为

$$\alpha = \sqrt[5]{\frac{mb_0}{EI}} \tag{6-24}$$

式中 m——桩侧土水平抗力系数的比例系数；

b_0——桩身的计算宽度；

EI——桩身抗弯刚度。

桩身抗弯刚度 EI 计算时，对于钢筋混凝土桩 $EI = 0.85 E_c I_0$，其中 E_c 为混凝土弹性模量，I_0 为桩身换算截面惯性矩。当为圆形截面时，$I_0 = W_0 d/2$，d 为桩径，W_0 为桩身换算截面受拉边缘的截面模量，可计算为

$$W_0 = \frac{\pi d}{32} \left[d^2 + 2(\alpha_E - 1)\rho_g d_0^2 \right] \tag{6-25}$$

式中 d——桩直径；

d_0——扣除保护层的桩直径；

α_E——钢筋弹性模量与混凝土弹性模量的比值。

对于桩身的计算宽度 b_0，应根据桩身截面形式计算，具体如下：

对于圆形桩，计算为

$$\begin{cases} b_0 = 0.9(1.5d + 0.5) & d \leqslant 1\text{m} \\ b_0 = 0.9(d + 1) & d > 1\text{m} \end{cases} \tag{6-26}$$

对于方形桩，计算为

$$\begin{cases} b_0 = 1.5b + 0.5 & b \leqslant 1\text{m} \\ b_0 = b + 1 & b > 1\text{m} \end{cases} \tag{6-27}$$

式中 b——桩截面边长。

桩侧土水平抗力系数的比例系数 m，宜通过单桩水平静载试验确定，当无静载试验资料时，可按表 6-7 取值。

当桩的水平承载力由水平位移控制，且缺少单桩水平静载试验资料时，可估算预制桩、桩身配筋率不小于 0.65% 的灌注桩单桩水平承载力特征值，即

$$R_{ha} = 0.75 \frac{\alpha^3 EI}{\nu_x} \chi_{0a} \tag{6-28}$$

式中 EI——桩身抗弯刚度；

χ_{0a}——桩顶容许水平位移；

ν_x——桩顶水平位移系数，按表 6-6 取值，取值方法同 ν_m。

表 6-7 地基土水平抗力系数的比例系数 m 值[1]

序号	地基土类别	预制桩、钢桩		灌注桩	
		$m/$ $(\text{MN} \cdot \text{m}^{-4})$	单桩地面处的 水平位移/mm	$m/$ $(\text{MN} \cdot \text{m}^{-4})$	单桩地面处的 水平位移/mm
1	淤泥；淤泥质土；饱和湿陷性黄土	2～4.5	10	2.5～6	6～12
2	流塑（$I_L>1$）、软塑（$0.75<I_L\leqslant1$）状黏土；$e>0.9$ 粉土；松散粉细砂；松散、稍密填土	4.5～6.0	10	6～14	4～8
3	可塑（$0.25<I_L\leqslant0.75$）状黏土、湿陷性黄土；$e=0.75～0.9$ 粉土；中密填土；密实细砂	6.0～10	10	14～35	3～6
4	硬塑（$0<I_L\leqslant0.25$）、坚硬（$I_L\leqslant0$）状黏土、湿陷性黄土；$e<0.75$ 粉土；中密的中粗砂；密实老填土	10～22	10	35～100	2～5
5	中密、密实的砾砂、碎石类土	—	—	100～300	1.5～3

注：1. 当桩顶水平位移大于表列数值或者灌注桩配筋率较高（$\geqslant0.65\%$）时，m 值应适当降低；当预制桩的水平位移小于 10mm 时，m 值可适当提高。

2. 当水平荷载为长期或经常出现的荷载时，应将表列数值乘以 0.4 降低采用。

3. 当地基为可液化土层时，应将表列数值乘以相应的土层液化影响折减系数，如表 6-10 所示。

2. 群桩效应

群桩基础的水平承载力应考虑群桩和土体相互作用产生的群桩效应。进行群桩水平承载力计算时，群桩效应可以通过在单桩水平承载力基础上乘以群桩效应系数来进行反映，也可以将桩侧土体极限抗力进行折减来考虑。

当采用群桩效应系数计算方法时，群桩基础的水平承载力计算为

$$R_h = \eta_h R_{ha} \tag{6-29}$$

$$\eta_h = \eta_i \eta_r \tag{6-30}$$

$$\eta_i = \frac{\left(\dfrac{s_a}{d}\right)^{0.015n_2+0.45}}{0.15n_1 + 0.10n_2 + 1.9} \tag{6-31}$$

式中 R_h——群桩水平承载力特征值；

R_{ha}——单桩水平承载力特征值；

η_h——群桩效应综合系数；

η_i——桩的相互影响效应系数；

s_a/d——沿水平荷载方向桩的距径比；

n_1、n_2——沿水平荷载方向与垂直水平荷载方向每排桩中的桩数；

η_r——桩顶约束效应系数，按表 6-8 取值。

表 6 - 8　桩顶约束效应系数 η_r[1]

换算深度 ah	2.4	2.6	2.8	3.0	3.5	≥4.0
位移控制	2.58	2.34	2.20	2.13	2.07	2.05
强度控制	1.44	1.57	1.71	1.82	2.00	2.07

注：α 为水平变形系数，见式（6 - 24）；h 为桩的入土深度。

当采用桩侧土抗力折减处理方式时，在水平力作用下群桩中桩的中心距小于 8 倍桩径，桩的入土深度在小于 10 倍桩径以内的桩段，应考虑群桩效应。在非往复水平荷载作用下，距荷载作用点最远的桩按单桩计算，其余各桩应考虑群桩效应。其 $p-y$ 曲线中的土抗力 P 在无试验资料时，对于黏性土可计算土抗力的折减系数[3]，即

$$\lambda_h = \left[\dfrac{\dfrac{S_0}{d} - 1}{7} \right]^{0.043\left(10-\frac{z}{d}\right)} \tag{6-32}$$

式中　λ_h——土抗力的折减系数；

　　　S_0——桩距；

　　　d——桩径；

　　　z——计算点深度。

6.2.4　特殊情形

桩基工程实际中可能存在一些特殊的情形将对桩基承载力产生显著影响，这需要在桩基承载力计算或验算时予以考虑。所谓的特殊情形主要包括以下 3 类。

（1）一般情况下桩基的桩端持力层具有足够的厚度，或者持力层下面的各层土与持力层土性相差不大，但当土层竖向分布不均匀，或者是桩端穿透硬持力层较困难时，可考虑将桩端设置于存在软弱下卧层的有限厚度硬持力层上。当桩端持力层下存在软弱下卧层时，可能存在两种后果，第一种为桩端下持力层厚度过薄导致桩端下土层发生冲剪破坏而失稳，第二种为因软弱层的变形使得桩基沉降过大。由于海上测风塔工程的重要性和现在桩基施工技术的水平发展，这一情形已经较为少见，故在此不再进行单独考虑。

（2）当测风塔工程海床附近浅层土体为砂土或粉土时，可能存在土层液化问题，在地震作用下土层液化会降低桩基竖向承载力、抗拔承载力和水平承载力，在桩基承载力计算时必须予以反映。

（3）桩基在竖向荷载作用下桩身沉降通常大于桩侧土体沉降，从而在桩土交界面处产生向上的摩阻力。与之相反，在特殊情况下当桩侧土体的沉降大于桩身沉降时，则在桩土交界面附近产生向下的摩阻力，称之为负摩阻力。负摩阻力将使得桩身轴力加大，桩基沉降也增大，对桩基承载力、桩身强度和沉降均产生不利影响。

1. 液化效应

存在饱和砂土和饱和粉土（不含黄土）的地基，除 6 度设防外，应进行液化判别；存在液化土层的地基，应根据建筑的抗震设防类别、地基的液化等级，结合具体情况采取相应的措施。地基液化等级根据液化指数来判定，分为三级，包括轻微、中等和严重，如表6 - 9 所示。

表 6 - 9　液化等级与液化指数的对应关系[4]

液化等级	轻微	中等	严重
液化指数 I_{IE}	$0 < I_{IE} \leqslant 6$	$6 < I_{IE} \leqslant 18$	$I_{IE} > 18$

当桩承台底面上、下分别有厚度不小于 1.5m、1.0m 的非液化土层或非软弱土层时，可按以下两种情况进行桩的抗震验算，并按不利情况设计。

第一种方法认为桩承受全部地震作用，桩承载力计算仍按本节前面部分的方法取用，但计算时液化土的桩周摩阻力及桩水平抗力均应乘以表 6 - 10 中的折减系数 α_e。

表 6 - 10　地震折减系数 α_e 的取值[4]

抗液化指数 I_N	深度 d_s/m	α_e
$I_N \leqslant 0.6$	$d_s \leqslant 10$	0
	$10 < d_s \leqslant 20$	0.33
$0.6 < I_N \leqslant 0.8$	$d_s \leqslant 10$	
	$10 < d_s \leqslant 20$	0.66
$0.8 < I_N \leqslant 1.0$	$d_s \leqslant 10$	
	$10 < d_s \leqslant 20$	1.0

表 6 - 10 中抗液化指数的计算式为

$$I_N = \frac{N}{N_{cr}} \tag{6-33}$$

式中　N——未经杆长修正的饱和土标准贯入锤击数实测值；

　　　N_{cr}——液化判别标准贯入锤击数临界值。

液化判别标准贯入锤击数临界值 N_{cr} 计算为

$$N_{cr} = N_0 \beta \left[\ln(0.6 d_s + 1.5) - 0.1 d_w \right] \left(\frac{3}{\rho_c} \right)^{\frac{1}{2}} \tag{6-34}$$

式中　N_0——液化判别标准贯入锤击数基准值，按表 6 - 11 采用；

　　　d_s——饱和土标准贯入点深度，m；

　　　d_w——地下水位，m；

　　　ρ_c——黏粒含量百分率，当小于 3 或为砂土时，应采用 3；

　　　β——调整系数，设计地震第一组取 0.80，第二组取 0.95，第三组取 1.05。

表 6 - 11　液化判别标准贯入锤击数基准值 N_0[4]

设计基本地震加速度/g	0.10	0.15	0.20	0.30	0.40
液化判别标准贯入锤击数基准值	7	10	12	16	19

第二种方法中假定地震作用按水平地震影响系数最大值的 10% 采用，桩承载力仍按前述方法计算，但应扣除液化土层的全部摩阻力及桩承台下 2m 深度范围内非液化土的桩周摩阻力。

根据 GB 50011—2010，非液化土中低承台桩基的抗震验算，单桩的竖向和水平向抗震承载力特征值，可均比非抗震设计时提高 25%，参见式（5 - 13）、式（5 - 17）和式（5 - 20）。

2. 负摩阻力

负摩阻力产生的原因与桩基所处的土层条件密切相关，同时与周边堆载也有关。海上测风塔工程中出现负摩阻力多因为浅层土体尚处于欠固结状态而引起。在负摩阻力作用下桩身轴力的最大值不在桩顶,而在中性点位置。在中性点以上轴力逐步增大,在中性点以下桩身轴力逐步减小。中性点是正负摩阻力的分界点,在该位置处,桩土相对位移为零,摩阻力为零,桩身轴力最大。中性点深度 l_n 应按桩周土层沉降与桩沉降相等的条件计算确定,也可参照表 6-12 确定。

表 6-12　中 性 点 深 度 l_n

持力层性质	黏性土、粉土	中密以上砂	砾石、卵石	基岩
中性点深度比 l_n/l_0	0.5~0.6	0.7~0.8	0.9	1.0

注:1. l_n、l_0 分别为自桩顶算起的中性点深度和桩周软弱土层下限深度。
　2. 当桩周土层固结与桩基固结沉降同时完成时,取 $l_n=0$。
　3. 当桩周土层计算沉降量小于 20mm 时,l_n 应按表列值乘以 0.4~0.8 折减。

当桩侧出现负摩阻力时,应根据工程具体情况考虑负摩阻力对桩基承载力和沉降的影响。对于摩擦型桩,可取桩身计算中性点以上侧阻力为零,并验算桩的承载力为

$$N_k \leqslant R_a \qquad (6-35)$$

式中　N_k——荷载效应标准组合轴心竖向力作用下,桩的平均竖向力;

　　　R_a——只计中性点以下部分侧阻值和端阻值得到的桩身竖向承载力特征值。

对于端承型桩,除应满足式(6-35)要求外,尚应考虑负摩阻力引起桩的下拉荷载 Q_g^n,并验算桩的承载力为

$$N_k + Q_g^n \leqslant R_a \qquad (6-36)$$

除了上述承载力验算外,当土层不均匀或结构物对不均匀沉降较敏感时,尚应将负摩阻力引起的下拉荷载计入附加荷载验算桩基沉降。

对于单桩模式,式(6-36)中由于负摩阻力引起的下拉荷载可针对单桩模式和群桩模式分别计算。中性点以上单桩桩周第 i 层土的负摩阻力标准值计算为

$$q_{si}^n = \xi_{ni} \sigma_i' \qquad (6-37)$$

式中　q_{si}^n——第 i 层土的桩侧负摩阻力标准值,当按式(6-37)计算值大于正摩阻力标准值时,取正摩阻力标准值进行设计;

　　　ξ_{ni}——桩周第 i 层土的负摩阻力系数,可按表 6-13 取值;

　　　σ_i'——桩周第 i 层土的平均竖向有效应力。

表 6-13　阻 力 系 数 ξ_n[1]

土类	ξ_n
饱和软土	0.15~0.25
黏性土、粉土	0.25~0.40
砂土	0.35~0.50

注:1. 在同一类土中,对于挤土桩,取表中较大值,对于非挤土桩,取表中较小值。
　2. 填土按其组成取表中同类土的较大值。

当欠固结土层产生固结时,桩周土平均竖向有效应力计算为

$$\sigma_i' = \sigma_{\gamma i}' \qquad (6-38)$$

式中　$\sigma_{\gamma i}'$——由土自重引起的桩周第 i 层土的平均竖向有效应力,桩群外围桩自地面算

起，桩群内部桩自承台底算起。

与单桩基础不同，对于桩距较小的群桩，负摩阻力因群桩效应而降低。这是因为桩侧负摩阻力是由桩侧土体沉降而引起的，若群桩中各桩表面单位面积所分担的土体重量小于单桩的负摩阻力极限值，将导致桩负摩阻力降低，因此计算群桩下拉荷载时应乘以群桩效应系数。考虑群桩效应时桩的下拉荷载可计算为

$$Q_g^n = \eta_n u \sum_{i=1}^{n} q_{si}^n l_i \tag{6-39}$$

$$\eta_n = \frac{s_{ax} s_{ay}}{\pi d \left(\dfrac{q_s^n}{\gamma_m} + \dfrac{d}{4} \right)} \tag{6-40}$$

式中　n——中性点以上土层数；

　　l_i——中性点以上第 i 土层的厚度；

　　η_n——负摩阻力群桩效应系数；

　　u——桩群外围周长；

s_{ax}、s_{ay}——纵横向桩的中心距；

　　q_s^n——中性点以上桩周土层厚度加权平均负摩阻力标准值；

　　γ_m——中性点以上桩周土层厚度加权平均重度（地下水位以下取浮重度）；

　　d——群桩中单桩直径。

对于单桩基础或群桩基础按式（6-40）计算的群桩效应系数 $\eta_n > 1$ 时，取 $\eta_n = 1$，然后按照式（6-39）计算下拉荷载。

6.3　桩基竖向受力与沉降分析

在地基基础工程中，竖向位移常称为沉降。桩基竖向受力与沉降分析指在竖向荷载和倾覆弯矩作用下桩基沉降与受荷的关系。桩基是由数量不等的桩基所组成，针对海上测风塔基础的特点，基础中桩数较少，且桩间距较房屋建筑物的桩基要大得多，因此桩基沉降应以单桩沉降为基础来进行分析。

6.3.1　桩基沉降分析方法

纵观桩基工程的发展，常用的单桩沉降分析方法主要包括弹性理论法、荷载传递法、剪切位移法、分层总和法以及其他数值分析方法等，每种方法都有各自的优缺点。

弹性理论方法由 Poulos 率先提出[5]，将土体看作均质的、连续的、各向同性的弹性半空间体来分析，土体性质不因桩体的存在而变化，多采用 Mindlin 基本解（应力解答和位移解答）[6]，并能合理反映土体的连续性或相互作用，比较容易拓展到群桩分析中。实际中地基土多为层状分布，但土层分层对应力分布的影响并不大，因此弹性理论方法在工程上仍然可以适用，但仅是一种近似分析方法。如果从更准确分析目的出发，也可以通过传递矩阵方法并利用 Hankel 变换，根据多层弹性半空间轴对称问题的解析解来对层状土体进行弹性理论法分析[7]。当采用弹性理论方法计算时，在单桩分析基础上可以引入相互

作用系数的概念从而方便地实现群桩沉降分析。

荷载传递方法将桩与土体的作用简化为一系列竖向分布的弹簧,弹簧刚度多为非线性以反映土体的特性,但不同位置处桩土作用并不互相影响,也即采用了非连续介质假定。荷载传递法的关键在于建立一种真实反映桩土界面侧摩阻力和剪切位移的传递函数。传递函数的建立一般有两种途径:一是通过现场测量拟合;二是根据一定的经验及机理分析,探求具有广泛适用性的理论传递函数。目前主要应用后者来确定荷载传递函数。该方法的优点是能较好地反映桩土非线性作用和地基土的分层特性,计算简便。由于其不考虑桩身各点以及外部点的相互作用,因此难以直接应用于群桩中。该方法后期的拓展也可以反映相互作用的影响,此时多将最初的荷载传递法称为传统荷载传递法。拓展方法比较有代表性的诸如,O' Neil 在单桩的荷载传递方法基础上,结合点对点的 Mindlin 基本解实现了群桩分析[8],不足的是该方法需要迭代计算;Chow 在此基础上,基于 Randolph 单桩分析理论[9]的理论荷载传递曲线[10],摒弃了传统的经验荷载传递曲线形式[11-12],提出了土体切向剪切模量的概念,实现了不用迭代计算的桩基础分析方法[13]。

剪切位移法是假定荷载作用下桩身周围土体以剪切变形为主,桩土之间没有相对位移,将桩土视为理想的同心圆柱体,剪应力传递引起周围土体沉降,由此得到桩土体系的受力和变形的一种方法。Cooke 通过在摩擦桩周用水平测斜计量测桩周土体的竖向位移,发现在一定的半径范围内土体的竖向位移分布呈漏斗状的曲线[14]。当桩顶荷载小于 30% 极限荷载时,大部分桩侧摩阻力由桩周土以剪应力沿径向向外传递,传到桩尖的力很小,桩尖以下土的固结变形是很小的,故桩端沉降不大。据此认为评定单独摩擦桩的沉降时,可以假设沉降只与桩侧土的剪切变形有关。Rondolph 进一步发展了该方法,使之可以考虑可压缩性桩,并且可以考虑桩长范围内轴向位移和荷载分布情况,并将单桩解析解推广至群桩[9]。Kraft 考虑了土体的非线性性状,将 Rondolph 的单桩解推广至土体非线性情况[10],Chow 将 Kraft 的解推广至群桩分析[15]。

分层总和法也称为单向压缩分层总和法,仅考虑桩侧摩阻力和桩端应力引起的桩端有限厚度范围内土体的压缩变形,当桩布置较为稀疏时还应包含桩身范围内桩身压缩量。该方法仍然以半无限空间均质土的弹性理论解答为基础,可考虑群桩之间或周边荷载的相互作用影响,是一种容易理解也实施简便的分析方法,在我国桩基工程领域有着广泛的应用,在此基础上引入经验系数修正后的沉降计算结果往往有着较高的准确性。

在工程领域广泛应用的方法有分层总和法和传统的荷载传递法。前者在我国应用较为广泛,后者在欧美国家的工程领域应用较多。

6.3.2 基于弹性理论的分层总和法

1. 弹性应力基本解答

应用 Mindlin 解答的相关桩基沉降计算方法之前,首先介绍 Mindlin 基本解答与其对应的不同积分结果。对于如图 6-2 所示的半无限

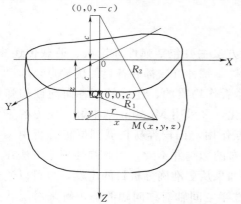

图 6-2 竖向荷载作用下 Mindlin 解答分析图

弹性体和对应的三维坐标系，弹性体性质为均匀各向同性，弹性体内部作用集中荷载 Q，荷载 Q 的方向垂直于半无限体表面并指向弹性体内部，荷载 $Q(0，0，c)$，c 为荷载作用的深度，荷载作用点对应于半无限体表面的镜像点坐标为 $(0，0，-c)$，弹性体内部应力和位移计算点 $M(x，y，z)$，计算点至荷载作用点的距离为 R_1，计算点至荷载作用点对应镜像点的距离为 R_2。

Mindlin（1936）给出了均质半空间弹性体内作用集中荷载 Q 下弹性体内部竖向应力 σ_z 的分布表达式，即 Mindlin 应力基本解答[6] 为

$$\sigma_z = \frac{Q}{8\pi(1-v)}\left[-\frac{(1-2v)(z-c)}{R_1^3} + \frac{(1-2v)(z-c)}{R_2^3} - \frac{3(z-c)^3}{R_1^5}\right.$$
$$\left. - \frac{3(3-4v)z(z+c)^2 - 3c(z+c)(5z-c)}{R_2^5} - \frac{30cz(z+c)^3}{R_2^7}\right] \quad (6-41)$$

$$R_1 = \sqrt{r^2 + (z-c)^2} \quad (6-42)$$

$$R_2 = \sqrt{r^2 + (z+c)^2} \quad (6-43)$$

式中　v——弹性介质的泊松比；

　　　c——集中力荷载作用点的竖向深度；

　　　z——计算点的竖向深度；

　　　r——柱坐标中计算点至荷载作用点的水平距离；

　　　R_1——计算点至荷载作用点的距离；

　　　R_2——计算点至荷载作用点对应镜像点的距离。

基于上述 Mindlin 应力基本解答，结合桩基侧摩阻力和端阻力的分布特性可以积分计算得到相关应力积分解析解，包括 Geddes 应力积分解和考虑桩径影响的 Mindlin 应力积分解。

2. Geddes 应力积分解

根据均匀土体和非均匀土体中刚性桩的侧摩阻力分布性态，侧摩阻力沿深度基本呈现线性分布（也即梯形分布），而在软土地区由于桩土刚度比很大故常规桩基多表现出刚性桩性状，因此采用侧摩阻力的线性分布假定是合理的。如果在桩侧摩阻力线性分布模式基础上，再假定桩侧摩阻力为沿桩轴线连续分布的竖向集中力，桩端阻力简化为集中力荷载，从而通过竖向一维解析积分运算直接可以求得荷载作用下土体内部的应力分布，而 Geddes 应力积分解提供了这一分析的结果，从而大大简化了桩基分析的繁琐程度。

对于如图 6-3 所示的单桩基础，在竖向荷载 Q 作用下，不考虑桩径影响，假定桩侧摩阻力沿着桩身轴线按照线荷载方式分布，端阻力简化为集中力，并定义系数 α 为桩端荷载在总荷载中的比例，系数 β 为沿深度均匀分布的桩侧摩阻力占总荷载的比例。Geddes（1966）分别给出了上述 3 种荷载分布型式（集中力、矩形分布力和

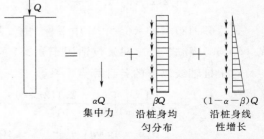

图 6-3　单桩荷载分担与荷载分布模式（线积分）

157

三角形分布力）作用下的竖向应力 σ_z 为[16]

$$\sigma_z = \sigma_{zb} + \sigma_{zr} + \sigma_{zt} = \frac{P_b}{L^2}I_b + \frac{P_r}{L^2}I_r + \frac{P_t}{L^2}I_t \qquad (6-44)$$

$$P_b = \alpha Q \qquad (6-45)$$

$$P_r = \beta Q \qquad (6-46)$$

$$P_t = (1 - \alpha - \beta)Q \qquad (6-47)$$

式中　σ_{zb}——桩端集中力作用下引起的深度 z 处的竖向应力；

　　　σ_{zr}——沿深度均匀分布（矩形分布）桩侧摩阻力引起的深度 z 处的竖向应力；

　　　σ_{zt}——沿深度线性增大分布（三角形分布）的桩侧摩阻力引起的深度 z 处的竖向应力；

　　　I_b——桩端单位荷载作用下引起的竖向应力系数；

　　　I_r——均匀分布（矩形分布）单位摩阻力引起的竖向应力系数；

　　　I_t——线性增大分布（三角形分布）单位摩阻力引起的竖向应力系数；

　　　P_b——桩端荷载大小；

　　　P_r——均匀分布（矩形分布）的侧摩阻力大小；

　　　P_t——线性增大分布（三角形分布）的桩侧摩阻力大小；

　　　L——桩长。

对于任意计算点深度 z，取变量 $m = z/L$，当计算桩端阻力和桩侧摩阻力对桩轴线上地基土中应力系数时，系数 I_b、系数 I_r 和系数 I_t 计算为

当 $m < 1$ 时

$$I_{b0} = \frac{1}{8\pi(1-\nu)}\left[\frac{2(2-\nu)}{(m-1)^2} + \frac{(1-2\nu)(5m+1)+3m}{(m+1)^3} + \frac{3(5m+1)}{(m+1)^4}\right] \qquad (6-48)$$

当 $m > 1$ 时

$$I_{b0} = \frac{1}{8\pi(1-\nu)}\left[\frac{2(2-\nu)}{(m-1)^2} + \frac{(1-2\nu)(5m+1)+3m}{(m+1)^3} + \frac{3(5m+1)}{(m+1)^4}\right] \qquad (6-49)$$

$$I_{r0} = \frac{1}{8\pi(1-\nu)}\left[\frac{4(1-\nu)}{m} + \frac{2(2-\nu)}{m-1} - \frac{2(2-\nu)}{m+1} - \frac{4m(2-\nu)}{(m+1)^2} + \frac{4m^2}{(m+1)^3}\right] \qquad (6-50)$$

$$I_{t0} = \frac{1}{4\pi(1-\nu)}\left[-2 + \frac{2(2-\nu)m}{m-1} - \frac{6(2-\nu)m}{m+1} + \frac{2(7-2\nu)m^2}{(m+1)^2} - \frac{4m^3}{(m+1)^3}\right.$$
$$\left. + 2(2-\nu)\ln\left(\frac{m^2-1}{m^2}\right)\right] \qquad (6-51)$$

式（6-48）～式（6-49）中下标"0"表示对于桩轴线竖向不同位置的计算结果，且式（6-50）和式（6-51）仅适用于 $m > 1$ 的情况。

对于桩轴线以外的各计算点，系数 I_b、系数 I_r 和系数 I_t 分别计算为

$$I_b = \frac{1}{8\pi(1-\nu)}\left[\frac{(1-2\nu)(m-1)}{A^3} - \frac{(1-2\nu)(m-1)}{B^3} + \frac{3(m-1)^3}{A^5}\right.$$
$$\left. + \frac{3(3-4\nu)m(m+1)^2 - 3(m+1)(5m-1)}{B^5} + \frac{30m(m+1)^3}{B^7}\right] \qquad (6-52)$$

$$I_r = \frac{1}{8\pi(1-\nu)}\left\{\frac{2(2-\nu)}{A} - \frac{2(2-\nu)+2(1-2\nu)\frac{m}{n}\left(\frac{m}{n}+\frac{1}{n}\right)}{B} + \frac{(1-2\nu)2\left(\frac{m}{n}\right)^2}{F} - \frac{n^2}{A^3}\right.$$

$$-\frac{4m^2-4(1+\nu)\left(\frac{m}{n}\right)^2 m^2}{F^3} - \frac{4m(1+\nu)(m+1)\left(\frac{m}{n}+\frac{1}{n}\right)^2 - (4m^2+n^2)}{B^3}$$

$$\left.+\frac{6m^2\left(\frac{m^4-n^4}{n^2}\right)}{F^5} - \frac{6m\left[mn^2 - \frac{1}{n^2}(m+1)^5\right]}{B^5}\right\} \tag{6-53}$$

$$I_t = \frac{1}{4\pi(1-\nu)}\left[\frac{2(2-\nu)}{A} - \frac{2(2-\nu)(4m+1)-2(1-2\nu)\left(\frac{m}{n}\right)^2(m+1)}{B}\right.$$

$$-\frac{2(1-2\nu)\frac{m^3}{n^2}-8(2-\nu)m}{F} - \frac{mn^2+(m-1)^3}{A^3}$$

$$-\frac{4\nu n^2 m + 4m^3 - 15n^2 m - 2(5+2\nu)\left(\frac{m}{n}\right)^2(m+1)^3 + (m+1)^3}{B^3}$$

$$-\frac{2(7-2\nu)mn^2 - 6m^3 + 2(5+2\nu)\left(\frac{m}{n}\right)^2 m^3}{F^3} - \frac{6mn^2(n^2-m^2)+12\left(\frac{m}{n}\right)^2(m+1)^5}{B^5}$$

$$\left.+\frac{12\left(\frac{m}{n}\right)^2 m^5 + 6mn^2(n^2-m^2)}{F^5} + 2(2-\nu)\ln\left(\frac{A+m-1}{F+m} \times \frac{B+m+1}{F+m}\right)\right] \tag{6-54}$$

其中

$$m = \frac{z}{L}$$

$$n = \frac{r}{L}$$

$$A^2 = n^2 + (m-1)^2$$

$$B^2 = n^2 + (m+1)^2$$

$$F^2 = n^2 + m^2$$

式中　z——应力计算点的深度；

　　　L——桩长；

　　　r——应力计算点距离桩轴线的水平距离；

　　　ν——土体泊松比。

由于地基土中应力计算点均位于桩端以下，也可以采用 $n=0.002$ 代入式（6-52）～式（6-54）来近似计算桩轴线（$n=0$）位置上的地基土应力。

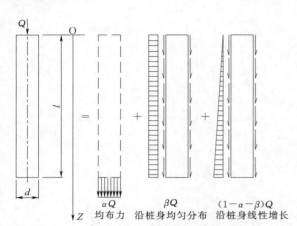

图 6-4　单桩荷载分担与荷载分布模式（面积分布）

3. 考虑桩径影响的 Mindlin 应力积分解

地基中的桩基可看作是放置于土体中的柱体，侧摩阻力沿着桩侧面分布，端阻力作用在桩端处桩身截面范围内。上一部分中的 Geddes 应力积分解不考虑桩径的影响，即假定桩身侧摩阻力和端阻力为线荷载或点荷载，实际中桩身侧摩阻力和端阻力的分布更接近于面荷载形式。当考虑这一分布特性，仍然采用上一部分中桩顶荷载划分为桩端分布和沿桩身矩形分布与沿桩身三角形分布的荷载形式，以 Mindlin 应力基本解答为基础通过面积分布可得到考虑桩径影响的 Mindlin 应力积分解。桩顶荷载的分担和沿桩身的分布模式如图 6-4 所示。

考虑桩径影响，桩端面荷载引起的竖向应力系数影响系数 I_b 计算为

$$
\begin{aligned}
I_b = \frac{l^2}{\pi r^2} \cdot \frac{1}{4(1-\mu)} \Bigg\{ & 2(1-\mu) - \frac{(1-2\mu)(z-l)}{\sqrt{r^2+(z-l)^2}} - \frac{(1-2\mu)(z-l)}{z+l} + \frac{(1-2\mu)(z-l)}{\sqrt{r^2+(z+l)^2}} \\
& - \frac{(z-l)^3}{[r^2+(z-l)^2]^{3/2}} + \frac{(3-4\mu)z}{z+l} - \frac{(3-4\mu)z(z+l)^2}{[r^2+(z+l)^2]^{3/2}} - \frac{l(5z-l)}{(z+l)^2} \\
& + \frac{l(z+l)(5z-l)}{[r^2+(z+l)^2]^{3/2}} + \frac{6lz}{(z+l)^2} - \frac{6zl(z+l)^3}{[r^2+(z+l)^2]^{5/2}} \Bigg\}
\end{aligned}
\tag{6-55}
$$

式中　μ——地基土的泊松比；

$\quad\quad r$——桩身半径；

$\quad\quad l$——桩长；

$\quad\quad z$——计算应力点离桩顶的竖向距离。

考虑桩径影响，沿桩身矩形分布的荷载引起的竖向应力系数影响系数 I_r 计算为

$$
\begin{aligned}
I_r = \frac{l}{2\pi r} \cdot \frac{1}{4(1-\mu)} \Bigg\{ & \frac{2(2-\mu)r}{\sqrt{r^2+(z-l)^2}} - \frac{2(2-\mu)r^2+2(1-2\mu)z(z+l)}{r\sqrt{r^2+(z+l)^2}} + \frac{2(1-2\mu)z^2}{r\sqrt{r^2+z^2}} \\
& - \frac{4z^2[r^2-(1+\mu)z^2]}{r(r^2+z^2)^{3/2}} - \frac{4(1+\mu)z(z+l)^3-4z^2r^2-r^4}{r[r^2+(z+l)^2]^{3/2}} - \frac{r^3}{[r^2+(z-l)^2]^{3/2}} \\
& - \frac{6z^2[z^4-r^4]}{r(r^2+z^2)^{5/2}} - \frac{6z[zr^4-(z+l)^5]}{r[r^2+(z+l)^2]^{5/2}} \Bigg\}
\end{aligned}
\tag{6-56}
$$

考虑桩径影响，沿桩身三角形分布的荷载引起的竖向应力系数影响系数 I_t 计算为

$$
\begin{aligned}
I_t = \frac{l}{\pi r} \cdot \frac{1}{4(1-\mu)} \Bigg\{ & \frac{2(2-\mu)r}{\sqrt{r^2+(z-l)^2}} + \frac{2(1-2\mu)z^2(z+l)-2(2-\mu)(4z+l)r^2}{lr\sqrt{r^2+(z+l)^2}} \\
& + \frac{8(2-\mu)zr^2-2(1-2\mu)z^3}{lr\sqrt{r^2+z^2}} + \frac{12z^7+6zr^4(r^2-z^2)}{lr(r^2+z^2)^{5/2}} \\
& + \frac{15zr^4+2(5+2\mu)z^2(z+l)^3-4\mu zr^4-4z^3r^2-r^2(z+l)^3}{lr[r^2+(z+l)^2]^{3/2}}
\end{aligned}
$$

$$
\begin{aligned}
&-\frac{6zr^4(r^2-z^2)+12z^2(z+l)^5}{lr\left[r^2+(z+l)^2\right]^{5/2}}+\frac{6z^3r^2-2(5+2\mu)z^5-2(7-2\mu)zr^4}{lr\left[r^2+z^2\right]^{3/2}} \\
&-\frac{zr^3+(z-l)^3r}{l\left[r^2+(z-l)^2\right]^{3/2}}+2(2-\mu)\frac{r}{l}\ln\frac{\left[\sqrt{r^2+(z-l)^2}+z-l\right]\left[\sqrt{r^2+(z+l)^2}+z+l\right]}{\left(\sqrt{r^2+z^2}+z\right)^2}\Bigg\}
\end{aligned}
$$

$$(6-57)$$

4. 沉降计算方法

应用上述 Mindlin 应力解不同积分形式的积分解析解可以完成桩基沉降的相关计算。我国国家规范《建筑地基基础设计规范》（GB 50007—2011）中采用 Geddes 应力积分解进行桩基沉降计算。我国行业标准 JGJ 94—2008 中采用考虑桩径影响的 Mindlin 应力积分解来计算桩间距 $S_a > 6d$ 下的桩基沉降；对于桩间距 $S_a \leqslant 6d$ 则采用等效作用分层总和法计算群桩沉降，其核心为 Mindlin 位移基本解答，可参见文献 [17]，该方法一般不适用于海上测风塔桩基沉降计算。

依据 Geddes 应力积分解进行桩基沉降计算时，采用单向压缩分层总和法时沉降的计算为

$$
s=\psi_{\mathrm{pm}}\frac{Q}{l^2}\sum_{j=1}^{m}\sum_{i=1}^{n_j}\frac{\Delta h_{j,i}}{E_{sj,i}}\sum_{k=1}^{K}\left[\alpha I_{\mathrm{b},k}+\beta I_{\mathrm{r},k}+(1-\alpha-\beta)I_{\mathrm{t},k}\right] \tag{6-58}
$$

式中　s——桩基最终计算沉降量；

　　　Q——桩顶荷载；

　　　l——桩长；

　　　K——总桩数；

　　　ψ_{pm}——沉降经验系数；

　　　m——桩端平面以下压缩层范围内土层总数；

　　　n_j——桩端平面下第 j 层土的计算分层数；

　　$\Delta h_{j,i}$——桩端平面下第 j 层土的第 i 个分层厚度；

　　$E_{sj,i}$——桩端平面下第 j 层土第 i 个分层在自重应力至自重应力加附加应力作用段的压缩模量；

　　$I_{\mathrm{b},k}$——第 k 根桩桩端荷载产生的应力影响系数，按式（6-52）计算；

　　$I_{\mathrm{r},k}$——第 k 根桩桩侧均匀分布荷载产生的应力影响系数，按式（6-53）计算；

　　$I_{\mathrm{t},k}$——第 k 根桩桩侧三角形分布荷载产生的应力影响系数，按式（6-54）计算。

对于摩擦型桩，桩侧摩阻力基本沿三角形规律分布，此时可假定 $\beta=0$，则式（6-58）可简化为

$$
s=\psi_{\mathrm{pm}}\frac{Q}{l^2}\sum_{j=1}^{m}\sum_{i=1}^{n_j}\frac{\Delta h_{j,i}}{E_{sj,i}}\sum_{k=1}^{K}\left[\alpha I_{\mathrm{b},k}+(1-\alpha)I_{\mathrm{t},k}\right] \tag{6-59}
$$

在应用单向压缩分层总和法计算时还应确定压缩层的计算厚度，压缩层厚度采用变形比的确定原则。地基变形计算深度 z_n 应符合

$$
\Delta s_n' \leqslant 0.025\sum_{i=1}^{n}\Delta s_i' \tag{6-60}
$$

式中　$\Delta s_i'$——分层计算时在计算深度范围内第 i 层土的计算变形值；

　　　$\Delta s_n'$——在由计算深度处向上取厚度为 Δz 的土层计算的变形值，Δz 按表 6-14 确定。

当计算深度下部仍有较软土层时，应继续计算。

表 6-14 Δz 的 取 值

b/m	$\leqslant 2$	$2<b\leqslant 4$	$4<b\leqslant 8$	$b>8$
$\Delta z/m$	0.3	0.6	0.8	1.0

注：b 为基础宽度。

桩端阻力比 α 和桩基沉降计算经验系数 ψ_{pm} 应根据当地工程的实测资料统计确定。无地区经验时，ψ_{pm} 值可根据变形计算深度范围内压缩模量的当量值（$\overline{E}_s$）按表 6-15 选用。

表 6-15 桩基沉降计算经验系数 ψ_{pm}

$\overline{E}_s/MPa$	$\leqslant 15$	25	35	$\geqslant 40$
ψ_{pm}	1.00	0.8	0.6	0.3

注：表内数值可以内插。

变形计算深度范围内土体压缩模量的当量值 $\overline{E}_s$，应计算为

$$\overline{E}_s = \frac{\sum A_i}{\sum \dfrac{A_i}{E_{s_i}}} \tag{6-61}$$

式中 A_i——第 i 层土附加应力系数沿土层厚度的积分值；

      E_{s_i}——第 i 层土的压缩模量，应取土的自重压力至土的自重压力和附加压力之和的压力段计算。

对于单桩、单排桩、桩中心距大于 6 倍桩径的疏桩基础的沉降计算，桩端平面以下地基中由桩引起的附加应力，按考虑桩径影响的 Mindlin 积分解计算确定。将沉降计算点水平面影响范围内各桩对应力计算点产生的附加应力叠加，采用单向压缩分层总和法计算土层的沉降，并计入桩身压缩 s_e。考虑通常情况下桩基侧阻力分布特点，桩基的最终沉降量可计算为

$$s = \Psi \sum_{i=1}^{n} \frac{\sigma_{z_i}}{E_{s_i}} \Delta z_i + s_e \tag{6-62}$$

$$\sigma_{z_i} = \sum_{j=1}^{m} \frac{Q_j}{l_j^2} \left[\alpha_j I_{b,ij} + (1-\alpha_j) I_{t,ij} \right] \tag{6-63}$$

式中 m——以沉降计算点为圆心、0.6 倍桩长为半径的水平面范围内的桩数；

      n——沉降计算深度范围内土层的计算分层数，分层厚度不应超过计算深度的 0.3 倍；

      σ_{z_i}——水平面影响范围内各桩对应力计算点桩端平面以下第 i 层土 1/2 厚度处产生的附加竖向应力之和，应力计算点应取与沉降计算点最近的桩中心点；

      E_{s_i}——第 i 计算土层的压缩模量，采用土的自重压力至土的自重压力加附加压力作用时的压缩模量；

      Ψ——沉降计算经验系数，无当地经验时，可取 1.0；

      Δz_i——第 i 计算土层厚度；

      s_e——计算桩身压缩量；

Q_j——第 j 桩在荷载效应准永久组合作用下桩顶的附加荷载；

$\quad l_j$——第 j 桩桩长；

$\quad a_j$——第 j 桩总桩端阻力与桩顶荷载之比，近似取极限总端阻力与单桩极限承载力之比；

$I_{b,ij}$、$I_{t,ij}$——第 j 桩的桩端阻力和桩侧阻力对计算轴线第 i 计算土层 1/2 厚度处的应力影响系数，分别按式（6-55）和式（6-57）计算。

桩身压缩量 s_e 计算为

$$s_e = \xi_e \frac{Q_j l_j}{E_c A_{ps}} \tag{6-64}$$

式中 $\quad \xi_e$——桩身压缩系数，端承型桩，取 $\xi_e = 1.0$；摩擦型桩，当 $l/d \leqslant 30$ 时，取 $\xi_e = 2/3$；$l/d \geqslant 50$ 时，取 $\xi_e = 1/2$；介于两者之间可线性插值；

$\quad E_c$——桩身混凝土的弹性模量（当为钢桩时则采用钢材弹性模量）；

$\quad A_{ps}$——桩身截面面积。

对于单桩、单排桩、疏桩复合桩基础的最终沉降计算深度 Z_n，可按应力比法确定，即 Z_n 处由桩引起的附加应力 σ_z、由承台土压力引起的附加应力 σ_{zc} 与土的自重应力 σ_c 应符合

$$\sigma_z + \sigma_{zc} = 0.2\sigma_c \tag{6-65}$$

除低桩承台基础外，通常海上测风塔桩基中 $\sigma_{zc} = 0$。

6.3.3 荷载传递法

荷载传递法取决于桩侧摩阻力与剪切位移关系，也取决于桩端阻力与竖向位移的传递函数关系，传递函数类型不同将得到不同的荷载传递法。欧美等国家工程中，经常采用 t—z 曲线法。

竖向受荷桩基础应能承受轴向（或竖向）静力和循环荷载，土体轴向抗力由沿桩侧面的剪切力和桩端的端承力两部分组成。在应用荷载传递法时应确定上述两种作用力与位移的关系曲线，在任一深度处桩侧发挥的桩土剪力和局部位移的关系可用 t—z 曲线来表示，桩端发挥的端部承载力和桩端位移的关系可用 Q—z 曲线来表示。

1. 桩侧荷载传递 t—z 曲线

大量的经验和理论方法可用于确定桩基侧阻力传递和位移（t—z）曲线，可以使用 Kraft 等人（1981）所描述的理论曲线[10]，也可以根据模型试验或现场试验得出的经验 t—z 曲线，诸如 Coyle 与 Reese（1966）提出的黏土模型[11]和 Coyle 与 Suliaman（1967）提出的砂土模型[18]。在没有更明确的准则时，对非钙质土中桩基建议采用如图 6-5 所示的曲线，或根据表 6-16 中数据选取。

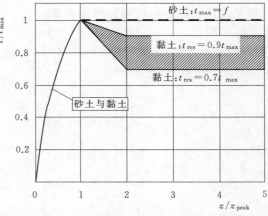

图 6-5 典型的桩轴向荷载传递—位移（t—z）曲线图[19]

表 6 - 16　典型的桩轴向荷载传递—位移（t—z）曲线表[19]

z/z_{peak}	t/t_{max}	
	黏土	砂土
0.16	0.30	0.30
0.31	0.50	0.50
0.57	0.75	0.75
0.80	0.90	0.90
1.00	1.00	1.00
2.00	0.70~0.90	1.00
∞	0.70~0.90	1.00

注：1. z 为桩的局部轴向位移。

　　2. z_{peak} 为桩土黏结力达到最大值对应的桩身位移。

　　3. t 为可发挥的桩土黏结力（摩阻力），kPa。

　　4. t_{max} 为桩土的最大黏结力（摩阻力），kPa。

图 6-5 中，t_{res} 为桩土界面残余强度（摩阻力），kPa。

桩土黏结力达到最大值时对应的桩身位移 z_{peak} 的取值尚无确定的标准，常规设计时可取 $z_{peak}/D=0.01$（D 为桩径），也即为桩外径的 1%。鉴于 z_{peak} 的取值具有较大的不确定性，当桩土体系竖向刚度对设计结果有重大影响时，应分析 z_{peak} 介于桩径的 0.25%~2% 这一可能的分布范围，从而分析得到最不利的计算结果。

图 6-5 中，当位移 $z>z_{peak}$ 时，这一段 $t—z$ 曲线形状的影响因素很多。当桩土界面应力 t 达到残余强度 t_{res} 时，对应的桩基位移为 z_{res}。桩轴向位移 z_{res} 和残余强度 t_{res} 与最大黏结力 t_{max} 的比值均与地基土应力—应变特征、应力历史、桩的施工工艺与方法、桩的加载顺序和其他因素有关。对于黏土，t_{res}/t_{max} 介于 0.70~0.90。必要时应根据工程实际土层特性结合原位试验或模型试验来进一步确定 z_{res} 和 t_{res}/t_{max} 的取值。

2. 桩端荷载传递 $Q—z$ 曲线

根据桩端极限承载力与桩端位移关系，只有较大的桩端位移才能动员全部的端部承载力发挥，一般桩端位移需达到桩径的 10% 才能完全动员黏土和砂土的端部承载力。在没有明确的标准时，对砂性土和黏土，建议都采取如图 6-6 或表 6-17 所示的曲线或表格数据来确定端阻力与桩端位移的关系。

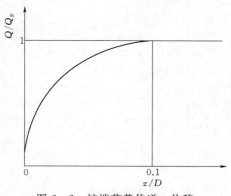

图 6-6　桩端荷载传递—位移
（$Q—z$）曲线图[19]

表 6-17　桩端荷载传递—位移（$Q—z$）曲线表[19]

z/D	Q/Q_p
0.002	0.25
0.013	0.50
0.042	0.75
0.073	0.90
0.100	1.00
∞	1.00

注：1. z 为桩端轴向位移。

　　2. D 为桩径。

　　3. Q 为实际发挥的桩端承载力。

　　4. Q_p 为桩端极限承载力。

3. 实现过程

采用 $t-z$ 曲线法计算桩基沉降时需要借助于数值计算方法，包括有限单元法或有限差分法。由于 $t-z$ 曲线和 $Q-z$ 曲线的非线性特性，计算中还需要迭代求解。

以有限单元法计算为例，在进行求解计算前应将桩身划分为一系列单元和节点，单元划分的疏密应能满足工程所需的精度为标准。然后针对各层土结合土性和 $t-z$ 曲线来确定初始刚度 E_{s_i}，同时还需要根据 $Q-z$ 曲线确定桩端初始刚度 E_b。接着根据桩基的直径、选材和壁厚来确定桩身单元刚度，并将节点处弹簧刚度和单元刚度相融合，并形成总体刚度矩阵。根据总体刚度矩阵和桩顶荷载联立求解线性方程组得到第一次迭代的节点位移。以求得节点位移为基础，再根据 $t-z$ 曲线和 $Q-z$ 曲线确定新的弹簧刚度，并再次求解得到新的节点位移。按照上述步骤反复迭代计算，直至桩身各节点位移趋于稳定或达到要求的迭代计算精度为止，最终可得到桩身各点的沉降（包含桩顶沉降）和桩身轴力的分布，同时也得到了桩侧摩阻力的分布和桩端阻力的大小。

6.4　桩基水平受力与变形分析

水平受荷桩是在水平荷载或弯矩作用下桩基与侧向土体相互作用的桩土体系。随着外加荷载的增大，桩侧土体由浅到深逐步产生塑性屈服，从而使荷载向更深处土层传递，直至达到桩周土体破坏失稳、或桩身结构强度极限值或不适宜继续承载的变形为止。

水平受荷桩的桩长和桩土刚度比决定了桩基不同的破坏模式和受力变形性态，通常可分为弹性长桩、中长桩和刚性短桩 3 类，划分标准如表 6-18 所示。对于刚性短桩而言，由于桩身下段得不到充分的嵌固且桩身不发生挠曲变形，在荷载作用下将产生全桩长的刚体转动。绕转动中心转动时，转动中心上方土体和转动中心到桩底范围内土体产生的抗力用以抵抗水平荷载产生的力矩或外加弯矩。对于弹性长桩而言，由于桩的入土深度较长将使得桩下段可有效嵌固在土体中而不发生转动，桩身上段产生挠曲变形（水平位移和转角），由逐渐发展的桩截面抵抗矩和土抗力来承担增大的水平荷载。

表 6-18　水平受荷桩划分标准[2]

弹性长桩	中长桩	刚性短桩
$L \geqslant 4T$	$4T > L \geqslant 2.5T$	$L < 2.5T$

注：L 为桩长；T 为桩的相对刚度特征值，$T=1/\alpha$，α 的计算参见式（6-24）。

对于海上测风塔基础中的桩基，由于基础部分所受的水平荷载和倾覆弯矩均较大，除基岩埋藏较浅外应使桩基的入土深度满足弹性中长桩或长桩的要求，故在此不再介绍刚性短桩的计算方法。

6.4.1　基本原理

考虑水平受荷桩的一般受力情况，如图 6-7 所示，桩基在地面处受到侧向荷载 P_t，弯矩 M_t 和轴向荷载 Q 作用。其中桩顶弯矩来自于水平荷载和其对应的力臂，即 $M_t = P_t e$，e 为 P_t 作用在地面上的高度。由于水平受荷桩侧向变形主要发生在桩身上部较浅的土层范围内，故轴向荷载 Q 对侧向受荷桩的影响主要发生这一土层范围内，而浅部土层范围较小使得轴向荷载 Q 沿桩身在该范围内的变化幅度不大，分析时可以近似假定 Q 沿桩长分布不变。选定坐标系原点位于地面，纵轴为深度 x，横轴为桩的侧向变形 y，如图 6 - 7（a）所示，假设桩的变形只发生在 y 轴方向上，即没有平面外的变形。

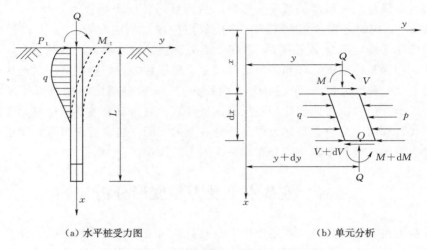

（a）水平桩受力图　　　　　　　　　　　（b）单元分析

图 6 - 7　侧向受荷桩与桩单元受力模型图

考虑桩身 x 处厚度为 $\mathrm{d}x$ 的桩单元，受力如图 6 - 7（b）所示，以 O 点为转动中心，由该单元的弯矩平衡可得

$$(M + \mathrm{d}M) - M + Q\mathrm{d}y - V\mathrm{d}x - (q - p)\mathrm{d}x\,\frac{\mathrm{d}x}{2} = 0 \qquad (6 - 66)$$

式中　M——桩身弯矩；

　　　Q——桩身轴力；

　　　V——桩身剪力；

　　　q——桩身分布荷载，对于地面以上桩体，可能是波流荷载、海冰荷载、风荷载等；对于地面以下桩体，可能是堆载或开挖引起的土压力；

　　　p——桩身单位长度的土体抗力。

忽略高次微分项（$\mathrm{d}x^2$ 项），式（6 - 66）可进一步简化为

$$\frac{\mathrm{d}M}{\mathrm{d}x} + Q\,\frac{\mathrm{d}y}{\mathrm{d}x} - V = 0 \qquad (6 - 67)$$

将上式对 x 进行再次微分可得

$$\frac{\mathrm{d}^2 M}{\mathrm{d}x^2} + Q\,\frac{\mathrm{d}^2 y}{\mathrm{d}x^2} - \frac{\mathrm{d}V}{\mathrm{d}x} = 0 \qquad (6 - 68)$$

对于如图 6 - 7（b）所示的微元，应用材料力学相关结论存在关系式为

$$\frac{\mathrm{d}^2 M}{\mathrm{d}x^2} = EI\,\frac{\mathrm{d}^4 y}{\mathrm{d}x^4} \qquad (6 - 69)$$

$$\frac{\mathrm{d}V}{\mathrm{d}x} = q - p \qquad (6 - 70)$$

式中 EI——桩身截面抗弯刚度。

将式（6-69）和式（6-70）代入式（6-68）可得到侧向受荷桩的变形控制方程，即

$$EI\,\frac{\mathrm{d}^4 y}{\mathrm{d}x^4} + Q\,\frac{\mathrm{d}^2 y}{\mathrm{d}x^2} + p - q = 0 \qquad (6-71)$$

当不考虑外部条件引起的泥面上沿桩身分布荷载的作用且忽略桩身轴力对侧向受荷桩性状的影响时，式（6-71）可进一步简化为

$$EI\,\frac{\mathrm{d}^4 y}{\mathrm{d}x^4} + p = 0 \qquad (6-72)$$

式中 p——沿桩身单位长度上的桩侧土抗力。

式（6-72）的求解可采用有限差分法或有限单元法来进行。当求得桩身的水平变形 y 后，桩身转角 θ、弯矩 M、剪力 V 和土体对桩身产生反方向的抗力 p 的计算为

$$\theta = \frac{\mathrm{d}y}{\mathrm{d}x} \qquad (6-73)$$

$$M = EI\,\frac{\mathrm{d}^2 y}{\mathrm{d}x^2} \qquad (6-74)$$

$$V = EI\,\frac{\mathrm{d}^3 y}{\mathrm{d}x^3} \qquad (6-75)$$

$$p = EI\,\frac{\mathrm{d}^4 y}{\mathrm{d}x^4} \qquad (6-76)$$

为了更好地理解不同桩顶约束条件下水平受荷桩的水平位移 y、桩身转角 θ、弯矩 M、剪力 V 和土抗力 p 沿桩身的分布规律，图6-8给出了桩顶自由条件下水平受荷桩各变量沿桩身的分布规律，图6-9则给出了桩顶转动约束但自由平移条件下水平受荷桩各变量的分布规律。

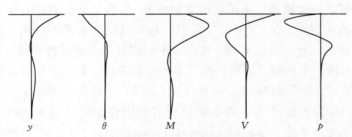

图6-8 桩顶自由水平受荷桩性态示意图[20]

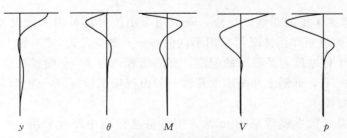

图6-9 桩顶转动约束水平受荷桩性态示意图[20]

6.4.2 方法类型

水平受荷桩的分析方法包括地基反力系数法、弹性理论方法、极限平衡法和数值分析方法，诸如有限元、差分法、边界元等，在桩基工程领域中应用最为广泛的是地基反力系数法。地基反力系数法又称为弹性地基梁法，将桩视作竖向布置的弹性地基梁，忽略地基土的连续性，把土体视作沿着桩身分布的一系列互相独立的弹簧。若弹簧刚度与桩身变形无关，则为线性荷载传递模型；若弹簧刚度为桩身变形的函数，则为非线性荷载传递模型，也称为 $p—y$ 曲线模型[21]。

假定作用在某一深度 x 处的侧向土压力 p 与桩的挠度 y 的 n 次方成正比例，同时假定 p 与 y 可通过地基反力模量联系在一起的，即为 x 和 y 的幂次方关系，则式（6-72）中的桩侧土抗力可进一步表示为

$$p = kx^m y^n \tag{6-77}$$

对于线弹性模型，地基反力 p 与桩的挠度 y 呈线性关系，此时 $n=1$。在此基础上，式（6-77）中参量 m 取值不同将得到不同的分析方法，当 $m=0$ 时为常数法，当 $m=1$ 时为 m 法，当 $m=2$ 时为 K 法，当 $m=0.5$ 时为 C 法。对于砂土和软黏土，由于土的强度随深度的增加而增大并且桩的变形随深度的增加而减小，地基反力系数可采用 m 法假定并需适度考虑土的屈服和土体变形的非线性；对于刚性相对较大的桩插入超固结黏土并且荷载相对较小的情况，地基反力系数可采用常数法假定[21]。

当 $n \neq 1$ 时为非线性荷载传递模型，比较有代表性的是由 Rifaat（1971）提出的 $n=0.5$ 的港湾研究所方法（港研法）。根据地基的特性港研法又分为由久保提出的 $m=1$ 的方法和由林—宫岛提出的 $m=0$ 的方法，近年来上海港湾工程设计研究院提出了一种新的非线性计算模型——NL 法，该方法中 $m=2/3$，$n=1/3$，并被我国行业规范 JTS 167—4—2012 所采用。

对于非线性荷载传递模型，也可采用实测的 $p—y$ 曲线来代替现有的假定公式，求得非线性的地基反力系数 k，令 $k=p/y$，采用的是不同应力水平下桩侧土割线模量。不管是原位试验还是模型试验，土层不同、桩尺寸不同以及桩土相对特性的不同均会对通过实测反求的 $p—y$ 曲线产生影响，进而出现了多种分析方法。黏土中比较有代表性的方法包括 Matlock（1970）方法[22]、Reese & Welch（1975）方法[23]、Sullivan（1980）方法[24]和 Dunnavant（1989）方法[25]等，砂土中比较有代表性的方法包括 Kondner（1963）方法[26]、Reese（1974）方法[27]、Murchison & O'Neill（1991）方法[28]和 Kim（2004）方法[29]等。

$p—y$ 模型考虑了土的非线性反应，既可用于小位移也可用于较大位移情况的求解，沿桩身各深度 x 处桩土作用情况可采用不同的 $p—y$ 曲线表达。NL 法也属于 $p—y$ 曲线法中的一种。基于地基反力系数法的假定，有的学者认为 $p—y$ 曲线法没有考虑土体介质的连续性，但实际上，桩侧土弹簧刚度特性一般由现场试验得到，弹簧间的相互作用实际已包括在 $p—y$ 曲线中。

我国建筑桩基标准中经常采用 m 法，国外桩基标准中经常采用 $p—y$ 曲线法，而我国港口桩基标准中则推荐采用 NL 法。国外标准 $p—y$ 曲线法中，一般黏土条件下 $p—y$

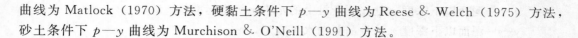

曲线为 Matlock（1970）方法，硬黏土条件下 $p—y$ 曲线为 Reese & Welch（1975）方法，砂土条件下 $p—y$ 曲线为 Murchison & O'Neill（1991）方法。

6.4.3　m 法

　　将土体视为弹性变形介质，其水平抗力系数随深度线性增加，地面处为零。对于低承台桩基，在计算桩基时，假定桩顶标高处的水平抗力系数为零并随深度增长。m 法假设土的水平地基抗力系数随深度呈线性增加，即

$$k = mz \tag{6-78}$$

式中　k——土的水平地基抗力系数，kN/m^3；

　　　m——土的水平地基抗力系数随深度增长的比例系数，kN/m^4；

　　　z——计算点深度，m。

　　一般情况下，m 值宜通过单桩水平静载试验确定。由于影响水平受荷桩受力与变形特性的仅为有限深度范围内的土层，而地基土一般为成层分布，因此通常近似采用厚度加权平均值来计算。

　　当桩侧面由几种土层组成时，应求得主要影响深度 $h_m = 2(d+1)$（单位为 m）范围内土层的 m 值作为计算值，其中 d 为桩径，如图 6-10 所示。

　　当 h_m 深度内存在两层不同土时，m 值计算为

$$m = \frac{m_1 h_1^2 + m_2(2h_1 + h_2)h_2}{h_m^2} \tag{6-79}$$

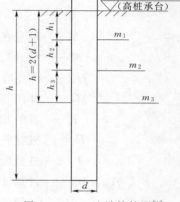

图 6-10　m 法计算简图[1]

式中　m_1——第一层土的 m 值；

　　　h_1——第一层土的厚度；

　　　m_2——第二层土的 m 值；

　　　h_2——第二层土的厚度。

　　当 h_m 深度内存在 3 层不同土时，m 值计算为

$$m = \frac{m_1 h_1^2 + m_2(2h_1 + h_2)h_2 + m_3(2h_1 + 2h_2 + h_3)h_3}{h_m^2} \tag{6-80}$$

式中　m_3——第三层土的 m 值；

　　　h_3——第三层土的厚度。

　　当 h_m 深度内存在四层不同土时，m 值计算为

$$m = \frac{m_1 h_1^2 + m_2(h_1 + h_2)h_2 + m_3(2h_1 + 2h_2 + h_3)h_3 + m_4(2h_1 + 2h_2 + 2h_3 + h_4)h_4}{h_m^2}$$

$$\tag{6-81}$$

式中　m_4——第四层土的 m 值；

　　　h_4——第四层土的厚度。

　　当 h_m 深度内存在更多层土时，可以按照上述计算规则类推得到。

　　桩侧单位面积极限水平土抗力标准值可计算为

$$p = kb_0 y \tag{6-82}$$

式中 p——泥面以下深度 z 处作用于桩上的水平土抗力标准值，kN/m；

$\quad\quad y$——泥面以下深度 z 处桩的侧向水平变形，m；

$\quad\quad b_0$——计算桩径，m，其确定方法参见式（6-26）和式（6-27）；

$\quad\quad k$——土的水平地基抗力系数，kN/m³，按式（6-78）计算。

对于 m 法，一般采用基于弹性地基梁的有限单元法或有限差分数值法可方便地得到桩身位移和内力分布，而且结果更为准确。也可以根据相关图表和公式计算水平荷载下桩身的水平位移和桩身内力，以及最大弯矩和最大弯矩的分布位置，此时应首先根据式（6-79）～式（6-81）进行主要影响深度范围内各层土 m 值的换算。

在水平力和力矩作用下，弹性长桩的桩身变形和弯矩的确定，应根据桩顶约束情况来分别计算。当桩顶可自由转动时，桩身入土段的变形和弯矩计算[2] 为

$$Y = \frac{H_0 T^3}{E_P I_P} A_y + \frac{M_0 T^2}{E_P I_P} B_y \tag{6-83}$$

$$M = H_0 T A_m + M_0 B_m \tag{6-84}$$

$$T = \sqrt[5]{\frac{E_P I_P}{m b_0}} \tag{6-85}$$

式中 $\quad\quad Y$——桩身在泥面以下的变形，m；

$\quad\quad\quad M$——桩身弯矩，kN·m；

$\quad\quad\quad H_0$——作用在泥面处的水平荷载，kN；

$\quad\quad\quad M_0$——作用在泥面处的弯矩，kN·m；

$\quad\quad\quad T$——桩的相对刚度特征值，m；

$\quad\quad\quad E_P$——桩材料的弹性模量，kN/m²；

$\quad\quad\quad I_P$——桩截面惯性矩，m⁴；

A_y、B_y、A_m、B_m——计算变形和弯矩的无量纲系数，按表 6-19 确定；

$\quad\quad\quad m$——桩侧地基土的水平抗力系数随深度增长的比例系数，kN/m⁴，地基土成层时 m 采用地面以下 $1.8T$ 深度范围内各层土 m 值的加权平均值；

$\quad\quad\quad b_0$——桩的换算宽度，m。

表 6-19　m 法计算时无量纲系数表[2]

换算深度 $\bar{h} = Z/T$	A_y	B_y	A_m	B_m	A_ϕ	B_ϕ	C_1	D_1	C_2	D_2
0.0	2.441	1.621	0	1	−1.621	−1.751	∞	0	1	∞
0.1	2.279	1.451	0.100	1	−1.616	−1.651	131.252	0.008	1.001	131.318
0.2	2.118	1.291	0.197	0.998	−1.601	−1.551	34.186	0.029	1.004	34.317
0.3	1.959	1.141	0.0290	0.994	−1.577	−1.451	15.544	0.064	1.012	15.738
0.4	1.803	1.001	0.337	0.986	−1.543	−1.352	8.781	0.114	1.029	9.037
0.5	1.650	0.870	0.458	0.975	−1.502	−1.254	5.539	0.181	1.057	5.856
0.6	1.503	0.750	0.529	0.959	−1.452	−1.157	3.710	0.270	1.101	4.138
0.7	1.360	0.639	0.592	0.938	−1.396	−1.062	2.566	0.390	1.169	2.999

换算深度 $\bar{h}=Z/T$	A_y	B_y	A_m	B_m	A_ϕ	B_ϕ	C_1	D_1	C_2	D_2
0.8	1.224	0.537	0.646	0.913	−1.334	−0.970	1.791	0.558	1.274	2.282
0.9	1.094	0.445	0.689	0.884	−1.267	−0.880	1.238	0.808	1.441	1.784
1.0	0.970	0.361	0.723	0.851	−1.196	−0.793	0.824	1.213	1.728	1.424
1.1	0.854	0.286	0.747	0.814	−1.123	−0.710	0.503	1.988	2.299	1.157
1.2	0.746	0.219	0.762	0.774	−1.047	−0.630	0.246	4.071	3.876	0.952
1.3	0.645	0.160	0.768	0.732	−0.971	−0.555	0.034	29.58	23.438	0.792
1.4	0.552	0.108	0.765	0.687	−0.894	−0.484	−0.145	−6.906	−4.596	0.666
1.6	0.388	0.024	0.737	0.594	−0.743	−0.356	−0.434	−2.305	−1.128	0.480
1.8	0.254	−0.036	0.685	0.499	−0.601	−0.247	−0.665	−1.503	−0.530	0.353
2.0	0.147	−0.076	0.614	0.407	−0.471	−0.158	−0.865	−1.156	−0.304	0.263
3.0	−0.087	−0.095	0.193	0.076	−0.070	0.063	−1.893	−0.528	−0.026	0.049
4.0	−0.108	−0.015	0	0	−0.0003	0.085	−0.045	−22.500	0.011	0

注：本表适用于桩端置于非岩石土中或支立于岩石面上的弹性长桩。

水平受荷桩桩身最大弯矩和对应的位置计算为

$$Z_m = \bar{h}\,T \tag{6-86}$$

$$M_{max} = M_0 C_2 \tag{6-87}$$

或

$$M_{max} = H_0 T D_2 \tag{6-88}$$

式中　$\bar{h}$——换算深度，m，根据 $C_1 = \dfrac{M_0}{H_0 T}$ 或 $D_1 = \dfrac{H_0 T}{M_0}$ 按表 6-19 查得；

M_{max}——桩身最大弯矩，kN·m；

C_2、D_2——无量纲系数，根据 $\bar{h} = Z_m/T$ 按表 6-19 查得。

当桩顶水平移动自由而转角固定时，桩身入土段的变形和弯矩计算为

$$Y = (A_y - 0.93 B_y)\frac{H_0 T^3}{E_P I_P} \tag{6-89}$$

$$M = (A_m - 0.93 B_m) H_0 T \tag{6-90}$$

式中　　　　　　Y——桩身在泥面以下的变形，m；

M——桩身弯矩，kN·m；

H_0——作用在泥面处的水平荷载，kN；

T——桩的相对刚度特征值，m；

E_P——桩材料的弹性模量，kN/m²；

I_P——桩截面惯性矩，m⁴；

A_y、B_y、A_m、B_m——计算变形和弯矩的无量纲系数，按表 6-19 确定。

6.4.4　*p—y* 曲线法

水平受荷桩采用 *p—y* 曲线法分析时，可看作沿桩身不同深度处作用着一系列 *p—y* 曲线，如图 6-11 所示。假定这些曲线之间无相互影响，各点在不同水平位移下确定各自

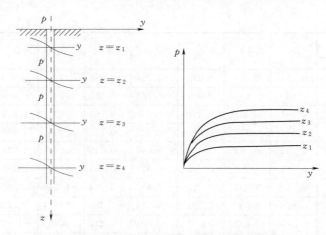

图 6-11　桩基 p—y 曲线分布与特性简图[30]

的土抗力，进而形成 p—y 曲线簇。

1. 软黏土地基

对于不排水抗剪强度标准值 C_u 小于等于 96kPa 的软黏土，在非往复荷载作用下，桩侧单位面积的极限水平土抗力标准值以土抗力降低的临界深度 Z_r 为界限，沿不同的规律分布。临界深度 Z_r 计算[19]为

$$Z_r = \frac{6d}{\dfrac{\gamma d}{C_u} + J} \tag{6-91}$$

式中　γ——土体有效重度；

　　　d——桩侧土抗力计算宽度，可取桩径或桩宽；

　　　J——影响常数，应根据试验得到，若没有试验 J 可取为常数，一般黏土取 0.5，稍硬黏土取 0.25；

　　　C_u——原状黏土不排水抗剪强度的标准值。

当泥面以下桩的某一深度 Z 满足 $Z < Z_r$ 时，单位面积极限水平土抗力标准值计算为

$$p_u = 3C_u + \gamma Z + \frac{JC_u Z}{d} \tag{6-92}$$

式中　p_u——深度 Z 处桩侧单位面积极限水平土抗力标准值；

　　　Z——计算点深度。

当泥面以下桩的某一深度 Z 满足 $Z \geqslant Z_r$ 时，单位面积极限水平土抗力标准值计算为

$$p_u = 9C_u \tag{6-93}$$

在确定软黏土中桩基 p—y 曲线时应先确定参量 y_c，其表示桩周土体达到极限土抗力一半时相应桩的侧向水平变形，确定为

$$y_c = 2.5\varepsilon_c d \tag{6-94}$$

式中　ε_c——三轴试验中最大主应力差一半时的应变值，对于饱和度较大的软黏土，也可取无侧限抗压强度一半时的应变值。

当桩身水平位移 y 处于不同变形阶段时，其对应的 p—y 曲线按下述方法确定，曲线

形式如图 6-12 或表 6-20 所示。

当 $y/y_c < 8$ 时确定为

$$\frac{p}{p_u} = 0.5\left(\frac{y}{y_c}\right)^{1/3} \qquad (6-95)$$

式中　p——泥面下深度 Z 处作用于桩上的水平土抗力标准值；

　　　y——泥面下深度 Z 处桩的侧向水平变形。

当 $y/y_c \geqslant 8$ 时确定为

$$\frac{p}{p_u} = 1.0 \qquad (6-96)$$

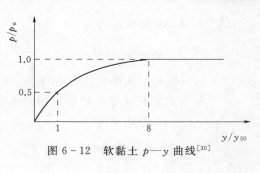

图 6-12　软黏土 p—y 曲线[30]

表 6-20　短期静载下土抗力与侧向位移关系

p/p_u	y/y_c
0.00	0.0
0.23	0.1
0.33	0.3
0.50	1.0
0.72	3.0
1.00	8.0
1.00	∞

2. 硬黏土地基

对于不排水抗剪强度标准值 $C_u > 96kPa$ 的硬黏土，宜按照试桩资料来确定对应的 p—y 曲线。当无试桩资料时可按下述方法来确定。

首先按试验取得土的不排水抗剪强度值和重度沿深度的分布规律，以及参数 ε_c 值。根据式（6-92）和式（6-93）给出的较小值作为极限抗力 p_u 值，且式（6-92）中系数 J 取 0.25 计算。然后计算桩周土体达到极限土抗力一半时桩的侧向水平变形 y_c 值，即

$$y_c = \varepsilon_c d \qquad (6-97)$$

当桩身水平位移 y 处于不同变形阶段时，其对应的 p—y 曲线按下述方法确定，曲线形式如图 6-13 所示。

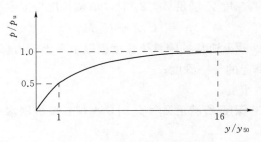

图 6-13　硬黏土 p—y 曲线[30]

当 $y/y_c < 16$ 时确定为

$$\frac{p}{p_u} = 0.5\left(\frac{y}{y_c}\right)^{1/4} \qquad (6-98)$$

式中　p——泥面下深度 Z 处作用于桩上的水平土抗力标准值；

　　　y——泥面下深度 Z 处桩的侧向水平变形。

当 $y/y_c \geqslant 16$ 时确定为

$$\frac{p}{p_u} = 1.0 \qquad (6-99)$$

3. 砂土地基

砂土地基中桩侧单位长度的极限水平土抗力标准值以土抗力降低的临界深度 Z_r 为界限，沿不同的规律分布。临界深度 Z_r 计算为

$$Z_r = \frac{C_3 - C_2}{C_1}d \qquad (6-100)$$

式中　d——桩侧土抗力计算宽度，一般可取桩径或桩宽；

　　C_1、C_2 和 C_3——系数，是砂土内摩擦角 ϕ 的函数，可按图 6-14 确定或计算为

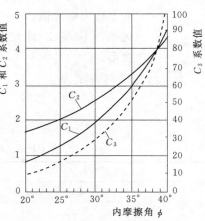

图 6-14　系数 C_1、C_2 和 C_3 与内摩擦角 ϕ 的关系曲线[19]

$$C_1 = \frac{(\tan\beta)^2 \tan\alpha}{\tan(\beta-\phi)} + K_0\left[\frac{\tan\phi\sin\beta}{\cos\alpha\tan(\beta-\phi)} + \tan\beta(\tan\phi\sin\beta - \tan\alpha)\right] \qquad (6-101)$$

$$C_2 = \frac{\tan\beta}{\tan(\beta-\phi)} - K_a \qquad (6-102)$$

$$C_3 = K_a[(\tan\beta)^8 - 1] + K_0\tan\phi(\tan\beta)^4 \qquad (6-103)$$

$$\alpha = \frac{\phi}{2} \qquad (6-104)$$

$$\beta = 45 + \frac{\phi}{2} \qquad (6-105)$$

$$K_0 = 0.4 \qquad (6-106)$$

$$K_a = \frac{1-\sin\phi}{1+\sin\phi} = \tan^2\left(45 - \frac{\phi}{2}\right) \qquad (6-107)$$

当泥面以下桩的某一深度 Z 满足 $Z < Z_r$ 时，单位长度极限水平土抗力标准值计算为

$$p'_u = (C_1 Z + C_2 d)\gamma Z \qquad (6-108)$$

式中　p'_u——深度 Z 处砂土地基桩侧单位长度极限水平土抗力标准值；

　　　Z——从地面算起的任一深度；

　　　γ——砂土有效重度。

当泥面以下桩的某一深度 Z 满足 $Z \geqslant Z_r$ 时，单位长度极限水平土抗力标准值计算为

$$p'_u = C_3 d\gamma Z \qquad (6-109)$$

对于砂土地基中的水平受荷桩，其 p—y 曲线确定为

$$p = Ap'_u \text{th}\left(\frac{kZ}{Ap'_u}y\right) \tag{6-110}$$

$$A = \max\left(3.0 - 0.8\frac{Z}{d},\ 0.9\right) \tag{6-111}$$

式中　p——泥面下深度 Z 处作用于桩上的水平土
　　　　　抗力标准值；

　　　A——计算系数；

　　　k——土抗力初始模量，按照图 6-15 或表
　　　　　6-21 确定；

　　　y——泥面下深度 Z 处桩的侧向水平变形。

表 6-21　k 值

$\phi/(°)$	$k/(\text{MN} \cdot \text{m}^{-3})$
25	5.4
30	11
35	22
40	45

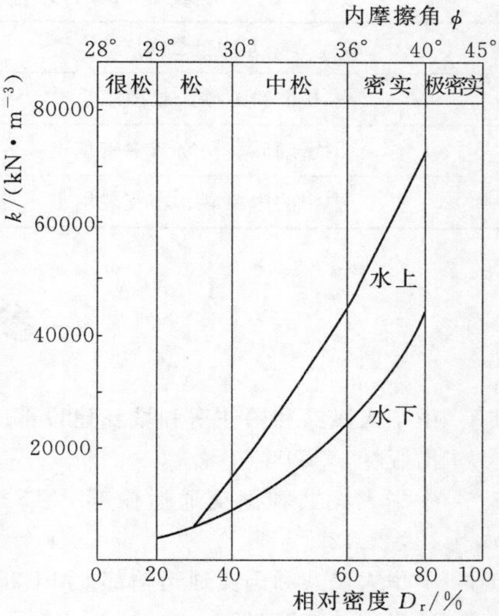

图 6-15　k 值曲线[19]

6.4.5　NL 法

采用 NL 法时，桩的入土深度不应小于弯矩零点深度的 1.5 倍，桩顶自由转动时，可取第一零点，桩顶无转动时，可取第二零点。在计算分析时水平力作用下桩身应满足

$$EI\frac{\text{d}^4 y}{\text{d}z^4} + Bq + p(z) = 0 \tag{6-112}$$

$$q = k_N z^{2/3} y^{1/3} \tag{6-113}$$

式中　EI——桩的抗弯刚度，$\text{kN} \cdot \text{m}^2$；

　　　y——桩计算点的水平位移，m；

　　　z——计算点距离泥面的深度，m；

　　　B——桩径或桩宽，m；

　　　q——桩计算点处单位面积上承受的土抗力，kPa；

　　　k_N——水平地基反力系数，kN/m^3；

　　　$p(z)$——桩计算点处单位长度上承受的作用力，kN/m。

NL 法可以由有限单元法或有限差分法来求解式（6-112），也可以根据相似原理由标准桩的计算结果结合 JTS 167—4—2012 附表来查表计算。当查表计算时，水平地基反力系数 k_N 应采用泥面下位移零点深度范围内各层土 k_N 的加权平均值。

在应用 NL 法时水平地基反力系数 k_N 的确定甚为关键，一般应通过水平静载荷试验确定。当无试桩资料时，对于黏性土，水平地基反力系数 k_N 可计算为

$$k_N = \frac{110\zeta}{(a - 0.2)^{1/2}} \tag{6-114}$$

式中　ζ——桩径或桩宽修正系数，当 $B < 0.4$m 时，$\zeta = (0.7 + 0.05/B^2)$，当 $B \geqslant 0.4$m

时，$\zeta=1$；

a——土的压缩系数，$1/MPa$。

对于砂土和填土，水平地基反力系数 k_N 可按表 6-22 采用。

表 6-22　砂性土和填土的水平地基反力系数 k_N[2]

地基土类别	$k_N/(kN \cdot m^{-3})$
松散粉细砂、松散填土	150~220
稍密细砂、稍密或中密填土	220~350
中密的中粗砂、密实老填土	350~700

参 考 文 献

［1］　中华人民共和国住房和城乡建设部. JGJ 94—2008 建筑桩基技术规范［S］. 北京：中国建筑工业出版社，2008.

［2］　中华人民共和国交通运输部. JTS 167—4—2012 港口工程桩基规范［S］. 北京：人民交通出版社，2012.

［3］　中华人民共和国交通运输部. JTJ 285—2000 港口工程嵌岩桩设计与施工规程［S］. 北京：人民交通出版社，2001.

［4］　中华人民共和国住房和城乡建设部. GB 5001—2010 建筑抗震设计规范［S］. 北京：中国建筑工业出版社，2010.

［5］　H. G. Poulos，E. H. Davis. Pile foundation analysis and design［M］. New York：John Wiley and Sons，1980.

［6］　R. D. Mindlin. Force at a point in the interior of a semi-infinite solid［J］. Physics，1936，7：195-202.

［7］　杨敏，王伟. 群桩沉降计算的试桩曲线法［J］. 结构工程师，2008，24（5）：77-88.

［8］　M. W. O'Neill，O. I. Ghazzaly，H. B. Ha. Analysis of three-dimensional pile groups with nonlinear soil response and pile-soil-pile interaction［C］. Proc. 9th Offshore Technology Conf. 1977，2：245-256.

［9］　M. F. Randolph，C. P. Wroth. Analysis of deformation of vertically loaded piles［J］. Journal of the geotechnical engineering（ASCE），1978，104（12）：1465-1488.

［10］　L. M. Kraft，R. P. Ray，T. Kagawa，Theoretical t-z curves［J］. J. Geotech. Engng. Div. Proc. ASCE，1981，107（GT11）：1543-1561.

［11］　H. M. Coyle and L. C. Reese. Load transfer for axially load piles in clay［J］. J. Soil Mech. Found. Div. Proc. ASCE，1966，92（SM2）：1-26.

［12］　V. N. Vijayvergiya. Load-movement characteristics of piles［J］. 4th Symp. Waterway，Port，Coastal and Ocean Div.，ASCE，Long Beach，Calif.，1977，2：269-284.

［13］　Y. K. Chow. Analysis of vertically loaded pile groups［J］. International journal for numerical and analytical methods in geomechanics，1986，10：59-72.

［14］　R. W. Cooke. Piled raft foundations on stiff clays - a contribution to design philosophy［J］. Geotechnique，1986，36（2）：169-203.

［15］　Y. K. Chow. Discrete element analysis of settlement of pile groups［J］. Computers & Structures，1986，24（1）：157-166.

［16］　Geddes J D. Stresses in foundation soils due to vertical subsurface loading［J］. Geotechnique，

1966，16（3）：231 - 255.

[17] 王伟，杨敏. 海上风电机组地基基础设计理论与工程应用［M］. 北京：中国建筑工业出版社，2014.

[18] Coyle H M，Suliaman，I. H. Skin friction for steel piles in sand［J］. Proc. ASCE，J. Soil Mechanics and Foundation Division，Vol 93，No. SM6，1967：261 - 278.

[19] American Petroleum Institute. ISO 19901—2003 Petroleum and natural gas industries-Specific requirements for offshore structures，Part4-Geotechnical and foundation design considerations（modified）［S］. Washington：Petroleum Industry Press，2014.

[20] 朱碧堂，杨敏，W. D. Guo. 基于统一极限抗力分布的侧向受荷桩分析［C］//桩基工程技术进展（2005）：全国第 7 届桩基工程学术年会论文集. 北京：知识产权出版社，2005：126 - 135.

[21] 王国粹. 侧向静载、循环荷载和被动荷载作用下单桩及群桩分析［D］. 上海：同济大学，2013.

[22] Matlock H. Correlations for design of laterally loaded piles in soft clay［C］// Proceedings of the II Annual Offshore Technology Conference，Houston，Texas，1970，（OTC 1204）：577 - 594.

[23] Reese L C，Cox W R，Koop F D. Field testing and analysis of laterally loaded piles in stiff clay［C］// Proceedings of 7th Annual Offshore Technology Conference. Houston，1975：671 - 690.

[24] Sullivan W R，Reese L C，Fenske C W. Unified method for analysis of laterally loaded piles in clay［C］// Numerical Methods in Offshore Piling. London：IEC，1980：135 - 146.

[25] Dunnavant T W，O'Neill M W. Experimental p - y model for submerged stiff clay［J］. Journal of Geotechnical Engineering. 1989（1）：95 - 114.

[26] Kondner R L. Hyperbolic stress-strain response：Cohesive soils［J］. Soil Mechanics and Foundation Engineering. 1963，89（1）：115 - 144.

[27] Reese L C，Cox W R，Koop F D. Analysis of laterally loaded piles in sand［C］// Proceedings of 6th Annual Offshore Technology Conference. Dallas，1974：473 - 483.

[28] Murchinson J M，O'Neill M W. Evaluation of p - y relationships in cohesionless soils［C］// Proceedings of Analysis and Design of Pile Foundations. San Francisco，1984：174 - 191.

[29] Kim B T，Kim N K，Lee W J，et al. Experimental load-transfer curves of laterally loaded piles in Nak-Dong river sand［J］. Journal of Geotechnical and Geoenvironmental Engineering，2004，130（4）：416 - 425.

[30] 张雁，刘金波. 桩基手册［M］. 北京：中国建筑工业出版社，2009.

第 7 章　基础结构分析与计算

海上测风塔基础结构分析模型不仅包括基础结构部分的计算，还依赖于桩基竖向受力、水平受力与变形的桩土作用模型。当进行基础结构模态分析时还应包含测风塔塔架在内一起进行整体分析。本章给出测风塔基础结构的布置原则和计算要求，结构分析时有限单元法的实施原理和基础结构验算的相关内容。当海上测风塔所处地域地震烈度较高时，可参照模态分析方法来计算测风塔基础的地震作用。

7.1　结构布置与计算规定

海上测风塔基础结构布置应考虑平台高程的选择、海洋工程分区对结构杆件布设的影响、杆件壁厚裕量的预留等，由于海上测风塔设计寿命较短且环境荷载较小，一般可不考虑海生物附着的影响。在基础设计时应根据特定海域的环境条件按照相关布置原则来进行设计，从而在整体上优化基础设计方案，使得基础设计方案更为合理。

7.1.1　测风塔平台高程确定

测风塔平台位于测风塔基础结构的顶部或测风塔塔架法兰与基础结构连接的高程处，平台提供了人员活动的场所和安装与维护测风塔的工作空间，有时也作为测风设备放置的场所。鉴于平台的工作条件要求，测风塔平台顶高程的确定应避免其底部受到潮水或波浪的影响。平台高程的设置应满足[1]

$$T = H + \frac{2}{3}H_b + \Delta \tag{7-1}$$

式中　T——平台最低高程；

　　　H——极端高水位；

　　　H_b——极端高水位下的最大波高；

　　　Δ——富裕高度，可取 0.2~1.0m。

当根据天文潮水位来推算平台高程时，平台应位于飞溅区上边界以上。飞溅区的上边界标高计算[2]为

$$T = DHWL + \frac{2}{3}H_s + \Delta \tag{7-2}$$

式中　$DHWL$——海港工程操作条件下的设计高水位，对于渤海海域，可采用 HAT，

　　　　　　　　HAT 为最高天文潮位；

　　　H_s——操作条件下的有效波高；

　　　Δ——施工和测量误差，当水深小于等于 50m 时，取 0.5m，当水深大于

50m 时，取 1m。

当采用桩基混凝土承台基础型式时，通常将承台底高程布置在波面可能达到的高程以上，从而减少承台受力分析的复杂程度，但又不至于对工程量和安装难度产生显著的影响，此时承台底面的最低高程应不小于以下确定的值，即

$$T = H + \eta_{\max} \tag{7-3}$$

式中　T——承台底面的最低高程；

　　　H——极端高水位；

　　$\eta_{\max}$——50 年一遇 $H_{1\%}$ 波高对应的最大波面高度。

当历史环境资料表明海上测风塔所处海域出现台风、飓风或气旋引起的风暴潮时，平台高程的确定应考虑风暴增水的影响，宜结合风暴增减水和潮位的联合概率分布来进行分析。

7.1.2　海洋工程分区

对于海上测风塔基础结构而言，由于结构部分处在海洋环境中，在进行基础结构设计时应根据基础结构所处的不同海洋工程分区来进行结构杆件布置和杆件尺寸的选择。不同的海洋工程分区对应着不同的环境作用效应，海洋工程分区并不是可有可无的，而是在基础结构布置中需要重点考虑的部分，在进行方案设计时应引起足够的重视。在基础方案拟订前应根据海洋水文资料确定海洋工程分区中各区段的顶底高程。

海洋工程分区可简单地参照海洋平台结构设计中的工程分区，一般划分为 3 个区，即大气区、飞溅区（或浪溅区）和全浸区[2-3]。而在防腐蚀设计中还进一步细化为 5 个区，即大气区、浪溅区、水位变动区、水下区和泥下区等。

当采用三区划分标准时，以飞溅区的划分为基准，飞溅区的范围通过上下边界来确定，飞溅区的上边界标高 E_t 确定为

$$E_t = DHWL + \frac{2}{3} H_s + \Delta \tag{7-4}$$

式中　H_s——操作条件下的有效波高；

　　　Δ——施工和测量误差，当水深不大于 50m 时，取 0.5m，当水深大于 50m 时，取 1m；

　$DHWL$——海港工程操作条件下的设计高水位，对于渤海海域，可采用 HAT。

飞溅区的下边界标高 E_b 确定为

$$E_b = DLWL - \frac{1}{3} H_s - \Delta \tag{7-5}$$

式中　$DLWL$——海港工程操作条件下的设计低水位，对于渤海海域，可采用 LAT，

　　　　　LAT 表示最低潮位。

大气区为基础结构位于飞溅区以上的部分，也即高程 E_t 以上的部分。全浸区为基础结构在飞溅区以下包括插入土中的部分，也即高程 E_b 以下的部分。

除了上述基本工程分区外，对于存在海冰的海域，基础设计时还应根据海冰和水位统计资料来确定冰磨蚀区域的上下范围。在我国辽东湾、渤海湾和莱州湾冬季海域存在海

冰，海冰设计时需要确定冰磨蚀区域的范围。冰磨蚀区域的确定同时可为基础结构抗冰锥设计提供抗冰锥的布设区域。

冰磨蚀区的上边界标高 A_t 确定为

$$A_t = WHAT + 0.1H + \Delta \tag{7-6}$$

式中　H——冰厚；

　　　Δ——施工和测量误差，当水深小于等于 50m 时，取 0.5m，当水深大于 50m 时，取 1m；

　$WHAT$——冬季最高天文潮位，若无冬季天文潮资料，可采用年资料。

冰磨蚀区的下边界标高 A_b 确定为

$$A_b = WLAT - 0.9H - \Delta \tag{7-7}$$

式中　$WLAT$——冬季最低天文潮位，若无冬季天文潮资料，可采用年资料。

7.1.3　杆件壁厚裕量

基础结构杆件的壁厚裕量指的是海上测风塔基础中结构杆件在设计寿命期限内由于腐蚀和冰磨蚀影响而导致的杆件壁厚的减小量，因此杆件壁厚裕量包括两类，分别为腐蚀裕量和冰磨蚀裕量。腐蚀裕量与海洋工程分区有关，冰磨蚀裕量仅产生于冰磨蚀区范围内。

由于杆件壁厚的损耗在整个设计寿命期内均可能产生，因此基础设计时可采取如下处理方式来考虑壁厚裕量的影响。基础结构设计与强度验算和变形计算时预先扣除壁厚裕量，结构杆件的施工图中在计算方案基础上分区域增加对应的壁厚裕量作为最终设计壁厚，再按照最终的设计方案来进行工程量的统计和造价计算。

位于飞溅区的结构杆件，防腐蚀阴极保护系统不能对其提供有效的保护，而防腐蚀涂层可能遭受船舶碰撞的损伤，所以对于该区域的结构杆件，应采用特殊的涂层并考虑适当的腐蚀裕量。对于大气区和全浸区的基础结构部分，由于大气或海水腐蚀效应，防腐蚀措施的效率并非完全发挥且有时效性，这些区域也宜根据设计需要预留不同的腐蚀裕量。

腐蚀裕量一般取设计条件下建议的年腐蚀速率和基础结构设计寿命的乘积。在有经验的情况下海上测风塔基础中钢结构的腐蚀裕量可参照以下简化处理方法来考虑，即结构的腐蚀裕量应根据基础结构的使用年限、钢材种类、钢材腐蚀量、防腐措施的有效率来确定，具体如下：

(1) 当需要的参数无法确定时，对于使用年限 15 年的平台结构，其腐蚀裕量在飞溅区应不少于 3mm，在全浸区应不少于 1mm。与新鲜空气和流动海水隔绝的构件内表面，可不采用防腐蚀措施。

(2) 在无法确定有关参数时，对于使用年限为 n 年的平台，建议其全浸区结构的腐蚀裕量不小于 $n/15$mm，飞溅区结构的腐蚀裕量不小于 $n/3$mm。对处于飞溅区内的构件，也可采用腐蚀裕量标准 0.3mm/年[2,4]。

对于海冰磨蚀区域的基础结构而言，结构表面的防腐蚀涂层在海冰作用下将被磨除，同时海冰的反复挤压和摩擦也会使得结构杆件的壁厚减小，因此对这一区域的结构杆件，可采用包覆护套等方法进行保护，或考虑一定的磨蚀量。参照海上平台结构的处理方式，对处于冰作用区内的构件，需要考虑冰的磨蚀效应，冰磨蚀裕量应按附近海域相关工程的经验取值，不具备相关经验时一般可取 0.1mm/年[2]。

7.1.4　结构布置原则

海上测风塔基础结构的布置包括工作平台的布置、过渡段结构布置、位于海水中基础结构布置和桩基布置等 4 项主要内容。相关各项布设相互关联，应结合使用要求、海洋环境条件和地质特性条件等综合考虑来布设。基础结构的布置原则很大程度上决定了基础的受力与变形特性，合理的布置措施可使得基础结构满足承载力、强度与稳定性前提下基础的工程量更节省，可从整体上控制基础结构设计的合理性和经济性，因此基础结构设计时必须予以重视。

总体而言，基础结构布置时应力求传力路径明确，构件综合利用性好，材料利用率高。针对具体结构单项布置的说明有以下方面：

（1）工作平台的布置。应首先确定对应的平台高程，确定方法按照本节第一部分给出的相关方法来拟定。海上测风塔平台结构多为钢结构型式，当采用钢筋混凝土承台基础时，承台顶面作为工作平台。工作平台的平面尺寸应首先满足检修人员通行的需要，当有设备布放要求时，还应结合堆放设备的尺寸、高度和重量等综合考虑。工作平台的平面形状一般宜与基础结构型式相匹配，常用的形式包括三角形、四边形以及圆形。工作平台设计时还应考虑与爬梯的结合，平台周边设置水平护栏。

（2）过渡段结构布置。当采用单桩基础型式时，基础结构需要设置过渡段结构，过渡段结构下段与单桩基础相连接，上段与测风塔塔架底部法兰相连接，在平台高程处往往设置由单柱到多支撑点的转换钢构件，通过构件处的法兰与测风塔塔架法兰相连接。此时过渡段结构应结合爬梯和靠船柱来统一布置。

（3）位于海水中的基础结构布置。应尽量使构件在各种受力状态下都能发挥较大作用，构件数量和规格力求少。结构布置时还应针对结构对称性特点，同时考虑常风向和波浪与水流分布的主要方位来统一布设。对于具备轴对称特性的单桩基础而言，可不考虑上述因素，但对于非轴对称的其他结构型式，在验算时应考虑抗弯的强轴向和弱轴向。由于测风塔的水平受力相对较大，基础的桩基和结构主导管可斜向布置，表观斜度宜在（5：1）～（10：1），从而有效减小桩基的水平受力。对于飞溅区或浪溅区范围内，应力求杆件数量尽可能的少，仅布设主要传力构件，次要的构件应予以避免。当风电场所处区域冬季有海冰时，应杜绝在海冰出现季节的水位变动范围内布设水平杆件和斜撑杆件，必要时可在主要杆件的海冰出现范围内布设抗冰锥等削弱海冰荷载的结构措施。整个基础结构可结合水位变动范围、腐蚀情况和受力特性来设置不同的壁厚，并预留不同的壁厚裕量。

基础结构杆件的管节点设计应尽可能设计成简单节点型式，各杆件轴线的交汇应满足基本要求。节点处应满足管节点的相关要求，可采用局部加厚或设置加劲箍等措施予以加强，节点处加厚段的分布范围也需要达到相应要求。

基础结构设计时还应统一考虑防冲刷措施的布置，预留冲坑的可能深度等。爬梯与靠船柱的布设应与采用的基础型式相匹配，单桩基础可直接布置在过渡连接段结构上，对于桩基承台结构，可布置在其中一根桩上，对于其他钢结构基础型式可布置在一根主导管上。一般靠船护舷可选钢护舷，靠船护舷的上标高应大于［最高天文潮＋安装误差＋0.8m

（船的干舷）〕，下标高不高于（最低天文潮－安装误差－船的吃水深度）[5]。

（4）桩基部分布置。应力求使得群桩的受力均匀。桩间距应符合最小间距的要求，可根据实际需要和布设与打桩的方便性决定是否采用斜桩型式。考虑工程经济性和桩基受力特点，桩基可采用分段变壁厚设计方式。桩基持力层的选择应合理，桩长和桩径的设置满足承载力和强度与稳定性的要求，必要时可采用桩内灌芯的辅助措施予以加强。

在设计时，除了考虑整个基础体系满足使用要求、承载力要求、结构强度与稳定性等各项内容之外，还应考虑在基础结构达到设计使用寿命后方便基础移除的功能要求。

7.1.5　结构计算规定与要求

从整体而言，基础结构的计算应满足施工工况、在位服役工况和拆除工况等不同阶段的需要。应结合海洋环境条件、基础结构体系和地质条件来进行全方位分析，结构计算时应考虑可能的工况组合和最不利的环境条件。

结构计算时应建立合理的结构整体模型，考虑对应的边界约束条件来进行分析，宜采用三维整体模型，不宜采用过度简化的平面模型（单桩基础除外）。结构与桩基可采用有限单元法来进行，桩土之间的相互作用可采用线性或非线性弹簧来模拟。杆件之间的连接节点应根据实际情况设置为刚性节点或铰接节点。一般结构杆件或桩基可采用管单元或梁单元来模拟。钢筋混凝土承台可采用实体单元或厚板或厚壳单元型式，当承台的宽厚比较小时可近似采用刚性单元来模拟。桩侧弹簧单元应包含桩侧水平向、竖向和桩端竖向单元，单元的本构或刚度特性应根据桩土特性来确定。桩与土体的作用通过 $p—y$ 曲线、$t—z$ 曲线和 $Q—z$ 曲线来模拟，概念分析阶段也可通过等效桩长来进行简化分析。当进行动力模态分析时应建立包含基础结构体系和测风塔塔架的整体结构模型来分析，不宜进行相关简化。

具体计算时的荷载和影响因素应考虑全面，分析波浪荷载、水流荷载、海冰荷载、风荷载、地震作用等。所有的环境荷载应与水位进行组合，并确定最不利的水位条件。当基础型式较为简单受力较为明确时可根据力学概念判断主要的作用方位来辅助计算。若进行较为完备的分析，风、浪、流、冰等荷载的作用方向除确有可靠资料外，均应考虑其来自各个方向的可能性。一般情况下，波、流的方向至少应取 8 个方向，方向为 0°、斜向 45°、90°、斜向 135°、180°、斜向 235°、270°和斜向 315°，最不利斜向作用方向应通过搜索确定[5]。建议间隔角度取 15°进行分析，以保证分析的精确性和可靠性，波浪最不利相位的搜索步长宜控制在 5°左右。除有充分资料外，波、流、风的方向应选择在同一方向，并按最不利方向组合。在进行地震作用计算时，至少应采用响应谱法计算，并按照考虑扭转效应的振型分解反应谱法计算地震作用，必要时进行动力时程分析，参与计算的振型数量不宜少于 9 阶。结构分析时应考虑可能的冲刷深度影响，还需考虑壁厚裕量的影响，并应评估冲刷对结构自振频率的影响，因为这将引起地震作用的变化。

结构强度验算时应对拉、压、拉弯、压弯、抗剪和内水压力等各种受力状态进行验算。对于灌浆连接节点应根据节点类型考虑轴力、弯矩和弯剪等多种受力模式的计算。桩基承载力计算应根据土层分布和桩基特性来计算，按照摩擦桩、端承桩和嵌岩桩等分别选择对应的设计计算方法。桩基沉降宜按照单向压缩分层总和法进行，并应考虑经验系数的修正。还应验算桩端软弱下卧层强度和欠固结土层中负摩阻力以及地震液化影响等特殊项要求。桩身结构强度根据钢管桩或钢筋混凝土桩分别验算，稳定性验算时的计算长度应符合规范要求。应进行防冲刷计算和防腐蚀计算，相关计算结果应反映到上述结构计算中。

7.2 有限元分析与计算

单桩基础是海上测风塔基础结构计算分析中最简单的基础型式，为了求得桩身各部位的内力和变形也需要采用计算软件或程序来完成。其他基础型式相比要复杂得多，因此基础结构分析时往往借助于有限单元法来实现。鉴于基础型式通常为非轴对称结构，且环境荷载的作用方位不定，海上测风塔基础结构分析时一般应采用三维有限单元法来分析，通过建立结构刚度矩阵和等效荷载列阵进行多维方程组求解得到结构各点的位移，进而得到结构的内力分布。

7.2.1 有限元法的基本步骤

有限单元法的基本思想是将连续的求解区域离散为一组有限个，且按一定方式相互联结在一起的单元组合体。由于单元能按不同的联结方式进行组合，且单元本身又可以有不同形状，因此可以模型化几何形状复杂的求解域。如果单元满足问题的收敛性要求，那么随着缩小单元的尺寸，增加求解区域内单元的数目，解的近似程度将不断改进，近似解最终将收敛于精确解[6]。

从确定单元特性和建立求解方程的理论基础和途径而言，早期提出有限单元法时采用直接刚度法，它来源于结构分析的刚度法，但只能处理一些比较简单的实际问题。后续逐步出现了变分原理和伽辽金（Galerkin）法来建立有限元方程，进而有限单元法的应用领域得到进一步拓宽，并发展为工程计算领域广泛应用的方法。在此不再详细介绍有限单元法的原理，本着以应用为主的目的，下面给出有限单元法分析时的基本步骤。

海上测风塔基础结构为连续体，实际的自由度数量为无穷多个，若要得出准确的分析结果势必需要一个封闭型式的解答，否则难以实现。而运用有限单元数值分析方法进行工程结构分析时，假定连续体能够采用有限个未知量来表达，也即对无限问题采用有限解答的近似解决方法。应用有限元法分析问题的第一步就是将整个结构离散化，即将要分析的结构对象用一些假想的线或面进行分割，使其成为具有选定切割形状的有限数量的单元体，这些单元体被认为仅在单元的一些指定的单元结点位置相互连接，这些单元之间相互连接的点称为结点，这一过程称为结构的离散化[7]。

当完成单元离散化后，对任一典型的单元展开单元特性分析。对位移元来说，先假设单元内部任意一点的位移分布模式，用具有有限自由度的简单位移模式来代替真实位移，将单元中任意一点的位移近似地表示成该单元结点位移的函数。不管采用哪类位移元，单元中任意一点的位移 $\boldsymbol{\delta}$ 均可用该单元结点位移排列成的矩阵表示，即

$$\boldsymbol{\delta} = \boldsymbol{N}\boldsymbol{\delta}_e \tag{7-8}$$

式中　　$\boldsymbol{N}$——形函数矩阵，其元素是坐标的函数；

　　　　$\boldsymbol{\delta}_e$——单元结点位移矩阵。

确定单元位移模式后，利用应变和位移之间的关系（几何方程），将单元中任意一点的应变 $\boldsymbol{\varepsilon}$ 用单元结点位移 $\boldsymbol{\delta}_e$ 来表示，即

$$\boldsymbol{\varepsilon} = \boldsymbol{B}\boldsymbol{\delta}_e \tag{7-9}$$

式中　$\boldsymbol{B}$——应变矩阵，其元素一般也是坐标的函数。

利用应力应变之间的关系（物理方程），可推导出用单元结点位移 $\boldsymbol{\delta}_e$ 表示单元中任意一点应力 $\boldsymbol{\sigma}$ 的矩阵方程，即

$$\boldsymbol{\sigma} = \boldsymbol{D}\boldsymbol{\varepsilon} = \boldsymbol{D}\boldsymbol{B}\boldsymbol{\delta}_e = \boldsymbol{S}\boldsymbol{\delta}_e \tag{7-10}$$

式中　$\boldsymbol{D}$——由单元材料弹性常数所确定的弹性矩阵；

　　　$\boldsymbol{S}$——应力矩阵，$\boldsymbol{S} = \boldsymbol{D}\boldsymbol{B}$。

整个系统的总位能 π 可表示为

$$\pi = \frac{1}{2}\int_V \boldsymbol{\sigma}^T \boldsymbol{\varepsilon}\,\mathrm{d}V - \int_V \boldsymbol{\delta}^T \boldsymbol{p}\,\mathrm{d}V - \int_S \boldsymbol{\delta}^T \boldsymbol{q}\,\mathrm{d}S \tag{7-11}$$

式中　$\boldsymbol{p}$——单位体积力；

　　　$\boldsymbol{q}$——作用的面力；

　　　V——结构体积；

　　　S——结构表面积。

连续体的总位能等于各单元的能量之和，即

$$\pi = \sum_e \pi_e \tag{7-12}$$

式中　π_e——单元 e 的总位能。

将式（7-8）～式（7-10）代入式（7-11）后，可得

$$\pi_e = \frac{1}{2}\int_{V_e} \boldsymbol{\delta}_e^T \boldsymbol{B}^T \boldsymbol{D}\boldsymbol{B}\boldsymbol{\delta}_e\,\mathrm{d}V - \int_{V_e} \boldsymbol{\delta}_e^T \boldsymbol{N}^T \boldsymbol{p}\,\mathrm{d}V - \int_{S_e} \boldsymbol{\delta}_e^T \boldsymbol{N}^T \boldsymbol{q}\,\mathrm{d}S \tag{7-13}$$

式中　V_e——单元体积；

　　　S_e——单元表面积。

基于变分原理，也即对单元 e 的位能相对于结点位移 $\boldsymbol{\delta}_e$ 取极小化可得

$$\frac{\partial \pi_e}{\partial \boldsymbol{\delta}_e} = \int_{V_e} (\boldsymbol{B}^T \boldsymbol{D}\boldsymbol{B})\,\boldsymbol{\delta}_e\,\mathrm{d}V - \int_{V_e} \boldsymbol{N}^T \boldsymbol{p}\,\mathrm{d}V - \int_{S_e} \boldsymbol{N}^T \boldsymbol{q}\,\mathrm{d}S = \boldsymbol{K}_e\,\boldsymbol{\delta}_e - \boldsymbol{F}^e \tag{7-14}$$

$$\boldsymbol{K}_e = \int_{V_e} (\boldsymbol{B}^T \boldsymbol{D}\boldsymbol{B})\,\boldsymbol{\delta}_e\,\mathrm{d}V \tag{7-15}$$

$$\boldsymbol{F}^e = \int_{V_e} \boldsymbol{N}^T \boldsymbol{p}\,\mathrm{d}V + \int_{S_e} \boldsymbol{N}^T \boldsymbol{q}\,\mathrm{d}S \tag{7-16}$$

式中　$\boldsymbol{K}_e$——单元刚度矩阵；

　　　$\boldsymbol{F}^e$——单元等效结点力。

在得到上述单元分析结果的基础上，对各单元按照式（7-15）和式（7-16）来确定各自的单元刚度矩阵和等效荷载，对于结构中的所有单元按照结点位移自由度顺序号进行单元刚度到总体刚度的叠加，从单元等效结点力到总体等效结点力的叠加，最终建立起表示整个结构（单元集合体）结点平衡的方程组，即

$$\boldsymbol{K}\boldsymbol{\Delta} = \boldsymbol{F} \tag{7-17}$$

式中　　**K**——整体刚度矩阵；

　　　　F——整体综合结点荷载矩阵；

　　　　Δ——结构的整体结点位移矩阵。

当结构存在边界约束条件时，常用的边界条件处理方法有以下几种：

（1）直接代入法。若总结点位移为 n 个，已知结点位移 m 个，将式（7-17）中的刚度矩阵和荷载列阵中与已知位移相关的各项进行分离，从而 n 阶刚度矩阵 **K** 变为 $n-m$ 阶刚度矩阵 K^*，原来 n 个方程中只保留与待定结点位移相对应的 $n-m$ 个方程，将方程中左端的已知位移和相应刚度系数的乘积移至方程右端作为荷载修正项。

（2）对角线元素改 1 法。该法适用于零结点位移约束情形，将与已知零位移边界所对应的刚度矩阵中主对角线元素改为 1，对应的其余行列元素皆改为零，对应的荷载向量中的元素也设定为零。

（3）对角元素乘大数法。结点位移中第 j 个元素为已知位移，若其值为 w_j，则可直接将该位移自由度对应的刚度矩阵 **K** 中的元素 k_{jj} 乘以一个很大的数 a（量级可取 10^{20}），并将荷载向量中的第 j 个元素替换为 $ak_{jj}w_j$ 来引入位移边界条件。

在考虑上述位移边界条件修正后，求解式（7-17）表示的线性联立方程组的方法可分为两大类，分别为直接解法和迭代解法。当方程组阶数不太高时可采用直接解法，常用的方法包括高斯消去法、三角分解法、分块解法和波前法等。当方程组的阶数过高时，相对而言采用迭代法的效率更高一些，常用的迭代计算方法包括高斯赛德尔迭代法和超松弛迭代法等。求解完毕后可得到结构各结点的位移值 **Δ**，再将相应于各单元结点的位移值 $\boldsymbol{\delta}_e$ 代入式（7-8）～式（7-10）可分别求得单元中任意一点的位移、应变和应力，即求得结构任意位置处的变形和应力应变或内力结果。

7.2.2　单元类型与单元刚度

海上测风塔基础结构多由空间杆件系统组成，桩基承台基础形中的承台结构可采用板壳有限元分析，也可根据本章 7.3 节给出的简化分析方法来计算承台弯矩，在此不再进行介绍。杆件是指长度远大于其截面尺寸的一维杆件。在结构力学中常常将承受轴力或扭矩的杆件称为杆，而将承受横向力和弯矩的杆件称为梁，在此以杆件作为统称。测风塔基础结构体系中杆件往往同时承受轴力、扭矩、弯矩和横向力的共同作用，而且各杆件的轴线方向在空间上相互交错。为了更清晰地揭示各类型单元的特性，将轴力杆、扭转杆和弯曲梁 3 个子类的单元类型予以单独介绍。

1. 轴力杆单元

轴力杆承受轴力作用，假定应力在截面上均匀分布，垂直于轴线的截面变形后仍保持与轴线垂直，以位移 u 为基本未知量，轴力杆的基本求解方程包括几何方程、应力应变方程和平衡方程等[8]。坐标系采用笛卡尔坐标系，杆件轴线沿着 x 轴正向。

几何方程表达式为

$$\varepsilon_x = \frac{\mathrm{d}u}{\mathrm{d}x} \tag{7-18}$$

式中　　ε_x——应变。

联系应力与应变的物理方程表达式为

$$\sigma_x = E\epsilon_x = E\,\frac{\mathrm{d}u}{\mathrm{d}x} \tag{7-19}$$

式中　σ_x——应力；

　　　E——弹性模量。

平衡方程为

$$\frac{\mathrm{d}}{\mathrm{d}x}(A\sigma_x) = f(x) \text{ 或 } EA\,\frac{\mathrm{d}^2 u}{\mathrm{d}x^2} = f(x) \tag{7-20}$$

式中　A——杆件截面积；

　　$f(x)$——分布荷载。

对于杆单元，其为一维 C_0 型单元，每个结点 i 只有一个位移参数 u_i，单元内任一点的位移 $u(x)$ 可采用 Lagrange 插值多项式表达的插值函数计算为

$$u = \sum_{i=1}^{n} N_i(\xi)u_i = \boldsymbol{N}\boldsymbol{u}^e \tag{7-21}$$

式中　N_i——插值函数；

　　　n——单元的结点数量；

　　$\boldsymbol{u}^e$——单元结点位移向量，$\boldsymbol{u}^e = \begin{bmatrix} u_1 & u_2 & \cdots & u_n \end{bmatrix}^{\mathrm{T}}$。

采用等参单元时，单元内的自然坐标和杆件总体坐标存在

$$\begin{cases} \xi = \dfrac{2}{l}(x - x_c) \\[2mm] x_c = \dfrac{x_1 + x_n}{2} \end{cases} \tag{7-22}$$

式中　l——单元长度；

　　x_c——单元中心点总体坐标；

　x_1、x_n——单元两端结点的坐标。

简单情形下，当单元采用两结点单元时，插值函数为

$$\begin{cases} N_1 = \dfrac{1}{2}(1 - \xi) \\[2mm] N_2 = \dfrac{1}{2}(1 + \xi) \end{cases} \tag{7-23}$$

当单元采用三结点单元时，插值函数为

$$\begin{cases} N_1 = \dfrac{1}{2}\xi(1 - \xi) \\[2mm] N_2 = 1 - \xi^2 \\[2mm] N_3 = \dfrac{1}{2}\xi(1 + \xi) \end{cases} \tag{7-24}$$

基于变分原理可得到轴力杆有限元求解方程，单元刚度矩阵表达式为

$$\boldsymbol{K}^e = \int_0^l EA\left(\frac{\mathrm{d}\boldsymbol{N}}{\mathrm{d}x}\right)^{\mathrm{T}}\left(\frac{\mathrm{d}\boldsymbol{N}}{\mathrm{d}x}\right)\mathrm{d}x = \int_{-1}^{1}\frac{2EA}{l}\left(\frac{\mathrm{d}\boldsymbol{N}}{\mathrm{d}\xi}\right)^{\mathrm{T}}\left(\frac{\mathrm{d}\boldsymbol{N}}{\mathrm{d}\xi}\right)\mathrm{d}\xi \tag{7-25}$$

当采用两结点单元时，上式表示的单元刚度矩阵可简化为

$$\boldsymbol{K}^{e} = \frac{EA}{l} \begin{bmatrix} 1 & -1 \\ -1 & 1 \end{bmatrix} \qquad (7-26)$$

当单元上作用的分布荷载为 $f(x)$，对应单元的等效荷载列阵为

$$\boldsymbol{P}^{e} = \int_{0}^{l} \boldsymbol{N}^{T} f(x) \mathrm{d}x = \int_{-1}^{1} \boldsymbol{N}^{T} f(\xi) \frac{l}{2} \mathrm{d}\xi \qquad (7-27)$$

基于上述单元刚度矩阵，最终可得到有限元的整体求解方程[6]，即

$$\begin{cases} \boldsymbol{Ku} = \boldsymbol{P} \\ \boldsymbol{K} = \sum_{e} \boldsymbol{K}^{e} \\ \boldsymbol{P} = \sum_{e} \boldsymbol{P}^{e} \\ \boldsymbol{u} = \sum_{e} \boldsymbol{u}^{e} \end{cases} \qquad (7-28)$$

式中　$\sum_{e}$——将所有单元的矩阵向量按照自由度进行叠加组合。

2. 扭转杆单元

对于承受扭矩作用的扭转杆，其基本求解方程包括几何方程、应力应变方程和平衡方程等。坐标系采用笛卡尔坐标系，杆件轴线沿着 x 轴正向。

几何方程表达式为[9]

$$\alpha = \frac{\mathrm{d}\theta_{x}}{\mathrm{d}x} \qquad (7-29)$$

式中　θ_{x}——截面绕杆的中心轴线的转角；

　　α——截面的扭转率，即单位长度的转角变化。

联系扭矩 M 与扭转率的物理方程表达式为

$$M = GJ\alpha = GJ \frac{\mathrm{d}\theta_{x}}{\mathrm{d}x} \qquad (7-30)$$

式中　J——截面的扭转惯性矩；

　　G——剪切模量。

平衡方程为

$$\frac{\mathrm{d}M}{\mathrm{d}x} = GJ \frac{\mathrm{d}^{2}\theta_{x}}{\mathrm{d}x^{2}} = m_{t}(x) \qquad (7-31)$$

式中　$m_{t}(x)$——外加的分布扭矩。

该单元仍然属于一维 C_{0} 型单元，单元的插值函数仍可采用式（7-21）~式（7-24）给出的对应方法来计算。基于变分原理可得到扭转杆有限元求解方程，单元刚度矩阵表达式为[6]

$$\boldsymbol{K}^{e} = \int_{-1}^{1} \frac{2GJ}{l} \left(\frac{\mathrm{d}\boldsymbol{N}}{\mathrm{d}\xi}\right)^{T} \left(\frac{\mathrm{d}\boldsymbol{N}}{\mathrm{d}\xi}\right) \mathrm{d}\xi \qquad (7-32)$$

式中　l——单元长度。

当单元上作用的分布扭矩为 $m_{t}(x)$，对应单元的等效荷载列阵为

$$\boldsymbol{P}^{e} = \int_{0}^{l} \boldsymbol{N}^{T} m_{t}(x) \mathrm{d}x = \int_{-1}^{1} \boldsymbol{N}^{T} m_{t}(\xi) \frac{l}{2} \mathrm{d}\xi \tag{7-33}$$

3. 弯曲梁单元

梁单元的分析中，根据不同的梁截面变形假定可以得到不同理论原理的梁单元型式。当梁截面高度相对于梁跨度较小时，可采用 Kirchhoff 假定，即忽略横向剪切变形的影响，其对应的是 Euler-Bernoulli 梁分析方法。当梁截面高度相对于梁跨度较大时，此时不应忽略横向剪切变形的影响，可采用考虑横向剪切变形的 Euler-Bernoulli 梁分析方法，也可采用挠度和转角独立插值的 Timoshenko 梁分析方法。鉴于海上测风塔基础结构中杆件尺寸要比海上风力发电机组基础结构的杆件小得多，采用 Euler-Bernoulli 梁方法可满足工程精度要求，下面对该方法形成的弯曲梁单元予以介绍。

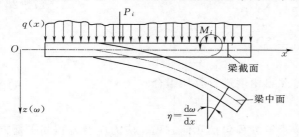

图 7-1　承受横向荷载作用的 Euler 梁[6]

承受横向荷载和弯矩作用的梁单元如图 7-1 所示，$q(x)$ 为横向作用的分布荷载，P_i 和 M_i 分别为第 i 个横向集中荷载和弯矩。经典梁弯曲理论中采用 Kirchhoff 假定[8]，假设变形前垂直于梁中心线的截面，变形后仍保持平面，且仍垂直于中心线。

梁单元分析中以中面挠度函数 $w(x)$ 为基本未知量，弯曲梁单元问题的基本方程分别如下：

几何方程表达式为

$$\kappa = -\frac{\mathrm{d}^{2} w}{\mathrm{d}x^{2}} \tag{7-34}$$

式中　κ ——梁中面变形后的曲率。

联系弯矩 M 与曲率的物理方程表达式为

$$M = EI\kappa = -EI \frac{\mathrm{d}^{2} w}{\mathrm{d}x^{2}} \tag{7-35}$$

式中　M——截面上的弯矩；

　　　I——截面弯曲惯性矩；

　　　E——弹性模量。

平衡方程为

$$Q = \frac{\mathrm{d}M}{\mathrm{d}x} = -EI \frac{\mathrm{d}^{3} w}{\mathrm{d}x^{3}} \tag{7-36}$$

式中　Q——截面上的横向剪力。

由式（7-36）进一步可得到

$$-\frac{\mathrm{d}Q}{\mathrm{d}x} = EI \frac{\mathrm{d}^{4} w}{\mathrm{d}x^{4}} = q(x) \tag{7-37}$$

弯曲梁单元分析中可采用两结点 Hermite 插值多项式表示的插值函数，结点位移包括横向位移和转角两部分，单元内任一点位移的表达式为

$$\begin{cases} w(\xi) = \sum_{i=1}^{4} N_i(\xi) a_i = \boldsymbol{N} \boldsymbol{a}^{e} \\ \boldsymbol{N} = \begin{bmatrix} N_1 & N_2 & N_3 & N_4 \end{bmatrix} \\ \boldsymbol{a}^{e} = \begin{bmatrix} w_1 & \theta_1 & w_2 & \theta_2 \end{bmatrix}^{T} \\ \theta_i = \left(\dfrac{\mathrm{d}w}{\mathrm{d}x} \right)_i \quad (i = 1, \ 2) \end{cases} \tag{7-38}$$

式中　ξ——等参变量，计算式为 $\xi = (x - x_i)/l$，x 为 ξ 对应点的整体坐标，x_i 为单元初始结点坐标，l 为单元长度。

式（7-38）中的 4 个插值函数分别为

$$\begin{cases} N_1(\xi) = 1 - 3\xi^2 + 2\xi^3 \\ N_2(\xi) = (\xi - 2\xi^2 + \xi^3) l \\ N_3(\xi) = 3\xi^2 - 2\xi^3 \\ N_4(\xi) = (\xi^3 - \xi^2) l \end{cases} \tag{7-39}$$

该单元属于 C_1 型单元，基于变分原理可得到弯曲梁有限元求解方程，即

$$\begin{cases} \boldsymbol{K} \boldsymbol{a} = \boldsymbol{P} \\ \boldsymbol{K} = \sum_{e} \boldsymbol{K}^{e} \\ \boldsymbol{P} = \sum_{e} \boldsymbol{P}^{e} \\ \boldsymbol{a} = \sum_{e} \boldsymbol{a}^{e} \end{cases} \tag{7-40}$$

式中　$\boldsymbol{K}^{e}$——单元刚度矩阵；

　　　$\boldsymbol{P}^{e}$——单元荷载列阵；

　　　$\boldsymbol{a}^{e}$——单元位移列阵；

　　　$\sum\limits_{e}$——对结构中所有单元进行求和运算。

弯曲梁单元的刚度矩阵表达式为[6]

$$\boldsymbol{K}^{e} = \int_0^1 \frac{EI}{l^3} \left(\frac{\mathrm{d}^2 \boldsymbol{N}}{\mathrm{d}\xi^2} \right)^{T} \left(\frac{\mathrm{d}^2 \boldsymbol{N}}{\mathrm{d}\xi^2} \right) \mathrm{d}\xi = \frac{EI}{l^3} \begin{bmatrix} 12 & 6l & -12 & 6l \\ 6l & 4l^2 & -6l & 2l^2 \\ -12 & -6l & 12 & -6l \\ 6l & 2l^2 & -6l & 4l^2 \end{bmatrix} \tag{7-41}$$

当单元上作用横向分布荷载 $q(x)$ 以及横向集中荷载 P_j 和弯矩 M_k 时，对应单元的等效荷载列阵为

$$\boldsymbol{P}^{e} = \int_0^1 \boldsymbol{N}^{T} q l \, \mathrm{d}\xi + \sum_j \boldsymbol{N}^{T}(\xi_j) P_j - \sum_k \frac{\mathrm{d} \boldsymbol{N}^{T}(\xi_k)}{\mathrm{d}\xi} \frac{M_k}{l} \tag{7-42}$$

式中　ξ_j 和 ξ_k——横向集中荷载和弯矩作用点的自然坐标；

　　　$\sum\limits_{j}$ 和 $\sum\limits_{k}$——对单元内的横向集中荷载和弯矩求和。

若集中荷载直接施加于单元结点处，分布荷载 q 作用下的单元荷载列阵可以直接得

到，即

$$\boldsymbol{P}^{e}=\frac{ql}{12}\begin{bmatrix} 6 & l & 6 & -l \end{bmatrix}^{\mathrm{T}} \tag{7-43}$$

7.2.3　自由度集成

前面部分分别介绍了轴力杆、扭转杆和弯曲梁的有限单元法分析，轴力和扭矩分析基于一维空间，而弯曲分析基于平面二维空间。海上测风塔基础结构杆件均呈三维分布状态，杆件并不完全分布在同一平面内，结构所受的荷载也不完全在结构所处的平面内。杆件所受到的弯矩可能同时在两个坐标平面内存在，而不仅仅是前面部分中的单一平面内弯曲。此时要求有限单元分析中单元特性矩阵能反映轴力杆、扭转杆和弯曲梁等单元特性，在小变形的情况下，单元的特性矩阵可以由轴力杆单元、扭转杆单元和弯曲梁单元的特性矩阵通过叠加来构成。

对于空间结构杆件，采用两结点单元时，单元局部坐标系下结点变量为

$$\{\delta\}^{e}=\begin{bmatrix} u_i & v_i & w_i & \theta_{xi} & \theta_{yi} & \theta_{zi} & u_j & v_j & w_j & \theta_{xj} & \theta_{yj} & \theta_{zj} \end{bmatrix}^{\mathrm{T}} \tag{7-44}$$

式中　u_i、v_i、w_i——结点 i 沿局部坐标方向的位移，分别对应着轴向位移和两个挠度；

θ_{xi}、θ_{yi} 和 θ_{zi}——结点 i 处截面绕 3 个坐标轴的转角，其中 θ_{xi} 表示截面的扭转，θ_{yi} 和 θ_{zi} 表示截面在 xz 和 xy 坐标平面内的转角。

与式（7-44）中结点位移向量相对应，单元结点力的表达式为

$$\boldsymbol{F}^{e}=\begin{bmatrix} F_{xi} & F_{yi} & F_{zi} & M_{xi} & M_{yi} & M_{zi} & F_{xj} & F_{yj} & F_{zj} & M_{xj} & M_{yj} & M_{zj} \end{bmatrix}^{\mathrm{T}} \tag{7-45}$$

式中　F_{xi}——结点 i 的轴力；

F_{yi}、F_{zi}——结点 i 在 xz 和 xy 坐标平面内的剪力；

M_{xi}——结点 i 的扭矩；

M_{yi}、M_{zi}——结点 i 在 xz 和 xy 坐标平面内的弯矩。

式（7-44）和式（7-45）中下标为 j 的各变量含义可类比于下标为 i 的各变量，不再一一赘述。

基于轴力杆单元、扭转杆和弯曲梁单元的刚度矩阵，根据上述三维状态下的单元结点自由度和结点力形式，当采用 Euler-Bernoulli 梁单元时，根据式（7-26）、式（7-32）和式（7-41）可得单元刚度矩阵为

$$\boldsymbol{K}^{e}=\begin{bmatrix} \boldsymbol{K}_1 & \boldsymbol{K}_2 \\ \boldsymbol{K}_3 & \boldsymbol{K}_4 \end{bmatrix} \tag{7-46}$$

$$\boldsymbol{K}_1=\begin{bmatrix} \dfrac{EA}{l} & 0 & 0 & 0 & 0 & 0 \\[2mm] 0 & \dfrac{12EI_z}{l^3} & 0 & 0 & 0 & \dfrac{6EI_z}{l^2} \\[2mm] 0 & 0 & \dfrac{12EI_y}{l^3} & 0 & -\dfrac{6EI_y}{l^2} & 0 \\[2mm] 0 & 0 & 0 & \dfrac{GJ}{l} & 0 & 0 \\[2mm] 0 & 0 & -\dfrac{6EI_y}{l^2} & 0 & \dfrac{4EI_y}{l} & 0 \\[2mm] 0 & \dfrac{6EI_z}{l^2} & 0 & 0 & 0 & \dfrac{4EI_z}{l} \end{bmatrix} \tag{7-47}$$

$$\boldsymbol{K}_2 = \begin{bmatrix} -\dfrac{EA}{l} & 0 & 0 & 0 & 0 & 0 \\ 0 & -\dfrac{12EI_z}{l^3} & 0 & 0 & 0 & \dfrac{6EI_z}{l^2} \\ 0 & 0 & -\dfrac{12EI_y}{l^3} & 0 & -\dfrac{6EI_y}{l^2} & 0 \\ 0 & 0 & 0 & -\dfrac{GJ}{l} & 0 & 0 \\ 0 & 0 & \dfrac{6EI_y}{l^2} & 0 & \dfrac{2EI_y}{l} & 0 \\ 0 & -\dfrac{6EI_z}{l^2} & 0 & 0 & 0 & \dfrac{2EI_z}{l} \end{bmatrix} \qquad (7-48)$$

$$\boldsymbol{K}_3 = \boldsymbol{K}_2 \qquad (7-49)$$

$$\boldsymbol{K}_4 = \begin{bmatrix} \dfrac{EA}{l} & 0 & 0 & 0 & 0 & 0 \\ 0 & \dfrac{12EI_z}{l^3} & 0 & 0 & 0 & -\dfrac{6EI_z}{l^2} \\ 0 & 0 & \dfrac{12EI_y}{l^3} & 0 & \dfrac{6EI_y}{l^2} & 0 \\ 0 & 0 & 0 & \dfrac{GJ}{l} & 0 & 0 \\ 0 & 0 & \dfrac{6EI_y}{l^2} & 0 & \dfrac{4EI_y}{l} & 0 \\ 0 & -\dfrac{6EI_z}{l^2} & 0 & 0 & 0 & \dfrac{4EI_z}{l} \end{bmatrix} \qquad (7-50)$$

式中　E——材料的弹性模量；

　　　A——单元的横截面面积；

　　　l——单元长度；

　　　I_y——xz 坐标平面内的截面惯性矩；

　　　I_z——xy 坐标平面内的截面惯性矩；

　　　J——单元的极惯性矩；

　　　G——剪切刚度。

7.2.4　空间坐标转换

对于空间三维杆件系统，有限元分析时需要将单元局部坐标系内建立的单元特性矩阵转换到系统的总体坐标系中。有限元求解中基本未知量采用的是结点位移，因此只需要建立局部坐标系到整体坐标系中位移向量的转换关系，其他向量或矩阵的转换关系可由此得到。基于位移向量下局部坐标系和总体坐标系的转换矩阵 $\boldsymbol{T}$ 为[10]

$$T = \begin{bmatrix} t & 0 & 0 & 0 \\ 0 & t & 0 & 0 \\ 0 & 0 & t & 0 \\ 0 & 0 & 0 & t \end{bmatrix} \qquad (7-51)$$

$$t = \begin{bmatrix} \cos(x,\bar{x}) & \cos(x,\bar{y}) & \cos(x,\bar{z}) \\ \cos(y,\bar{x}) & \cos(y,\bar{y}) & \cos(y,\bar{z}) \\ \cos(z,\bar{x}) & \cos(z,\bar{y}) & \cos(z,\bar{z}) \end{bmatrix} \qquad (7-52)$$

式中　x、y、z——局部坐标系 3 个坐标轴；

　　　$\bar{x}$、$\bar{y}$、$\bar{z}$——总体坐标系 3 个坐标轴；

　$\cos(x,\bar{x})$——局部坐标 x 轴与总体坐标 $\bar{x}$ 轴之间的方向余弦，以顺时针旋转为正，其他相似变量的含义可以类推。

式（7-52）中矩阵 t 中的元素分别表示局部坐标轴在整体坐标系内的方向余弦。其第一行元素可由杆件结点的坐标来求解，表达式为

$$\begin{cases} \cos(x,\bar{x}) = \dfrac{\bar{x}_2 - \bar{x}_1}{l} \\[2mm] \cos(x,\bar{y}) = \dfrac{\bar{y}_2 - \bar{y}_1}{l} \\[2mm] \cos(x,\bar{z}) = \dfrac{\bar{z}_2 - \bar{z}_1}{l} \\[2mm] l = \sqrt{(\bar{x}_2 - \bar{x}_1)^2 + (\bar{y}_2 - \bar{y}_1)^2 + (\bar{z}_2 - \bar{z}_1)^2} \end{cases} \qquad (7-53)$$

而子矩阵 t 的其他行元素的确定需要借助一个参考坐标系 $x'y'z'$。辅助参考坐标系 $x'y'z'$ 与整体坐标系 $\bar{x}\bar{y}\bar{z}$ 间的转换矩阵为

$$t_1 = \begin{bmatrix} l & m & n \\[2mm] -\dfrac{m}{\lambda} & \dfrac{l}{\lambda} & 0 \\[2mm] -\dfrac{nl}{\lambda} & -\dfrac{mn}{\lambda} & \lambda \end{bmatrix} \qquad (7-54)$$

矩阵 t_1 中各元素的计算方法为

$$\begin{cases} l = \cos(x,\bar{x}) = \dfrac{\bar{x}_j - \bar{x}_i}{L} \\[2mm] m = \cos(x,\bar{y}) = \dfrac{\bar{y}_j - \bar{y}_i}{L} \\[2mm] n = \cos(x,\bar{z}) = \dfrac{\bar{z}_j - \bar{z}_i}{L} \\[2mm] L = \sqrt{(\bar{x}_j - \bar{x}_i)^2 + (\bar{y}_j - \bar{y}_i)^2 + (\bar{z}_j - \bar{z}_i)^2} \\[2mm] \lambda = \sqrt{l^2 + m^2} \end{cases} \qquad (7-55)$$

而辅助参考坐标系 $x'y'z'$ 与局部坐标系 xyz 之间的转换矩阵为

$$t_2 = \begin{bmatrix} 1 & 0 & 0 \\ 0 & \cos\alpha & \sin\alpha \\ 0 & -\sin\alpha & \cos\alpha \end{bmatrix} \qquad (7-56)$$

式中　α——局部坐标系 y 轴相应于辅助坐标系 y' 轴的夹角。

根据式（7-54）和式（7-56），子矩阵 t 可进一步表示为

$$t = t_2 t_1 = \begin{bmatrix} 1 & 0 & 0 \\ 0 & \cos\alpha & \sin\alpha \\ 0 & -\sin\alpha & \cos\alpha \end{bmatrix} \begin{bmatrix} l & m & n \\ -\dfrac{m}{\lambda} & \dfrac{l}{\lambda} & 0 \\ -\dfrac{nl}{\lambda} & -\dfrac{mn}{\lambda} & \lambda \end{bmatrix} \qquad (7-57)$$

局部坐标系下的单元结点位移 $\boldsymbol{\delta}^e$ 与总体坐标系中的单元结点位移 $\bar{\boldsymbol{\delta}}^e$ 的关系可写成

$$\boldsymbol{\delta}^e = \boldsymbol{T}\,\bar{\boldsymbol{\delta}}^e \qquad (7-58)$$

将式（7-58）代入到有限元整体求解方程中，同时考虑 $\boldsymbol{T}^{-1} = \boldsymbol{T}^T$，则总体坐标系下的单元刚度矩阵为[10]

$$\bar{\boldsymbol{K}}^e = \boldsymbol{T}^T \boldsymbol{K}^e \boldsymbol{T} \qquad (7-59)$$

式中　$\boldsymbol{K}^e$——局部坐标系下的单元刚度矩阵。

同理可以得到总体坐标系下载荷向量的表达式为

$$\bar{\boldsymbol{P}}^e = \boldsymbol{T}^T \boldsymbol{P}^e \qquad (7-60)$$

式中　$\boldsymbol{P}^e$——局部坐标系下的荷载列阵。

7.3　基础结构与节点验算

当采用有限单元法进行完基础结构分析后，便可以得到不同荷载组合模式下结构各杆件的内力值，进而可进行基础结构中钢结构和混凝土结构的强度与稳定性验算，还应进行钢筋混凝土结构的裂缝计算。对于海上测风塔结构验算，前者采用荷载效应基本组合，后者采用荷载效应准永久组合。由于基础结构中各杆件存在诸多节点，同时基础结构与测风塔塔架底座连接时也存在多种形式的连接节点，基础结构设计时尚应对这些节点强度进行验算，以确保基础结构体系的整体可靠度。

7.3.1　基础钢结构强度与稳定性

海上测风塔基础结构多由钢管桩或导管架结构所组成，钢管桩和导管架主导管经常设计成内外水压贯通的结构，而不是内心隔水的空腔结构，基础结构在工作状态下内外水压基本平衡，短时间内可能因为水位变化速度较快而存在一定的内外水压不平衡，也即结构会存在较小水头的静水压力作用，但这一短期作用效应对结构强度和稳定性的影响可以忽略。在水面附近连接钢管桩或导管架主导管的撑杆（支管）结构多为隔水的空腔结构，将受到静水压力作用，但水面附近的静水压力通常很小，这一作用仍可以忽略。下面给出的基础钢结构强度与稳定性验算方法均不考虑静水压力作用。

基础钢结构包含四种基本受力构件类型，即轴心受拉构件、轴心受压构件、拉弯构件

和压弯构件，不同的构件应进行不同项目的计算与验算。对于轴心受拉构件和拉弯构件应验算强度项，对于轴心受压构件应验算强度、整体稳定性和局部稳定性，对于压弯构件应验算强度、弯矩作用平面内稳定性、弯矩作用平面外稳定性和局部稳定性。

1. 强度验算

（1）轴向拉伸与压缩。当构件截面形状为圆形时，轴向受力杆件的轴向应力 f_n 计算为

$$f_n = \frac{4N}{\pi[D^2 - (D-2t)^2]} \qquad (7-61)$$

式中　N——乘以荷载分项系数后的组合荷载拉力或压力设计值；

$\quad\quad D$——桩外径；

$\quad\quad t$——桩壁厚。

当构件截面形状不为圆形时，轴向应力 f_n 计算为

$$f_n = \frac{N}{A_n} \qquad (7-62)$$

式中　A_n——构件净截面面积。

轴向拉伸杆件或压缩杆件应满足的强度要求为

$$f_n \leqslant f \qquad (7-63)$$

式中　f——钢材的抗拉或抗压强度设计值。

对于 Q235 牌号钢材，$f = f_y/\gamma_R = f_y/1.087$，对于 Q345、Q390、Q420 牌号钢材，$f = f_y/\gamma_R = f_y/1.111$，$f_y$ 为钢材的名义屈服强度，γ_R 为抗力分项系数。

（2）剪切。在主平面内受弯的构件，其抗剪强度应验算为

$$\tau = \frac{VS}{It} \leqslant f_v \qquad (7-64)$$

式中　V——计算截面的剪力设计值；

$\quad\quad S$——计算剪应力处以上毛截面对中和轴的面积矩；

$\quad\quad I$——毛截面的惯性矩；

$\quad\quad t$——壁厚；

$\quad\quad f_v$——钢材的抗剪强度设计值。

根据畸变能屈服准则，当梁腹板中的剪应力达到受剪屈服强度 $f_{vy} = f_y/\sqrt{3}$ 时即进入塑性，因此抗剪强度设计值取值为

$$f_v = \frac{f_y}{\sqrt{3}\,\gamma_R} = 0.58f \qquad (7-65)$$

对于钢管构件（直径为 D，壁厚为 t），可采用下述过程推导得到其抗剪强度计算式。钢管构件的面积矩计算为

$$S = Ay = \frac{1}{12}[D^3 - (D-2t)^3] \qquad (7-66)$$

$$A = \frac{\pi}{8}[D^2 - (D-2t)^2] \qquad (7-67)$$

$$y = \frac{2}{3\pi} \frac{D^3 - (D-2t)^3}{D^2 - (D-2t)^2} \qquad (7-68)$$

结合钢管的惯性矩表达式 $I = \frac{\pi}{64}[D^4 - (D-2t)^4]$ ，一并将式（7-66）代入式（7-64）可得圆管构件的抗剪强度验算为

$$\tau = \frac{16V[D^3 - (D-2t)^3]}{3t\pi[D^4 - (D-2t)^4]} < f_v \qquad (7-69)$$

（3）扭转。对于受扭的构件，其扭转剪切强度应计算为

$$\tau = \frac{M_p}{I_p} \frac{D}{2} \qquad (7-70)$$

式中　M_p——作用在构件上的扭矩设计值；

　　　I_p——极惯性矩；

　　　D——构件的外径。

钢管构件极惯性矩 I_p 的计算为

$$I_p = \frac{\pi}{32}[D^4 - (D-2t)^4] \qquad (7-71)$$

（4）弯曲。在主平面内受弯的构件，其抗弯强度应按以下规定验算，即

$$\frac{M_x}{\gamma_x W_{nx}} + \frac{M_y}{\gamma_y W_{ny}} \leqslant f \qquad (7-72)$$

式中　M_x、M_y——同一截面处绕 x 轴和 y 轴的弯矩设计值；

　　W_{nx}、W_{ny}——对 x 轴和 y 轴的净截面模量；

　　　γ_x、γ_y——截面塑性发展系数。

对于受弯构件而言，当梁的最外侧纤维刚刚达到钢材的屈服点时，梁处于弹性工作阶段。当作用弯矩继续增加时，塑性逐渐往梁内发展，直至整个截面全部达到塑性，即出现塑性铰为止。截面形状系数 γ_F 定义为塑性截面模量 W_p 与弹性截面模量 W 的比值。尽管有效利用截面塑性的发展可取得较好的经济性，但考虑到塑性过度发展会使得塑性变形导致梁不适于继续承载。综合考虑后，采用截面塑性发展系数来代替截面形状系数 γ_F，截面塑性发展系数与截面型式、塑性发展深度和截面高度的比值、腹板面积和一个翼缘面积的比值以及应力状态等有关，其介于 $1.0 \sim \gamma_F$ 之间，对于圆管截面，$\gamma_x = \gamma_y = 1.15$。

（5）拉弯或压弯。在轴心力设计值 N 和弯矩设计值 M 的共同作用下，弯矩作用在主平面内的拉弯构件或压弯构件，其强度判别应满足

$$f_n \pm f_x \pm f_y \leqslant f \qquad (7-73)$$

$$f_x = \frac{M_x}{\gamma_x W_{nx}} \qquad (7-74)$$

$$f_y = \frac{M_y}{\gamma_y W_{ny}} \qquad (7-75)$$

式中　f_n——轴向应力，按式（7-61）或式（7-62）计算。

2. 稳定性验算

（1）受压构件的稳定性。受压圆管或圆柱形杆件的稳定性包括整体稳定性和局部稳定

性两个方面。整体稳定性验算时应满足

$$\frac{f_n}{\varphi} \leqslant f \tag{7-76}$$

式中　φ——轴心受压构件的稳定性系数，取截面两主轴稳定系数中的较小者，应根据杆件的长细比、钢材屈服强度和截面分类来综合确定。

受压圆管的管壁在弹性范围局部屈曲临界应力理论值很大，但管壁局部屈曲与板件不同，其对钢材的缺陷特别敏感，实际屈曲应力比理论值低很多。无论是轴压构件还是压弯构件，圆管的局部稳定性通过以下截面构造要求来满足，即

$$\frac{D}{t} \leqslant 100 \times \frac{235}{f_y} \tag{7-77}$$

式中　D——杆件外径；

　　　t——杆件壁厚。

圆管或圆柱形构件的长细比 λ 为

$$\lambda = \frac{l_0}{i} = \frac{4l_0}{\sqrt{D^2+(D-2t)^2}} \tag{7-78}$$

式中　l_0——杆件的计算长度，取值如表 7-1 所示；

　　　i——构件截面对主轴的回转半径；

　　　D——直径；

　　　t——壁厚。

表 7-1　计算长度 l_0 的确定[11]

项　次	弯曲方向	弦　杆	腹　杆	
			支座斜杆和支座竖杆	其他腹杆
1	在桁架平面内	l	l	$0.8l$
2	在桁架平面外	l_1	l	l
3	斜平面	—	l	$0.8l$

注：l 为构件的几何长度，即节点中心间距；l_1 为弦杆侧向支撑点之间的距离。

定义中间变量 λ_n，其表达式为

$$\lambda_n = \frac{\lambda}{\pi}\sqrt{\frac{f_y}{E}} \tag{7-79}$$

式中　E——钢材的弹性模量。

整体稳定性系数 φ 的计算以变量 λ_n 为划分标准，分段计算为

$$\begin{cases} \varphi = 1 - a_1\lambda_n^2 & \lambda_n \leqslant 0.215 \\ \varphi = \dfrac{1}{2\lambda_n^2}\left[(a_2+a_3\lambda_n+\lambda_n^2) - \sqrt{(a_2+a_3\lambda_n+\lambda_n^2)^2 - 4\lambda_n^2}\right] & \lambda_n > 0.215 \end{cases} \tag{7-80}$$

式中　a_1、a_2、a_3——计算系数，取值按照表 7-2 规定。

（2）受弯构件的稳定性。在最大刚度主平面内受弯的构件，其整体稳定性应验算为

$$\frac{M_x}{\varphi_b W_x} \leqslant f \tag{7-81}$$

表 7-2 a_1、a_2、a_3 的取值[11]

a 取值	a_1	a_2	a_3
轧制	0.41	0.986	0.152
焊接	0.65	0.965	0.300

式中 M_x——绕强轴作用的最大弯矩设计值;

       W_x——按受压纤维确定的梁毛截面模量;

       φ_b——梁的整体稳定性系数。

    对于均匀弯曲的受弯构件,如双轴对称的工字形截面时,当 $\lambda \leqslant 120\sqrt{235/f_y}$ 时,其整体稳定性系数 φ_b 可近似计算为

$$\varphi_b = 1.07 - \frac{\lambda_y^2}{44000}\frac{f_y}{235} \tag{7-82}$$

式中 λ_y——梁在侧向支撑点间对截面弱轴 $y-y$ 的长细比。

    当采用式（7-82）的计算值大于 1.0 时应取 $\varphi_b = 1.0$。

    （3）轴力和弯曲联合作用的稳定性。轴力和弯曲联合作用下,在弯矩作用平面内其稳定性判定为

$$\frac{f_n}{\varphi} + \frac{\beta_{mx}M_x}{1.15W\left(1 - 0.8\dfrac{1.1\lambda^2 N}{\pi^2 EA}\right)} \leqslant f \tag{7-83}$$

式中 β_{mx}——弯矩作用平面内的等效弯矩系数,使构件同向曲率时（无反弯点）$\beta_{mx} = 1.0$,使构件产生反向曲率时（有反弯点）$\beta_{mx} = 0.85$;

       M_x——最大弯矩设计值;

       N——组合荷载压力设计值;

       E——钢材弹性模量;

       A——截面面积;

       W——弯矩作用平面内对较大受压纤维的毛截面模量;

       φ——弯矩作用平面内的轴心受压杆件稳定系数。

    轴力和弯曲联合作用下,在弯矩作用平面外其稳定性判定为

$$\frac{f_n}{\varphi} + \eta\frac{\beta_{tx}M_x}{\varphi_b W} \leqslant f \tag{7-84}$$

式中 β_{tx}——弯矩作用平面外的等效弯矩系数,可类比 β_{mx} 的取值方法;

       η——截面影响系数,闭口截面取 0.7,其他截面取 1.0;

       φ——弯矩作用平面外的轴心受压构件稳定系数;

       φ_b——均匀弯曲的受弯构件整体稳定系数。

7.3.2   桩身强度与稳定性

    海上测风塔基础中桩基以钢管桩为主,一些情况下也采用灌注桩。钢管桩的强度与稳定性验算采用基础钢结构的相关验算方法,但在稳定性计算时桩身压屈计算长度的确定按受压桩、抗拔桩、水平受荷桩和其他要求等 4 部分进行分析。

1. 受压桩

桩身强度与稳定性验算应考虑桩身材料强度、成桩工艺、吊运与沉桩、约束条件和环境类别等因素的影响。钢筋混凝土轴心受压桩正截面受压承载力应满足桩顶所受轴向荷载的要求。桩身混凝土的受压承载力是桩身受压承载力的主要部分，但其强度和截面变异程度受成桩工艺的影响。桩身的箍筋不仅起到水平抗剪作用，更重要的是对混凝土起侧向约束增强作用。桩身纵向主筋的承压作用在一定条件下可计入桩身受压承载力。

当桩顶以下 $5d$（d 为桩径）范围的桩身螺旋式箍筋间距不大于 100mm，且符合对灌注桩配筋率、配筋长度以及主筋和箍筋布置要求时，荷载效应基本组合下桩顶轴向压力设计值 N 应满足[12]

$$N \leqslant \psi_c f_c A_{ps} + 0.9 f'_y A'_s \qquad (7-85)$$

式中　ψ_c——桩的成桩工艺系数；

　　　f_c——混凝土轴心抗压强度设计值；

　　　f'_y——纵向主筋抗压强度设计值；

　　　A'_s——纵向主筋截面面积；

　　　A_{ps}——桩身横截面积。

当桩身配筋情况达不到对桩基主筋和箍筋基本作用要求时，验算桩顶轴向压力设计值 N 是否满足要求，不考虑主筋的抗压作用，即

$$N \leqslant \psi_c f_c A_{ps} \qquad (7-86)$$

对于成桩工艺系数的取值，混凝土预制桩、预应力混凝土空心桩对应的 $\psi_c = 0.85$，主要考虑其在沉桩后桩身经常出现裂缝；干作业非挤土灌注桩对应的 $\psi_c = 0.9$；泥浆护壁和套管护壁非挤土灌注桩、部分挤土灌注桩、挤土灌注桩对应的 $\psi_c = 0.7 \sim 0.8$；软土地区挤土灌注桩对应的 $\psi_c = 0.6$；对于泥浆护壁非挤土灌注桩应视地层土质情况选取 ψ_c 值，对于易塌孔的流塑状软土、松散粉土、粉砂，宜取 $\psi_c = 0.7$。

计算轴心受压混凝土桩正截面受压承载力时，一般取稳定系数 $\varphi = 1.0$。对于高承台桩、桩身穿越可液化土或不排水抗剪强度小于 10kPa 的软弱土层的桩，应考虑压屈影响，式（7-85）和式（7-86）中计算所得桩身正截面受压承载力应乘以 φ 予以折减。其稳定系数 φ 可根据桩身压屈计算长度 l_c 和桩的设计直径 d（或矩形桩短边尺寸 b）确定。

对桩进行稳定计算时桩的计算长度需根据桩顶的约束情况、桩身露出地面的自由长度 l_0、桩的入土长度 h、桩侧和桩底的土质等条件确定，如表 7-3 所示。桩的稳定性系数 φ 按照表 7-4 确定。

表 7-3 中，α 为桩的水平变形系数，按式（6-24）计算。当桩顶自由时，桩的入土深度需大于 $4.0/\alpha$。当桩侧有厚度为 d_l 的液化土层时，桩露出地面长度 l_0 和桩的入土长度 h 分别调整为 $l'_0 = l_0 + (1-\alpha_e)d_l$ 和 $h' = h - (1-\alpha_e)d_l$，其中 α_e 为土层液化影响折减系数，取值如表 6-10 所示。当桩周存在地基承载力特征值 $f_{ak} < 25$kPa 的软弱土时，按液化土处理。

表 7-3　桩身计算长度 l_c [13]

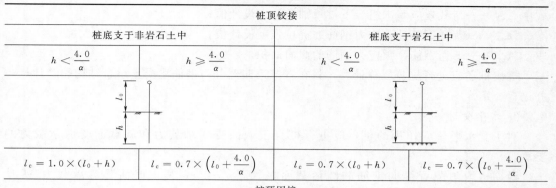

桩顶铰接			
桩底支于非岩石土中		桩底支于岩石土中	
$h < \dfrac{4.0}{\alpha}$	$h \geqslant \dfrac{4.0}{\alpha}$	$h < \dfrac{4.0}{\alpha}$	$h \geqslant \dfrac{4.0}{\alpha}$
$l_c = 1.0 \times (l_0 + h)$	$l_c = 0.7 \times \left(l_0 + \dfrac{4.0}{\alpha}\right)$	$l_c = 0.7 \times (l_0 + h)$	$l_c = 0.7 \times \left(l_0 + \dfrac{4.0}{\alpha}\right)$

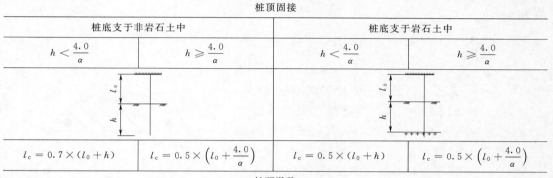

桩顶固接			
桩底支于非岩石土中		桩底支于岩石土中	
$h < \dfrac{4.0}{\alpha}$	$h \geqslant \dfrac{4.0}{\alpha}$	$h < \dfrac{4.0}{\alpha}$	$h \geqslant \dfrac{4.0}{\alpha}$
$l_c = 0.7 \times (l_0 + h)$	$l_c = 0.5 \times \left(l_0 + \dfrac{4.0}{\alpha}\right)$	$l_c = 0.5 \times (l_0 + h)$	$l_c = 0.5 \times \left(l_0 + \dfrac{4.0}{\alpha}\right)$

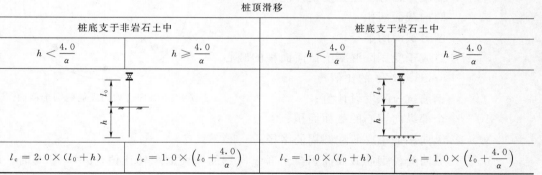

桩顶滑移			
桩底支于非岩石土中		桩底支于岩石土中	
$h < \dfrac{4.0}{\alpha}$	$h \geqslant \dfrac{4.0}{\alpha}$	$h < \dfrac{4.0}{\alpha}$	$h \geqslant \dfrac{4.0}{\alpha}$
$l_c = 2.0 \times (l_0 + h)$	$l_c = 1.0 \times \left(l_0 + \dfrac{4.0}{\alpha}\right)$	$l_c = 1.0 \times (l_0 + h)$	$l_c = 1.0 \times \left(l_0 + \dfrac{4.0}{\alpha}\right)$

表 7-4　桩身稳定系数 φ [12]

l_c/d	$\leqslant 7$	8.5	10.5	12	14	15.5	17	19	21	22.5	24
l_c/b	$\leqslant 8$	10	12	14	16	18	20	22	24	26	28
φ	1.00	0.98	0.95	0.92	0.87	0.81	0.75	0.70	0.65	0.60	0.56
l_c/d	26	28	29.5	31	33	34.5	36.5	38	40	41.5	43
l_c/b	30	32	34	36	38	40	42	44	46	48	50
φ	0.52	0.48	0.44	0.40	0.36	0.32	0.29	0.26	0.23	0.21	0.19

注：b 为矩形桩短边长；d 为桩直径。

2. 抗拔桩

钢筋混凝土轴心抗拔桩的正截面受拉承载力应符合

$$N \leqslant f_y A_s + f_{py} A_{py} \tag{7-87}$$

式中　N——荷载效应基本组合下桩顶轴向拉力设计值；

f_y、f_{py}——普通钢筋、预应力钢筋的抗拉强度设计值；

A_s、A_{py}——普通钢筋、预应力钢筋的截面面积。

抗拔桩还应进行桩身裂缝计算，将在本节第四部分与钢筋混凝土承台结构裂缝计算一并进行介绍。

3. 水平受荷桩

对于受水平荷载作用的桩，应进行桩身正截面受弯承载力和斜截面受剪承载力的验算。

沿周边均匀配置纵向钢筋的圆形截面桩（图 7-2），其正截面受弯承载力 M 计算为[14]

$$M \leqslant \frac{2}{3}\alpha_1 f_c Ar \frac{\sin^3 \pi\alpha}{\pi} + f_y A_s r_s \frac{\sin\pi\alpha + \sin\pi\alpha_t}{\pi} \tag{7-88}$$

$$\alpha_t = 1.25 - 2\alpha \tag{7-89}$$

式中　α_1——系数，当混凝土强度等级不超过 C50 时，$\alpha_1 = 1.0$，当混凝土强度等级为 C80 时，$\alpha_1 = 0.94$，其间按线性内插法确定；

f_c——混凝土轴心抗压强度设计值；

A——圆形截面面积；

r——圆形截面的半径；

α——对应于受压区混凝土截面面积的圆心（rad）与 2π 的比值；

f_y——钢筋抗拉强度设计值；

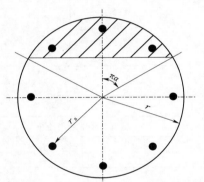

图 7-2　沿周边均匀配筋的圆形截面[14]

A_s——全部纵向钢筋的截面面积；

r_s——纵向钢筋重心所在圆周的半径；

α_t——纵向受拉钢筋截面面积与全部纵向钢筋截面面积的比值，$\alpha > 0.625$ 时，取 $\alpha_t = 0$。

沿周边均匀配置纵向钢筋的圆形截面桩，其斜截面受剪承载力 V 计算为[14]

$$V \leqslant \alpha_{cv} f_t bh_0 + f_{yv} \frac{A_{sv}}{s} h_0 \tag{7-90}$$

$$b = 1.76r \tag{7-91}$$

$$h_0 = 1.6r \tag{7-92}$$

式中　α_{cv}——斜截面混凝土受剪承载力系数，一般可取 0.7；

f_t——混凝土轴心抗拉强度设计值；

b——截面宽度；

h_0——截面有效高度；

r——圆形截面的半径；

f_{yv}——箍筋的抗拉强度设计值；

A_{sv}——配置在同一截面内箍筋各肢的全部截面面积，即 nA_{sv1}，n 为同一个截面内箍筋的肢数，A_{sv1} 为单肢箍筋的截面面积；

s——沿长度方向的箍筋间距。

作为受弯构件还应满足受剪截面要求，即

$$V \leqslant 0.25\beta_c f_c bh_0 \tag{7-93}$$

式中　β_c——混凝土强度影响系数，当混凝土强度等级不超过 C50 时，取 $\beta_c=1.0$；当混凝土强度等级为 C80 时，取 $\beta_c=0.8$；其间按线性内插法确定；

f_c——混凝土轴心抗压强度设计值。

4. 其他要求

桩基在使用期和施工期应分别进行强度和稳定性验算。钢管桩壁厚包括有效厚度和预留腐蚀厚度，有效厚度为管壁在外力作用下所需要的厚度，预留腐蚀厚度（或腐蚀裕量）为桩基在使用年限内管壁腐蚀所需要的厚度，预留腐蚀厚度将在第 8 章中介绍。钢管桩计算时，使用期管壁计算厚度应取有效厚度，施工期可根据施工期限、防腐蚀效果，计算厚度取有效厚度加全部或部分预留腐蚀厚度。

钢管桩外径与厚度之比不宜大于 100。钢管桩沉桩困难时，抗锤击要求的最小厚度可按经验确定，也可估算为

$$t = 6.35 + \frac{d}{100} \tag{7-94}$$

式中　t——钢管桩抗锤击要求的最小壁厚，mm；

d——钢管桩外径，mm。

对于打入式钢管桩，还应验算桩身局部压屈。海上测风塔桩基的桩径较大，当桩径大于 900mm 时，钢管桩壁厚 t 与外径 d 应满足：

$$\frac{t}{d} \geqslant \frac{f'_y}{0.388E} \tag{7-95}$$

$$\frac{t}{d} \geqslant \sqrt{\frac{f'_y}{14.5E}} \tag{7-96}$$

式中　f'_y——钢材抗压强度设计值；

E——钢材弹性模量。

在钢管桩内浇筑混凝土所形成的钢管混凝土桩，应按照钢管混凝土结构来计算，可参照相关标准或经验方法。

当采用灌注桩形式计算桩在轴心受压荷载或偏心受压荷载作用下的桩身承载力时，混凝土的轴心抗压强度设计值应根据施工工艺进行折减，钻孔灌注桩折减系数宜取 0.8。桩身界面配筋率应根据计算确定，最小配筋率不应小于 0.6%，混凝土保护层厚度不应小于 70mm，桩身混凝土强度等级不应小于 C30。

当采用预制型芯柱嵌岩桩和锚杆嵌岩桩时，桩内混凝土芯柱应有足够的长度。采用芯柱嵌岩时，预制桩内的芯柱长度应满足主筋要求的锚固长度，且不小于 1.5 倍嵌岩深度，还应满足芯柱传递轴向力所需的最小长度 L，确定为

$$L = \frac{\alpha N}{\tau_0 \pi d} \tag{7-97}$$

式中 L——芯柱传递轴向力所需的最小长度；

α——系数，取 1.2；

N——桩在岩面处的轴向力设计值；

τ_0——芯柱与桩内壁结合面的抗剪强度设计值，无经验时可取 $270\sim370$kPa；

d——桩内径。

采用锚杆嵌岩桩的抗拔桩，锚杆锚固于桩内下段芯柱时，芯柱长度不应小于传递轴向力所需最小长度 L，且不宜小于 8m，抗拔所需的最小长度 L 按式（7-97）计算。采用芯柱与锚杆组合嵌岩桩时，桩内下段芯柱长度不应小于 1.5 倍嵌岩深度和芯柱传递轴向力所需的最小长度 L。

7.3.3 承台结构强度

海上测风塔基础采用桩基混凝土承台结构时需要验算钢筋混凝土承台结构的强度和裂缝计算。一般的承台结构计算包括受弯计算、抗冲切计算和抗剪计算 3 部分，而海上测风塔承台基础的布置有其特殊性，这就使得其承台基础的验算内容略有不同。

对于桁架式测风塔塔架，当测风塔截面为三角形时承台布置成三角形，当测风塔截面为四边形时承台布置成四边形，承台桩基布置时桩顶与测风塔塔架腿柱底端多位于同一竖向平面内。与常规承台结构中结构柱位于承台中心部位的情形相比，海上测风塔这一特殊的结构与基础布置型式使得承台内力更小，各项强度验算更容易满足。

1. 受弯计算

一般承台结构的受弯计算用于承台的配筋，海上测风塔承台结构配筋与之不同，应考虑两方面的配筋需要：一为承台受弯产生的截面弯矩；二为测风塔各腿柱底部的水平力差异而引起的承台拉力。水平力的差异根据测风塔塔架结构分析得到，并按照混凝土结构受拉截面配筋计算。

由于测风塔的塔架腿柱底部与桩顶通常位于同一竖向平面内，实际上由桩顶反力而产生的承台弯矩较小。下面给出的弯矩计算方法不考虑测风塔荷载对桩顶反力的折减效应，故计算结果偏于保守。

当采用矩形（或方形）承台时，弯矩计算截面通过承台形心处，两个方向的截面弯矩设计值计算为

$$\begin{cases} M_x = \sum N_i y_i \\ M_y = \sum N_i x_i \end{cases} \tag{7-98}$$

式中 M_x、M_y——垂直 y 轴和 x 轴方向计算截面处的弯矩设计值；

x_i、y_i——垂直 y 轴和 x 轴方向自桩轴线到相应计算截面的距离；

N_i——荷载效应基本组合下，由承台自重和测风塔荷载作用引起的第 i 桩竖向反力设计值。

当采用等腰三角形（或等边三角形）承台时，弯矩计算截面为通过承台形心并与各边边缘正交的截面，该截面范围内弯矩设计值可计算为

$$M = \frac{N_{\max}}{3} s_a \tag{7-99}$$

式中　$N_{\max}$——包含承台自重在内由测风塔塔架荷载综合作用下产生的三桩中最大桩顶
竖向反力设计值;

　　　　s_a——桩中心距。

式 (7-99) 中三桩承台弯矩设计值 M 是通过承台形心与相应承台边缘正交截面的弯
矩设计值,在进行配筋计算时截面宽度应按此相应宽度来计算,而不是通过截面形心平行
于三角形承台边缘的截面宽度,配筋一般采用沿三角形承台的三边方向均匀配筋方式。

2. 受冲切计算

桩基承台厚度应满足柱对承台的冲切和桩基对承台的冲切承载力要求。海上测风塔桩
基承台基础中塔架腿柱底端与桩顶基本在同一竖向平面内,除非二者位置偏差较大否则不
存在塔架腿柱对承台的冲切问题。桩对承台的冲切计算时桩顶反力会受到塔架腿柱荷载的
抵消作用,实际冲切力要小得多。从设计保守的角度出发,可不考虑塔架腿柱对冲切的有
利作用,并按下述方法进行验算。

当采用四桩矩形 (或方形) 承台时,测风塔承台截面高度相同,承台受角桩冲切的承
载力计算为

$$\begin{cases} N_1 \leqslant \left[\beta_{1x} \left(c_2 + \frac{h_0}{2} \right) + \beta_{1y} \left(c_1 + \frac{h_0}{2} \right) \right] \beta_{hp} f_t h_0 \\ \beta_{1x} = \frac{0.56}{\lambda_{1x} + 0.2} = \frac{0.56}{\frac{a_{1x}}{h_0} + 0.2} = \frac{0.56}{1.2} \\ \beta_{1y} = \frac{0.56}{\lambda_{1y} + 0.2} = \frac{0.56}{\frac{a_{1y}}{h_0} + 0.2} = \frac{0.56}{1.2} \end{cases} \tag{7-100}$$

式中　　N_1——荷载效应基本组合下,扣除承台自重后的角桩桩顶竖向力设计值;

β_{1x}、β_{1y}——角桩冲切系数;

a_{1x}、a_{1y}——从角桩内边缘至承台中心沿 x 方向和 y 方向的距离,且不超过 h_0,海上
测风塔承台结构下可均取 h_0;

c_1、c_2——从角桩内边缘至承台外边缘沿 x 方向和 y 方向的距离;

　　　h_0——承台外边缘的有效高度;

　　β_{hp}——承台受冲切承载力截面高度影响系数,当截面高度 $h \leqslant 800\text{mm}$ 时 β_{hp} 取
1.0,当截面高度 $h \geqslant 2000\text{mm}$ 时 β_{hp} 取 0.9,其间按线性内插法取值;

　　　f_t——承台混凝土抗拉强度设计值。

当采用三桩等腰三角形 (或等边三角形) 承台时,测风塔承台截面高度相同,承台受
三角形底部角桩冲切的承载力计算为

$$\begin{cases} N_1 \leqslant \beta_{11} (2c_1 + h_0) \beta_{hp} \tan \frac{\theta_1}{2} f_t h_0 \\ \beta_{11} = \frac{0.56}{1 + 0.2} \end{cases} \tag{7-101}$$

式中　c_1——底部角桩内边缘沿边长方向至三角形承台底部角点的距离；

　　　θ_1——三角形承台底角的角度。

承台受三角形顶部角桩冲切的承载力计算为

$$\begin{cases} N_1 \leqslant \beta_{12}(2c_2 + h_0)\beta_{hp}\tan\dfrac{\theta_2}{2}f_t h_0 \\[2mm] \beta_{12} = \dfrac{0.56}{1 + 0.2} \end{cases} \tag{7-102}$$

式中　c_2——顶部角桩内边缘沿边长方向至三角形承台顶部角点的距离；

　　　θ_2——三角形承台顶角的角度。

承台厚度除应满足上述冲切承载力要求外，还对承台的结构刚度产生影响，进而影响塔架腿柱间的内力分布和测风塔变形，应综合分析来确定。

承台结构除了进行受弯计算、受冲切计算外，一般还应进行柱边与桩边连线而形成的贯通承台截面的受剪承载力进行验算。海上测风塔承台结构与塔架腿柱和桩基的特殊位置关系使其不必进行抗剪承载力计算。

7.3.4　钢筋混凝土结构裂缝

海上测风塔采用桩基承台基础型式时涉及承台混凝土裂缝验算，当桩基采用灌注桩时应进行钢筋混凝土桩的裂缝验算。海上测风塔工程中最大裂缝的宽度限值如表 5-9 所示，承台位于大气区，裂缝宽度不应超过 0.20mm；灌注桩处于大气区至泥下区范围内，灌注桩的裂缝宽度限值由上往下在大气区和浪溅区不应超过 0.2mm，在水位变动区不应超过 0.25mm，水下区不应超过 0.30mm。承台截面多为矩形，而灌注桩截面多为圆形，鉴于截面形式的差异下面分别给出两者的裂缝宽度计算方法。

1. 承台裂缝计算

测风塔承台裂缝计算时采用准永久组合计算承台内力。对于矩形截面的承台基础，截面受弯作用下的最大裂缝宽度为

$$W_{max} = \alpha_1\alpha_2\alpha_3 \frac{\sigma_s}{E_s}\left(\frac{c+d}{0.30 + 1.4\rho_{te}}\right) \tag{7-103}$$

式中　W_{max}——最大裂缝跨度，mm；

　　　α_1——构件受力特征系数，受弯构件取 1.0；

　　　α_2——考虑钢筋表面性状的影响系数，光面钢筋取 1.4，带肋钢筋取 1.0；

　　　α_3——考虑作用的准永久组合或重复荷载影响的系数，取 1.5；

　　　σ_s——钢筋混凝土构件纵向受拉钢筋的应力，N/mm^2；

　　　E_s——钢筋的弹性模量，N/mm^2；

　　　c——最外排纵向受拉钢筋的保护层厚度，mm，当 $c > 50mm$ 时取 50mm；

　　　d——钢筋直径，mm，当采用不同直径时取其加权平均的换算直径；

　　　ρ_{te}——纵向受拉钢筋的有效配筋率。

矩形截面受弯状态下，承台纵向受拉钢筋应力 σ_s 计算为

$$\sigma_s = \frac{M_q}{0.87A_s h_0} \tag{7-104}$$

式中　M_q——按作用的准永久组合计算的弯矩值，N·mm；

　　　A_s——受拉区纵向钢筋截面面积，mm^2，受弯构件取受拉区纵向钢筋截面面积；

　　　h_0——截面有效高度，mm。

矩形截面纵向受拉钢筋的有效配筋率为

$$\rho_{te} = \frac{A_s}{A_{te}} \tag{7-105}$$

式中　A_{te}——有效受拉混凝土截面面积，mm^2，受弯构件取 $2a_s b$，a_s 为受拉钢筋重心至受拉区边缘的距离，b 为截面宽度。

2. 钢筋混凝土桩裂缝计算

灌注桩为圆形截面，海上测风塔的受力特性使得桩基处于拉弯或压弯受力状态，相比于压弯状态而言，拉弯状态下对裂缝的开展更为不利，故以拉弯状态作为桩基裂缝计算的工况。

钢筋混凝土桩的裂缝宽度计算仍按照式（7-103）来计算。桩基受力可能处于小偏心受拉状态或大偏心受拉状态，因此在计算纵向受拉钢筋应力时应区别对待。当处于小偏心受拉状态时，圆形截面的纵向受拉钢筋应力 σ_s 为

$$\sigma_s = \left(1 + 1.3\frac{e_0}{r}\right)\frac{N_q}{A_s} \quad \frac{e_0}{r} \leqslant 0.365 \tag{7-106}$$

式中　e_0——轴向拉力作用点至截面中心的距离，mm；

　　　r——圆形截面的半径，mm；

　　　N_q——按作用的准永久组合计算的轴向力，N。

当处于大偏心受拉状态时，圆形截面的纵向受拉钢筋应力 σ_s 为

$$\sigma_s = \frac{\left(\frac{e_0}{r}\right)^3}{\left(0.45 + 0.26\frac{r_s}{r}\right)\left(\frac{e_0}{r} - 0.17\right)^2}\frac{N_q}{A_s} \quad \frac{e_0}{r} > 0.365 \tag{7-107}$$

式中　r_s——纵向普通钢筋重心所在圆周的半径，mm。

圆形截面纵向受拉钢筋的有效配筋率为

$$\rho_{te} = \frac{\beta A_s}{\pi(r^2 - r_1^2)} \tag{7-108}$$

$$r_1 = r - 2a_s \tag{7-109}$$

式中　β——构件受拉纵向钢筋对最大裂缝开展贡献的系数；

　　　r_1——圆形截面半径与钢筋中心到构件边缘 2 倍距离的差值，mm；

　　　a_s——钢筋中心到构件边缘的距离，mm。

采用式（7-108）计算的有效配筋率小于 0.01 时，应取 0.01；当大于 0.1 时，应取 0.1。

对于小偏心受拉构件，圆形截面构件受拉纵向钢筋对最大裂缝开展贡献系数确定为

$$\beta = \frac{1}{1 + 2\dfrac{e_0}{r}} \tag{7-110}$$

式中　e_0——构件初始偏心距，mm。

对于大偏心构件，圆形截面构件受拉纵向钢筋对最大裂缝开展贡献系数 $\beta = 0.45$。

7.3.5 基础结构节点验算

基础结构节点指的是海上测风塔基础结构各组成杆件相互交叉而形成的结构节点，一般多为管形杆件间的节点。基础结构节点不同于基础结构与测风塔塔架之间连接的节点。相比于海上风力发电机组基础结构，海上测风塔基础结构的杆件数量要少得多，因此节点数量也少，且多为简单型式的节点类型。

1. 节点类型与构造要求

对于管材，简单节点是主要撑杆（支杆）没有搭接以及没有节点板、隔板或加劲件的节点。按照各撑杆在每一种荷载工况下的荷载作用型式，节点类型可分为 K 型、Y 型（含 T 型）、X（交叉）型节点，如图 7-3 所示。对于 K 型节点，其中一个撑杆的冲剪荷载应由位于节点同一平面内的同一侧的其他撑杆来平衡（若不完全平衡，差值不应超过轴力的 10%），如图 7-4（a）所示。在 T 型和 Y 型节点中，撑杆的冲剪荷载由弦杆的横向剪切力来平衡，如图 7-4（b）所示。X 型节点中，撑杆中的冲剪荷载通过弦杆传到对侧的撑杆中，如图 7-4（c）所示。节点的类型划分并不以节点组成杆件的几何型式来确定，而是根据平面内节点连接处各杆件轴力的分布来划分。对部分由 T 型、Y 型或 X 型节点承担荷载的撑杆，可根据撑杆轴力在总荷载传递中的份额比例采用内插法来确定，例

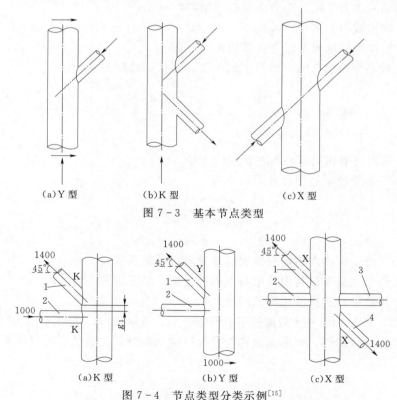

（a）Y 型　　　　　（b）K 型　　　　　（c）X 型

图 7-3　基本节点类型

（a）K 型　　　　　（b）Y 型　　　　　（c）X 型

图 7-4　节点类型分类示例[15]

1，2，3，4—撑杆编号；1400，1000—撑杆轴力；箭头—力的作用方向；

g_1—K 型节点的撑杆之间的间隙，斜撑杆角度 45°

如，图 7-5（a）中节点由 50％的 K 型节点与 50％的 Y 型节点组合，图 7-5（b）中节点由 50％的 K 型节点与 50％的 X 型节点组合。

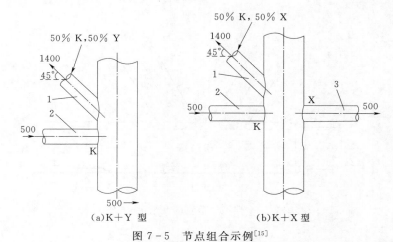

（a）K＋Y 型　　　　　　　（b）K＋X 型

图 7-5　节点组合示例[15]

1，2，3—撑杆编号；1400，500—撑杆轴力；箭头—力的作用方向，斜撑杆角度 45°

　　海上测风塔基础的受力相对风力发电机组基础而言要小很多，因此杆件和节点数量少，杆件布置的调整空间较大，一般应避免出现多根撑杆在与弦杆交界处互相搭接，也应尽量避免出现密集节点。节点设计时应满足相关构造设计要求，对于图 7-6 所示的简单管节点，撑杆不应穿过弦杆管壁，撑杆和弦杆轴线间夹角不宜小于 30°。如果在节点处弦杆管壁加厚，则节点加厚管段的长度应超过撑杆外边缘（包括焊脚）以外至少 $D/4$ 或 305mm，取其大者，D 为弦杆直径。如果撑杆在节点处增大壁厚或采用特殊钢材，它的长度应从连接端部延伸出最少等于撑杆直径 d 或 610mm，取其大者。理论上的同心节点可用撑杆和弦杆轴线交点作为工作点。工程上不搭接撑杆之间至少有 50mm 的间隙。为了

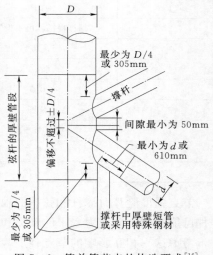

图 7-6　简单管节点的构造要求[16]

使弦杆节点所在管段不至过长，沿弦杆轴线上偏心量应不超过 $D/4$[5,16]。

　　2. 节点强度验算

　　在进行管节点强度验算之前需要定义节点的基本变量，典型管节点的变量定义，如图 7-7 所示，其中各主要变量的名称与含义如表 7-5 所示。

　　节点设计时应保证节点处的撑杆与弦杆强度不低于临近区域各杆件的强度值，节点处焊缝强度应不低于节点总强度，节点强度应不低于各撑杆的结构强度，这一递进强度关系方能确保节点强度满足结构安全工作要求。实际工程中节点处的各变量关系是多变的，一般介于的范围为：$0.2 \leqslant \beta \leqslant 1.0$，$10 \leqslant \gamma \leqslant 50$，$30° \leqslant \theta \leqslant 90°$，$\tau \leqslant 1.0$。当节点各变量位于

上述范围内，且节点处杆件材料的屈服强度 $f_y \leqslant 500\text{MPa}$ 时，可以按照下面介绍的方法进行节点强度验算。当不满足这些要求时，节点强度的验算可参考相关方法进行。

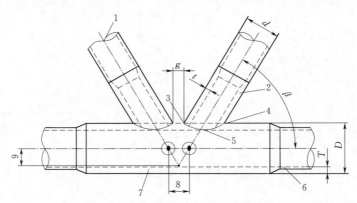

图 7 - 7　典型管节点的变量定义[15]

表 7 - 5　图 7 - 7 中各变量的名称与含义

数字变量	名称与含义	变　量	含　　义
1	撑杆	θ	撑杆与弦杆的夹角
2	撑杆根部（可不设置）	g	撑杆间隙大小
3	冠趾	t	节点处撑杆壁厚
4	冠踵	T	节点处弦杆壁厚
5	鞍点	d	撑杆外径
6	弦杆	D	弦杆外径
7	弦杆节点段	β	$\beta = d/D$
8	偏移量	γ	$\gamma = D/2T$
9	偏心量	τ	$\tau = t/T$

　　节点强度验算时撑杆和弦杆的轴力与弯矩采用荷载效应基本组合下的设计值。节点处杆件可能存在不同应力水平的轴力和弯矩，它们之间会产生相互影响。对于节点处所有杆件，考虑这一相互影响的节点强度验算方法为

$$U_{\text{j}} = \left| \frac{P_{\text{B}}}{P_{\text{d}}} \right| + \left(\frac{M_{\text{B}}}{M_{\text{d}}} \right)^2_{\text{ipb}} + \left| \frac{M_{\text{B}}}{M_{\text{d}}} \right|_{\text{opb}} \leqslant 1.0 \qquad (7 - 111)$$

式中　　U_{j}——节点利用水平；

　　　　P_{B}——撑杆轴力设计值；

　　　　M_{B}——撑杆弯矩设计值；

　　　　P_{d}——节点轴力抗力设计值；

　　　　M_{d}——节点抗弯强度设计值；

　　　　ipb——平面内弯曲；

　　　　opb——平面外弯曲。

　　为了确保节点处节点屈服后于杆件失效的顺序要求，对基础结构安全与稳定性有重要

影响的杆件节点，除了满足式（7-111）要求外，还应满足以下要求，即

$$U_{\mathrm{j}} = \left| \frac{P_{\mathrm{B}}}{P_{\mathrm{d}}} \right| + \left(\frac{M_{\mathrm{B}}}{M_{\mathrm{d}}} \right)^2_{\mathrm{ipb}} + \left| \frac{M_{\mathrm{B}}}{M_{\mathrm{d}}} \right|_{\mathrm{opb}} \leqslant \frac{1}{\gamma_{\mathrm{z}}} \qquad (7-112)$$

式中　γ_{z}——节点附加抗力分项系数，一般情况可取 1.17，必要时也可根据杆件重要性程度予以适当降低，但最低不应小于 1.0。

节点处轴力和弯矩的抗力设计值分别为

$$P_{\mathrm{d}} = \frac{P_{\mathrm{uj}}}{\gamma_{\mathrm{R,j}}} \qquad (7-113)$$

$$M_{\mathrm{d}} = \frac{M_{\mathrm{uj}}}{\gamma_{\mathrm{R,j}}} \qquad (7-114)$$

式中　P_{uj}——节点轴力抗力极限值；

　　　M_{uj}——节点弯矩抗力极限值；

　　　$\gamma_{\mathrm{R,j}}$——管节点的抗力分项系数，取 1.05。

节点处对于轴力和弯矩的极限抗力值分别计算为

$$P_{\mathrm{uj}} = \frac{f_{\mathrm{y}} T^2}{\sin\theta} Q_{\mathrm{u}} Q_{\mathrm{f}} \qquad (7-115)$$

$$M_{\mathrm{uj}} = \frac{f_{\mathrm{y}} T^2 d}{\sin\theta} Q_{\mathrm{u}} Q_{\mathrm{f}} \qquad (7-116)$$

式中　f_{y}——节点处弦杆材料指定的屈服强度，且不应大于 0.8 倍抗拉强度；

　　　T——弦杆壁厚；

　　　d——撑杆外径；

　　　θ——节点处撑杆与弦杆的夹角；

　　　Q_{u}——强度影响系数；

　　　Q_{f}——弦杆轴力影响系数。

强度影响系数 Q_{u} 与节点类型和杆件受力模式有关，根据表 7-6 中计算式来计算。

表 7-6　强度影响系数 Q_{u} 的计算公式[15]

节点类型	撑杆内力			
	轴向拉伸	轴向压缩	平面内弯曲	平面外弯曲
K	$(1.9 + 19\beta) Q_{\beta}^{0.5} Q_{\mathrm{g}}$	$(1.9 + 19\beta) Q_{\beta}^{0.5} Q_{\mathrm{g}}$	$4.5\beta\gamma^{0.5}$	$3.2\gamma^{(0.5\beta^2)}$
Y	30β	$(1.9 + 19\beta) Q_{\beta}^{0.5}$	$4.5\beta\gamma^{0.5}$	$3.2\gamma^{(0.5\beta^2)}$
X	$\begin{cases} 23\beta & \beta \leqslant 0.9 \\ 20.7 + (\beta - 0.9)(17\gamma - 220) & \beta > 0.9 \end{cases}$	$[2.8 + (12 + 0.1\gamma)\beta] Q_{\beta}$	$4.5\beta\gamma^{0.5}$	$3.2\gamma^{(0.5\beta^2)}$

表 7-6 中参量 Q_{β} 为几何影响系数，当撑杆与弦杆外径之比 β 大于 0.6 时，其值为

$$Q_{\beta} = \frac{0.3}{\beta(1 - 0.833\beta)} \qquad (7-117)$$

当 $\beta \leqslant 0.6$ 时，$Q_{\beta} = 1.0$。

表 7-6 中参量 Q_g 为撑杆间隙影响系数，当节点处撑杆间隙 g 与弦杆壁厚 T 的比值 $g/T \geqslant 2.0$ 时可计算为（但 Q_g 最小不应小于 1.0）

$$Q_g = 1.9 - 0.7\gamma^{-0.5} \left(\frac{g}{T}\right) \times 0.5 \qquad (7-118)$$

其中

$$\gamma = \frac{D}{2T}$$

式中　　D——弦杆外径。

当多根撑杆在与弦杆节点处互相搭接且 $g/T \leqslant -2.0$ 时，Q_g 计算为

$$Q_g = 0.13 + 0.65\phi\gamma^{0.5} \qquad (7-119)$$

式中　　ϕ——计算系数。

当 $g/T < 0$ 时，表示节点处撑杆相互搭接。当 $-2 < g/T < 2$ 时，Q_g 按照式（7-118）和式（7-119）的计算值进行线性内插计算。

式（7-119）中计算系数 ϕ 计算为

$$\phi = \frac{tf_{y,b}}{Tf_y} \qquad (7-120)$$

式中　　$f_{y,b}$——节点处撑杆的屈服强度；

t——撑杆壁厚；

T——弦杆壁厚。

式（7-115）和式（7-116）中弦杆轴力影响系数 Q_f 计算为

$$Q_f = 1.0 - \lambda q_A^2 \qquad (7-121)$$

式中　　λ——与撑杆受力方式有关的系数，当撑杆受轴力作用时取 0.030，当撑杆受平面内弯矩作用时取 0.045，当撑杆受平面外弯矩作用时取 0.021；

q_A——弦杆应力水平参量。

式（7-121）中参量 q_A 的计算应采用荷载效应基本组合下弦杆的内力设计值，计算方法为

$$q_A = \left[C_1 \left(\frac{P_C}{P_y}\right)^2 + C_2 \left(\frac{M_C}{M_p}\right)_{ipb}^2 + C_2 \left(\frac{M_C}{M_p}\right)_{opb}^2\right]^{0.5} \gamma_{R,q} \qquad (7-122)$$

$$P_y = Af_y \qquad (7-123)$$

式中　　P_C——弦杆轴力设计值；

M_C——弦杆弯矩设计值；

P_y——不考虑屈曲效应下弦杆轴力极限值；

f_y——弦杆材料的屈服强度；

A——弦杆截面面积；

M_p——弦杆塑性弯矩值；

$\gamma_{R,q}$——抗力分项系数，取 1.05；

ipb——平面内弯曲；

opb——平面外弯曲；

C_1、C_2——系数，与节点类型和节点处撑杆受力方式有关，取值如表 7-7 所示。

表 7 - 7　系数 C_1 与 C_2[15]

节点类型与受力方式	C_1	C_2
Y 型，撑杆受轴力作用	25	11
X 型，撑杆受轴力作用	20	22
K 型，无剪力状态下撑杆轴力作用	14	43
Y 型、X 型、K 型受弯矩作用	25	43

按照式（7 - 122）计算参量 q_A 时，若弦杆节点处两端计算值不同，应取大值代入式（7 - 121）计算弦杆轴力影响系数 Q_f。对于 K 型节点当弦杆轴力为拉力时，在计算 Q_f 时可不考虑轴力作用。

综合节点强度验算方法，节点强度不仅与节点处杆件材料强度和几何变量有关，还与杆件的受力模式相关，进而导致相同的杆件和节点型式与杆件内力不同时，其节点强度各不相同。因此在验算节点强度时，应对节点处各杆件依次进行计算，每一根杆件应分别计算轴力拉伸或压缩、平面内弯曲和平面弯曲作用下的总效应。当节点属于多种节点类型组合型式时（图 7 - 5），应根据每一节点类型所占的比例，将按照式（7 - 115）和式（7 - 116）各自计算得到的 P_{uj} 和 M_{uj} 按比例累加得到最终的组合值来进行节点强度验算。

7.3.6　连接节点验算

海上测风塔基础的连接节点是为了将桩基、基础结构和测风塔塔架连为整体而设置的关键结构节点。连接节点可大致分为三类：①不同型式桩基与钢筋混凝土承台的连接节点；②预加工成型的基础结构上段与桩基顶部形成的灌浆连接节点，这在单桩基础或桁架式测风塔中较为常用；③焊接节点，通过海上现场施焊将桩基与结构连为整体。因为海上风电场中测风塔数量少杆件数量也少，直接在海上施焊相比灌浆连接以及承台浇筑仍具有相当的可比性。国内个别的海上测风塔工程中采取了复合式的连接节点，比如灌浆与焊接组合形式[17]，这不仅增加了海上施工的操作步骤、工期与造价，还忽视了多种连接节点组合后因刚度的差异导致相互间抗力发挥并不协调，计算分析时应慎重。测风塔基础灌浆连接节点型式如图 7 - 8 所示。测风塔基础焊接连接节点型式如图 7 - 9 所示。

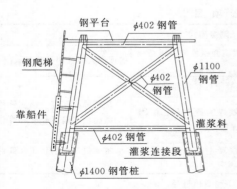

图 7 - 8　测风塔基础灌浆连接
节点型式[18]（单位：mm）

图 7 - 9　测风塔基础焊接连接节点型式[19]

1. 桩与承台的连接节点

当采用钢管桩或灌注桩直接与钢筋混凝土承台相连接时，必须保证桩基与承台连接部分满足强度要求和相关构造要求。

灌注桩与承台的连接较为方便，连接节点处应按照 7.3.2 节桩身强度计算方法验算连接处桩身配筋是否满足要求，承台底面以下 3～5 倍桩径范围内灌注桩箍筋应加密。竖向上桩嵌入承台的长度不宜小于 100mm，桩顶钢筋伸入承台的长度不宜小于 40 倍主筋直径，伸入承台的桩顶钢筋可采用直筋伸入或喇叭形伸入方式，承台的部分主筋宜穿过桩顶与桩顶钢筋相交。承台边缘与边桩外侧的距离，对直径不大于 1m 的桩，不宜小于 0.5 倍桩径并不应小于 300mm，对直径大于 1m 的桩，不宜小于 0.4 倍桩径并不应小于 500mm[13]。

钢管桩与承台之间的连接采用刚接，连接处应能满足抗弯、抗剪和抗轴向力要求。刚接可采用桩顶直接伸入承台内的型式，如图 7-10（a）所示；桩顶通过锚固铁件或钢筋伸入承台的型式如图 7-10（b）所示；也可采用桩顶伸入与桩顶锚固铁件或钢筋伸入组合的型式，相应的验算项目如表 7-8 所示。

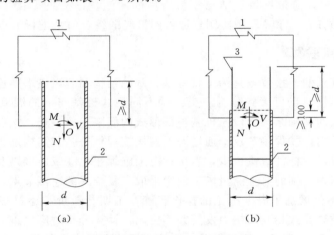

图 7-10　钢管桩与桩帽的连接[13]（单位：mm）

1—承台；2—钢管桩；3—锚固铁件；d—钢管桩桩径

表 7-8　桩 顶 锚 固 项 目[13]

荷载情况	刚接型式		
	桩顶直接伸入桩帽或横梁	桩顶通过锚固铁件伸入桩帽或横梁	桩顶伸入与锚固铁件伸入组合
轴向压力	桩顶混凝土的挤压和冲切		
轴向拉力	桩顶锚固深度	锚固铁件的截面积、锚固长度和焊接长度	桩顶锚固深度、锚固铁件的截面积、锚固长度和焊缝长度
水平剪力、力矩	桩侧混凝土的挤压应力	桩侧混凝土的挤压和铁件应力	桩侧混凝土的挤压和铁件应力

注：1. 桩顶直接伸入桩帽或梁内时，桩顶伸入的最小深度大于等于 1 倍桩径。

2. 桩顶通过锚固铁件或钢筋伸入桩帽或横梁内时，桩顶伸入的深度大于等于 100mm。

3. 当桩受轴向拉力时，桩顶直接伸入桩帽或横梁的部分必要时可焊锚固铁件。

4. 采用桩顶伸入与锚固件伸入相结合的型式时，桩顶伸入长度和锚固件伸入长度可根据受力要求和具体结构进行调整。

2. 灌浆连接节点

海上测风塔基础结构中灌浆连接节点的型式多样，既可以是大直径单桩与过渡段连接，也可以是导管架等桁架结构与桩基的连接；连接处桩既可以布置成连接段的内部构件，也可以布置成外部构件；连接段既可以设置抗剪键也可以不设置。下面介绍两种常用的灌浆连接节点，分别为单桩连接节点和导管架连接节点。

当测风塔基础采用单桩基础时，过渡段套筒与桩基顶部和灌浆体共同形成连接节点。在弯矩作用下，节点处灌浆体将应力传递给桩壁和套筒壁，进而产生抵抗矩。抵抗矩由 4 部分作用而生成，包括管壁与灌浆体之间的径向压力、管壁与灌浆体之间的水平剪力、管壁与灌浆体之间的竖向剪力和抗剪键的反力作用。除了上述弯矩作用外，灌浆体也可传递竖向荷载，但考虑到弯矩作用下管壁与灌浆体的脱开效应，保守起见连接节点竖向承载力验算时仅考虑抗剪键的作用，但抗剪键对抵抗弯矩荷载仍然起作用。

单桩基础连接节点如图 7-11 所示，其中各变量含义如表 7-9 所示。在荷载作用下抗剪键附近灌浆体容易产生应力集中，连接节点处抗剪键可布置在连接段的中间部位，分布范围为 $0.5L_g$（L_g 为有效灌浆长度），连接段两端各 $L_g/4$ 范围内不应布置抗剪键，如图 7-11 所示。抗剪键应等间距布置，抗剪键在桩壁和套筒壁上交替间隔分布。连接节点既可以采用桩位于过渡段（套筒）外侧，而过渡段位于内侧的形式，也可以采用桩位于内侧，而过渡段（套筒）结构位于外侧的形式。两者计算方式类似，仅将相关变量互相替换即可，以下以桩位于节点内侧的节点形式为例进行介绍。

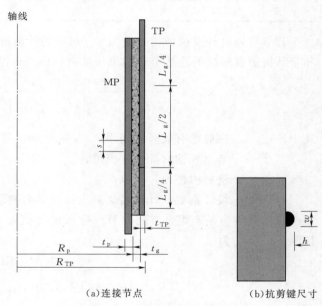

(a)连接节点　　　　(b)抗剪键尺寸

图 7-11　单桩灌浆连接节点[20]

表 7-9　图 7-11 中各变量的含义

变　　量	含　　义	变　　量	含　　义
TP	过渡段或套筒（管壁）	t_g	灌浆体名义厚度
MP	单桩（管壁）	L	灌浆段总长度
R_P	桩半径	L_g	有效灌浆长度，$L_g = L - 2t_g$
R_{TP}	过渡段（套筒）半径	s	抗剪键单侧中心间距
t_P	桩壁厚	w	抗剪键宽度
t_{TP}	过渡段（套筒）壁厚	h	抗剪键高度

灌浆连接节点各组成部分的分布范围如表 7-10 所示，节点设计时应确保图 7-11 中各变量的设计满足这些要求。

表 7-10　连接节点各变量分布范围要求[20]

变　量	含　义	范　围
s	抗剪键中心间距	$s \geqslant \min \begin{cases} 0.8\sqrt{R_P t_P} \\ 0.8\sqrt{R_{TP} t_{TP}} \end{cases}$
w/h	抗剪键宽高比	$1.5 \leqslant w/h \leqslant 3.0$
h/s	抗剪键高距比	$h/s \leqslant 0.10$
L_g/D_P	灌浆有效长度与桩径比	$1.5 \leqslant L_g/D_P \leqslant 2.5$
R_P/t_P	桩的径厚比	$10 \leqslant R_P/t_P \leqslant 30$
R_{TP}/t_{TP}	过渡段（套筒）的径厚比	$9 \leqslant R_{TP}/t_{TP} \leqslant 70$

若节点处桩外壁抗剪键数量为 n（对应的外侧过渡段抗剪键数量为 $n+1$），由灌浆体和全部抗剪键形成的连接节点单位长度内径向约束刚度 k_{eff} 为

$$k_{eff} = \frac{2 t_{TP} s_{eff}^2 n E \psi}{4\sqrt[4]{3(1-\nu^2)}\, t_g^2 \left[\left(\dfrac{R_P}{t_P}\right)^{3/2} + \left(\dfrac{R_{TP}}{t_{TP}}\right)^{3/2}\right] t_{TP} + n s_{eff}^2 L_g} \tag{7-124}$$

式中　s_{eff}——抗剪键有效竖向间距，$s_{eff} = s - w$；

　　　E——节点处钢材的弹性模量；

　　　ν——钢材泊松比，可取 0.3；

　　　ψ——设计系数，计算名义最大径向压力时取 0.5，计算抗剪键荷载时取 1.0。

若荷载效应基本组合得到的节点弯矩设计值为 M，连接节点顶部、底部最大的径向接触压力 p_{nom} 为

$$p_{nom} = \frac{3\pi M \cdot E L_g}{E L_g \left[R_P L_g^2 (\pi + 3\mu) + 3\pi\mu R_P^2 L_g\right] + 18\pi^2 k_{eff} R_P^3 \left(\dfrac{R_P^2}{t_P} + \dfrac{R_{TP}^2}{t_{TP}}\right)} \tag{7-125}$$

式中　μ——摩擦系数，取 0.7。

连接节点在弯矩 M 和竖向力 P 设计值的综合作用下，作用到全部抗剪键上节点单位长度的竖向力 F_{VShk} 为

$$F_{VShk} = \frac{6 p_{nom} k_{eff}}{E} \frac{R_P}{L_g} \left(\frac{R_P^2}{t_P} + \frac{R_{TP}^2}{t_{TP}}\right) + \frac{P}{2\pi R_P} \tag{7-126}$$

在式（7-126）基础上折算到每个抗剪键上的竖向力 F_{V1Shk} 为

$$F_{V1Shk} = \frac{F_{VShk}}{n} \tag{7-127}$$

灌浆连接节点强度应满足

$$F_{V1Shk} \leqslant \frac{F_{V1Shk\text{-}cap}}{\gamma_m} = \frac{f_{bk} s}{\gamma_m} \tag{7-128}$$

$$p_{nom} \leqslant 1.5 \text{MPa} \tag{7-129}$$

式中　$F_{V1Shk-cap}$——单个抗剪键能承担的单位长度抗力；

　　　　γ_m——抗力分项系数，取 2.0；

　　　　f_{bk}——接触面的抗剪强度；

　　　　s——抗剪键的中心间距。

接触面的抗剪强度 f_{bk} 既取决于抗剪键与灌浆体的连接强度，又取决于灌浆体的破坏强度，应取以下两式中的较小值代入式（7-128）进行节点强度验算，即

$$f_{bk} = \left[\frac{800}{D_P} + 140 \left(\frac{h}{s} \right)^{0.8} \right] k^{0.6} f_{ck}^{0.3} \qquad (7-130)$$

$$f_{bk} = \left[0.75 - 1.4 \left(\frac{h}{s} \right) \right] f_{ck}^{0.5} \qquad (7-131)$$

式中　　D_P——桩外径，mm；

　　　　k——节点径向刚度系数；

　　　　f_{ck}——灌浆立方体抗压强度（立方体边长 75mm），MPa。

式（7-130）中节点径向刚度系数 k 计算为

$$k = \frac{1}{\dfrac{2R_P}{t_P} + \dfrac{2R_{TP}}{t_{TP}}} + \frac{\dfrac{E_g}{E}}{\dfrac{2R_{TP} - 2t_{TP}}{t_g}} \qquad (7-132)$$

式中　　E_g——灌浆体弹性模量。

当采用桁架结构（导管架）与桩基进行灌浆连接时，既可以将桩设置在外侧，桁架腿柱设置在内侧形成节点（图7-8），也可以将桩设置在内侧，桁架腿柱外包在桩外侧形成节点。以下以桩设置在外侧，架体腿柱设置在内侧的连接节点型式为例进行介绍，节点型式如图7-12所示，其中各变量名称如表7-11所示。该节点型式需要在节点顶部设置有效的封隔保护措施以避免灌浆体受到波浪水流以及干湿交替等不利作用，从而确保节点强度的长期有效性。

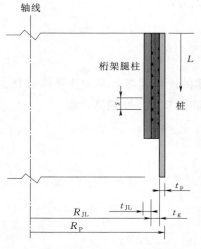

图 7-12　桁架腿柱与桩的灌浆连接节点[20]

表 7-11　图 7-12 中各变量的名称

变量	名　称
R_P	桩半径
R_{JL}	桁架（导管架）腿柱半径
t_P	桩壁厚
t_{JL}	桁架（导管架）腿柱的壁厚
t_g	灌浆体名义厚度
L	灌浆体总长度

灌浆连接节点各组成部分的分布范围如表 7-12 所示，节点设计时应确保图 7-12 中各变量的设计满足这些要求。

表 7-12 连接节点各变量分布范围要求[20]

变 量	含 义	范 围
s	抗剪键中心间距	$s \geqslant \min \begin{cases} 0.8\sqrt{R_P t_P} \\ 0.8\sqrt{R_{JL} t_{JL}} \end{cases}$
h	抗剪键高度	$h \geqslant 5mm$
w/h	抗剪键宽高比	$1.5 \leqslant w/h \leqslant 3.0$
h/s	抗剪键高距比	$h/s \leqslant 0.10$
L_g/D_{JL}	灌浆有效长度与腿柱直径比	$1 \leqslant L_g/D_{JL} \leqslant 10$
D_g/t_g	灌浆体径厚比	$10 \leqslant D_g/t_g \leqslant 45$
R_P/t_P	桩的径厚比	$15 \leqslant R_P/t_P \leqslant 70$
R_{JL}/t_{JL}	腿柱的径厚比	$10 \leqslant R_{JL}/t_{JL} \leqslant 30$

连接节点受到轴力 P_{ad}、弯矩 M 和剪力 Q 作用，节点验算包含两个方面，一方面验算轴力荷载作用下的强度，另一方面验算弯矩和剪力共同作用下的节点强度。

连接节点处在荷载效应基本组合下的轴力设计值为 P_{ad}，连接段单个抗剪键受到的单位长度竖向力 F_{V1Shk} 为

$$F_{V1Shk} = \frac{P_{ad}}{2\pi R_{JL} n} \tag{7-133}$$

式中　n——抗剪键数量。

在竖向力作用下，灌浆连接节点强度应满足

$$F_{V1Shk} \leqslant \frac{F_{V1Shk-cap}}{\gamma_m} = \frac{f_{bk} s}{\gamma_m} \tag{7-134}$$

式中　$F_{V1Shk-cap}$——单个抗剪键能承担的单位长度抗力；

　　　　γ_m——抗力分项系数，取 2.0；

　　　　f_{bk}——接触面的抗剪强度；

　　　　s——抗剪键的中心间距。

接触面的抗剪强度 f_{bk} 既取决于抗剪键与灌浆体的连接强度，又取决于灌浆体的破坏强度，应取以下两式中的较小值代入式（7-134）进行节点强度验算，即

$$f_{bk} = \left[\frac{800}{D_{JL}} + 140\left(\frac{h}{s}\right)^{0.8}\right] k^{0.6} f_{ck}^{0.3} \tag{7-135}$$

$$f_{bk} = \left[0.75 - 1.4\left(\frac{h}{s}\right)\right] f_{ck}^{0.5} \tag{7-136}$$

式中　D_{JL}——桁架（导管架）腿柱外径，mm；

　　　　k——节点径向刚度系数；

　　　　f_{ck}——灌浆立方体抗压强度（立方体边长 75mm），MPa。

式（7-135）中节点径向刚度系数 k 计算为

$$k = \cfrac{1}{\cfrac{2R_{JL}}{t_{JL}} + \cfrac{2R_P}{t_P}} + \cfrac{\cfrac{E_g}{E}}{\cfrac{2R_P - 2t_P}{t_g}} \tag{7-137}$$

式中 E——节点处钢材的弹性模量；

E_g——灌浆体弹性模量。

若连接节点处的弯矩设计值为 M 和剪力设计值为 Q，桩顶部名义径向接触压力 p_{nom} 为

$$p_{nom} = \frac{l_e^2 k_{rD}}{8EI_{JL}R_{JL}}(M + Ql_e) \tag{7-138}$$

$$l_e = \sqrt[4]{\frac{4EI_{JL}}{k_{rD}}} \tag{7-139}$$

$$k_{rD} = \frac{4ER_{JL}}{\cfrac{R_{JL}^2}{t_{JL}} + \cfrac{R_P^2}{t_P} + t_g m} \tag{7-140}$$

式中 m——节点钢材与灌浆体弹模之比，可取 18；

k_{rD}——腿柱约束刚度；

l_e——桩弹性长度；

I_{JL}——腿柱管材的惯性矩。

在弯矩和剪力作用下，连接节点强度应满足

$$p_{nom} \leqslant 1.5\text{MPa} \tag{7-141}$$

在弯矩作用下，节点从顶部往下至 $l_e/2$ 长度范围内受到弯矩作用效应最为明显，为了避免抗剪键导致的局部应力集中现象破坏灌浆体，抗剪键布置应从桩顶往下 $l_e/2$ 距离处开始布置。在节点处各类型荷载作用下，节点强度应同时满足式（7-134）和式（7-141）的要求方能通过强度验算。

3. 焊接连接节点

当桩基与基础结构采用焊接连接方式时，将涉及焊缝强度的验算。主要用的焊缝型式包括对接焊缝和角焊缝。焊缝处杆件的受力可能包括轴力、弯矩和剪力作用，焊缝强度验算时应考虑各分项荷载的组合效应。

在对接接头和 T 形接头中，垂直于轴心拉力（轴心压力）的对接焊缝或对接与角接组合焊缝，其强度应满足

$$\sigma = \frac{N}{l_w t} \leqslant f_t^w(f_c^w) \tag{7-142}$$

式中 N——轴力设计值；

l_w——焊缝长度；

t——连接件的较小厚度，T 形接头中为腹板厚度；

f_t^w——对接焊缝的抗拉强度设计值；

f_c^w——对接焊缝的抗压强度设计值。

在对接接头和 T 形接头中，承受弯矩和剪力共同作用的对接焊缝或对接与角接组合焊缝，其正应力和剪应力应分别计算。在同时受有较大正应力和剪应力处，应按折算应力

进行验算为

$$\sqrt{\sigma^2 + 3\tau^2} \leqslant 1.1 f_{\mathrm{t}}^{\mathrm{w}} \tag{7-143}$$

式中　τ——焊缝剪应力。

对于直角角焊缝的强度验算，按照受力模式分为两类，一类为拉力、压力和剪力作用，另一类为拉、压、弯、剪组合作用。

对于第一类作用方式，作用力垂直于焊缝长度方向的正面角焊缝应满足

$$\sigma_{\mathrm{f}} = \frac{N}{h_{\mathrm{e}} l_{\mathrm{w}}} \leqslant \beta_{\mathrm{f}} f_{\mathrm{f}}^{\mathrm{w}} \tag{7-144}$$

式中　σ_{f}——垂直于焊缝长度方向的应力；

$\quad\quad$ h_{e}——角焊缝的计算厚度，对于角焊缝为 $0.7h_{\mathrm{f}}$，h_{f} 为焊脚尺寸；

$\quad\quad$ l_{w}——角焊缝的计算长度，对每条焊缝取其实际长度减去 $2h_{\mathrm{f}}$；

$\quad\quad$ $f_{\mathrm{f}}^{\mathrm{w}}$——角焊缝的强度设计值；

$\quad\quad$ β_{f}——正面角焊缝的强度设计值增大系数，可取 1.22。

作用力平行于焊缝长度方向的侧面角焊缝应满足

$$\tau_{\mathrm{f}} = \frac{N}{h_{\mathrm{e}} l_{\mathrm{w}}} \leqslant f_{\mathrm{f}}^{\mathrm{w}} \tag{7-145}$$

式中　τ_{f}——沿焊缝长度方向的剪应力。

对于第二类作用方式，在各种力综合作用下，σ_{f} 和 τ_{f} 共同作用处应满足

$$\sqrt{\left(\frac{\sigma_{\mathrm{f}}}{\beta_{\mathrm{f}}}\right)^2 + \tau_{\mathrm{f}}^2} \leqslant f_{\mathrm{f}}^{\mathrm{w}} \tag{7-146}$$

对于两焊脚边夹角 α 为 $60° \leqslant \alpha \leqslant 135°$ 的 T 型接头，其斜角角焊缝的强度仍可按照式 (7-144)～式 (7-146) 计算，但取 $\beta_{\mathrm{f}} = 1.0$，焊缝计算厚度取 $h_{\mathrm{e}} = h_{\mathrm{f}}\cos\dfrac{\alpha}{2}$。

7.4　基础结构模态分析

模态分析的本质和核心是计算测风塔塔架与基础结构的各阶阵形和对应的频率，从而为测风塔与基础结构按照第 5 章 5.2 节方法进行地震作用分析而用。与结构多自由度体系的自由振动问题类似，模态分析反映在无荷载作用下仅在初位移或速度影响下结构的响应。根据达朗贝尔原理，可将惯性力视为动荷载，进而转化为静力问题来求解。求解方法包括两种，即刚度法或柔度法。刚度法通过建立力的平衡方程来求解，柔度法通过建立位移协调方程来求解。

7.4.1　分析原理

将测风塔塔架与基础（包括桩基）组成的整体结构进行离散化后，根据最小势能原理可得到多自由度体系结构的运动微分方程，即

$$M\ddot{u} + C\dot{u} + Ku = P \tag{7-147}$$

式中　M——结构的质量矩阵；

C——结构的阻尼矩阵；

K——结构的刚度矩阵；

u——结构运动的位移列阵，如位移、转角等；

$\dot{u}$——速度列阵，是位移对时间的一阶导数；

$\ddot{u}$——加速度列阵，是位移对时间的二阶导数；

P——外力对结构的激励，是随时间 t 变化的函数。

式（7-147）是一个二阶微分方程组，若方程右端项 $P=0$，此时结构处于自由振动状态。由于没有外荷载作用，方程的解反映了结构本身固有的特性，即频率和振型，数学上称之为特征值和特征向量，这就导出了结构的特征值问题。在实际工程计算中，由于阻尼对结构固有振型和频率的影响不大，因此在讨论结构的固有特性时常不计阻尼作用，此时式（7-147）转化为

$$M\ddot{u} + Ku = 0 \tag{7-148}$$

若结构作简谐振动，则结构的速度和加速度向量可表示为

$$\begin{cases} u = u_0 \sin(\omega t + \theta) \\ \ddot{u} = -\omega^2 u_0 \sin(\omega t + \theta) \end{cases} \tag{7-149}$$

式中　ω——圆频率；

θ——初相位角；

t——时间变量；

u_0——与时间 t 无关的位移向量。

将式（7-149）代入式（7-148），化简后可得到

$$\begin{cases} (K - \omega^2 M)u_0 = 0 \\ (K - \lambda M)u_0 = 0 \\ \lambda = \omega^2 \end{cases} \tag{7-150}$$

式（7-150）即为结构动力问题的广义特征值问题，该问题的核心是求解 λ 和非零解 u_0。显然，由式（7-150）求出的 λ 和 u_0 值，只取决于结构本身的刚度矩阵 K 和质量矩阵 M，即它们是结构的固有值。$\omega = \sqrt{\lambda}$ 是结构自振的圆频率，λ 称为结构的特征值，与 ω 相应的空间振型（或模态）称为特征向量。求出满足式（7-150）的 u_0 和 ω，由此通过式（7-149）构成的 u 就是方程式（7-148）的一个解。

当进行线性弹性问题分析时，有限单元法中采用的形函数也与静力问题相同，即形函数与 ω 无关，故刚度矩阵 K 和质量矩阵 M 均不是 ω 的函数，也不是时间 t 和位移 u 的函数，为常数矩阵。因此要使式（7-150）有非零解 u_0，由线性代数理论可知，其充分必要条件为行列式满足

$$\det(K - \lambda M) = 0 \tag{7-151}$$

式（7-151）称为结构体系的频率方程或特征方程。为了表达的方便，采用 $p(\lambda)$ 来表示式（7-151），即 $p(\lambda) = \det(K - \lambda M)$，此时常称为特征多项式。

设结构离散后的自由度为 n，即 K 和 M 均为 n 阶矩阵。则当 M 的秩为 n 时，$p(\lambda)$ 为 n 阶多项式；当 M 的秩小于 n，设为 m 时，$p(\lambda)$ 为 m 阶多项式，即多项式的阶次与 M 的秩数相同。一般来说，由前述离散化方法导出的 M 和 K 都是对称的，并且是正定的，

至少是半正定的[21]。

对于每个特征值 λ_i，至少能从方程式（7-150）中解出一个与之对应的特征向量 $\boldsymbol{u}_{0i}$。$p(\lambda)$ 中的根可能有些是重根，相等根的个数，就是特征值的重数，对于一个 k 重特征根，可从式（7-150）中求出 k 个不同的特征向量 $\boldsymbol{u}_0$。因此不同的特征向量可对应相同的特征值，但不同的特征值必定对应着不同的特征向量。式（7-150）的 n 个特征值实际上是计入重数的各特征值数之和，而特征向量一定是 n 个不同的向量[21]。

将式（7-151）行列式展开可得到一个关于特征值 λ 的 n 次代数方程，求出这个方程的 n 个根 λ_1、λ_2、$\cdots$、λ_n，即可得出体系的 n 个自振频率 ω_1、ω_2、$\cdots$、ω_n。把全部自振频率按照由小到大的顺序排列，进而形成频率向量 $\boldsymbol{\omega}$，其中最小的频率称为基本频率或第一频率。

根据得到的 n 个特征值 λ_1、λ_2、$\cdots$、λ_n 或者 n 个自振频率 ω_1、ω_2、$\cdots$、ω_n，结合式（7-150）可求出相应的特征向量 $\boldsymbol{u}_{01}$、$\boldsymbol{u}_{02}$、$\cdots$、$\boldsymbol{u}_{0n}$，也称为主振型向量。第 i 个特征值和对应的特征向量称为第 i 阶特征对，常用 $(\lambda_i, \boldsymbol{u}_{0i})$ 来表示。它们满足

$$\boldsymbol{K}\boldsymbol{u}_{0i}=\lambda_i\boldsymbol{M}\boldsymbol{u}_{0i} \quad i=1, 2, \cdots, n \tag{7-152}$$

7.4.2　特征向量的标准归一化

设 α 是一个非零的常数，根据式（7-152）则有

$$\boldsymbol{K}(\alpha\boldsymbol{u}_{0i})=\lambda_i\boldsymbol{M}(\alpha\boldsymbol{u}_{0i}) \tag{7-153}$$

式（7-153）表明，若 $\boldsymbol{u}_{0i}$ 是特征向量，则 $\alpha\boldsymbol{u}_{0i}$ 也是对应于同一特征值的特征向量，也即主振型的形状是确定的，但不能唯一确定其振幅大小，所以特征向量只是定义它在 n 维空间中的方向。

为了使主振型 $\boldsymbol{u}_{0i}$ 的振幅也有确定值，需要另外补充条件方能求解，这样得到的主振型为标准化主振型。标准化的做法包括很多种，其中：一种做法是规定主振型 $\boldsymbol{u}_{0i}$ 中某个元素为某个给定值，例如规定第一个元素 $u_{0i1}=1$，或规定最大元素等于 1；另一种做法是规定振型的广义质量矩阵等于 1，即 $\overline{\boldsymbol{M}}_i=1$。

标准化前，特征值 λ_i 对应的特征向量或振型 $\boldsymbol{u}_{0i}^0$，经过标准化后的振型为 $\boldsymbol{u}_{0i}$，则二者之间存在关系为[22]

$$\boldsymbol{u}_{0i}=\alpha\boldsymbol{u}_{0i}^0 \tag{7-154}$$

式中　　α ——转换系数，是待求解变量。

根据特征值问题的振型正交特性，式（7-154）可转化为

$$\overline{\boldsymbol{M}}_i=\boldsymbol{u}_{0i}^\mathrm{T}\boldsymbol{M}\boldsymbol{u}_{0i}=\alpha(\boldsymbol{u}_{0i}^0)^T\boldsymbol{M}\alpha(\boldsymbol{u}_{0i}^0)=\alpha^2(\boldsymbol{u}_{0i}^0)^T\boldsymbol{M}(\boldsymbol{u}_{0i}^0) \tag{7-155}$$

令 $\overline{\boldsymbol{M}}_i^0=(\boldsymbol{u}_{0i}^0)^T\boldsymbol{M}(\boldsymbol{u}_{0i}^0)$，式（7-155）可进一步化简为

$$\overline{\boldsymbol{M}}_i=\alpha^2\overline{\boldsymbol{M}}_i^0 \tag{7-156}$$

根据归一化条件 $\overline{\boldsymbol{M}}_i=1$，可得

$$\alpha=\frac{1}{\sqrt{\overline{\boldsymbol{M}}_i^0}} \tag{7-157}$$

由式（7-154）和式（7-157）可得归一化后的标准振型为

$$u_{0i} = \frac{1}{\sqrt{M_i^0}} u_{0i}^0 \qquad (7-158)$$

上述步骤称为特征向量关于质量矩阵 M 的归一化，式（7-158）中的 u_{0i} 称为经过归一化的特征向量。对每一特征向量，经过归一化的特征向量是唯一的。

7.4.3 模态分析与计算

结构模态分析与计算主要是运用有限元法对振动结构进行离散，建立系统特征值问题的数学模型，用各种近似方法求解系统特征值和特征向量。由于阻尼难以准确处理，因此通常均不考虑小阻尼系统的阻尼，解得的特征值和特征向量即系统的固有频率和固有振型向量。对于大型结构体系而言，求解体系的所有频率是不必要的，一般仅求解与激励荷载频率范围相关的前几阶频率即可。对于这种情况，常用的计算方法主要包括子空间迭代法、兰佐斯法（Lanczos 方法）、里兹向量直接叠加法等。下面介绍兰佐斯法的求解过程。

兰佐斯法最早由 Lanczos 于 1950 年提出，但在早期用这种方法运算时，由于舍入误差随迭代次数的增加而很容易丧失正交性，因此在数值计算上是不稳定的。直到 20 世纪 70 年代有人将其与瑞利-李兹法相结合，用于求解部分特征解，才逐渐成为一种成功并广泛应用的方法。兰佐斯法本质上是向量迭代法或反迭代法与瑞利-李兹法相结合的一种方法，基本步骤包括 3 个，依次为矢量迭代、里兹分析和解 3 对角矩阵特征值问题。通过矢量迭代产生具有正交性的近似里兹矢量组，即里兹基向量，由里兹变换使原问题转化为低阶 3 对角矩阵，然后求解 3 对角矩阵的特征值，进而得到原问题的一组特征值。而 3 对角矩阵特征矢量通过里兹基变换得到原问题的特征矢量[21]。

兰佐斯（Lanczos）方法用于标准特征值问题时称为标准兰佐斯方法，用于广义特征值问题时称为广义兰佐斯方法。若按矢量迭代所采用的正迭代或逆迭代，则可分为一般兰佐斯方法和逆兰佐斯方法。

1. 标准兰佐斯方法

对于标准兰佐斯方法，设标准特征值问题为

$$KX = \lambda X \qquad (7-159)$$

式中 K —— $n \times n$ 阶刚度矩阵。

首先选取适当的初始迭代矢量 U_1，将矢量 U_1 进行正则化，对 $k = 1, 2, \cdots, m-1$（m 为所求前 m 阶特征值或特征向量数，$m-1 \leqslant n$），依次迭代计算为

$$\begin{cases} U_{k+1} = \dfrac{KU_k - \alpha_k U_k - \beta_k U_{k-1}}{\beta_{k+1}} \\ \beta_1 = 0 \\ \alpha_k = U_k^T K U_k \\ \beta_{k+1} = \| K - U_k - \alpha_k U_k - \beta_k U_{k-1} \|_2 \end{cases} \qquad (7-160)$$

式中 $\| \ \|_2$ —— 矢量的范数。

进而可以得到 3 对角矩阵为

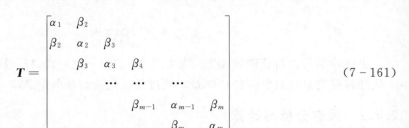

$$T = \begin{bmatrix} \alpha_1 & \beta_2 & & & & \\ \beta_2 & \alpha_2 & \beta_3 & & & \\ & \beta_3 & \alpha_3 & \beta_4 & & \\ & \cdots & \cdots & \cdots & & \\ & & & \beta_{m-1} & \alpha_{m-1} & \beta_m \\ & & & & \beta_m & \alpha_m \end{bmatrix} \qquad (7-161)$$

求解该 3 对角矩阵的特征值，就是 K 矩阵的 m 个高阶特征值，即 m 个极大的特征值。

具体而言，选取初始量 U_1，进行正则化使得 $U_1^T U_1 = 1$，计算 $u_1 = K U_1$，令 $\beta_1 = 0$，对于 $k = 1, 2, \cdots, m$，依次进行以下 5 个式子的计算，即

$$\alpha_k = U_k^T U_k \qquad (7-162)$$

$$w_k = U_k - \alpha_k U_k \qquad (7-163)$$

$$\beta_{k+1} = w_k^T w_k \qquad (7-164)$$

$$U_{k+1} = \frac{w_k}{\beta_{k+1}} \qquad (7-165)$$

$$u_{k+1} = K U_{k+1} - \beta_{k+1} U_k \qquad (7-166)$$

按照上述步骤依次计算，当 $k = m$ 时，按照式（7-162）求出 a_m 后即停止迭代。从而将求得的各 α 和 β 值代入式（7-161），得到 T 矩阵。

若 $m < n$ 时，这一过程称为截断兰佐斯过程，所导出的矩阵 T 为一个低阶 3 对角矩阵。理论分析表明，由截断兰佐斯过程所产生的兰佐斯矢量所构成的子空间逼近于原问题的最大特征矢量组构成的子空间，因而 T 的特征值就是原问题的最大特征值近似解。

接下来则需要求解矩阵 T 的特征值，可选二分法、QR 法或标准 Jacobi 法来实现。由于 T 的阶数小于刚度矩阵 K 的阶数，并且 T 为 3 对角矩阵，因此求特征值的过程将简便很多。理论上而言，兰佐斯方法中 U_{k+1} 求解中采用了正交化算式，见式（7-163）～式（7-165），但实际计算中由于计算机的截断误差和舍入误差，兰佐斯矢量间的正交系得不到严格的保证，这将导致数值上的不稳定性，如虚假的多重特征值现象等，进而严重影响最后结果的精度。所以实际的处理过程中，必须对兰佐斯矢量进行重正交化处理，以保证兰佐斯方法解的可靠性，一般可按照克莱姆-施密特（Gram-Schmidt）正交化处理方法来实现。通常而言并不需要对每一个兰佐斯矢量进行重正交化处理，以减少运算次数。进而出现了各种部分正交化的方法，诸如选择正交算法、周期正交算法、部分正交算法和追踪正交算法等[6]。

2. 广义兰佐斯方法

对于广义兰佐斯方法的运算过程，基本上与上述的标准兰佐斯方法相同。设广义特征值问题为

$$K X = \lambda M X \qquad (7-167)$$

式中　K——$n \times n$ 阶实对称正定矩阵；

　　　M——对称矩阵。

首先选取适当的初始迭代矢量 U_1，且进行正则化使得 $U_1^T M U_1 = 1$，计算 $u_1 =$

$K^{-1}MU_1$，令 $\beta_1 = 0$，对于 $k = 1，2，\cdots，m$，依次进行下列 5 个式子的计算，即

$$\alpha_k = U_k^T M U_k \tag{7-168}$$

$$w_k = U_k - \alpha_k U_k \tag{7-169}$$

$$\beta_{k+1} = w_k^T M w_k \tag{7-170}$$

$$U_{k+1} = \frac{w_k}{\beta_{k+1}} \tag{7-171}$$

$$u_{k+1} = K^{-1} M U_{k+1} - \beta_{k+1} U_k \tag{7-172}$$

按照上述步骤依次计算，当 $k = m$ 时，按照式（7-168）求出 a_m 后即停止迭代。从而将求得的各 α 和 β 值代入式（7-161），得到 T 矩阵。求此矩阵对应的标准特征值问题为

$$TZ = \frac{1}{\lambda} Z \tag{7-173}$$

其中

$$Z = X_m \tag{7-174}$$

求出式（7-173）全部特征值后，原问题的部分特征解 $\boldsymbol{\Phi}$ 为

$$\boldsymbol{\Phi} = XZ \tag{7-175}$$

参 考 文 献

［1］ 中国石油天然气总公司. SY/T 4094—95 浅海钢质固定平台结构设计与建造技术规范［S］. 北京：石油工业出版社，1997.

［2］ 中国海洋石油总公司. Q-HS 3003—2002 渤海海域钢质固定平台结构设计规定［S］. 北京：石油工业出版社，2002.

［3］ 中国船级社. 浅海固定平台规范［S］. 北京：人民交通出版社，2003.

［4］ American Petroleum Institute. RP-2A-WSD Recommended practice for planning，designing，and constructing fixed offshore platforms-working stress design［S］. Washington：Petroleum Industry Press，2014.

［5］ 《海洋石油工程设计指南》编委会. 海洋石油工程平台结构设计［M］. 北京：石油工业出版社，2007.

［6］ 王勖成，邵敏. 有限单元法基本原理和数值方法［M］. 2 版. 北京：清华大学出版社，1996.

［7］ 朱伯芳. 有限单元法原理及应用［M］. 2 版. 北京：中国水利水电出版社，1998.

［8］ 吴家龙. 弹性力学［M］. 上海：同济大学出版社，1996.

［9］ 徐芝纶. 弹性力学［M］. 北京：高等教育出版社，1990.

［10］ 徐斌，高跃飞，余龙. MATLAB 有限元结构动力学分析与工程应用［M］. 北京：清华大学出版社，2009.

［11］ 中华人民共和国住房和城乡建设部. GB 50017—2003 钢结构设计规范［S］. 北京：中国建筑工业出版社，2010.

［12］ 中华人民共和国住房和城乡建设部. JGJ 94—2008 建筑桩基技术规范［S］. 北京：中国建筑工业出版社，2008.

［13］ 中华人民共和国交通运输部. JTS 167—4—2012 港口工程桩基规范［S］. 北京：人民交通出版社，2012.

［14］ 中华人民共和国住房和城乡建设部. GB 50010—2010 混凝土结构设计规范［S］. 北京：中国建筑工业出版社，2011.

［15］　The British Standards Institution. Petroleum and natural gas industries – Fixed steel offshore structures ［S］. London：BSI Standard Limited，2013.

［16］　姜萌. 海洋工程结构物—导管架平台 ［M］. 大连：大连理工大学出版社，2009.

［17］　黄立维，邢占清，张金接. 海上测风塔基础与承台灌浆连接技术 ［J］. 水利水电技术，2009，40 （09）：85 – 87.

［18］　武江，张略秋，刘福来. 某海上测风塔灌浆连接设计 ［J］. 山西建筑，2013，39 （35）：49 – 50.

［19］　郑杰. 黄海海域某海上测风塔工程设计 ［J］. 中国高新技术企业，2014 （25）：9 – 15.

［20］　Det Norske Veritas. DNV – OS – J101 Design offshore wind turbine structure ［S］. Norway：2014.

［21］　张汝清，殷学纲，董明. 计算结构动力学 ［M］. 重庆：重庆大学出版社，1987.

［22］　郭长城. 建筑结构振动计算续编 ［M］.·北京：中国建筑工业出版社，1992.

第8章 防冲刷与防腐蚀设计

处于海洋环境中的海上测风塔基础在服役期间会受到海床冲刷和海洋环境腐蚀的影响。海上测风塔基础设计是一个整体的系统，前面两章介绍的桩基分析和基础结构分析与冲刷效应和结构腐蚀密切相关，并无先后顺序之分。在桩基与结构分析时应结合本章介绍的防冲刷和防腐蚀设计来综合分析。

8.1 基础冲刷机理

海床泥面的冲刷以土颗粒的运移或迁移为表征，冲刷取决于两个方面的影响因素，其一为波浪和水流导致的水质点运动特征，其二为海床泥面处土颗粒特性。根据不同的海洋环境特点和土质条件，在海上测风塔基础结构物设置之前，海床原位土体也可能存在着冲刷，也可能不存在冲刷。在基础结构物设置后往往会改变原来的水质点运动轨迹和局部速度，进而导致不同程度的冲刷效应。

8.1.1 冲坑类型

当冲刷效应发生时，海床面将出现不同特征、不同范围、不同深度的冲坑，从而引起初始海床面的变化。按照冲坑发生范围的大小划分，冲坑主要分为3类：一为海床整体性的变化；二为整体性冲坑；三为局部冲坑[1]。

海床整体性的变化是因为海床沙丘、沙脊、沙洲等整体性迁移，这种迁移可能在海上测风塔基础结构物设置之前便已发生，基础结构物设置后改变了周边土颗粒的迁移轨迹，进而加重了整体性的冲刷效应，相反方向也有可能加重了其堆积效应。

整体性冲坑多发生在由多桩组成的测风塔基础中，特别是采用导管架基础型式的测风塔中，由于波浪与结构物的相互作用和结构物各杆件的交叉影响从而在基础结构物附近较大范围内的区域形成了一定深度，但平面范围较广，坡度较为平缓的冲坑。

局部冲坑发生在基础结构物中近海床面杆件的周边，通常坑深较大，坑边坡度很陡，但平面分布范围有限。当基础结构物采用多根腿柱型式时，每根腿柱附近都将分布有局部冲坑。

为了更简明地区分整体冲坑和局部冲坑，采用海上导管架结构的冲刷来进行实例说明。如图8-1所示的导管架结构冲坑试验结果，导管架由纵横交错的结构杆件连接而成，局部冲

图8-1 整体性冲坑与局部冲坑示例[2]

坑出现在导管架每根柱腿附近，而整体冲坑产生在整个导管架基础的周边范围内。从海床泥面往下，结构物周边范围内出现的是整体蝶形冲坑；从整体冲坑底部再往下，则是每根柱腿的局部冲坑，因此就每根柱腿的冲坑深度而言，总的冲刷深度等于整体冲坑深度与局部冲坑深度之和。

整体冲坑是由于整个结构物与水流（或波浪）的相互作用而导致的流线收缩或改变以及水流状态的紊乱综合产生的结果，可通过模型试验或流体纳维-斯托克斯（Navier-Stokes）方程三维数值分析来计算。本章仅介绍局部冲坑的相关内容，若实际工程中整体冲刷效应不能忽略时应补充相关计算予以考量。

8.1.2　冲刷放大系数与时间尺度

整体而言，海上测风塔基础结构设置后引起的海床冲刷一方面源自于结构物附近海床所受剪切应力的增大，另一方面源自于结构物导致水流紊乱状态的加剧[3]。尽管这两种因素同时都会对冲刷产生较大影响，但对第一个方面的研究较多，对第二个方面的研究却较少。当前国际上基本通过第一个方面也即剪切应力的改变来衡量冲刷的程度。

海床泥面处剪切应力的改变通过冲刷应力放大系数来反映，且波浪作用下需要考虑波浪作用的周期性特点。考虑水流作用时放大系数的计算公式为

$$\alpha = \frac{\tau}{\tau_\infty} \tag{8-1}$$

式中　τ——结构物设置后的海床剪切应力；

τ_∞——结构物设置前的海床剪切应力。

考虑波浪作用时放大系数的计算为

$$\alpha = \frac{\tau_{max}}{\tau_{max,\infty}} \tag{8-2}$$

式中　τ_{max}——结构物设置后波浪周期 1 为海床剪切应力 τ 的最大值；

$\tau_{max,\infty}$——结构物设置前波浪周期 1 为海床剪切应力 τ_∞ 的最大值。

在稳态流中冲刷放大系数 α 可达到 7～11，图 8-2 为单桩设置在水流环境中形成的桩周剪切应力的等值线，根据对称性特点图中仅给出了半空间范围的结果。由图 8-2 可见，一般情况下可近似取放大系数 α 为 11（图 8-2 中 A 点）。对于单独的波浪作用下，放大系数 α 一般要小一些。土颗粒搬运输砂效率 q 与剪切应力 τ 的关系为 q—$\tau^{3/2}$，由于放大系数 $\alpha > 1$，剪应力的非线性增大将导致附近土颗粒搬运冲刷能力增强，从而在结构物附近形成冲坑。这一冲刷过程将持续发展直至结构物附近冲刷放大系数 α 趋近于 1 时停止，也即达到冲刷的平衡状态，此时形成最大冲坑深度。

在模型试验中，图 8-2 中的变量取值为：桩径 $D = 7.5$cm，流速 $V = 30$cm/s，边界层厚度 $\delta = 20$cm，$\delta/D = 2.7$，雷诺数 $Re_D = 2.3 \times 10^4$。

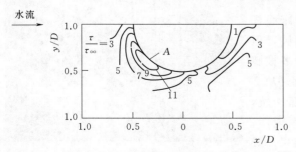

图 8-2　单桩结构物周边剪应力放大系数等值线图[3]

冲刷效应的产生是一个渐进的过程，冲刷从开始产生发展到冲刷最大深度（或平衡状态）往往需要一定的时间，而不是瞬时完成的。当已知最终的冲坑深度，为了确定冲坑发展的时长需要进一步确定冲坑发展与时间的关系。图 8-3 反映的是冲坑发展与时间的关系曲线，该曲线的表达式为

$$S_{t} = S\left[1 - \exp\left(-\frac{t}{T}\right)\right] \tag{8-3}$$

式中　S——平衡状态下最大冲坑深度；

$\quad\quad S_{t}$——t 时刻对应的冲坑深度；

$\quad\quad T$——冲刷的时间尺度。

图 8-3 中冲刷的时间尺度可根据冲刷与时间的关系曲线而得到，在 $t = 0$ 时刻作曲线的切线（图 8-3 中虚线）与冲坑平衡深度 S 所在水平线的交点，该交点距离初始时刻的时间长度即为冲刷的时间尺度。图中的最终冲坑深度和时间尺度是研究冲刷现象的两个主要参数，冲坑深度影响着结构物基础设计和防冲刷措施，时间尺度则影响着冲刷完成的历时。

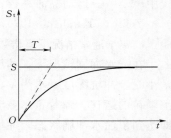

图 8-3　冲坑深度与时间的
关系曲线图

8.1.3　冲刷类型

结构物附近海床的冲刷根据不同的分类标准可以划分为不同类型。根据冲刷环境和海床条件可分为清水冲刷和浊水冲刷，根据冲坑类型和范围可分为局部冲刷和整体冲刷，根据结构物尺度和波浪要素可分为小尺度结构物冲刷和大尺度结构物冲刷。海上测风塔基础结构物杆件尺寸较小，当采用桩基型式时均属于小尺度结构物冲刷范畴。

在清水冲刷中，远离结构物的海床土颗粒不产生运移，当冲坑达到平衡深度后冲坑处于静态平衡中，此时水流无法再达到使土颗粒悬浮并被搬移的能力。在浊水冲刷中，整个结构物临近范围内仍然存在土颗粒的不断运移，冲坑达到的平衡深度仅仅处于动态平衡中，也即冲坑中被搬运走的土颗粒等于被水流从外围区域运至坑中并沉积的土颗粒[3]。

在进行冲刷分析或计算时，首先需要判定冲刷类型是清水冲刷还是浊水冲刷，因为冲坑深度与时间的关系，冲坑深度与水质点速度的关系等均与该冲刷类型密切相关。冲刷类型属于清水冲刷还是浊水冲刷应通过希尔兹参数（Shields Parameter）θ 来判定，判定标准为

$$\begin{cases} \theta < \theta_{cr} & \text{（清水冲刷）} \\ \theta > \theta_{cr} & \text{（浊水冲刷）} \end{cases} \tag{8-4}$$

式中　θ_{cr}——临界希尔兹参数。

式（8-4）中希尔兹参数 θ 计算为

$$\begin{cases} \theta = \dfrac{U_{f}^{2}}{g(s-1)d} \\ U_{f} = \sqrt{\dfrac{\tau_{\infty}}{\rho}} \end{cases} \tag{8-5}$$

式中　U_{f}——结构物设置前海床水质点的最大剪切流速（注意不是质点流速）；

$\quad\quad g$——重力加速度；

s——土颗粒的比重；

　　　　d——土颗粒粒径；

　　　　ρ——海水密度。

　　临界希尔兹参数 θ_{cr} 是海床土颗粒雷诺数 Re_d 的函数，雷诺数 Re_d 的计算为

$$Re_d = \frac{dU_f}{\nu} \tag{8-6}$$

式中　ν——运动黏滞系数。

　　Yalin & Karahan（1979）对各种土体和环境下的临界希尔兹参数 θ_{cr} 取值进行了大量试验[4]，鉴于通常情况下雷诺数 $Re_d > 10$，工程应用中临界希尔兹参数可取 $\theta_{cr} = 0.05 \sim 0.06$。

　　在清水冲刷情况下，冲坑深度随着希尔兹参数 θ 的变化非常明显。当希尔兹参数 θ 非常小时，冲坑深度基本为零，此时考虑冲刷放大效应的海床剪应力仍然很小，不足以产生土颗粒的运移。随着希尔兹参数 θ 的增大，冲坑深度急剧增大，当希尔兹参数 $\theta > \theta_{cr}$ 时，即达到了浊水冲刷状态，冲坑深度随希尔兹参数 θ 的增大变化趋于缓和。因为希尔兹参数 θ 与土颗粒的搬运能力密切相关，在浊水冲刷状态下冲坑内外土颗粒同时被运移而出现动态运移过程，坑内土颗粒虽然被带走，但坑外的土颗粒会不断沉积到坑内予以补偿，进而使得冲坑深度的变化趋缓。

8.1.4　冲刷机理分析

　　小直径结构物的冲刷应根据其所处的环境条件来进行相适应的分析，可分为水流作用、波浪作用和水流与波浪共同作用等三大类。但对于水流和波浪共同作用的研究很少，下面介绍水流和波浪分别单独作用下的冲刷机理。

　　1. 水流作用

　　如图 8-4 所示，当垂直桩柱结构设置在海床上后，水流流态将产生如下变化：①在桩柱结构物前侧和周边产生马蹄涡；②在桩柱结构物后侧产生尾涡，并一般伴随着涡漩发散；③在桩柱的侧面产生流线收缩现象；④由于桩柱迎水侧阻挡使得紧邻区域流速降低而产生下降流。这些现象的综合作用将导致在可冲刷海床条件下土颗粒搬运能力的加强，进而产生了局部冲坑。

　　水流作用下的冲刷过程主要受到图 8-4 中马蹄涡和侧面流线收缩的影响，尾涡的影响很小。马蹄涡的形成必须具备两个必要因素，边界层必须具备一定的厚度，且压力梯度差足够大以便形成流线分离。马蹄涡的大小取决于 3 个基本参量，分别为边界层厚度 δ、雷诺数、结构物尺寸与形状。

　　结构物雷诺数计算为

$$Re_D = \frac{uD}{\nu} \tag{8-7}$$

式中　u——水流剪切流速；

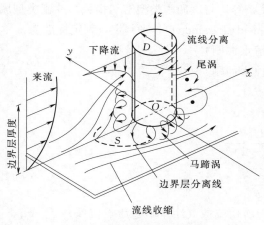

图 8-4　桩体存在对水流流线产生的影响[5]

D——结构物杆件直径；

ν——液体运动黏滞系数。

边界层雷诺数计算为

$$Re_{\delta} = \frac{u\delta}{\nu} \qquad (8-8)$$

式中 Re_{δ}——边界层雷诺数；

δ——海床剪切边界层厚度。

当边界层厚度与桩径比值 δ/D 较小时，将使得边界层分离较为困难，进而马蹄涡形成的规模变小。对于更小的 δ/D 比值，甚至不会出现流线分离，也不会出现马蹄涡。如图 8-5 所示，其中给出了不同 δ/D 值对应的马蹄涡水平距离 x_s（反映马蹄涡的大小）变化趋势，随着 δ/D 值的增加，马蹄涡水平距离 x_s 逐步增大[3]。

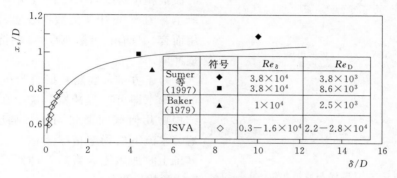

图 8-5　马蹄涡分离距离实测曲线[3]

与 δ/D 的影响效应相类似，边界层雷诺数 Re_{δ} 对马蹄涡也有重要影响。当雷诺数 Re_{δ} 很小时流体处于层流状态，只有当雷诺数 Re_{δ} 达到一定量值后才可能出现流线分离。图 8-5 中表格数据点给出了不同雷诺数下对应的马蹄涡水平距离 x_s 值，可见雷诺数 Re_{δ} 越高，对应的马蹄涡水平距离 x_s 越大。

桩柱结构物的几何形状也影响着马蹄涡的形成。对于流线化的结构物截面形状，如圆柱，其产生的压力梯度较小，故马蹄涡的形成规模也较小；相比而言，对于方桩等具有尖锐角度的结构物，其附近的压力梯度明显要大，故马蹄涡的形成规模也较大。如表 8-1 所示，圆形结构物马蹄涡的水平距离相对值仅为 1.1，方桩可达 1.2。

表 8-1　结构物形状与马蹄涡相对水平距离[3]

桩几何形状	x_s/D
（方形截面）	1.2
（圆形截面）	1.1
（菱形截面）	0.97

2. 波浪作用

波浪作用下的冲刷过程主要受到图 8-4 中马蹄涡和尾涡的共同影响，因此不仅受到决定马蹄涡大小的 3 个基本参量（边界层厚度 δ、雷诺数和结构物尺寸与形状）的影响，还受到 KC 常数的影响。KC 常数的定义为

$$KC = \frac{u_{max} T}{D} \qquad (8-9)$$

式中　u_{max}——海床面波浪质点最大速度；

　　　　T——波浪周期；

　　　　D——结构物直径。

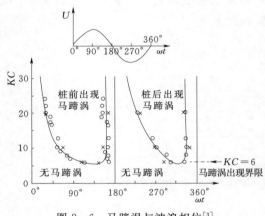

图 8-6　马蹄涡与波浪相位[3]

当 KC 常数较小时，波浪质点的运移程度较弱使得冲刷无法有效发展。马蹄涡出现时波浪相位跨度与 KC 常数实测值如图 8-6 所示。图 8-6 中实测数据表明，对于波浪作用而言，只有在常数 $KC>6$ 的情形下方能出现冲刷。

对于方桩，实测数据表明在常数 $KC>4$ 的情形下即可产生冲刷，说明在波浪作用下结构物几何截面形状同样影响压力梯度值，这与水流下的影响情况类似。当在波浪影响基础上叠加水流因素后，冲刷产生所需要的 KC 常数值更低。

由于波浪的周期性，桩柱单侧出现马蹄涡的横跨周期最多为波浪周期的一半，具体横跨周期则取决于 KC 常数的大小。如图 8-6 所示，当 $KC=10$ 时，马蹄涡出现的相位范围在 $50° \sim 160°$；当 $KC=25$ 时，马蹄涡出现的相位范围在 $23° \sim 160°$。由此可见随着 KC 常数的增大，单个波浪周期内马蹄涡维持的横跨周期越长，故其冲刷维持效应越久。马蹄涡相对水平距离 x_s 值与 KC 常数也密切相关，当 KC 常数较小时，随着 KC 值增大马蹄涡相对水平距离 x_s 急剧增大，当 $KC = \infty$ 时，则趋近于一恒定值，此时相当于水流作用下的值。

除了马蹄涡的影响外，尾涡也与 KC 常数密切相关。随着 KC 常数的不同，尾涡所处的涡旋状态不同。当 $2.8 \leqslant KC < 4$ 时，桩柱后侧将成对出现对称分布的涡旋，当进入波浪后半周期时这些涡旋将消失；当 $4 \leqslant KC < 6$ 时，涡旋的对称性将消失，但涡旋仍未脱落；当 $6 \leqslant KC < 17$ 时，出现涡旋脱落现象，但半个周期内仅有 1 个涡旋脱落；当 $17 \leqslant KC < 23$ 时，仍然出现涡旋脱落现象，但半个周期内有 2 个涡旋脱落，从而使得桩柱后侧涡旋分布的距离更大，冲刷现象更为严重[3]。

8.2　冲坑计算与防冲刷措施

冲坑会降低测风塔桩基的承载力，增加基础结构的内力，对基础结构是不利的。冲坑包括深度和水平分布范围两方面，完整的冲坑计算方法应能确定这两方面的量值。在设计

中可以根据计算的冲坑深度或冲刷模型试验结果来预留冲刷深度而进行基础结构验算，也可以采取适当的防冲刷措施。需要特别注意的是，各种冲坑深度计算方法均有其特定的适用条件和局限性，各方法计算结果之间存在一定的差异，当无法进行试验验证时，一般应采取多种计算方法来互相比对。

8.2.1 冲坑深度计算

小直径结构物冲坑深度计算分为三大类，其中：①水流作用下的冲坑深度计算；②波浪作用下的冲坑深度计算；③波浪与水流共同作用下的冲坑深度计算。

1. 水流作用下

以下介绍 4 种水流作用下冲坑深度计算方法，分别为 CSU/HEC - 18 方法、Breusers 方法、Sumer 方法和 Jones & Sheppard 方法。

（1）CSU/HEC - 18 方法。该方法是美国公路局用于计算路桥桩基冲刷深度计算的方法，是通过模型试验数据进行反演分析而得出的计算方法，它既适用于清水冲刷条件，又适用于浊水冲刷条件。但该方法建立的初衷是用于河流环境条件，未考虑潮汐作用影响。

该方法的最大冲刷深度计算式为[6]

$$\frac{S}{h} = 2.0 K_1 K_2 K_3 K_4 \left(\frac{D}{h}\right)^{0.65} Fr^{0.43} \qquad (8-10)$$

$$Fr = \frac{U}{\sqrt{gh}} \qquad (8-11)$$

式中 S——冲刷深度；

h——水深；

D——桩径；

Fr——Froud 系数；

U——水流流速；

g——重力加速度；

K_1——桩柱横截面形状修正系数；

K_2——水流入射角修正系数；

K_3——海床条件系数；

K_4——海床沉积物修正系数。

当结构物为圆形桩柱时，无关水流入射角影响，此时系数 $K_1 = 1.0$，$K_2 = 1.0$。系数 K_3 可按表 8 - 2 取值。

表 8 - 2 修正系数 K_3 取值[6]

海床情况	沙丘高度/m	K_3
清水冲坑	—	1.1
平坦海床或烦沙丘	—	1.1
小型沙丘	0.6≤高度<3	1.1
中型沙丘	3≤高度<9	1.1~1.2
大型沙丘	9≤高度	1.3

根据 56 项工程中共 384 组现场实测数据反求的冲刷深度折减系数来设定系数 K_4 的取值。当 $d_{50} < 2\text{mm}$ 或者 $d_{95} < 20\text{mm}$ 时，$K_4 = 1.0$；当 $d_{50} \geqslant 2\text{mm}$ 且 $d_{95} \geqslant 20\text{mm}$ 时，$K_4 = 0.4 U_*^{0.15}$，K_4 最小取值为 0.4[7]，其中 d_{50}、d_{95} 分别为 50%、95% 累积分布百分比对应的粒径大小。

参量 U_* 计算为

$$U_* = \frac{U - U_{\text{ic},d_{50}}}{U_{\text{c},d_{50}} - U_{\text{ic},d_{50}}} > 0 \tag{8-12}$$

$$U_{\text{ic},d_{50}} = 0.645 \left(\frac{d_{50}}{D}\right)^{0.053} U_{\text{c},d_{50}} \tag{8-13}$$

$$U_{\text{c},d_{50}} = K_{\text{u}} h^{1/6} d_{50}^{1/3} \tag{8-14}$$

式中　K_{u}——常数，可取 6.19；

d_{50}——沉积物中值粒径；

$U_{\text{ic},d_{50}}$——海床泥面处土颗粒粒径 d_{50} 起始冲刷时所需要的来流速度；

$U_{\text{c},d_{50}}$——临界流速；

U——水流流速；

h——水深；

D——桩径。

当无大型沙丘且海床沉积物粒径在 $d_{50} < 2\text{mm}$ 或者 $d_{95} < 20\text{mm}$ 范围内时，此时系数 $K_3 = 1.1$，其余 3 个系数 K_1、K_2、K_4 均取 1.0，则式 (8-10) 可简化为

$$\frac{S}{h} = 2.2 \left(\frac{D}{h}\right)^{0.65} Fr^{0.43} \tag{8-15}$$

当 $h/D < 0.8$ 且 $Fr < 0.8$ 时，Johnson（1999）建议不宜采用式（8-10）进行冲坑深度计算，应计算为[8]

$$\frac{S}{h} = 2.08 K_1 K_2 K_3 K_4 \left(\frac{D}{h}\right)^{0.504} Fr^{0.639} \tag{8-16}$$

（2）Breusers 方法。Breusers 方法适用于恒定流状态下冲刷坑深度的计算，没有考虑波浪对冲坑深度的影响。该方法的计算方程为双曲正切函数，能较好地反应桩径与水深的关系。对于小直径桩 $h/D > 1$，h/D 的双曲正切值趋近于 1，则冲坑深度计算式退化为 $S \approx kD$（k 为系数）；对于大直径桩 $h/D < 1$，h/D 的双曲正切值趋近于 h/D，则冲坑深度计算式退化为 $S \approx kh$（h 为水深）。Breusers 方法的计算方程为[9]

$$\frac{S}{D} = f_1 \left[k \,\text{th}\left(\frac{h}{D}\right)\right] f_2 f_3 \tag{8-17}$$

式中　S——冲刷深度；

D——直径；

k——系数，试验拟合时 k 取 1.5，当设计计算时，k 可取 2.0；

h——水深；

f_1——系数；

f_2——形状系数，圆形时 $f_2 = 1.0$，流线形时 $f_2 = 0.75$，矩形时 $f_2 = 1.3$；

f_3——系数，取决于水流入射角，圆形桩取 1.0。

式（8-17）中系数 f_1 的确定取决于水流平均流速与临界流速的比值，可确定为

$$\begin{cases} f_1\left(\dfrac{U}{U_c}\right)=0 & \text{当}\ \dfrac{U}{U_c}\leqslant 0.5 \\[2mm] f_1\left(\dfrac{U}{U_c}\right)=2\dfrac{U}{U_c}-1 & \text{当}\ 0.5\leqslant \dfrac{U}{U_c}\leqslant 1.0 \\[2mm] f_1\left(\dfrac{U}{U_c}\right)=1 & \text{当}\ \dfrac{U}{U_c}\geqslant 1.0 \end{cases} \qquad (8-18)$$

式中 U_c——临界流速，可按照式（8-14）计算。

当圆形桩浊水冲刷时式（8-17）可进一步简化为

$$\frac{S}{D}=1.5\,\text{th}\left(\frac{h}{D}\right) \qquad (8-19)$$

根据系数 k 的取值不同，设计时则计算为

$$\frac{S}{D}=2.0\,\text{th}\left(\frac{h}{D}\right) \qquad (8-20)$$

（3）Sumer 方法。Sumer 根据 Breusers 的大量实验数据，得到了恒定流中圆柱体冲坑深度的平均值与标准偏差，即[10]

$$\begin{cases} \dfrac{S}{D}=1.3 \\[2mm] \sigma_{S/D}=0.7 \end{cases} \qquad (8-21)$$

式中 $\sigma_{S/D}$——相对冲刷深度的标准偏差。

在工程设计时，可取 $S/D=2.0$。

（4）Jones & Sheppard 方法（以下简称 J&S 方法）。Jones 和 Sheppard 在做了大直径桩原型试验并研究了大量相关冲刷分析方法后得出，冲刷深度除了与水深和桩径的比值 h/D 有关外，还应将泥沙颗粒的中值粒径和桩径的比值（D/d_{50}）考虑在内。

对于清水冲刷，当水流流速与临界流速满足 $0.47\leqslant \dfrac{U}{U_c}\leqslant 1.0$ 时，冲刷深度可计算为[11]

$$\frac{S}{D}=2.5K_s f_1\left(\frac{h}{D}\right)f_2\left(\frac{U}{U_c}\right)f_3\left(\frac{D}{d_{50}}\right) \qquad (8-22)$$

$$f_1\left(\frac{h}{D}\right)=\text{th}\left[\left(\frac{h}{D}\right)^{0.4}\right] \qquad (8-23)$$

$$f_2\left(\frac{U}{U_c}\right)=1-1.75\left[\ln\left(\frac{U}{U_c}\right)\right]^2 \qquad (8-24)$$

$$f_3\left(\frac{D}{d_{50}}\right)=\frac{\dfrac{D}{d_{50}}}{0.4\left(\dfrac{D}{d_{50}}\right)^{1.2}+10.6\left(\dfrac{D}{d_{50}}\right)^{-0.13}} \qquad (8-25)$$

式中 U——水流流速；

U_c——临界流速，按照式（8-14）计算；

K_s——形状系数，对于圆形桩 $K_s=1.0$。

当 $1.0 < \dfrac{U}{U_c} \leqslant \dfrac{U_{lp}}{U_c}$ 时，为浊水冲刷，冲刷深度计算为

$$\frac{S}{D} = K_s f_1 \left(\frac{h}{D}\right) \left[2.2\left(\frac{U-U_c}{U_{lp}-U_c}\right) + 2.5 f_3\left(\frac{D}{d_{50}}\right)\left(\frac{U_{lp}-U}{U_{lp}-U_c}\right)\right] \tag{8-26}$$

$$U_{lp} = \max \begin{cases} 18\sqrt{\dfrac{26\tau_c}{\rho g}} \lg\left(\dfrac{4h}{d_{90}}\right) \\ 0.8\sqrt{gh} \end{cases} \tag{8-27}$$

$$\tau_c = \begin{cases} \rho[(s-1)gd_{50}]\left[-0.005 + 0.023d^* - 0.000378d^*\ln(d^*) + \dfrac{0.23}{d^*}\right] & 0.23 \leqslant d^* \leqslant 150 \\ 0.0575\rho[(s-1)gd_{50}] & d^* > 150 \end{cases}$$

$$\tag{8-28}$$

$$d^* = \left[(s-1)g\frac{d_{50}^3}{\nu^2}\right]^{1/3} \tag{8-29}$$

式中　s——沉积物相对密度；

　　　g——重力加速度；

　　d_{50}——沉积物中值粒径；

　　　ν——海水黏滞系数；

　　　ρ——海水密度；

　　　τ_c——水流临界剪应力；

　　U_{lp}——浊水冲刷峰值流速；

　　　h——水深；

　　d_{90}——根据粒径级配曲线确定的 90% 累积分布百分比对应的粒径。

如果 $\dfrac{U}{U_c} > \dfrac{U_{lp}}{U_c}$ 时，冲刷深度计算为

$$\frac{S}{D} = 2.2K_s \mathrm{th}\left[\left(\frac{h}{D}\right)^{0.4}\right] \tag{8-30}$$

2. 波浪作用下

Sumer 通过大量的竖直圆柱在波浪作用下的冲坑试验得到了波浪作用下的冲坑深度计算公式，该公式适用于浊水冲刷。当 $KC > 6$ 时，可计算为[12]

$$\frac{S}{D} = 1.3\{1 - \exp[-0.03(KC-6)]\} \tag{8-31}$$

式（8-31）中 KC 常数按照式（8-9）计算，该式中海床面波浪质点最大速度 u_{max} 可结合海底深度条件代入第 4 章中式（4-22）求得，即

$$u_{max} = \frac{\pi H}{T\sin(kh)} \tag{8-32}$$

式中　T——波浪周期；

　　　H——波高；

　　　h——水深；

　　　k——波数，可根据式（4-10）来迭代求解。

当 KC 取值很大时，冲刷平衡状态下的冲坑深度趋近于 $1.3D$，符合恒定流情况下的深度，参见式（8-21）。当 $KC<6$ 时，波浪作用下不产生冲刷，如图 8-6 所示。

式（8-31）给出了圆柱结构波浪作用下冲坑深度的计算方法，桩柱结构的横截面形状对冲坑深度也有影响。对于方桩结构物，当 $KC>11$ 时，波浪作用下最大冲坑深度计算为

$$\frac{S}{D} = 2\{1 - \exp[-0.015(KC - 11)]\} \tag{8-33}$$

当方桩结构物倾斜 45°时，即方桩截面的对角线与波浪方向平行时，当 $KC>3$ 时，波浪作用下最大冲坑深度计算为

$$\frac{S}{D} = 2\{1 - \exp[-0.019(KC - 3)]\} \tag{8-34}$$

3. 波流作用下

在进行波流共同作用下引起的冲坑深度分析时，经常用到波浪和水流分别作用引起的水质点流速相对比值，即波流相对流速比 U_{cw}，该变量定义为[3]

$$U_{cw} = \frac{U_c}{U_c + U_w} \tag{8-35}$$

式中 U_c——水流引起的水质点速度；

U_w——波浪引起的水质点速度。

波浪和水流作用下桩柱结构附近冲坑深度的试验结果表明，波流共同作用下冲坑深度与单独水流下冲坑深度并无明显区别，这与冲坑主要是由于水流作用而产生的缘故有关。Sumer（2001）对波浪和水流叠加作用下冲坑深度进行了大量研究[12]，代表性结果如图 8-7 所示，其中图 8-7（a）为波流同向的结果，图 8-7（b）为波流同向和波流方向相互垂直下的结果。

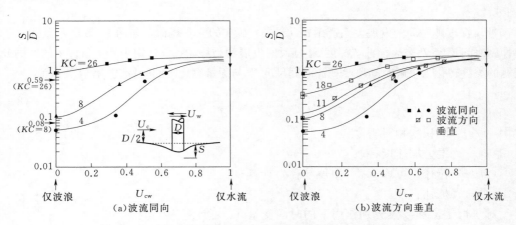

图 8-7　波流作用下冲坑深度与 KC 常数和 U_{cw} 值的关系[12]

由图 8-7 可见，当 U_{cw} 趋近于零时，此时相当于仅有波浪作用，冲坑试验结果与按照式（8-31）计算的仅波浪作用下冲坑深度 ［图 8-7（a）中纵坐标轴左侧的箭头］相吻合。当 U_{cw} 趋近于 1 时，相当于仅有水流作用，冲坑深度试验结果与单独水流作用下冲坑深度计算结果相一致。对于较小的 KC 常数情况下，在波浪作用基础上叠加很小的水流作

用便使得冲坑深度急剧增大；当波流相对流速比 $U_{cw} \geqslant 0.7$ 后，冲坑深度与单独水流作用下的冲坑深度基本一致。当波浪与水流方向相互垂直时，水流对波浪作用下冲刷深度的影响同样显著。

基于上述规律，当 $KC \geqslant 4$ 时，在波流共同作用下圆柱结构的冲坑深度可计算为

$$\begin{cases} \dfrac{S}{D} = \dfrac{S_c}{D}\{1 - \exp[-A(KC - B)]\} \\ A = 0.03 + \dfrac{3}{4}U_{cw}^{2.6} \\ B = 6\exp(-4.7U_{cw}) \end{cases} \tag{8-36}$$

式中 S_c——水流单独作用下的冲坑深度。

8.2.2 冲坑范围与时间历程

砂性土条件下，冲坑横向扩展范围与海床土体的内摩擦角有关，并且假设冲坑坑边坡度与土体内摩擦角相同。冲刷坑半径可计算为[5]

$$r = \frac{D}{2} + \frac{S}{\tan\phi} \tag{8-37}$$

式中 r——冲刷坑半径；

D——桩径；

S——冲坑的最大深度；

ϕ——土体内摩擦角。

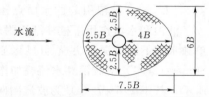

图 8-8 水流作用下冲坑发展范围[13]
B—结构物宽度或直径

当无详细资料时，水流作用下桩柱的冲坑范围可按照图 8-8 确定，波浪作用下冲坑宽度宜取 2 倍桩径。

冲坑深度随时间的发展关系遵循式（8-3）确定的分布规律，如图 8-3 所示。式（8-3）以冲刷时间尺度 T 来表征冲坑深度 S_t 随时间发展的趋势，其仅适用于砂土条件下的冲刷分析。问题的关键转化为求解时间尺度 T。时间尺度 T 与无量纲化时间变量 T^* 存在关系为

$$T = \frac{D^2}{\sqrt{g(s-1)d^3}}T^* \tag{8-38}$$

式中 s——沉积物相对密度；

g——重力加速度；

d——粒径，可取 d_{50}（中值粒径）计算；

D——桩柱直径。

对于恒定流和波浪分别作用下的时间变量 T^* 可计算为

$$\begin{cases} T^* = \dfrac{1}{2000}\dfrac{h}{D}\theta^{-2.2} & (\text{水流}) \\ T^* = 10^{-6}\left(\dfrac{KC}{\theta}\right)^3 & (\text{波浪}) \end{cases} \tag{8-39}$$

式中 h——水深；

θ——希尔兹参数。

对于水流作用而言，若水流流速为 U_c，采用 Colebrook - White 方程可求得海床面剪切流速 U_f，即

$$\frac{U_c}{U_f} = 6.4 - 2.5\ln\left(\frac{2.5d}{h} + \frac{4.7\nu}{hU_f}\right) \tag{8-40}$$

式中　ν——海水的运动黏滞系数，取值为 $10^{-6} \, \mathrm{m^2/s}$。

将由式（8-40）求得的水流剪切流速 U_f 代入式（8-5）可得希尔兹参数 θ，结合式（8-38）和式（8-39）可确定水流作用下的时间尺度 T。

对于波浪作用而言，海床面不受干扰的最大剪切流速为：

$$U_f = \sqrt{\frac{f_w}{2}} u_{max} \tag{8-41}$$

式中　f_w——摩擦系数；

　　　u_{max}——桩柱处海床附近的波浪速度最大值，按照式（8-32）计算。

式（8-41）中海床摩擦系数 f_w 计算为

$$f_w = \begin{cases} 0.04\left(\dfrac{a}{k_N}\right)^{-0.25} & \left(\dfrac{a}{k_N} > 100\right) \\[3mm] 0.04\left(\dfrac{a}{k_N}\right)^{-0.75} & \left(\dfrac{a}{k_N} < 100\right) \end{cases} \tag{8-42}$$

式中　k_N——床面糙度，取 $2.5d_{50}$，d_{50} 为泥沙颗粒的中值粒径；

　　　a——水质点在海底处运动轨迹的长半轴。

式（8-42）中水质点在海底处运动轨迹的长半轴 a 计算为

$$a = \frac{u_{max} T}{2\pi} \tag{8-43}$$

将由式（8-41）求得的波浪剪切流速 U_f 代入式（8-5）可得希尔兹参数 θ，结合式（8-38）和式（8-39）可确定波浪作用下的时间尺度 T。

综上所述，根据式（8-3）、式（8-5）、式（8-32）和式（8-38）～式（8-43）可以确定波浪和水流作用下冲坑深度随时间发展的历程。

8.2.3　防冲刷措施

当冲坑产生时海上测风塔基础中桩基的竖向承载力、抗拔承载力和水平承载力均会降低，地基土对桩基的约束刚度也会降低，继而导致测风塔基础的沉降和变形增加，结构内力也会增加，对于基础结构的强度与稳定性均产生不利影响。海上测风塔基础的桩径通常不大，因此冲坑的深度发展较为有限，在基础设计时可以通过预留冲坑深度的方式来进行设计计算。

当认为采取防冲刷措施确有必要时，也可以采取相适应的防冲刷措施。防冲刷处理措施的设计理念分为两大类，即永久性防冲刷设计和动态防冲刷设计。永久性防冲刷设计指的是基础防冲刷措施应确保基础在设计使用期限内免于受到冲刷影响，防冲刷措施具有相当的安全度。为了确保防冲刷措施的有效性，一般还应结合模型试验来进行综合论证。动态防冲刷设计指的是对于基础仍采取防冲刷保护措施，但是防冲刷保护的安全度可以适当降低，必要时也可以容许冲刷的产生，但是应采取定期的监视或检查措施来监控海床面的变化、冲坑是否发展、防冲刷保护措施的完整性等，当发现防冲刷保护措施损失后应及时

予以修补。监控频率初始阶段可介于 6～18 周，若后续监控发现防冲刷保护措施仍完好，可适当延长监控周期，但最长不应大于 1 年[14]。

防冲刷措施经常采用抛填碎石的形式，上层为粒径较大的抛石层，下层为粒径递减的滤层，粒径的选择应既能满足防冲刷要求，还应满足粒径级配的要求，必要时可在海床泥面与滤层之间设置土工织物以有效防止泥面下部土体的掏蚀。

滤层或防冲刷压层应首先能保证必要的透水性，同时能有效阻止下层土颗粒的流失，防止管涌的产生。上下层的粒径关系应满足

$$\frac{D_{15}f}{D_{85}b} \leqslant 5 \qquad\qquad (8-44)$$

式中　　f——滤层；

　　　　b——下层；

　　　　D——根据颗粒粒径级配曲线得到的累积分布小于某百分比对应的粒径，式（8-44）中比例分别为 15％和 85％。

同时应要求滤层或压层自身颗粒级配合理，自身不应产生分离，粒径还应满足

$$5 \leqslant \frac{D_{50}f}{D_{50}b} \leqslant 60 \qquad\qquad (8-45)$$

式中　　D_{50}——上下层的中值粒径。

为了防止海床土颗粒与滤层颗粒间产生负压，应保证滤层的渗透性大于土颗粒的渗透性，即

$$5 \leqslant \frac{D_{15}f}{D_{15}b} \leqslant 40 \qquad\qquad (8-46)$$

式中　　D_{15}——上下层中累积分布百分比为 15％时对应的粒径。

8.3　基础结构腐蚀与防护机理

海上测风塔基础结构由钢结构或钢筋混凝土结构组成，在进行基础结构防腐蚀设计前明确不同结构在海洋环境中的腐蚀机理以及每种基础结构防腐蚀措施的防护机理是非常必要的。基础结构在海洋环境中的腐蚀并不是由上往下通体均匀分布的，而是与海洋环境分区密切相关。

8.3.1　腐蚀环境分区与影响因素

1. 腐蚀环境划分与各区特点

不论是近海环境中的钢筋混凝土结构还是钢结构，在进行防腐蚀设计或处理之前，首先需要进行防腐蚀区段划分。对于混凝土结构，根据我国有掩护海洋工程的调查分析，钢筋锈蚀最严重部位在设计高水位以上 1.0m 至设计高水位以下 0.8m 的区段，而终年在水下的部位很少有腐蚀损坏，其他部位介于二者之间，因此防腐设计时将混凝土结构部位划分为 4 个区：大气区、浪溅区、水位变动区、水下区。对于钢结构而言，结构部位划分为 5 个区：大气区、浪溅区、水位变动区、水下区和泥下区。划分方法详如表 8-3 所示。

表 8-3 海水环境结构部位划分[15]

划分类别	大气区	浪溅区	水位变动区	水下区	泥下区
按港工设计水位	设计高水位加 η_0 +1.0m 以上	大气区下界至设计高水位减 η_0 之间	浪溅区下界至设计低水位减 1.0m 之间	水位变动区下界至海泥面	海泥面以下
按天文潮位	最高天文潮位加 0.7 倍百年一遇有效波高 $H_{1/3}$ 以上	大气区下界至最高天文潮位减百年一遇有效波高 $H_{1/3}$ 之间	浪溅区下界至最低天文潮位减 0.2 倍百年一遇有效波高 $H_{1/3}$ 之间	水位变动区下界至海泥面	海泥面以下

注：1. η_0 值为设计高水位时重现期 50 年 $H_{1\%}$（波列积累频率为 1% 的波高）波峰面高度。
  2. 当无掩护条件的近海工程钢结构无法按港工有关规范计算设计水位时，可按天文潮位确定钢结构的部位划分。

在海洋腐蚀环境中，结构材料受到海水或海洋中大气的腐蚀，并且材料的耐腐蚀性能随暴露条件的不同而发生很大的变化。不同海洋环境分区对应的环境特征及腐蚀特点如表 8-4 所示，不同分区内的腐蚀速率如图 8-9 所示。

表 8-4 海洋环境条件及腐蚀行为[16]

海洋腐蚀环境区分	环境条件	材料的腐蚀行为
大气区	由风带来的细小海盐颗粒；影响腐蚀性的因素是距离海面的高度、风速、风向、降露周期、雨量、温度、太阳照射、尘埃、季节和污染等	阴面可能比阳面损坏得更快；雨水能把顶面的盐冲掉；珊瑚粉尘与盐一起也可能对钢铁设备有特殊的腐蚀性，离开海岸腐蚀迅速减弱
浪溅区	潮湿供氧充分的表面，无海生物污损	许多像钢铁这样的金属在此区的侵蚀最严重；在该区服役的钢铁材料需要良好的防护，保护涂层通常更易损坏
水位变动区	随潮水涨落而干湿交替，通常有充足的氧气	在整体钢桩的情况下，位于潮差区的钢可充当阴极（充分充气），并可对处于潮差区以下钢的腐蚀提供一定程度的保护；在潮差区，单独的钢样板有较严重的腐蚀性
水下区	在岸边的浅海海水通常为氧所饱和；污染、沉积物、海生物污损、海水流速等都可能起重要作用；在深海区，氧含量变小，深海区的氧含量往往比表层低得多	在浅海腐蚀可能比海洋大气中更为迅速；可采用保护涂层和阴极保护来控制腐蚀；在多数浅海中，有一层硬壳及其他生物污损防止氧进入表面，从而减轻了腐蚀；保护涂层在此区腐蚀最严重；在深海区钢的腐蚀较轻
泥下区	往往存在硫酸盐还原菌等细菌；海底沉积物的来源、特征和性状不同	海底沉积物通常是腐蚀性的；有可能形成沉积物间隙腐蚀电池；部分埋设的钢样板有加速腐蚀趋势；硫化物和细菌可能是影响因素

大气区属于波浪打不到，潮水不能淹没的地方。它的腐蚀因素虽然和内陆的大气腐蚀类似（如空气中的氧气和日光等），但海上的湿度通常高于大陆，还存在着气溶胶形式的盐雾，故其腐蚀环境比一般的大气腐蚀要严重些。

浪花飞溅区（浪溅区）经常受到海水波浪飞沫的冲击。由于在该区氧气的供应十分充足，氧气的去极化作用促进了钢的腐蚀，同时浪花的冲击严重地破坏了保护膜（干湿交替），故此处腐蚀最为严重。相关资料表明，在该区碳钢的平均腐蚀速度可达 $500\mu m/$年，

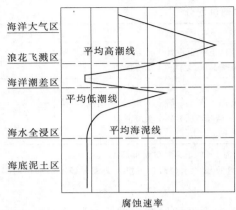

图 8-9　海洋环境分区与腐蚀速率[17]

约为全浸区的 5 倍。

水位变动区（海洋潮差区）的特点是涨潮时被水浸没，退潮时又暴露在空气中，呈现干湿周期性的变化。从理论上分析，海平面由于氧气的供应不均匀，在水面上下造成了氧气浓度差，水线上下形成大型的氧气浓差电池。位于空气中部分的氧气供应最充分，故为阴极，受到保护，腐蚀较小；恰好浸没在海水线下的部分为阳极，腐蚀极其严重。但因海浪和风的冲击、干湿边界瞬即变化，故总体而言，这部分也是腐蚀比较严重的区域之一。

水下区（海水全浸区）的腐蚀情况随水深而不同。一般可分为 3 个区：浅海区，自海面至海平面下 50m 处，因溶解氧气浓度较高，生物活性也很大，水温又较高，故腐蚀较为严重；中等深度区，海平面下 50～200m 处，腐蚀程度中等；深海区，海平面下 200m 以下区域，因溶解氧气浓度较低，故腐蚀程度较小。

泥下区被海水全浸没，主要由海底沉积物构成。该区的介质条件较复杂，还常有厌氧性微生物存在。在该区内钢材的腐蚀较全浸区略微缓慢。

2. 影响腐蚀的环境因素

由于海洋腐蚀环境的复杂性，腐蚀破坏表现的形式几乎涉及所有的腐蚀类型，包括全面腐蚀、局部腐蚀、电偶腐蚀、宏观电池腐蚀以及应力腐蚀等。海洋环境因素对这些腐蚀的影响起决定性作用，下面简要介绍海洋环境因素对腐蚀的影响[16]。

（1）含盐量（盐度）的影响。海水中有大量以氯化钠为主的盐类。水中含盐量直接影响到水的电导率和含氧量，必然对腐蚀产生影响，随着水中含盐量增加，水的电导率增加而含氧量降低，所以在某一含盐量时将存在一个腐蚀速度的最大值。海水中盐度变化量通常不大，对海水导电性、含氧量、碳酸盐含量及海生物活性等的影响也很小，因此海水盐度的微量变化不会对钢铁的腐蚀产生明显的影响。

（2）电导率的影响。海水所含盐分几乎全部处于电离状态，这就使海水成为一种导电性很强的电解质溶液。海水电导率主要决定于海水的盐度和海水的温度，增加海水盐度或升高海水温度都能使海水电导率增加。由于一般海水盐度变化幅度不大，所以海水电导率主要受温度影响。海水良好的导电性决定了海水腐蚀过程中，不仅微观电池腐蚀的活性大，同时宏观电池腐蚀的活性也很大。同时，采用阴极保护方法保护海洋结构物时，由于海水电导率高，电流分散程度大，保护范围宽，保护效果好。

（3）溶解物质的影响。由于绝大多数金属在海水中的腐蚀都属于氧去极化腐蚀，所以海水中溶解氧的含量是影响海水腐蚀性的重要因素。氧在海水中的溶解度主要取决于海水的盐度和温度，海水的盐度变化不大，所以海水中氧的溶解度主要受海水温度的影响。温度从 0℃ 上升到 30℃，氧的溶解度几乎减半。氧是金属在海水中腐蚀的去极化剂，如果完全除去海水中的氧，金属是不会腐蚀的。对不同种类的金属，含氧对腐蚀的作用不同。对碳钢、低合金钢和铸铁等在海水中不发生钝化的金属，海水中含氧量增加，会加速阴极去极化过程，使金属腐蚀速度增加。但对那些依靠表面钝化膜提高耐腐蚀性的金属，如铝和不锈钢等，含氧量增加有利于钝化膜的形成和修补，使钝化膜的稳定性提高，点蚀和缝隙腐蚀的倾向性减小。

海水中溶有大气中所含有的各种气体，除了氧和氮之外，大气中含量最多的 CO_2 气体在海水中的含量也很高。海水中游离的 CO_2 含量主要影响 pH 值，但 pH 值的有限变化不会对金属的腐蚀产生明显影响。除此之外，海水中的碳酸盐对金属腐蚀过程也有着重要影响。

（4）pH 值的影响。海水的 pH 值在 7.5～8.6 之间，表层海水因植物光合作用，pH 值略高些，通常为 8.1～8.3。一般来说，海水 pH 值升高，有利于抑制海水对钢铁的腐蚀。但海水 pH 值变化幅度不大，不会对钢铁的腐蚀行为产生明显影响。尽管表层海水 pH 值比深处海水高，但由于表层海水含氧量比深处海水高，其对钢铁的腐蚀性比深处海水大。

（5）温度的影响。海水温度升高会加速阴极和阳极过程的反应速度，但海水温度变化会使其他环境因素随之变化。海水温度升高，氧的扩散速度加快，海水电导率增大，这将促进腐蚀过程进行。海水温度升高海水中氧的溶解度降低，同时促进保护性钙质水垢的生成，这又会减缓钢在海水中的腐蚀。

（6）流速和波浪的影响。海水腐蚀是靠氧去极化反应进行，主要受氧到达阴极表面的扩散所控制，海水流速和波浪由于改变了供氧条件，必然对腐蚀产生重要影响。图 8-10 表示的是流速对钢铁在海水中腐蚀的影响。在 a 段，随流速增加，氧扩散加速，腐蚀速度增大，阴极过程受氧的扩散控制。b 段流速进一步增加，供氧充分，阴极过程不再受扩散控制，而主要受氧还原的阴极反应控制，流速的影响较小。在 c 段，流速超过其一临界流速 v_c 时，金属表面的腐蚀产物膜被冲刷掉，金属基体也受到机械性损伤，在腐蚀和机械力联合作用下，钢铁的腐蚀速度急剧增加。

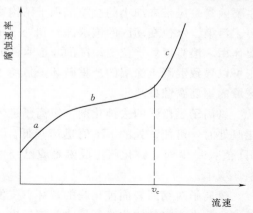

图 8-10 海水流速对钢铁腐蚀速度的影响[16]

由图 8-10 可知，在流速较低时，冲蚀、磨蚀可以忽略，主要是电化学腐蚀。当海水流速超过某一临界值时，由于附加机械作用而使腐蚀速度急剧增加。海水流速越高，海水中悬浮的固体颗粒越多，则冲击腐蚀越严重。当海水运动速度非常快，对金属表面的机械冲击很强烈时，不仅观察到保护膜的机械性破坏，同时也观察到金属基体结构的机械性破坏，这种破坏可以达到惊人的速度，这就是空泡腐蚀或称腐蚀性空化。

波浪的作用与海水流速的影响相似。波浪与金属表面撞击产生飞溅，飞溅的海水充气良好，具有相当高的腐蚀性。当风速很高波浪很大时，不仅使飞溅区作用范围增大，而且海水的强烈冲击会造成磨耗—腐蚀的联合作用，破坏金属表面保护膜或保护涂层，使腐蚀速度增大。

8.3.2 钢筋混凝土结构

混凝土是由硅酸盐水泥、填充骨料（砂和石子）、水和助剂等混合后经水合浇筑而成。混凝土 pH 值为 12.5，高碱性使钢筋表面形成以 Fe_2O_3、Fe_3O_4 和含 Si - O 键化合物为主的致密钝化膜，这正是混凝土中钢筋在正常情况下不受腐蚀的主要原因[18]。但当钢筋混凝土结构物处在海洋环境中则有可能产生严重的腐蚀。

1. 腐蚀机理

对海洋环境钢筋混凝土设施的大量调查分析显示，海洋工程钢筋混凝土破坏的主要因素无外乎外因和内因。外因主要是海洋地区苛刻的腐蚀环境，如海水中高浓度氯离子、盐雾导致混凝土中钢筋锈蚀，海水中的硫酸根离子和镁离子导致混凝土本体损伤，北方地区的冰冻气候导致混凝土的冻融损伤，以及大气区的碳化环境导致混凝土 pH 值降低从而诱使混凝土中钢筋锈蚀。内因主要是混凝土使用活性骨料且水泥碱含量过大导致了碱骨料破坏，混凝土中使用了海砂等带氯离子原材料导的钢筋锈蚀等。以下介绍两类主要的腐蚀作用，分别为氯盐腐蚀和碳化作用[19-20]。

（1）氯盐腐蚀。海洋环境中的海水、盐雾中存在大量的氯盐，广泛的调研表明，氯离子引起的混凝土中钢筋腐蚀是造成钢筋锈蚀的最主要原因。氯离子会通过扩散作用、毛细管作用、渗透作用和电化学迁移等不同方式侵入混凝土结构。大气区钢筋混凝土被侵蚀的主要因素是风带来细小的盐粒沉积于结构物表面，由于盐吸湿形成液膜，使构筑物受到氯离子污染。水位变动区的饱水部分和处于水下部分构筑物一直接触海水，扩散和渗透起主要作用。浪溅区和水位变动区的非饱水部分，扩散、毛细管和渗透共同作用，风浪强烈冲击可以导致混凝土涂层的严重破坏，氯离子侵入速度加快，这一区域又有充足的氧，使此区域的钢筋腐蚀最严重。

氯离子是极强的去钝化剂，氯离子进入混凝土中并到达钢筋表面，当它吸附于局部钝化膜处时，可使该处的 pH 值迅速降低。当 pH 值 < 11.5 时，钝化膜就开始不稳定，当 pH 值 < 9.88 时，钝化膜生成困难或已经生成的钝化膜逐渐被破坏，使钢筋逐步暴露于腐蚀环境中。

氯离子对钢筋表面钝化膜的破坏首先发生在局部（点），使这些部位（点）露出了铁基体，与尚完好的钝化膜区域之间构成电位差，铁基体作为阳极而受腐蚀，大面积的钝化膜区作为阴极发生氧的还原反应，从而形成腐蚀电池作用，即

$$\begin{cases} 2Fe \longrightarrow 2Fe^{2+} + 4e^- & \text{（阳极反应）} \\ O_2 + 2H_2O + 4e^- \longrightarrow 4OH^- & \text{（阴极反应）} \end{cases} \quad (8-47)$$

$$2Fe + 2H_2O + O_2 \longrightarrow 2Fe(OH)_2 \quad \text{（总反应）} \quad (8-48)$$

氯离子不仅促成了钢筋表面的腐蚀电池，而且加速电池作用的过程。如果阳极生成的 Fe^{2+} 不能及时搬运走而积累于阳极表面，则阳极反应就会因此而受阻；如果生成的 Fe^{2+} 能及时被搬运走，阳极反应就会顺利进行乃至加速进行。Fe^{2+} 和 Cl^- 生成可溶于水的 $FeCl_2$，然后向阳极区外扩散，与本体溶液或阴极区的 OH^- 生成俗称"褐锈"的 $Fe(OH)_2$，遇孔隙液中的水和氧很快又转化成其他形式的锈。$FeCl_2$ 生成 $Fe(OH)_2$ 后，同时放出氯离子，新的氯离子又向阳极区迁移，带出更多的 Fe^{2+}，从而加速阳极过程。

通常把加速阳极的过程，称作阳极去极化作用，氯离子正是发挥了阳极去极化作用的功能，其反应式为

$$2Cl^- + Fe^{2+} + 6H_2O + 2Fe \longrightarrow 3Fe(OH)_2 + 6H^+ + 2Cl^- \qquad (8-49)$$

$$4Fe(OH)_2 + O_2 + 2H_2O \longrightarrow 4Fe(OH)_3 \qquad (8-50)$$

$Fe(OH)_3$ 若继续失水就形成水化氧化物 $FeO \cdot OH$（红锈），一部分氧化不完全的变成 Fe_3O_4（黑锈），在钢筋表面形成锈层。由于铁锈层呈多孔状，即使锈层较厚，其阻挡进一步腐蚀的效果也不大，因而腐蚀将不断向内部发展。

上述过程中氯离子不构成腐蚀产物，在腐蚀中也未被消耗，如此反复对腐蚀起催化作用。可见氯离子对钢筋的腐蚀起着阳极去极化作用，加速钢筋的阳极反应，促进钢筋局部腐蚀，这是氯离子侵蚀钢筋的特点。

（2）碳化作用。对于海洋工程不与海水接触的钢筋混凝土，除了遭受盐雾作用外，空气中的 CO_2 将与混凝土中的 $Ca(OH)_2$ 反应生成 $CaCO_3$，导致混凝土的 pH 值下降，从而导致混凝土中的钢筋脱钝并锈蚀，即发生混凝土的碳化。钢筋混凝土中水泥的水化产物 $Ca(OH)_2$ 是一种高碱性物质，pH 值在 12.5 以上，混凝土中钢筋与该溶液接触可以钝化，对钢筋起到保护作用。这种钝化作用在碱性环境中是很稳定的。当空气中的酸性气体（如 CO_2，SO_2 等）通过孔洞形态的混凝土与 $Ca(OH)_2$ 和其他碱性物质发生反应，变成碳酸盐，称之为碳化作用。具体反应为

$$CO_2 + H_2O + Ca(OH)_2 \longrightarrow CaCO_3 + 2H_2O \qquad (8-51)$$

$$3CaO \cdot \alpha SiO_2 \cdot \beta H_2O + 3CO_2 \longrightarrow 3CaCO_3 \cdot \alpha SiO_2 \cdot \beta H_2O \qquad (8-52)$$

当大量的碳酸钙形成时，混凝土内部碱性环境被破坏，钝化膜失效，钢筋暴露于腐蚀环境下发生腐蚀氧化还原反应，见式（8-47）和式（8-48）。

2. 防护机理

采用钢筋混凝土为基础材料的海上测风塔基础需采取相应的防护措施。由于钢筋混凝土防腐是系统工程，必须在设计、施工、使用等各个阶段进行。

（1）基本防护措施。从设计、施工、制作等方面提高混凝土自身的防护性能是混凝土的基本防护措施。由于混凝土本身具有高碱性，正确设计与施工的优质混凝土保护层本身具有长期防止环境介质渗透的功能，因此，尽可能提高混凝土本身对钢筋的防护功能是最经济、最有效的措施。

1）混凝土结构型式应有利于防腐，如构件截面几何形状应简单、平顺、减少棱角、突变和应力集中；混凝土表面应有利于排水；对处于腐蚀较严重部位和构件，应考虑其易于更换的可能性。适当增加混凝土保护层厚度以延长侵蚀性介质渗透到钢筋周围达到破坏钝化膜临界值的时间[21]。

2）选择优质原材料和优化混凝土配合比设计，提高抗蚀能力。如尽量减小水灰比提高混凝土的密实度。混凝土密实度高，有利于提高抗渗性，对侵蚀性介质的抗蚀能力增强；限制粗骨料的最大粒径，减少粗骨料与水泥砂浆界面的不利影响；规定混凝土拌和物最低水泥用量，确保混凝土具有较高的碱度；有抗冻要求时，加入合适量的引气剂以提高混凝土的抗冻性；不得采用可能发生碱—骨料反应的活性骨料；严格限制砂、石、外加剂、拌和水等原料中的氯离子含量，使符合规定。

3）采用高性能混凝土。高性能混凝土是具有高耐久性、高稳定性、良好工作性及较高强度。高性能混凝土一般抗氯离子渗透性比普通混凝土提高数倍，可显著提高混凝土护筋性能，从根本上提高混凝土的耐久性。

（2）混凝土表面涂覆防护。采用混凝土表面涂覆防护措施有效地将混凝土与周围侵蚀性介质隔离开来或阻止有害介质的侵入，也是一种有效的防护措施。该措施是在混凝土表面涂覆一层涂料，形成一层隔离层制止氯离子、氧、水等介质渗入混凝土，以延缓钢筋腐蚀。涂层防腐保护技术成熟、效果显著，是海工混凝土防腐最经济有效的措施。表面涂覆所用的浸入型涂料是一种黏度很低的有机硅化合物液体，将它涂于风干的混凝土表面并浸入深约数毫米表层中，与孔壁的氢氧化钙反应，使毛细孔憎水化或者填充部分细孔。浸入型涂料能显著降低混凝土的吸水性，使水和氯化物都难以渗入混凝土中，从而显著地提高混凝土的护筋性。防腐涂料可采用环氧树脂涂料、聚氨酯涂料、聚脲弹性体涂料、丙烯酸乳胶漆、氟树脂涂料等。

（3）混凝土中钢筋防护。钢筋防护可采用三大类方式，分别为镀层或涂层钢筋、钢筋阻锈剂和阴极保护。

1）镀层钢筋主要是镀锌钢筋，利用锌的电位比铁低，对钢筋施加阴极保护。涂层钢筋是指在钢筋表面制作涂层，隔离钢筋与腐蚀介质的接触，采用静电喷涂工艺将涂层（较普遍的是环氧涂层）喷涂于表面处理过的预热的钢筋上，形成具有一层坚韧、不渗透、连续绝缘层的钢筋。它可以将钢筋与其周围的混凝土隔开，即使氯离子、氧气等已大量侵入混凝土，它也能长期保护钢筋使其免遭腐蚀[22]。

2）钢筋阻锈剂能够阻止或延缓氯离子对钢筋钝化膜的破坏，拌制混凝土时掺加阻锈剂能够阻止或延缓氯离子对钢筋钝化膜的破坏。钢筋阻锈剂包括复合阻锈剂、有机阻锈剂、迁移型阻锈剂等，钢筋阻锈剂的应用要考虑对混凝土主要性能的不良影响。

3）阴极保护技术是应用电化学原理，通过给被保护钢筋加一负向电流，即使钢筋表面氯离子已达到或超过使钢筋脱钝的临界值，由于电化学腐蚀过程被有效抑制而使钢筋不会发生锈蚀。阴极保护法可分为牺牲阳极保护法和外加电流阴极保护法。

8.3.3　钢结构

1. 腐蚀机理

海洋环境中钢结构的腐蚀机理既可以从电化学腐蚀角度来解释，也可以从热力学角度来解释。

（1）电化学腐蚀原理。从海洋环境腐蚀的角度来看，海洋环境中的物理因素（如温度、阳光照射强度、海浪冲击、海水流速、泥沙磨蚀等）、化学因素（如氯盐、海洋污染物质等）、生物因素（如腐蚀性细菌产生的代谢产物、形成的生物膜和生物污损等）均可对金属腐蚀的发生过程产生影响。海洋腐蚀本质上是一种电化学腐蚀过程。电化学腐蚀是指金属与电解质发生电化学反应而引起的金属损耗。电化学腐蚀过程中，同时存在着两个相对独立的反应过程——阳极反应和阴极反应，并有电流产生。

钢结构在海洋环境的 5 个环境分区中都有电化学腐蚀发生，这个电化学腐蚀过程与电解质电池反应相同，构成这种反应的 3 个要素是阳极、阴极及导电解质。钢铁是铁元素和渗碳体的混合物，铁元素的电位较低，渗碳体的电位较高，电位不等的两种元素在电解质溶液的作用下，构成了以铁元素为阳极，渗碳体为阴极的微电池网络，产生电流。在阳极区，由于极性水分子的作用，铁素体被析出，呈自由状态的铁离子因而进入溶液，这就是金属的活性溶解过程。在阴极区，由于电位差的作用，阳极区的电子经钢铁本体流到阴极，被溶液中的某些物质所吸收。在通常情况下，溶液的 pH 值大于 4 时，表现为氧的还原；当溶液的 pH 值小于 4 时，则表现为氢的析出。阳极产物铁离子与阴极产物氢氧根离子相结合，生成初步的腐蚀产物氢氧化亚铁而沉淀，氢氧化亚铁进一步为溶液中的氧所氧化，转变为氢氧化铁（即铁锈）。氢氧化铁的溶解度较小，呈疏松的薄膜状包裹于钢铁的表面，有一定的保护作用，但抗渗能力很弱，性质不稳定，当溶液中有充足的氧气供应时，则腐蚀过程一直进行，直至钢铁成为铁锈为止[23]。

（2）热力学原理。海洋腐蚀是金属和周围海洋环境发生化学或电化学反应而产生的一种破坏性侵蚀。金属发生腐蚀同时也由它本身的性质所决定。任何一种元素，包括金属元素和非金属元素在自然界都有一种最稳定状态，即能量最低状态。如果用某种方法，例如通过化学法或电化学法改变元素的状态，使其成为较高能量状态，则该元素具备了一种恢复到稳定态的能量，一旦条件合适便自发地回到原来状态，这就像水总是要流到最低处，即恢复到能量最低状态一样。如果把水用某种方法提到较高的位置，则水便具备了一种回到原来状态（低处）的能量（势能），一旦条件合适，水便自发的从高处流向低处，恢复到原来的状态。

采用上述原理进行钢结构腐蚀分析时，钢是由铁制成的，而铁是在高炉中用焦炭中的碳对赤铁矿（Fe_2O_3）还原而得到的。铁锈是铁氧化物的水合物，其成分类似于赤铁矿，从而可以解释在大多数情况下钢为何容易生锈，可以认为这个生锈的过程就是形成钢铁原始矿石的自然反应。由于自然界的矿石更为稳定，因此钢铁有转变为其原始状态的趋势。这种腐蚀过程热力学计算的反应趋向与化学系统的平衡态以及所发生的能量变化有关，这个过程的反应方向也可以用热力学上的吉布斯自由能判据来描述。

从热力学观点看，海洋腐蚀是由于金属与其周围介质构成一个热力学不稳定的体系，此体系有自发的从这种不稳定状态趋向稳定状态进行的倾向，并且对不同金属而言，这种倾向性的大小也各不相同，甚至相差很大。根据热力学第二定律，可以通过腐蚀反应的吉布斯自由能的变化 ΔG_{TgP} 定量描述这种倾向性的大小，并且当 $\Delta G_{TgP} < 0$，表示该反应可能自发发生，且 ΔG_{TgP} 越负，反应的可能性越大，金属越活跃。当 $\Delta G_{TgP} > 0$，则表示该反应不可能自发发生，且 ΔG_{TgP} 越正，反应的可能性越小，金属越稳定[16]。

2. 防护机理

海洋钢结构设施所处环境是极度严峻的腐蚀环境，由于钢材本身具有易腐蚀这一特性，在较长的设计使用期内，必须采取切实可行的防腐蚀对策来保护结构物。目前，海洋钢结构的防腐蚀方法主要有阴极保护、防腐涂料保护和包覆保护等三大类。对于海上测风塔而言采用包覆保护措施的极少，下面针对前面两类防护措施进行机理介绍。

（1）阴极保护法。阴极保护技术是电化学保护技术的一种，主要用于水下区和泥下区。其原理是向被腐蚀金属结构物表面施加一个外加电流，被保护结构物成为阴极，从而使得金属腐蚀发生的电子迁移得到抑制，避免或减弱腐蚀的发生。该原理可用图 8 - 11 说

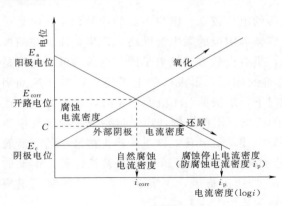

图 8-11　阴极保护原理概念图[17]

明，在海水中钢铁表面通直流电时，由于极化作用，阴极区的电位便下降。继续增加电流使电位变化到 E_a 时，钢铁表面全部成为阴极区，金属体便处于完全防蚀状态，这时的电位叫做保护电位。或者说，就是相对于从钢材向电解质（海水）方向流出的腐蚀电流，必须有电流从外部连续不断地流向钢材，以防止钢材出现离子化（腐蚀）的方法[17]。

阴极保护技术分为牺牲阳极保护和外加电流阴极保护。目前该技术已经成熟，被广泛应用于海洋钢结构设施上。

牺牲阳极保护方法是用一种电位比所要保护的金属还要低（负）的金属或合金与被保护的金属连接在一起，依靠电位比较负的金属不断地溶解所产生的电流来保护其他金属。通常纯金属材料作牺牲阳极都存在着某些不足，通过添加其他元素来改性，可以提高其性能，另外有些杂质元素含量会大大降低阳极性能，因而在阳极冶炼时须对这些杂质元素的含量严格控制[17]。工程中常用的牺牲阳极有镁及镁合金、锌及锌合金、铝合金三大类。

外加电流阴极保护系统是在回路中串入一个外设直流电源，借助辅助阳极，将直流电流通向被保护的金属，进而使被保护金属变成阴极，实施保护。由于海水的高电导性为电化学保护方法的电流提供了低电阻通道，使电流均匀分布，从而起到保护金属材料不受腐蚀。

（2）防腐涂料保护法。涂料是指以流动状态在物体表面形成薄层，待干燥固化后附着于固体表面，形成连续覆盖的膜层物质。其主要成分是黏结剂、颜料和填料，副成分为溶剂、稀释剂和添加助剂。黏结剂是涂料黏结在物体表面而成为膜层的基本材料，主要有油料和树脂两大类。目前使用的黏结剂以合成树脂涂料占多数。颜料和填料是指在漆料中分散或悬浮的固体物质，以改善漆膜的机械强度、耐蚀性、耐磨性、耐热性、降低膨胀系数、收缩率以及使漆膜具有遮盖力和颜色，阻止紫外线、延缓老化、增加强度和降低成本等，有些颜料还具有防蚀、防锈功能，常用于防锈涂料。各种添加剂能赋予涂料特殊的性质，有催干剂、乳化剂、增塑剂等。

海洋环境中主要应用涂料的保护作用，通常防腐蚀涂料由底漆和面漆组成，保护作用主要依靠底漆，而面漆的作用以功能性（防污、抗老化、防霉）和装饰性（美观、光洁）为主。有时还用中间漆，以补充底漆的防锈功能，并对底漆和面漆起"过渡连接"作用。

涂料的保护作用主要包括物理屏蔽作用、阴极保护作用、钝化与缓蚀作用以及抗老化作用等[24]。

1）物理屏蔽作用指通过使环境中的水分、氧气、氯离子、二氧化硫等各种腐蚀剂与金属表面隔离，从而达到防腐蚀的目的。涂料的抗渗透性越好，防腐蚀性也越好，如氯化橡胶、乙烯型涂料等。涂层越厚，涂布道数越多，屏蔽作用越好。此外，涂料的附着能力强，会使金属表面微电池的阳极区和阴极区的电阻增加而提高耐蚀性，如环氧涂料等。

2）阴极保护作用也即牺牲阳极作用，典型的例子是富锌涂料中加入大量锌粉，富铝涂料中加入大量铝粉。一旦有腐蚀介质侵入，锌粉或铝粉便成为牺牲阳极，用锌或铝的电化学作用保护基体金属。这类涂料在海洋环境中已经广泛应用，且被认为是极佳的防锈底漆。

3）钝化、缓蚀作用指某些颜料如铬酸盐、磷酸盐、钼酸盐和红丹等，本身对金属有钝化、化学转化和缓蚀作用。

4）抗老化作用指在涂料中加入防老剂，可以防止紫外线对涂料的破坏作用，改善其抗老化性或耐候性。

8.4 基础结构防腐蚀设计

海上测风塔设计寿命较短，可以在设计计算中预先考虑腐蚀效应的影响而不采取防腐蚀措施，也可以从本节介绍的防腐蚀措施中适当选择来采纳。当测风塔不仅仅用于风电场前期测风用途而有其他长期使用要求时，应提高防腐蚀设计的要求。

8.4.1 混凝土结构防腐蚀设计

测风塔基础中承台结构的防腐蚀可通过结构构造和材质要求方面来予以保障，必要时也可采用表面涂层的防腐蚀处理措施。对于其他型式的混凝土结构防腐蚀措施，诸如表面硅烷浸渍、环氧涂层钢筋、钢筋阻锈剂等适用于浪溅区或水位变动区混凝土结构，但测风塔承台多布置在大气区。

混凝土结构良好的抗腐蚀耐久性能的获得，除结构的合理、选形和构造外，最主要的是混凝土质量的保证，这是基础工作，否则其他特殊防腐蚀措施也难以得到良好的效果[15]。故提倡基础工作和其他防腐蚀措施的优化组合运用，从而起到多方面多阶段的防护作用，使结构寿命达到更高的概率。混凝土结构的抗裂控制标准和裂缝限值也应满足相关规定和要求。

1. 构造要求

钢筋混凝土结构中的钢筋间距应能保证混凝土浇筑均匀和捣实，且不宜小于 50mm，必要时可采用两根钢筋的并筋。构件中的受力钢筋和构造钢筋宜构成闭口的钢筋笼。在结构表明可能受到船、漂浮物、流冰碰撞或海水冲击异常剧烈的部位，宜配置附加钢筋或采用纤维混凝土。

混凝土保护层对钢筋的防腐蚀极为重要，它有着双重作用。首先，增加它的厚度可明显地推迟腐蚀介质（氯离子）到达钢筋表面的时间；其次可增强抵抗钢筋腐蚀造成的胀裂力，但过厚的保护层导致裂缝的增大。为防止海水环境中的建筑物过早地发生钢筋腐蚀损坏，除了要求混凝土保护层有良好的质量外，尚应规定合适的混凝土保护层最小厚度值。

钢筋混凝土保护层最小厚度应符合表 8-5 的规定。

建筑物所处地区	大气区	浪溅区	水位变动区	水下区
北方	50	50	50	30
南方	50	65	50	30

注：1. 混凝土保护层厚度系指主筋表面与混凝土表面的最小距离。

　　2. 表中数值系箍筋直径为 6mm 时主钢筋的保护层厚度，当箍筋直径超过 6mm 时，保护层厚度应按表中规定增加 5mm。

　　3. 南方地区系指历年月平均最低气温大于 0℃ 的地区。

预应力混凝土保护层最小厚度应符合：①当构件厚度为 500mm 以上时应符合表 8－6 的规定；②当构件厚度小于 500mm 时，预应力筋的混凝土保护层最小厚度宜为 2.5 倍预应力筋直径，但不得小于 50mm。

表 8－6　预应力混凝土保护层最小厚度[15]　　　　　　单位：mm

所在部位	大气区	浪溅区	水位变动区	水下区
保护层厚度	75	90	75	75

注：1. 构件厚度系指规定保护层厚度方向上的构件尺寸。

　　2. 后张法预应力筋保护层厚度系指预留孔道壁面至构件表面的最小距离。

　　3. 采用特殊工艺制作的构件，经充分技术论证，对钢筋的防腐蚀作用确有保证时，保护层厚度可适当减小。

　　4. 有效预应力小于 400N/mm² 的预应力筋的保护层厚度，按表 8－5 钢筋混凝土保护层最小厚度执行，但不宜小于 1.5 倍主筋直径。

2. 材质要求

海工混凝土结构经常与海水接触，防止钢筋腐蚀破坏往往成为控制混凝土质量的主要指标。为了确保混凝土质量，首先混凝土原材料应符合相关规定和要求。

水泥质量应满足国标的规定，普通硅酸盐水泥和硅酸盐水泥的熟料中铝酸三钙含量宜控制在 6%～12% 范围内。受冻地区的混凝土宜采用普通硅酸盐水泥和硅酸盐水泥，不宜采用火山灰质硅酸盐水泥。不受冻地区的浪溅区混凝土宜采用矿渣硅酸盐水泥，特别是矿渣含量大的矿渣硅酸盐水泥。当采用矿渣硅酸盐水泥、粉煤灰硅酸盐水泥、火山灰质硅酸盐水泥时，宜同时掺加减水剂或高效减水剂。

混凝土骨料应选用质地坚固耐久、具有良好级配的天然河砂、碎石或卵石。细骨料不宜采用海砂。粗骨料粒径应满足要求，不得采用可能发生碱—骨料反应的活性骨料。拌和用水宜采用城市供水系统的饮用水，不得采用海水。拌和用水的氯离子含量不宜大于 200mg/L。按照水泥质量百分率计，混凝土拌和物中的氯离子最高限值：预应力混凝土为 0.06，钢筋混凝土为 0.10。

处于大气区的测风塔承台结构中混凝土拌和物水灰比最大容许值为北方地区 0.55，南方地区 0.50。混凝土最低强度等级要求为北方地区 C30，南方地区 C30。混凝土的最低水泥用量为北方地区 300kg/m³，南方地区 360kg/m³。

3. 表面涂层设计

混凝土表面涂层是近海工程混凝土结构耐久性特殊防护措施之一。被涂装的混凝土结构，应是通过验收合格的，只有这样才能发挥涂层的防腐蚀效果。当采用涂层保护时，混凝土的龄期不宜少于 28 天，并应通过验收合格。涂层系统的设计使用年限，不宜少于

10 年。

涂层涂装的范围应按表 8-7 划分为表湿区和表干区。

表 8-7 涂层涂装范围的划分[15]

名　　称	范　　围
表湿区	浪溅区及平均潮位以上的水位变动区
表干区	大气区

防腐蚀涂料应具有良好的耐碱性、附着性和耐蚀性,底层涂料尚应具备良好的渗透能力,表层涂料应具有耐老化性。表湿区防腐蚀涂料应具有湿固化、耐磨损、耐冲击和耐老化等性能。涂层与混凝土表面的黏结力不得小于 1.5MPa。

涂层系统应由底层、中间层和面层或底层和面层的配套涂料膜组成。选用的配套涂料之间应具有相容性。根据设计使用年限及环境状况设计涂层系统,其配套涂料及涂层最小平均厚度可参照表 8-8 选用。

表 8-8 混凝土表面涂层最小平均厚度[15]

设计使用年限	配套涂料名称			涂层干膜最小平均厚度/μm	
				表湿区	表干区
10 年	1	底层		环氧树脂封闭漆	无厚度要求	无厚度要求
		中间层		环氧树脂漆	250	200
		面层	Ⅰ	丙烯酸树脂漆或氯化橡胶漆	100	100
			Ⅱ	聚氨酯磁漆	50	50
			Ⅲ	乙烯树脂漆	100	100
	2	底层		丙烯酸树脂封闭漆	15	15
		面层		丙烯酸树脂漆或氯化橡胶漆	350	320
	3	底层		环氧树脂封闭漆	无厚度要求	无厚度要求
		面层		环氧树脂或聚氨酯煤焦油沥青漆	300	280

8.4.2 钢结构防腐蚀设计

海上测风塔基础中钢结构应进行防腐蚀设计,防腐蚀措施应根据环境条件、材质、结构型式、使用要求、施工条件和维护管理条件等综合确定[25]。钢结构防腐蚀措施主要包括覆盖层保护和阴极保护两大类,覆盖层保护措施包括涂层保护、喷涂金属层保护、镀层保护和包覆层保护等。海上测风塔基础钢结构防腐蚀设计中多采用涂层保护方式,也可以采用预留防腐蚀裕量的设计方法,而采用其他防腐蚀措施的较少。当测风塔有特殊使用要求而服役期限较长时一般应在涂层防护基础上设置牺牲阳极阴极保护措施。

1. 腐蚀裕量

位于水位变动区以下的钢结构宜采用相同的钢种,当采用不同钢种时,必须采取消除电偶腐蚀的措施。承受交变应力的水下区钢结构必须进行阴极保护。海洋环境下长期使用的钢结构防腐蚀不宜单采用腐蚀裕量法。

采用涂层或阴极保护时,结构设计应留有适当的腐蚀裕量,钢结构不同部位的单面腐

蚀裕量可计算为

$$\Delta\delta = K[(1-P)t_1 + (t-t_1)] \qquad (8-53)$$

式中　$\Delta\delta$ ——钢结构单面腐蚀裕量，mm；

　　　K ——钢结构单面平均腐蚀速度（mm/年），碳素钢单面平均腐蚀速度可参照表 8-9 取值，必要时可现场实测确定，采用低合金钢时，可参照表 8-9 取值，也可按类似环境中的实测结果进行适当调整；

　　　P ——保护效率，%，采用涂层保护时，在涂层的设计使用年限内，保护效率可取 50%～95%；采用阴极保护时，保护效率可按表 8-10 取值，采用阴极保护和涂层联合保护时，保护效率可取 85%～95%；

　　　t_1 ——防腐蚀措施的设计使用年限，年；

　　　t ——钢结构的设计使用年限，年。

表 8-9　钢结构的单面平均腐蚀速度[25]

部位		平均腐蚀速度/(mm·年$^{-1}$)
大气区		0.05～0.10
浪溅区	有掩护条件	0.20～0.30
	无掩护条件	0.40～0.50
水位变动区、水下区		0.12
泥下区		0.05

注：1. 表中平均腐蚀速度使用于 pH 值=4～10 的环境条件，对有严重污染的环境，应适当增大。
　　2. 对年平均气温高、波浪大、流速大的环境，应适当增大。

表 8-10　阴 极 保 护 效 率[25]

部位	$P/\%$
水位变动区	$20 \leqslant P < 90$
水下区	$P \geqslant 90$

此外，密闭的钢结构内壁可不考虑腐蚀裕量。有条件时，海港工程钢结构应减少在浪溅区的表面积，宜采用易于进行防腐蚀施工的结构型式。水位变动区以下部位的辅助构件或预埋件应与主体钢结构进行电连接。与主构件连接的临时性钢结构应予拆除。

2. 表面预处理

钢结构在涂装之前必须进行表面预处理。防腐蚀涂层的有效使用寿命受多种因素影响，如涂装前钢材表面预处理质量、涂料的品种、组成、涂膜的厚度、涂装道数、施工环境条件和涂装工艺等。根据统计结果，表面预处理质量对涂层寿命的影响程度占比达 49.5%，表面预处理质量是涂层过早破坏的主要影响因素，因此应根据具体情况提出表面预处理的质量要求，表面清洁度和表面粗糙度也应作出明确规定。清洁度等级越高则涂层的保护效果越好。适宜的粗糙度能使涂层与基体很好咬合，从而具有理想的结合强度。

钢结构在除锈前，应清除焊渣、毛刺和飞溅等附着物，并清除基体金属表面可见的油脂和其他污物。钢结构在涂装前的除锈等级应符合现行国家标准《涂装前钢材表面锈蚀等级和除锈等级》（GB 8923—1988）的有关规定。除锈清洁度的最低等级要求应符合表 8-11 的规定。重要工程主要钢结构除锈清洁度的最低等级应提高一级。表面粗糙度可根据涂装系统和涂层厚度按表 8-12 选取，并不宜超过涂装系统总干膜厚度的 1/3。

表 8-11 不同涂料表面清洁度的最低等级要求[25]

涂料品种	表面清洁度最低等级	
	喷射或抛射除锈	手工或动力工具除锈
金属热喷涂层、富锌漆	Sa2$\frac{1}{2}$（热喷铝涂层及无机富锌涂层为 Sa3）	不允许
环氧沥青漆、聚氨酯漆	Sa2	St3

表 8-12 表面粗糙度选择范围[25]

涂装系统	常规防腐涂料	厚浆型重防腐涂料	金属热喷涂
涂层厚度/mm	100～250	400～800	100～300
表面粗糙度/μm	40～70	60～100	40～85

3. 涂层保护设计

选择涂料时应根据环境条件、涂料性能、使用年限、施工和维护的可能以及技术经济评价等因素确定，应采用长效防腐蚀涂料，涂料的底漆、中间层漆和面漆应相互配套。浪溅区所用涂料，当涂层设计使用年限要求在 10 年以上时，应采用重防腐蚀涂层系统。

防腐蚀涂料宜选用经过工程实践证明其综合性能良好的产品，选用新产品应进行技术和经济论证。同一涂装配套中的底、中、面漆宜选用同一厂家的产品，涂料应有完备的材质证明材料，涂料应符合涂装施工的环境条件。

大气区采用的防腐蚀涂料应具有良好的耐候性。大气区的涂层系统可按表 8-13 或表 8-14 选用。

表 8-13 大气区涂层系统 （一）[25]

设计使用年限	配套涂料名称			平均涂层厚度/μm
5～10 年	组合配套	底层	富锌漆	50
		中间层	环氧云铁防锈漆	80
		面层	氯化橡胶漆、聚氨酯漆、丙烯酸树脂漆	80～120
	同品种配套		氯化橡胶漆、聚氨酯漆、丙烯酸树脂漆	220～250

表 8-14 大气区涂层系统 （二）[26]

设计使用年限	配套涂料名称		平均涂层厚度/μm
<5 年	同品种底面层配套	I	油性漆	170～190
		II	酚醛树脂漆	
		III	醇酸树脂漆	
		IV	环氧酯漆	
	其他			200

浪溅区和水位变动区采用的防腐蚀涂料应能适应干湿交替变化，并应具有耐磨损、耐冲击和耐候的性能。浪溅区和水位变动区的涂层系统可按表 8-15 或表 8-16 选用。

表 8－15　浪溅区和水位变动区涂层系统 （一）[25]

设计使用年限	配套涂料名称		平均涂层厚度/μm
5～10 年	组合配套	底层	富锌漆	40
		中间层	环氧树脂漆、聚氨酯漆、氯化橡胶漆	200
		面层	厚浆型环氧漆、氯化橡胶漆、聚氨酯漆、丙烯酸树脂	75～100
	同品种配套		厚浆型环氧漆、聚氨酯漆、氯化橡胶漆、环氧沥青漆	300～350

表 8－16　浪溅区和水位变动区涂层系统 （二）[26]

设计使用年限	配套涂料名称			平均涂层厚度/μm
<5 年	第一类	底层	Ⅰ	环氧树脂漆	165
			Ⅱ	聚氨酯漆	
		面层	Ⅰ	氯化橡胶漆	70
			Ⅱ	氯磺化聚乙烯树脂漆	
			Ⅲ	乙烯树脂漆	
	第二类	同品种底面层配套	Ⅰ	环氧树脂漆	240
			Ⅱ	聚氨酯漆	

　　水下区采用的防腐蚀涂料应能与阴极保护配套，具有较好的耐电位性和耐碱性。水下区的涂层系统可按表 8－17 或表 8－18 选用。

表 8－17　水下区涂层系统 （一）[25]

设计使用年限	配套涂料名称		平均涂层厚度/μm
5～10 年	组合配套	底层	富锌漆	75
		中间层	环氧树脂漆、聚氨酯漆、氯化橡胶漆	150
		面层	厚浆型环氧漆、氯化橡胶漆、聚氯酯漆	75～100
	同品种配套		厚浆型环氧漆、聚氨酯漆、氯化橡胶漆、环氧沥青漆	300～350

表 8－18　水下区涂层系统 （二）[26]

设计使用年限	配套涂料名称		平均涂层厚度/μm
<5 年	同品种底面层配套	Ⅰ	氯化橡胶漆	220
		Ⅱ	乙烯树脂漆	220
		Ⅲ	聚氨酯煤焦油沥青漆	230
		Ⅳ	环氧煤焦油沥青漆	250

参 考 文 献

［1］ American Petroleum Institute. ISO 19901—4 Petroleum and natural gasindustries-Specific requirements for offshore structures，Part 4 - Geotechnical and foundation design considerations ［S］. Washington：Petroleum Industry Press，2014.

［2］ Zaaijer M B，Van der Tempel J. Scour protection：a necessity or a waste of money？［C］//Proceedings of the 43 IEA Topixal Expert Meeting. 2004：43 - 51.

［3］ B. Mutlu Sumer and Jørgen Fredsøe. The mechanics of scour in the marine environment ［M］. Singapore：World Scientific Publishing Co. Pte. Ltd，2002.

［4］ Yalin M S，Karahan E. Inception of sediment transport ［J］. Journal of the hydraulics division，1979，105（11）：1433 - 1443.

［5］ Det Norske Veritas. DNV—OS—J 101 Design offshore wind turbine structure ［S］. Norway，2014.

［6］ Richardson E V，Davis S R. Evaluating scour at Bridges：Hydraulic engineering circular No. 18（HEC - 18）［M］. 4th ed. Washington D C：National Highway Institute，Federal Highway Administration，U. S. Dept. of Transportation，2001.

［7］ Mueller D S，Jones J S. Evaluation of recent field and laboratory research on scour at bridge piers in coarse bed materials ［C］//Stream Stability and Scour at Highway Bridges. ASCE，1999：298 - 310.

［8］ Johnson P A. Scour at wide piers relative to flow depth ［C］// Stream Stability and Scour at Highway Bridges. Richardson E V and Lagasse P F（eds.）. ASCE，1999.

［9］ Breusers H，Nicollett G，Shen H. Local scour at cylindrical piers ［J］. Journal of Hydraulic Research，1977，15：211 - 252.

［10］ Sumer B，Fredsoe J，Christiansen N. Scour around vertical piles in waves ［J］. Journal of waterway，Port，Coastal and Ocean engineering，1992，118（1）：15 - 31.

［11］ Jones J S，Sheppard D M. Scour at wide bridge piers ［C］// Minnesota：Joint Conference on Water Resources Engineering and Water Resources Planning and Management. ASCE，2000.

［12］ Sumer B M，Whitehouse R J S，Tørum A. Scour around coastal structures：a summary of recent research ［J］. Coastal Engineering，2001，44：153 - 190.

［13］ Whitehouse R J S，Harris J M，Sutherland J，et al. The nature of scour development and scour protection at offshore windfarm foundations ［J］. Marine Pollution Bulletin，2011，62（1）：73 - 88.

［14］ Germanischer. Lloyd WindEnergie GmbH. Guideline for the Certification of Offshore Wind Turbines（GL 2012）［S］. Uetersen：Heydorn Druckerei und Verlag，2012.

［15］ 中华人民共和国交通部. JTJ 275—2000 海港工程混凝土结构防腐蚀技术规范 ［S］. 北京：人民交通出版社，2007.

［16］ 夏兰廷，黄桂桥，张三平，等. 金属材料的海洋腐蚀与防护 ［M］. 北京：冶金工业出版社，2003.

［17］ 侯保荣. 钢铁设施在海洋浪花飞溅区的腐蚀行为及其新型包覆防护技术 ［J］. 腐蚀与防护，2007，28（4）：174 - 175.

［18］ 田惠文，李伟华，宗成中，侯保荣. 海洋环境钢筋混凝土腐蚀机理和防腐涂料研究进展 ［J］. 涂料工业，2008，38（8）：62 - 67.

［19］ 樊云昌，曹兴国. 混凝土钢筋腐蚀的防护与修复 ［M］. 北京：中国铁道出版社，2001.

［20］ Bohin H. Corrosion in reinforced concrete structures ［M］. England：Woodhead Publishing Limited，2000.

［21］ 翁炎兴. 海港工程钢筋混凝土结构的腐蚀机理与防腐对策 ［J］. 中国水运，2008，8（9）：68 - 69.

［22］ 洪乃丰. 混凝土中钢筋腐蚀与防护技术 ［J］. 工业建筑，1999（10）：56 - 59.

［23］ 周常蓉，朱卫华. 海洋环境下钢结构的腐蚀机理 ［J］. 科协论坛，2008（9）：59 - 60.

［24］ 高荣杰，杜敏. 海洋腐蚀与防护技术 ［M］. 北京：化学工业出版社，2011.

［25］ 中华人民共和国交通部. JTS 153—3—2007 海港工程钢结构防腐蚀技术规范 ［S］. 北京：人民交通出版社，2007.

［26］ 中国石油天然气总公司. SY/T 4091—95 滩海石油工程防腐蚀技术规范 ［S］. 北京：石油工业出版社，1995.

第9章 测风塔桩基混凝土承台基础设计实例

以我国东海某海域测风塔为例给出海上测风塔基础设计过程，测风塔为高度90m的四柱钢管塔架，基础型式为由钢管桩组成的桩基混凝土承台基础。

9.1 工 程 概 况

9.1.1 测风塔塔架

海上测风塔为高度90m的四柱钢管测风塔，材料采用无缝钢管，设外爬梯。塔架主材螺栓采用双母一垫。测风塔钢管主材为20号钢，其余均为Q235B钢。测风塔构件采用热镀锌防腐处理，镀锌厚度不小于110μm。

测风塔的塔身共分为17段，由顶到底各段尺寸如表9-1所示，塔身高度90m，避雷针高度5m，塔身与避雷针总高度为95m。测风塔总体重量约594.8kN。测风塔地脚板外径800mm，螺栓孔轴线外径600mm，共设6M56螺栓，材质为Q345B。

表 9-1 测风塔塔身尺寸

段号	底部跨度尺寸/(mm×mm)	顶部跨度尺寸/(mm×mm)	垂直高度/mm	质量/kg	螺栓质量/kg
1	782×782	600×600	3800	363.4	34.5
2	1071×1071	782×782	6000	581.7	33.0
3	1359×1359	1071×1071	6000	1016.5	33.0
4	1647×1647	1359×1359	6000	1085.1	43.2
5	1935×1935	1647×1647	6000	1119.3	43.2
6	2223×2223	1935×1935	6000	2069.3	56.6
7	2511×2511	2223×2223	6000	1931.1	43.2
8	2799×2799	2511×2511	6000	1989.8	43.2
9	3040×3040	2799×2799	5000	2350.4	29.8
10	3280×3280	3040×3040	5000	2426.7	31.0
11	3520×3520	3280×3280	5000	2266.8	62.0
12	3760×3760	3520×3520	5000	2919.5	62.0
13	4000×4000	3760×3760	5000	2980.4	62.0
14	4240×4240	4000×4000	5000	3063.7	62.0
15	4480×4480	4240×4240	5000	3572.6	62.0
16	4720×4720	4480×4480	5000	3643.8	62.0
17	4922×4922	4720×4720	4200	4822.9	62.0
避雷针	600×600		5000	74.5	1.5
总计			95000	38277.5	826.2

测风塔测风仪器支架和设备设置情况如表 9-2 所示，共设置 7 层风速观测设备和 4 层风向观测设备。

表 9-2 测风塔支架与测风设备布置

层号	高度/m	风速测量/个	风向测量/个	质量/kg
1	20	2	2	894
2	40	2	0	676
3	50	2	2	626
4	60	2	0	250
5	70	2	2	196
6	80	2	0	156
7	90	2	2	82
总计		14	8	2880

测风塔设计风速为 32m/s，抗震设防烈度取 8 度。测风塔设备厂家给出的测风塔荷载为第二风向荷载结果，水平荷载 427.3kN，弯矩 17945.0kN·m，单脚上拔力 2558.0kN，单脚下压力 2706.0kN，单脚水平力 108.0kN。从测风塔单脚荷载分布来看，由于测风塔具备有限的刚度而非绝对的刚性，因此由单脚推算总的荷载和弯矩与直接给出的风荷载和总体弯矩略有差异。

9.1.2 海洋水文

1. 气象

工程场址所处海域属中亚热带海洋性季风气候，累年平均气温为 17.6℃。年平均气温最高为 18.4℃，最低为 17.1℃。累年平均相对湿度为 82%，年平均相对湿度最大为 84%，最小为 80%。年平均降水量为 1089.6mm，年最多降水量为 1353.5mm，最少为 586.9mm，多年变幅为 766.6mm。

风向全年以东北偏北向最多，频率 36%，其次为东北向，频率 12%，其三为东北偏东和西南偏南向，频率均为 10%。风向的季节变化明显，秋、冬、春三季以东北偏北向为最多，频率分别为 50%、53% 和 29%；夏季以西南偏南向最多，频率为 35%。累年平均风速为 7.7m/s，年平均风速最大为 8.6m/s，最小 5.8m/s。月平均风速自 10 月至翌年 2 月在 8.0m/s 以上，以 11 月最大，为 9.8m/s，3—9 月在 6.2～7.5m/s，以 5 月为最小。极端最大风速 34m/s，年最大风速不小于 22m/s。年平均大风日数为 95 天，年最多大风日数为 145 天，最小为 54 天。

2. 水位

工程所在场区的潮流属正规半日潮。实测统计资料表明，平均高高潮为 717cm，平均低高潮为 693cm，即相邻两高潮平均相差 24cm；平均高低潮 295cm，平均低低潮 232cm，即两低潮平均相差 63cm。

利用水文站 1981—2000 年逐年年最高、最低潮位资料，按耿贝尔极值 I 型极值分布率方法求得极端高、低水位，再推算工程区不同重现期水位。工程场区内设计水位如表 9-3 所示。

表 9 - 3　工程场区设计水位值

水位	极端低水位/m	极端高水位/m	设计低水位/m	设计高水位/m
1985 国家高程基准	−3.75	4.52	−2.68	3.08

3. 波浪

工程场区全年的海况以 0～2 级最多，年频率 36%，其次为 4 级，占 25%，6 级出现很少，仅占 4%。海况的季节变化明显，秋、冬季均以 4 级最多，春、夏季以 0～2 级最多。工程场区波浪分为风浪和涌浪两种类型。全年以风浪和涌浪同时存在于海面的情况最多，年频率为 88%，其中以涌浪为主的占 53%，以风浪为主的占 27%。春、夏季以涌浪为主的较多，冬、秋季则以风浪为主的较多。

波浪累年平均波高为 1.5m，年平均波高在 1.2～1.7m。平均波高年变化较明显，从 7 月开始至 11 月逐月增大，平均波高由 12 月始至翌年 6 月逐月减小，高度变化为由 1.2～2.0m 至 1.8～1.1m，年变幅达 0.9m。全年的风浪流向以东北偏北浪为主，频率为 34%。全年的涌浪只在东北与西南偏南向出现，其中以东向浪为主，频率达 83%。波浪的累年平均周期为 5.3s，年平均周期最大为 5.6s，最小为 5.1s。平均周期年变化甚小，6—7 月和 9—12 月较小，1—4 月较大，年变幅不超过 0.5s。

本工程 50 年一遇设计波浪要素如表 9 - 4 所示。对于水深较浅区域，当波高超过破碎波波高时，按照破碎波波高设计计算。

表 9 - 4　50 年一遇设计波浪要素

波向	水位	位置点	有效波周期 T_s/s	累积频率 13% 波高 $H_{13\%}$/m	累积频率 1% 波高 $H_{1\%}$/m	平均波高 H_{mean}/m
NE	极端高水位	A6	10.5	5.56	7.50	3.78
	设计高水位	A6	10.5	5.25	7.20	3.57
	设计低水位	A6	10.5	4.19	5.65	2.85
	极端低水位	A7	10.5	4.03	5.43	2.74
E	极端高水位	A3	12.1	6.42	8.66	4.36
	设计高水位	A7	12.1	6.16	8.30	4.18
	设计低水位	A7	12.1	5.22	7.04	3.55
	极端低水位	A7	12.1	5.01	6.75	3.40
ESE	极端高水位	A8	11.4	6.84	9.22	4.64
	设计高水位	A8	11.4	6.66	8.97	4.52
	设计低水位	A7	11.4	5.22	7.04	3.55
	极端低水位	A7	11.4	4.98	6.71	3.38

4. 潮流

工程所在场区的潮流属正规半日潮。海流观测资料表明，场区海流均表现为较强的往复性流动，岸边各站实测海流的旋转性较远岸各站显著。远岸各站涨潮流向为偏西南向，落潮流向为偏东北向。岸边站受地形影响，涨潮流向为偏西向，落潮流向为偏北向。

夏季测区潮流最大可能流速在 37～129cm/s 之间，冬季测区潮流最大可能流速在 32～116cm/s 之间。大、中、小潮期 3 次观测中，海流流速大部分站的最大值出现在表层或 0.2H 层（H 为水深），流速基本上均自表至底逐渐减小，流向在垂直线上的分布比较一致。

大潮期各站各层余流流速在 1.7～14.3cm/s 之间，中潮期余流流速在 3.4～12.5cm/s 之间，小潮期各站各层余流流速在 3.5～14.0cm/s 之间。余流流向：大潮期基本为涨潮流方向，中潮期基本为落潮流方向，小潮期各站基本为涨潮流方向；垂向上各层余流流向基本一致。

5. 温度与盐度

水温年变化范围在 13.0～29.9℃，多年平均水温为 19.5℃，极端高水温为 31.7℃，极端最低水温为 6.5℃。盐度年变化范围在 24.42～33.81 之间。多年平均盐度为 30.16，年平均盐度最高为 30.47，最低为 28.77。

9.1.3　工程地质

区域地形属侵蚀—剥蚀沿海低山、丘陵以及滨海海积平原地貌，区内山峦起伏，山体雄厚，地形总体呈西高东低态势。场区可基本分为两大地形结构，大体以岛屿地带和平坦地带。岛屿周边地形变化较为复杂，尤其是岛屿东侧，比降较大，有深槽区、明礁和暗礁，地形较复杂。离岛屿较远区域比降较小，地形单调平缓。

根据钻探资料和区域地质资料，拟建场地地层结构简单，层序清晰，勘察深度范围内的地层主要由第四系松散堆积层和燕山晚期花岗岩组成。本工程共揭示了 5 个主要岩土层，现分述第四系松散堆积层如下：

第一层。淤泥（Q_4^{mc}），深灰色，流动—流塑，土质均匀，干强度中等偏低，韧性中等，切面有光泽，手可搓成小细条，污手不易洗净，闻有腥臭味，岩芯干燥后泥裂现象严重。该层在拟建场地广泛分布，厚度 3.80～20.30m，平均厚度 11.65m。

第二层。淤泥质粉质黏土（Q_4^{mc}），深灰色，饱和，流塑—可塑，土质均匀，干强度中等偏低，韧性较高。该层在场地内广泛分布，厚度 2.90～19.40m，平均厚度 9.80m。该层在 5 号、7 号、8 号孔局部深度分布有淤泥质粉土，标记为②₁层，深灰色，湿—饱和，松散—稍密状，土质略不均匀，偶见贝壳碎屑。揭露厚度 4.30～10.40m，平均厚度 8.78m。该层在 5 号、7 号孔局部深度分布有粗砾砂，标记为②₂层，灰色—浅白色，饱和，稍密，磨圆度中，级配中，以粗砾砂为主，局部相变为中砂，矿物成分以长石、石英为主，岩芯多呈散状，偶见贝类碎屑，其中 7 号孔位含少量淤泥质黏性土。

第三层。粉质黏土（Q_4^{mc}），灰色，湿—饱和，可塑，土质均匀，干强度中等，韧性较高。该层在场区内广泛分布，共揭露 12 次，揭露厚度 1.90～17.60m，平均厚度 7.78m。该层在 1 号、8 号孔位局部深度相变为粉土，标记为③₁层，揭露厚度 2.40～9.90m，平均厚度 5.00m。第三层在 2 号、6 号、8 号孔位局部深度内分布有透镜体状砂土，以粉细砂为主，标记为③₂层，灰色，稍密状，共揭露 3 次，揭露厚度 3.00～4.40m，平均厚度 3.73m。

第四层。中风化花岗岩，灰白色夹肉红色，中细粒结构，块状构造，节理裂隙中等发育，岩芯呈碎块状，锤击声脆，钻进困难，取芯困难。该层受孔深限制，只在 3 号、4 号孔位有揭露。

依据《中国地震动参数区划图》（GB 18306—2015），该拟建场地震动峰值加速度为0.05g，特征周期分区为一区。依据 GB 50011—2011，该拟建场地抗震设防烈度为 6 度，设计基本地震加速度值为 0.05g，设计地震分组为第一组。依据 GB 50011—2011 中第4.1.1条，并结合本工程具体情况综合判定：拟建场地为对建筑抗震不利地段。依据区域地质资料分析，拟建场地所处大地构造背景稳定，第四纪以来未发现新构造运动迹象，勘察期间也未发现其他影响场地稳定性的不良地质作用，场地稳定性良好。

地表水类型为海水，地下水类型为第四系孔隙潜水及基岩裂隙水，主要赋存于砂土层及基岩裂隙中，地下水与海水贯通，水力联系密切，地下水位随海水涨潮落潮而升降，受海水影响，水质与海水接近。

拟建场地及其附近，未发现海底滑坡、海底断裂等不良地质作用和地质灾害。不良地质作用不发育。

根据本工程的工程勘察报告结论，受环境类型（Ⅱ类）影响，地下水对混凝土结构具中腐蚀性，受地层渗透性影响，地下水对混凝土结构具微腐蚀性，综合评定地下水对混凝土结构具中腐蚀性。地下水对钢筋混凝土结构中的钢筋在长期浸水条件下具弱腐蚀性，在干湿交替条件下具强腐蚀性。若发生场地土位于水位以上情况时，场地土腐蚀性可参照地下水的腐蚀性考虑；对混凝土结构具中腐蚀性，对钢筋混凝土结构中的钢筋在长期浸水条件下具弱腐蚀性，对钢结构具有微腐蚀性。

根据本工程勘察报告，桩基设计参数如表 9-5 所示。

表 9-5　土层工程特性指标及桩基设计参数建议值表

土层编号	土层名称	重度 γ / (kN·m^{-3})	标准贯入试验标准值	微型十字板剪切试验 C_u /kPa	压缩模量 $E_{s0.1-0.2}$ /MPa	黏聚力 C /kPa	内摩擦角 ϕ /(°)	极限侧摩阻力标准值 q_{sik} /kPa	极限端阻力标准值 q_{pk} /kPa	抗拔承载力折减系数 λ	地基土水平抗力系数的比例系数 m /(MN·m^{-4})
①	淤泥	16.2	1.32	23.82	1.98	7.37	5.97	15	—	0.5	0.8
②	淤泥质粉质黏土	16.8	2.69	29.92	2.46	10.71	7.61	24		0.6	1.2
②$_1$	淤泥质粉土	16.8	3.18	—	4	0	17	25		0.5	1.2
②$_2$	粗砾砂	19.5					25	56/36		0.6/0.5	20/12
③	粉质黏土	18.7	7.91	—	4.92	25.26	13.07	67	2300	0.8	3.2
③$_1$	黏质粉土	18.7	7.69	—	8	0	20	50	2000	0.7	3.2
④	中风化花岗岩	27.0	—		40	0	55		8000	—	

测风塔所在位置位于 ZK1 号钻孔附近，钻孔的孔口高程为 −14.40m，钻孔深度50m。根据 ZK1 的钻孔柱状图，各土层分布情况如表 9-6 所示。

表 9 - 6 ZK1 钻孔土层分布

土层编号	土层名称	层底高程/m	层底埋深/m	分层厚度/m
①	淤泥	−25.90	11.50	11.50
②	淤泥质粉质黏土	−36.20	21.80	10.30
③	粉质黏土	−39.50	25.10	3.30
③₁	黏质粉土	−44.70	30.30	5.20
③	粉质黏土	−52.50	38.10	7.80
③₁	黏质粉土	−54.90	40.50	2.40
③	粉质黏土	−64.40	50.00	9.50

9.2 测风塔基础设计

9.2.1 基础型式选择

风电场场址浅层分布有深厚的淤泥层，地基承载力低，当采用重力式基础时难以满足抗倾覆、抗滑移和地基承载力方面的要求。而采用吸力桶等宽浅式基础时这类基础的设计计算方法尚未成熟。综合权衡测风塔工程对风电场开发的重要性，基础型式选择桩基承台基础型式。

桩基承台基础中需要进一步确定桩型，可选择灌注桩或钢管桩。海上测风塔所处的环境特点对桩基的防腐蚀和疲劳性能提出了很高要求，在防腐蚀方面，由于灌注桩可采用加大混凝土保护层厚度、限制水灰比和加入外加剂等措施进行有效防腐，因此可满足防腐蚀要求。钢管桩的防腐蚀措施也较为成熟，可采用阴极保护，并辅以防腐蚀涂层保护，并已积累了丰富经验，该方面两种桩型差别不大。由于钢材具有材质均匀、较大的塑性等特点，因此具有较高的抗疲劳性能，相对而言，灌注桩的抗疲劳性能略差。从施工的角度而言，海上灌注桩施工需要施工平台，往往需要打设临时钢管桩来支撑平台，而且灌注桩施工中还需要钢护筒，灌注桩的施工周期较长，海上浇筑混凝土对用水和拌制要求较高，而钢管桩尽管造价略高一些，但施工简便，施工速度快，综合经济性更强。结合本工程钻孔ZK1所处的地层条件，同时考虑到海上施工作业时间应尽可能短，本工程桩型宜采用钢管桩。

根据测风塔风荷载、基础刚度和变形对桩基承压、抗拔力和水平力的要求，桩基持力层选择时应满足竖向力、抗拔力、水平力、倾斜率和沉降与不均匀沉降的要求。根据钻孔ZK1揭示的土层分布情况，土层均为第四系松散堆积层。场区浅层地层均为第一层淤泥层、第二层淤泥质黏土层，均不适合作桩基持力层。而第三层粉质黏土层，灰色，湿—饱和，可塑，土质均匀，干强度中等，韧性较高，基本涵盖钻孔中下部，从场地可供利用的桩端土层而言，可作为桩基持力层。测风塔基础桩基设计时，可根据承载力要求，并综合考虑桩径选择和工程经济性来确定合理的桩端进入持力层的深度，工程桩基类型属于端承摩擦桩。

我国在海上混凝土结构的施工经验很成熟，且测风塔基础承台的体量较小，对工期的影响并不大，故本工程选用钢筋混凝土承台而不采用钢结构平台，最终的测风塔基础型式为由钢管桩组成的桩基混凝土承台基础。

9.2.2　平台高程确定

测风塔平台应满足测风塔塔架底部螺栓的安装要求，测风塔平台高程和测风塔的高度共同决定了测风支架和设备所处的高度。测风塔平台同时也是安装、检修人员的临时活动场所，因此平台高程应避免塔架底部受到潮水或波浪的影响。

根据表 9-3 和表 9-4，极端高水位＋4.52m，在极端高水位下最大波高 9.22m，波面高度采用流函数理论计算，波峰高度 6.40m，波谷高度 2.82m，采用式（7-3）确定平台高程，测风塔平台高程应不低于 10.92m。

考虑到测风塔不仅数量少而且其基础体量也小，基础布置的高程对其施工影响不大。当测风塔平台采用钢筋混凝土承台型式，基于上述测风塔平台高程的最低要求，按照基础底面位于波浪波峰面以上的方式来布置基础平台，额外考虑承台基础的厚度，测风塔基础平台顶高程定为＋13.00m。

9.2.3　基础设计方案

桩基钢筋混凝土承台海上测风塔基础由桩基和混凝土承台两部分组成。测风塔所受到的风荷载通过塔架传递给承台，同时塔架的自重也相应传递给承台结构。依靠承台基础的刚度和整体性，传递来的荷载进一步转化为群桩中各桩的桩顶荷载。由于桩基处于海水环境中，各桩基将承台传递来的桩顶荷载和处于海水部分中所受到的环境荷载进一步沿着桩基往下传递，依赖于地基土提供的竖向抗力和水平抗力来抵抗这些荷载作用。

混凝土承台的尺寸不仅应符合钢管测风塔四柱脚尺寸的要求，还应满足桩侧承台最小宽度的要求。承台厚度必须提供足够的刚度以便承台能有效将各单桩连接为整体结构，承台厚度还应满足测风塔柱脚预埋件的埋设要求。承台的配筋和混凝土型号选择应合理，以满足抗弯、抗冲切和抗剪的承载能力极限状态要求与承台裂缝的正常使用极限状态要求。综合上述因素，测风塔钢筋混凝土承台顶高程＋13.00m，承台平面尺寸为 8m×8m，厚度为 2.1m，承台底高程为＋10.90m，承台的边角部位作倒角处理；混凝土材料采用普通海工混凝土，标号为 C35。混凝土的保护层厚度以及质量要求应能满足防腐蚀等相关要求。

海上测风塔传递到塔架底部的荷载主要是风荷载的水平力和倾覆弯矩，处于海洋环境中的桩基承台基础所受的环境荷载主要是水平力和由水平力产生的倾覆弯矩。测风塔的桩基应布置成斜桩型式，从而有效地将水平力转换为桩身的轴向压力或拉力。由于存在较大的倾覆弯矩，测风塔基础中的桩基应能满足抗拔和抗压的承载力要求，还应满足水平承载力的要求，此外桩身结构强度与稳定性也必须满足承载能力极限状态的要求，这需要选择合理的钢管桩桩径和壁厚参数。同时桩径和壁厚的选择应能满足桩基可打入性的基本要求。综合考虑各项要求，当采用钢管桩时钢材牌号为 Q345C，直径 1200mm，壁厚 16mm，桩顶高程＋11.10m，桩端高程－49.70m，竖向投影长度 60.80m，倾斜率 5∶1，

总桩长 62m。桩基入土深度 35.30m，入土段长度
36m，桩端持力层为第三层粉质黏土层。根据桩基入
土段土层分布情况，本工程钢管桩属于摩擦桩类型。
桩基承台基础的群桩共由 4 根相同的双斜钢管桩组成，
在承台底面截面处桩间距尺寸为 4922mm×4922mm。

承台与测风塔柱脚连接通过预埋件来实施，预埋
件埋置于承台中，待钢筋笼绑扎完毕后采用现浇混凝
土一起浇筑，预埋件顶部预留法兰与柱脚法兰通过螺
栓连接。承台与钢管桩的连接采用固结连接方式，桩
顶插入承台底部 200mm，钢管桩内侧沿管壁均匀布置
20 根 $\phi 25$ 的钢筋，钢筋牌号 HRB400 级，锚固钢筋下
段与钢管桩内壁焊接，焊接长度不小于 1000mm，上
段锚入承台内部，锚固长度不小于 1000m。

测风塔桩基混凝土承台基础的三维模型如图 9-1
所示，详细的测风塔桩基混凝土承台基础方案参见附
录 A 中图 A-1。

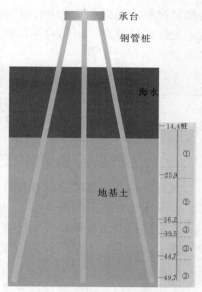

图 9-1 测风塔桩基混凝土
承台基础三维模型图

9.2.4 防腐蚀设计

1. 环境分区划分

场区设计高水位 3.08m，对应的水深为 17.48m。该水位下 50 年一遇 $H_{1\%}$ 波高为
8.97m，周期 $T_s = 11.4s$，根据流函数波浪理论得到波长 148.32m，波峰面高度 η_0
为 6.37m。

根据第 8 章 8.3 节介绍的海洋环境分区方法，测风塔基础结构区段划分的结果如表
9-7 所示。

表 9-7 防腐蚀结构区段划分结果

区段名称	顶高程/m	底高程/m
大气区	—	10.45
浪溅区	10.45	−3.29
水位变动区	−3.29	−3.68
水下区	−3.68	−14.40
泥下区	−14.40	—

2. 钢结构防腐蚀设计

针对钢结构防腐蚀设计而言，测风塔承台基础方案中主要涉及钢管桩的防腐蚀处理。

处于海洋环境下的工程钢结构必须进行防腐蚀设计。防腐蚀措施应根据环境条件、材
质、结构型式、使用要求、施工条件和维护管理条件来综合确定。根据钢结构防腐蚀基本
规定，对于测风塔基础的钢结构部分，大气区防腐蚀应可采用涂层，浪溅区和水位变动区
防腐蚀宜采用涂层，水下区防腐蚀采用涂层保护方式，泥下区不采取防腐蚀措施。

考虑到测风塔的设计使用年限为 5 年，钢结构防腐蚀涂层采用 5～10 年设计使用年限

的配套涂料。根据表9-7所示的防腐蚀区段划分，从平台高程往下扣除钢筋混凝土承台后，大气区的分布区域非常小，因此其防腐蚀措施采取与浪溅区相同的处理措施。各区段的涂层系统布置见表9-8。

表9-8　基础钢结构涂层类型与厚度

区段名称	底层/μm	中间层/μm	面层/μm	高程范围/m
涂层类型	富锌漆	环氧树脂漆	厚浆型环氧漆	—
大气区、浪溅区、水位变动区	40	200	75	$-3.68\sim+11.00$
水下区、泥下区	75	100	75	$-18.40\sim-3.68$

钢管桩涂料涂装的顶高程应自承台底面往上延伸100mm，考虑到冲刷影响涂层底高程应自海床泥面往下延伸4m。

采用涂层或阴极保护时，结构设计应进行单面腐蚀裕量的计算。采用涂层保护时，保护效率$P=80\%$，不采用保护措施时，保护效率$P=0\%$，钢结构的设计使用年限为$t=5$年，防腐蚀措施设计使用年限为$t_1=5$年。

采用基础结构防腐蚀设计方法计算钢结构腐蚀裕量。对于大气区，单面平均腐蚀速度$K=0.1$mm/年，根据式（8-53）计算的钢结构单面腐蚀裕量为0.1mm；对于浪溅区，单面平均腐蚀速度$K=0.45$mm/年，钢结构单面腐蚀裕量为0.45mm；对于水位变动区和水下区，单面平均腐蚀速度$K=0.12$mm/年，钢结构单面腐蚀裕量为0.12mm；对于泥下区，单面平均腐蚀速度$K=0.05$mm/年，钢结构单面腐蚀裕量为0.25mm。纵观各防腐蚀区段的单面腐蚀裕量，即使浪溅区厚度仅为0.45mm，因此可不预留钢结构腐蚀厚度，仅在结构计算时适当留有安全余度即可。

上述分析中，鉴于钢管桩的内壁与外界空间密闭隔绝，内部海水与外部海水的交换十分缓慢，故不考虑钢管桩内壁腐蚀。

需要特殊说明的是，若测风塔设计使用寿命较短可不用在钢管桩布置防腐蚀涂层，仅在大气区和浪溅区适当予以考虑即可，本工程中偏保守考虑防腐蚀设计。

3. 混凝土结构防腐蚀设计

针对混凝土结构防腐蚀设计而言，测风塔承台基础方案中涉及钢筋混凝土承台的防腐蚀处理。承台基础方案防腐蚀措施采用普通海工混凝土，设计等级为C35，混凝土的质量和配合比严格按照《海港工程混凝土结构防腐蚀技术规范》（JTJ 275—2000）的规定，混凝土拌和物中氯离子的最高限值（按水泥质量百分率计）不应超过0.10，水灰比不应超过0.50，最低水泥用量不小于360kg/m³。

同时应采取可靠的温控措施，防止混凝土浇筑时产生温度裂缝，另外增大钢筋混凝土保护层厚度，最小保护层厚度不小于50mm。承台混凝土采用表面涂层防腐蚀措施，底层采用环氧树脂封闭漆，厚度20μm，面层采用环氧树脂漆，厚度280μm。

9.2.5　靠船防撞设计

1. 靠船防撞标准

测风塔基础是否需要设置防撞防护结构一般需要根据其所处位置是否有航线、航线上船舶通行情况和吨位大小来进行经济风险评估,以确定合理的防护措施。本工程中测风塔所处位置为开阔海区,且测风塔先于风场建设,测风塔基础的空间尺寸相对较小,因此其受撞的概率非常低,一般不需要布设专门的防撞防护结构。

测风塔在安装期间以及后续测风时检修人员需要登陆测风塔平台,这需要在测风塔基础设计时布设合理的靠船装置以及供人员通行的爬梯等辅助设施。考虑到在风电场调试和运行期间会有工作船舶停靠,基础设计时考虑最大工作船舶为 200t,靠船防撞设施按 200t 工作船以 0.5m/s 速度靠泊设计。

2. 船只靠泊设计

测风塔基础结构的靠泊设计主要指供检修船舶停船靠泊的结构布置,同时提供工作人员通行用的爬梯,爬梯连接检修船与工作平台。

靠泊设计中平行布设两套相同的靠船结构,分别位于平台中轴线的左右两侧 1.5m 处,采用 DA 型橡胶护舷,护舷底部是型钢衬板,衬板高度 14m,底高程 -2.60m,顶高程 11.40m,衬板顶端插入混凝土承台中,下部搁置在支撑钢管上。支撑钢管为连接相邻两钢管桩的结构构件,直径 500mm,壁厚 8mm,轴线高程 3.90m。橡胶护舷由 3 幅长度均为 2.5m 的护舷组件构成,布置的底高程 -2.60m,每幅实际长度 2.625m,护舷安装的顶高程 5.275m。

爬梯布置在两个靠船护舷的中间位置,也即承台一边的中间处,爬梯支撑杆件一端在支撑钢管上,一端在混凝土承台上。爬梯布置的底部高程 -2.00m,顶部至承台顶面,高程 13.00m。爬梯在高程 5.00m 以上设钢护笼。

测风塔承台基础顶面同时作为工作平台,在承台顶面沿承台四周边沿需要布设钢管护栏,护栏高度 1.2m,护栏围成一封闭结构,在与爬梯交接处预留进出口。

测风塔桩基承台基础方案中详细靠泊布置如附录 A 中图 A-1 和图 A-2 所示。

9.2.6 设计图纸

高度 90m 四柱钢管测风塔桩基承台基础方案的设计图纸共 3 张,分别如下:
(1)测风塔桩基承台基础平视图,如附录 A 中图 A-1 所示。
(2)测风塔桩基承台基础俯视图,如附录 A 中图 A-2 所示。
(3)钢筋混凝土承台配筋图,如附录 A 中图 A-3 所示。

9.3 基 础 设 计 计 算

海上测风塔基础可不采用防冲刷措施,但需要计算冲坑深度,进而根据冲坑深度大小来复核基础设计方案是否满足设计要求,因此需要进行冲刷前基础方案计算与验算,还应进行冲刷后基础方案设计与验算,两种情况下均应满足设计要求。

9.3.1 计算方法选择

工程所在海区无海冰出现,故不需要考虑海冰荷载。测风塔基础设计时环境荷载包括测风塔塔架风荷载、海面以上基础部分的风荷载、波浪力、海流力等。塔架风荷载由测风塔厂家提供。厂家给出的测风塔荷载为第二风向荷载结果，也即沿着四边形测风塔平面对角线方向的风荷载。

　　表 9-4 给出的 3 个代表性波浪方向中，以 ESE 向波浪的波高最为显著。根据表 9-3 和表 9-4 中水位和波浪的统计资料，极端高水位下 ESE 向最大波高对应的参数（H 为波高，T 为周期，g 为重力加速度，d 为水深）：$H/gT^2 = 7.24 \times 10^{-3}$，$d/gT^2 = 1.49 \times 10^{-2}$，根据第 4 章 4.6 节图 4-13 可知此时应采用流函数理论，超出了斯托克斯波和线性波的适用范围，且波浪未处于破波区。类似的，极端低水位下 ESE 向最大波高对应的参数：$H/gT^2 = 5.27 \times 10^{-3}$，$d/gT^2 = 8.36 \times 10^{-3}$，查图 4-13 可知也应采用流函数理论来计算。极端高水位时波浪波长 $L = 151.8$m，极端低水位时波浪波长 $L = 125.3$m，桩径 $D = 1.2$m，则 $D/L < 0.15$，因此可采用莫里森方程来计算作用于结构物上的波浪力。极端高水位时静水位处最大流速 4.37m/s，极端低水位时静水位处的最大流速为 4.15m/s，可取最大流速 4.2m/s。桩径 1.2m 对应的 KC 常数约 40。由于测风塔设计使用年限较短，其基础结构物外表面可近似按照光滑来看待，根据式（5-43）和式（5-44）拖曳力系数 $C_D = 0.65$，质量力系数 $C_M = 1.60$。

　　通常情况下，最大的风荷载和波流荷载同时处于一个方向的概率很低，保守起见，采用风荷载和波流荷载沿同一方向作用来进行设计。由于测风塔厂家仅给出了沿对角线方向作用的风荷载结果，因此设计计算时波流荷载也按此方向来分析。

　　由于海上测风塔设计使用年限很短，基础杆件多为预加工制作后的钢结构，结构物表面较为光滑，短期内一般不会受到海生物附着的影响，因此设计时不考虑海生物附着对结构杆件尺寸的改变和海生物引起的结构自重的影响。

　　本工程抗震设防类别为丙类，抗震设防烈度为 6 度，根据 GB 50011—2010，本工程可不进行地震作用计算。海上测风塔基础设计计算中不考虑疲劳荷载工况计算。

9.3.2　冲坑计算

　　根据场区潮流、泥沙数值模拟及海床稳定性分析报告相关分析成果，场区表层沉积物相对简单，主要是黏土质粉砂，沉积物中粉砂组分含量较高，大部分在 50%～60%，黏土组分含量在 40%～50%。场区西北端和场区东南侧沉积物粉砂组分含量在 60% 以上，黏土组分含量在 40% 以下。工程区域内黏土质粉砂的中值粒径在 0.0077～0.0044mm，分选系数在 1.6 以上，分选较差。

　　海床沉积速率的分析测试和等深线变化的对比分析结果表明，工程区域内海床的冲淤状态并不是整体不变的，受海岛、海底地形等因素的影响，不同位置的工程区域其冲淤状态也略有不同。

　　泥沙冲淤数模结果表明：受泥沙来源有限，静风条件下东侧风电场区域整体以弱侵蚀为主，侵蚀量一般在 0.06m 以下，南北两侧的风电场区域则为轻微淤积，淤积量一般在 0.03m 以下。大风条件下，东部风电场海域为侵蚀状态，南北两侧则也呈现为侵蚀状态，侵蚀量略低于东部海域。上述分析表明风电场区域泥沙整体冲刷较弱。

　　风电场测风塔所处海域水深 8～17m 左右，风电场潮流场模拟结果表明，风电场潮流以 SW—NE 向往复流为主，海流流速约 0.5m/s。测站实测夏季大潮期涨潮流平均流速最大为 61cm/s，流向为 219°。波浪累年平均波高为 1.5m，波浪的累年平均周期为 5.3s。风场所处区域表层沉积物为黏土质粉砂，根据颗粒分析成果，沉积物中值粒径 $d_{50} \approx$ 0.04～0.08mm。

根据测风塔承台基础中钢管桩的尺寸和海底流速，计算的海床土颗粒冲刷启动流速如表 9-9 所示。DNV 标准方法中临界希尔兹参数取 0.05，J&S 方法中海床相对粗糙系数取 10。

表 9-9 泥 沙 冲 刷 启 动 流 速

计算方法	启动流速/(m·s⁻¹)	是否冲刷
Hancu（1971）	0.53	冲刷
CSU/HEC-18 方法	0.41	冲刷
DNV 标准方法	0.25	冲刷
沙莫夫散体冲刷判定方法	0.31	冲刷
J&S 方法	0.37	冲刷

基于表 9-9 计算结果，各判定方法均表明风电场场区水流流速大于冲刷启动流速，风场所处区域均会产生局部冲刷。由于设置海工结构物后，局部水流流速增大，更容易产生冲刷，故需要进一步计算冲坑深度的大小。

根据冲坑计算与防冲刷的方法来计算冲刷效应，若不设置防冲刷措施采用不同的分析方法计算的冲坑深度如表 9-10 所示。采用 CSU/HEC-18 方法计算时海床条件修正系数取 1.1。冲刷完成程度与历时的关系如表 9-11 所示，冲刷完成历时大于 116h。

表 9-10 冲 坑 深 度 计 算 结 果

计算方法	冲坑深度/m	备注
Breusers（1977）	2.40	—
DNV 标准方法	0.00	仅波浪
	1.56	仅水流
	0.33	波流共同作用
CSU/HEC-18 方法	1.61	—
Sheppard（2003）	1.09	—
Sumer 方法	2.40	—
黏土冲坑计算方法	0.84	—

表 9-11 冲 坑 深 度 完 成 历 时

完成百分比/%	历时/h
50	19.4
75	38.7
87.5	58.1
93.8	77.4
96.9	96.8
100	＞116.2

表 9 - 10 中各种计算方法给出的冲坑深度介于 0.8~2.4m 之间，集中分布于 1~2m 范围内，因此可以判定在不设置防冲刷措施时，测风塔基础的冲坑深度一般不会超过 2m。基础的冲坑使得钢管桩水中的悬臂段加长，改变了测风塔基础的整体刚度，折算到泥面处的环境荷载也相应增大，因此无论是对于基础结构的强度和稳定性验算还是对基础的变形控制而言，冲坑的出现均产生负面效应。

若采取可靠的防冲刷措施后，可不考虑冲刷效应对基础的不利影响。若不采取防冲刷措施，应考虑调整钢管桩的布置位置、斜度、桩径或壁厚以及承台结构尺寸等措施来补偿冲坑产生的影响。综合考虑测风塔基础的实际情况，一方面测风塔先于风场中风力发电机组基础的建设，且其数量很少，若单独进行块石防冲刷施工将费时费力，经济性很差；另一方面冲坑深度较小，不至于对基础方案产生明显的影响，因此确定不采用防冲刷防护措施，在测风塔基础设计时采用预留冲坑深度 2m 的方式来设计计算。

9.3.3　冲刷前设计计算

基础结构计算中应确定测风塔荷载和环境荷载的最不利组合。对于承载能力极限状态工况下需要验算桩基承载力（包括水平向、竖向和抗拔等）、桩身结构强度与稳定性、承台抗弯、抗剪和抗冲切等。对于正常使用极限状态工况下需要计算基础泥面处的位移、沉降和倾斜等。此外还需要验算承台裂缝是否满足要求。

基于提供的场地工程地质资料条件，有限元模型中桩土相互作用采用水平向、竖向弹簧来模拟。水平向弹簧刚度采用 m 法确定，以模拟侧向土体与桩基的相互作用；桩侧竖向弹簧为 $t—z$ 曲线法，桩端竖向弹簧采用 $Q—z$ 曲线法确定，从而模拟桩侧土体和桩端土体与桩基的相互作用，相关原理参见第 6 章。桩基竖向沉降计算采用基于 Mindlin 解答的竖向分层总和法。

测风塔桩基承台基础的结构计算简图如图 9 - 2 所示。

桩基轴向抗压承载力验算时，最不利工况出现的水位为极端高水位，测风塔荷载为主控荷载，最不利波浪相位为 350°，波长 151.8m。折算到泥面处的荷载 $F_x = 1335.1$kN，$F_z = 5206.8$kN，$M_y = 43307.1$ kN·m。桩基承载力计算参见第 6 章 6.2 节，本工程钢管桩的竖向承载力特征值为 3250kN，端阻比 0.27。桩基平均荷载 1327.5kN，偏心荷载下的最大荷载 3753.2kN，分别小于承载力特征值 3250kN 和 1.2 倍特征值 3900kN，满足承载力要求，如表 9 - 12 所示。

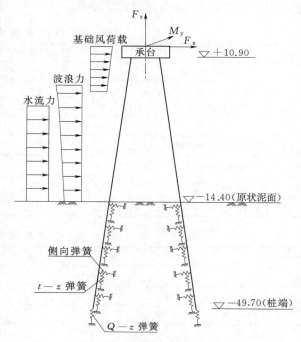

图 9 - 2　冲刷前测风塔桩基承台
基础结构计算简图（单位：m）

桩基轴向抗拔承载力验算时，最不利工况出现的水位为极端高水位，测风塔荷载为主控荷载，最不利波浪相位为 355°，波长 151.8m。折算到泥面处的荷载 $F_x = 1331.8$kN，$F_z = 5141.7$kN，$M_y = 43461.7$kN·m。本工程钢管桩的抗拔承载力特征值为 1800kN，桩基最大上拔荷载 1335.2kN，上拔荷载小于桩基抗拔承载力特征值，满足承载力要求，如表 9-12 所示。

　　桩基水平承载力验算时，最不利工况出现的水位为极端高水位，波浪荷载为主控荷载，最不利波浪相位为 350°，波长 151.8m。折算到泥面处的荷载 $F_x = 1543.7$kN，$F_z = 5173.2$kN，$M_y = 39187.2$kN·m。本工程钢管桩的水平承载力特征值为 250kN，桩基横向最大荷载 174.8kN，水平荷载小于桩基水平承载力特征值，满足承载力要求，如表 9-12 所示。

表 9-12　冲刷前测风塔桩基承载力验算结果

项目	计算值/kN	容许值/kN	是否满足要求
桩基平均竖向荷载	1327.5	3250	是
桩基最大竖向荷载	3753.2	3900	是
桩基抗拔力	1335.2	1800	是
桩基水平荷载	174.8	250	是

　　测风塔的基础结构应能满足承载能力极限状态设计要求，桩基承台测风塔基础的结构验算包括钢管桩和钢筋混凝土结构两部分。对于钢管桩结构，应验算其强度与稳定性是否满足要求；对于混凝土承台结构，应验算其抗冲切、抗剪强度以及根据弯矩大小进行配筋计算等。

　　桩基承台基础结构强度验算时，最不利工况出现的水位为极端高水位，波浪荷载为主控荷载，最不利波浪相位为 350°，波长 151.8m。折算到泥面处的荷载 $F_x = 2280.7$kN，$F_z = 6224.1$kN，$M_y = 56589.9$kN·m。钢管桩强度计算时最大应力为 154.7MPa，稳定性计算时最大应力为 212.9MPa，均小于钢管桩钢材的抗拉设计强度 310MPa；钢管桩的最大剪切应力 8.1MPa，远小于抗剪设计强度 180MPa，钢管桩的结构强度满足设计要求，如表 9-13 所示。

　　钢筋混凝土承台结构扣除自重后的最大桩顶反力为 3524kN，由于采用一柱一桩的布置型式，承台基础所受到的剪力和冲切力不大。承台剪力和边桩冲切力均取 3524kN，承台有效截面内 45° 截面的抗剪设计值为 12292kN，边桩破坏锥体对应的抗冲切设计值为 6589kN，计算值均小于设计值，故混凝土结构强度满足要求，如表 9-13 所示。

表 9-13　冲刷前测风塔基础结构强度验算结果

项目	计算值	容许值	是否满足要求
桩身结构强度/MPa	154.7	310	是
桩身稳定性/MPa	212.9	310	是
桩身抗剪强度/MPa	8.1	180	是
承台最不利抗冲切/kN	3524	12292	是
承台最不利抗剪/kN	3524	6589	是

测风塔承台基础在桩顶反力作用下将产生弯矩，由于钢管桩为斜桩，不均匀桩顶反力将在承台内产生拉力，因此承台的配筋一方面需满足弯矩要求，另一方面应满足抗拉要求。混凝土保护层厚度取 50mm，经计算抗弯和抗拉需要的钢筋截面积小于按照构造要求所需要的钢筋面积，因此按照构造要求配筋即可。配筋采用 HRB400 级钢筋，直径 25mm，钢筋间距 150mm。

承台基础最大水平位移对应的工况为设计高水位，以波浪荷载为主控荷载，最不利波浪相位为 355°，波长 148.3m。折算到泥面处的荷载 $F_x = 1513.9kN$，$F_z = 5353.7kN$，$M_y = 38183.7kN \cdot m$。承台顶部最大水平位移为 73.3mm，倾斜率为 1.15‰；泥面处的最大水平位移为 23.1mm，倾斜率为 0.68‰，水平变形均满足设计要求，如表 9-14 所示。

承台基础最大沉降对应的工况为设计低水位，以波浪荷载为主控荷载，最不利波浪相位为 350°，波长 129.4m。折算到泥面处的荷载 $F_x = 1128.8kN$，$F_z = 5513.7kN$，$M_y = 26634.7kN \cdot m$。承台的最大沉降为 18.5mm。泥面处最大沉降对应的工况为设计高水位，以测风塔荷载为主控荷载，最不利波浪相位为 355°，波长 148.3m。折算到泥面处的荷载 $F_x = 1178.1kN$，$F_z = 5353.6kN$，$M_y = 40508.4kN \cdot m$。泥面处最大沉降为 37.8mm。基础沉降均满足设计要求，如表 9-14 所示。

表 9-14　冲刷前测风塔基础变形计算结果

项目	计算值	容许值	是否满足要求
泥面处最大水平位移/mm	23.1	30	是
平台最大水平位移/mm	73.3	—	是
泥面处最大沉降/mm	37.8	100	是
平台最大沉降/mm	18.5	100	是
平台底部倾斜率	1.15/1000	4/1000	是
桩基泥面处倾斜率	0.68/1000	3/1000	是

承台结构除了满足强度要求之外，还应进行裂缝宽度验算。裂缝宽度计算应采用荷载的准永久组合，偏保守在此选择标准组合计算，根据承台内力进行裂缝计算，混凝土受拉区高度为 530mm，承台混凝土的最大裂缝为 0.143mm，表面处的最大裂缝宽度为 0.148mm，对于处于大气区的钢筋混凝土结构最大裂缝限值为 0.2mm，故承台裂缝验算满足要求。

桩基承台在测风塔和环境荷载作用下使得部分桩基承受拉力，因此桩顶与承台的锚固连接应满足抗拉的要求。各种工况下在极端高水位下将产生最大桩顶拉力，最大拉力为 2696kN，采用 HRB400 级钢筋，直径 25mm，同时考虑锚入钢筋的不均匀受力情况，以 1.2 倍予以放大，应配钢筋 19 根，实配 20 根。经计算桩顶连接钢筋的基本锚固长度为 802mm，考虑施工扰动影响后的修正长度为 883mm，最终锚固长度确定为 1000mm，故钢筋的锚固长度满足要求。

上述计算结果表明在不产生冲刷效应时该基础方案满足测风塔基础结构设计的相关要求。

9.3.4 冲刷后设计计算

测风塔基础设置后随着时间将引起泥面处土体的冲刷，冲刷后可能使得基础处于更不利的受力状态，因此需要对基础冲刷后的相关验算项目进行复核计算。根据 9.3.2 节冲坑深度分析结果按照 2m 来考虑。

冲刷后基础结构的验算内容与 9.3.3 节部分内容相同，结构整体分析和计算的原理相同，仅计算模型中泥面高程不同，考虑冲刷后测风塔桩基承台基础的结构计算简图如图 9-3 所示。

冲刷后桩基轴向抗压承载力验算时，最不利工况出现的水位为极端高水位，测风塔荷载为主控荷载，最不利波浪相位为 355°，波长 155.7m。折算到泥面处的荷载 $F_x = 1299.2$kN，$F_z = 5318.5$kN，$M_y = 44953.4$kN·m。本工程钢管桩的竖向承载力特征值为 3200kN，端阻比 0.28。桩基平均荷载 1356.0kN，偏心荷载下的最大荷载 3758.6kN，分别小于承载力特征值 3200kN 和 1.2 倍特征值 3840kN，满足承载力要求，如表 9-15 所示。

冲刷后桩基轴向抗拔承载力验算时，最不利工况出现的水位为极端高水位，

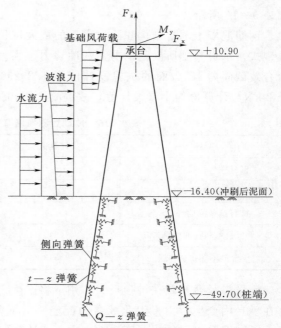

图 9-3 冲刷后测风塔桩基承台
基础结构计算简图（单位：m）

测风塔荷载为主控荷载，最不利波浪相位为 355°，波长 155.7m。折算到泥面处的荷载 $F_x = 1299.2$kN，$F_z = 5318.5$kN，$M_y = 44953.4$kN·m。本工程钢管桩的抗拔承载力特征值为 1750kN，桩基最大上拔荷载 1262.4kN，上拔荷载小于桩基抗拔承载力特征值，满足承载力要求，如表 9-15 所示。

冲刷后桩基水平承载力验算时，最不利工况出现的水位为极端高水位，波浪荷载为主控荷载，最不利波浪相位为 350°，波长 155.7m。折算到泥面处的荷载 $F_x = 1502.7$kN，$F_z = 5322.1$kN，$M_y = 40763.8$kN·m。本工程钢管桩的水平承载力特征值为 250kN，桩基横向最大荷载 166.7kN，水平荷载小于桩基水平承载力特征值，满足承载力要求，如表 9-15 所示。

表 9-15 冲刷后测风塔桩基承载力验算结果

项目	计算值/kN	容许值/kN	是否满足要求
桩基平均竖向荷载	1356.0	3200	是
桩基最大竖向荷载	3758.6	3840	是
桩基抗拔力	1262.4	1750	是
桩基水平荷载	166.7	250	是

桩基承台基础结构强度验算时，最不利工况出现的水位为极端高水位，波浪荷载为主控荷载，最不利波浪相位为 350°，波长 155.7m。折算到泥面处的荷载 $F_x=2219.8$kN，$F_z=6438.6$kN，$M_y=58884.9$kN·m。钢管桩强度计算时最大应力为 155.1MPa，稳定性计算时最大应力为 220.7MPa，均小于钢管桩钢材的抗拉设计强度 310MPa；钢管桩的最大剪切应力 8.2MPa，远小于抗剪设计强度 180MPa，钢管桩的结构强度满足设计要求，如表 9-16 所示。

　　钢筋混凝土承台结构扣除自重后的最大桩顶反力为 3513kN，由于采用一柱一桩的布置型式，承台基础所受到的剪力和冲切力不大。承台剪力和边桩冲切力均取 3513kN，承台有效截面内 45° 截面的抗剪设计值为 12292kN，边桩破坏锥体对应的抗冲切设计值为 6589kN，计算值均小于设计值，故混凝土结构强度满足要求，如表 9-16 所示。

表 9-16　冲刷后测风塔基础结构强度验算结果

项目	计算值	容许值	是否满足要求
桩身结构强度/MPa	155.1	310	是
桩身稳定性/MPa	220.7	310	是
桩身抗剪强度/MPa	8.2	180	是
承台最不利抗冲切/kN	3513	12292	是
承台最不利抗剪/kN	3513	6589	是

　　测风塔承台基础在桩顶反力作用下将产生弯矩，由于钢管桩为斜桩，不均匀桩顶反力将在承台内产生拉力，因此承台的配筋一方面需满足弯矩要求，另一方面应满足抗拉要求。承台混凝土保护层厚度取 50mm，经计算抗弯和抗拉需要的钢筋截面积小于按照构造要求所需要的钢筋面积，因此按照构造要求配筋即可。配筋采用 HRB400 级钢筋，直径 25mm，钢筋间距 150mm。

　　承台基础最大水平位移对应的工况为设计高水位，以波浪荷载为主控荷载，最不利波浪相位为 350°，波长 152.3m。折算到泥面处的荷载 $F_x=1475.1$kN，$F_z=5390.7$kN，$M_y=39236.4$kN·m。承台顶部最大水平位移为 77.4mm，倾斜率为 1.39‰；泥面处的最大水平位移为 23.3mm，倾斜率为 0.63‰，水平变形均满足设计要求，如表 9-17 所示。

表 9-17　冲刷后测风塔基础变形计算结果

项目	计算值	容许值	是否满足要求
泥面处最大水平位移/mm	23.3	30	是
平台最大水平位移/mm	77.4	—	是
泥面处最大沉降/mm	37.7	100	是
平台最大沉降/mm	18.8	100	是
平台底部倾斜率	1.39/1000	4/1000	是
桩基泥面处倾斜率	0.63/1000	3/1000	是

承台基础最大沉降对应的工况为设计低水位，以波浪荷载为主控荷载，最不利波浪相位为 350°，波长 134.6m。折算到泥面处的荷载 $F_x = 1120.4$kN，$F_z = 5543.0$kN，$M_y = 28009.5$kN·m。承台的最大沉降为 18.8mm。泥面处最大沉降对应的工况为设计高水位，以测风塔荷载为主控荷载，最不利波浪相位为 355°，波长 152.3m。折算到泥面处的荷载 $F_x = 1149.3$kN，$F_z = 5386.3$kN，$M_y = 41727.0$kN·m。泥面处最大沉降为 37.7mm。基础沉降均满足设计要求，如表 9 - 17 所示。

承台结构除了满足强度要求之外，还应进行裂缝宽度验算。裂缝宽度计算时采用荷载的标准组合，根据承台内力进行裂缝计算，混凝土受拉区高度为 529mm，承台混凝土的最大裂缝为 0.141mm，表面处的最大裂缝宽度为 0.147mm，对于处于大气区的钢筋混凝土结构最大裂缝限值为 0.2mm，故承台裂缝验算满足要求。

桩基承台在测风塔和环境荷载作用下使得部分桩基承受拉力，因此桩顶与承台的锚固连接应满足抗拉的要求。各种工况下在极端高水位下将产生最大桩顶拉力，最大拉力为 2610kN，采用 HRB400 级钢筋，直径 25mm，同时考虑锚入钢筋的不均匀受力情况，以 1.2 倍予以放大，应配钢筋 18 根，实配 20 根。经计算桩顶连接钢筋的基本锚固长度为 802mm，考虑施工扰动影响后的修正长度为 883mm，最终锚固长度确定为 1000mm，故钢筋的锚固长度满足规范要求。

计算结果表明即使产生冲坑后该基础方案仍能满足测风塔基础结构设计的相关要求。

第10章 测风塔桩基钢平台基础设计实例

以我国东海某海域测风塔为例给出海上测风塔基础设计过程，测风塔为高度90m的三柱钢管塔架，基础型式为由嵌岩桩组成的桩基钢平台基础。测风塔所处风电场与第9章的案例相同，因此风电场所处的海洋水文和工程地质情况相同。该风电场地层分布变异性较大，本章实例中测风塔所处的钻孔位置不同，钻孔下部为中风化花岗岩，桩型为嵌岩桩。

10.1 工 程 概 况

10.1.1 测风塔塔架

海上测风塔塔架为高度90m的三柱钢管测风塔，塔架结构采用钢管、角钢和钢板螺栓连接。塔柱采用无缝钢管，角钢和钢板采用Q235B钢材，连接螺栓采用双母。塔体设外爬梯并设护栏，塔内钢材均采用热镀锌防腐。

塔身共分为15段，由顶到底各段尺寸如表10-1所示，塔身高度90m，避雷针高度6m，塔身与避雷针总高度为96m。塔底跨度9m，顶端跨度0.5m。

表 10-1 测风塔塔身尺寸

段号	主材直径/mm	横材/mm	斜材/mm	副材/mm	高度/mm
1	$\phi114\times8$	L50×5	L50×5	—	6500
2	$\phi114\times8$	L50×5	L50×5	—	6000
3	$\phi133\times8$	L63×5	L63×5	L50×5	6000
4	$\phi133\times8$	L63×5	L63×5	L50×5	6000
5	$\phi159\times10$	L63×5	L63×5	L50×5	6000
6	$\phi159\times10$	L70×6	L70×6	L63×5	6000
7	$\phi168\times10$	L70×6	L70×6	L63×5	6000
8	$\phi194\times12$	L70×6	L70×6	L63×5	6000
9	$\phi194\times12$	L80×6	L80×6	L63×5	6000
10	$\phi219\times14$	L80×6	L80×6	L70×6	6000
11	$\phi219\times14$	L90×8	L90×8	L70×6	6000
12	$\phi245\times14$	L90×8	L90×8	L70×6	6000
13	$\phi245\times14$	L90×8	L90×8	L70×6	6000
14	$\phi273\times16$	L100×8	L100×8	L80×6	6000
15	$\phi299\times16$	L100×8	L100×8	L80×6	5500
避雷针	—	—	—	—	6000
总计	—	—	—	—	96000

测风塔的风仪支架分别设在 10m、25m、40m、55m、70m 和 90m 等高度处。测风塔总质量 56.5t。测风塔地脚板外径 750mm，螺栓孔轴线外径 550mm，板厚 70mm，共设 8M64 螺栓。

测风塔设计风速标准为 10min 平均风速 50m/s，3s 极端风速 70m/s。测风塔设备厂家给出的测风塔荷载为风荷载水平力 438.0kN，单脚上拔力 2190.0kN，单脚下压力 2378.0kN，弯矩 3600.0kN·m。根据上述荷载推算得到测风塔底部的倾覆弯矩最大为 12356kN·m。

10.1.2 地质钻孔

测风塔所在区域位于 ZK4 号钻孔附近，钻孔的孔口高程为 −15.20m，钻孔深度 38.6m。根据 ZK4 的钻孔柱状图，各土层分布情况如表 10-2 所示。

表 10-2 ZK4 钻孔土层分布

土层编号	土层名称	层底高程/m	层底埋深/m	分层厚度/m
①	淤泥	−25.70	10.50	10.50
②	淤泥质粉质黏土	−40.00	24.80	14.30
③	粉质黏土	−53.30	38.10	13.30
④	中风化花岗岩	−53.80	38.60	0.50

由于地勘报告中未提供中风化花岗岩的饱和单轴抗压强度值，场地花岗岩为燕山期花岗岩，参照《工程地质手册》其抗压强度 $R_C \approx 70 \sim 110$MPa，根据 JTJ 285—2000 其抗压强度 $R_C \approx 110$MPa、饱和单轴抗压强度 $R_w \approx 26 \sim 74$MPa。根据《港口工程地质勘察规范》（JTJ 240—1997）中风化花岗岩抗压强度平均值 $R_C \approx 83.9$MPa，饱和单轴抗压强度平均值 $R_w \approx 58.7$MPa。综合上述中风化花岗岩的工程统计资料，保守起见本工程中风化花岗岩的饱和单轴抗压强度值取 30MPa 来计算。

10.2 测风塔基础设计

10.2.1 基础型式选择

结合本工程实际情况，当场地浅层土体为淤泥且深度在 10m 以上时，宜采用管桩基础型式。海上测风塔工程中常采用钻孔灌注桩、高强预应力钢筋混凝土管桩和钢管桩等基础形式。参照第 9 章 9.2 节中给出的各桩型特点比较，并进一步考虑本工程钻孔所处的地层特点，同时考虑到海上施工作业时间应尽可能短等，本工程桩型选用钢管桩。工程地层中风化基岩埋藏较浅，为了确保桩基有效的抗拔或承压竖向承载力，桩端需进入基岩而形成嵌岩桩。由于桩型选取了钢管桩，因此嵌岩桩的型式为预制型芯柱嵌岩桩，即将钢管桩桩端打入中风化基岩顶面（或位于基岩顶面以上一定距离处，取决于桩的可打性），然后在钢管桩桩内对基岩段进行钻孔，下放嵌岩段和连接段钢筋笼后，通过灌注混凝土将钢管桩与基岩进行有效连接。

测风塔平台型式包括钢平台和钢筋混凝土平台等两种，以钢平台型式居多。钢平台采用钢板和型钢或钢管焊接而成，制作安装较为方便。钢筋混凝土承台涉及海上绑扎安装钢筋笼以及海上浇筑混凝土等工序，工序多工期相对较长。鉴于本工程中嵌岩桩的嵌岩部分涉及灌注混凝土，若承台仍采用混凝土承台，则两种工序总的施工时间将过长，因此选用钢平台型式较为有利，故测风塔基础型式确定为由嵌岩桩组成的桩基钢平台基础，平台部分由导管架和铺板组成。

10.2.2　平台高程确定

测风塔平台应满足测风塔塔架底部螺栓的安装要求，测风塔平台高程和测风塔的高度共同决定了测风支架和设备所处的高度。测风塔平台同时也是安装、检修人员的临时活动场所，因此平台高程应避免塔架底部受到潮水或波浪的影响。

根据表 9-3 和表 9-4，极端高水位＋4.52m，极端高水位下最大波高 9.22m，波面高度采用第 4 章 4.5 节介绍的流函数理论计算，波峰高度为 6.30m，波谷高度为 2.92m，采用式（7-3）确定平台高程，测风塔平台高程应不低于 10.82m。

考虑到测风塔不仅数量少而且其基础体量也小，基础布置的高程对其施工影响不大。兼顾测风塔基础平台连杆以及与塔架地脚法兰过渡连接段设置的影响，取富裕高度 1.68m，设定测风塔基础平台顶高程＋12.50m。

10.2.3　基础设计方案

对于桩基钢平台基础型式的测风塔基础，基础由两部分组成，下部为桩基部分，上部为钢平台部分。测风塔所受到的风荷载通过塔架传递给钢平台结构，同时塔架的自重也相应传递给平台结构。依靠钢平台结构的刚度和整体性，传递来的荷载进一步转化为群桩中各桩的桩顶荷载。由于桩基处于海水环境中，各桩基将平台传递来的桩顶荷载和处于海水部分中所受到的环境荷载进一步沿着桩基往下传递，依赖于地基土提供的竖向抗力和水平抗力来抵抗这些荷载作用。

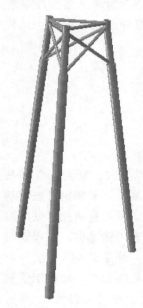

图 10-1　测风塔桩基钢平台基础三维模型图

由于测风塔塔架为三柱管结构型式，因此比较理想的桩基布置也需要 3 根桩来对应地承担测风塔塔架荷载。为了将测风塔荷载简洁合理地传递给桩基，钢平台结构适宜设置成三边棱柱体形式，顶部连接测风塔柱脚法兰，底部连接钢管桩顶部。为了有效传递荷载和控制测风塔塔架位移，钢平台还应满足足够的结构刚度要求，这需要设置相应的连接杆件来形成空间构架。综合上述因素后，钢平台结构确定为导管架结构型式，由 3 根双斜主导管、一层 X 型斜撑导管和顶部水平撑杆（导管）共同组成。测风塔桩基钢平台基础的三维模型图如图 10-1 所示。

平台顶部平面中主导管间距均为 9m，顶高程＋12.50m，底高程＋3.50m，主导管直径 1100mm，壁厚 18mm，斜率 6∶1，主导管在高程＋11.50m 以上由斜向转折为垂向布置。X 型斜撑导管连接相邻的主导管，组成 X 型的斜撑导管规格均相同，底高程＋5.50m，顶高程＋11.50m，直径 500mm，壁厚 10m。水平导管连接主导管的垂直段，高程＋12.00m，杆件直径 500mm，壁厚 10mm，长度 9m。由于双斜主导管与斜撑导管下部交点区域存在较大的应力集中，并结合主导管与钢管桩的节点设置情况，双斜主导管底部 3m 区域局部加厚至 30mm。连接钢平台导管杆件的钢材牌号均为 Q345C 级。

钢结构平台的顶部设置平台板，平台板由花纹钢板（铺板）和加劲肋组成，花纹钢板厚度 6mm，加劲肋为不等边角钢，角钢规格为∟75mm×50mm×10mm，加劲肋纵横布置，间距为 1m，焊接在铺板底面。加劲铺板搁置在水平导管顶面，由于水平导管的跨度较大，为了减小铺板的挠度，在 3 根水平导管中间处两两相连，组成 Y 型布置的连接杆件，连接杆件采用 H 型钢，规格为 HM500×300×11×18，H 型钢顶面与水平导管顶面平齐布置，并作为加劲铺板的支撑梁。平台板组件的钢材牌号均为 Q235B 级。具体可参见本测风塔工程的基础节点详图。

海上测风塔传递到塔架底部的荷载主要是风荷载的水平力和倾覆弯矩，处于海洋环境中的桩基承台基础所受的环境荷载主要是水平力和由水平力产生的倾覆弯矩。测风塔的桩基应布置成斜桩型式，从而有效地将水平力转换为桩身的轴向压力或拉力。由于存在较大的倾覆弯矩，测风塔基础中的桩基应能满足抗拔和抗压的承载力要求，还应满足水平承载力的要求，此外桩身结构强度与稳定性也必须满足承载能力极限状态的要求，这需要选择合理的钢管桩桩径和壁厚参数。同时桩径和壁厚的选择应能满足桩基可打入性的基本要求。综合考虑各项要求，采用钢管桩的钢材牌号为 Q345C 级，直径 1400mm，壁厚20mm，桩顶高程＋5.50m，桩端高程－44.75m，倾斜率 6：1。根据方案试算，当采用非嵌岩桩型式时，即桩端布置在第四层中风化花岗岩顶面，桩基竖向承载力不满足承载力设计要求，因此桩端持力层选择为第四层中风化花岗岩，此时桩型为嵌岩桩，确定嵌岩桩型式为钢管预制型芯柱嵌岩桩。嵌岩段长度 4.5m，直径 1200mm，待凿除基岩后采用C35 海工普通混凝土浇筑嵌岩桩的芯柱部分。考虑到钢管桩顶部与双斜主导管连接处的节点布置，钢管桩顶部 3m 区域设置局部加厚段，厚度为 40mm。

钢平台主导管与测风塔塔脚法兰的连接通过连接钢板和加劲肋来实现，钢材牌号均为Q345C 级。钢平台主导管与钢管桩的连接通过灌浆和焊接组合节点来实施，焊接节点部分由连接钢板和加劲肋组成，钢材牌号均为 Q345C 级，灌浆节点采用高强混凝土灌注，灌浆节点长度 2m，混凝土抗压强度标准值应不低于 65MPa，对应的圆柱体抗压强度标准值为 54MPa。

在灌浆体底端处的钢管桩内部设置承托板，从而与钢管桩组成封闭空间。待钢管桩打设完毕后，首先施工嵌岩段芯柱体，然后吊装钢平台，将主导管插入到钢管桩内，再行施焊加劲肋和封头板以完成钢管桩与主导管的连接，最后通过封头板上预留的灌浆孔进行节点注浆施工。

桩基嵌岩段的连接节点应能确保嵌岩段与钢管桩的有效连接，基岩顶面以上的钢管桩内部灌注 C35 混凝土，长度 6m，并在嵌岩段和灌注段设置通长的连接钢筋，连接钢筋选择直径 25mm 的 HRB400 级钢筋，共 20 根，箍筋采用螺旋筋型式，直径 10mm，牌号HRB335 级，箍筋间距 200mm。待嵌岩段基岩凿除后，下放钢筋笼，然后进行混凝土灌注施工。

桩基钢平台基础方案布置图如附录 B 中图 B-1 所示，上述节点的设置如附录 B 中图 B-3 所示。

10.2.4　防腐蚀设计

场区设计高水位 3.08m，对应的水深 18.28m。该水位下 50 年一遇 $H_{1\%}$ 波高 8.97m，周期 $T_s = 11.4s$，根据流函数波浪理论得到波长 149.95m，波峰面高度 $\eta_0 = 6.26m$。

根据第 8 章 8.3 节介绍的海洋环境分区计算方法，测风塔基础结构区段划分的结果如表 10-3 所示。

表 10-3　防腐蚀结构区段划分结果

区段名称	顶高程/m	底高程/m
大气区	—	10.34
浪溅区	10.34	−3.18
水位变动区	−3.18	−3.68
水下区	−3.68	−15.20
泥下区	−15.20	—

本工程只涉及钢结构防腐蚀设计无混凝土结构防腐蚀设计，测风塔基础方案中主要涉及钢平台和钢管桩的防腐蚀处理。

处于海洋环境下的工程钢结构必须进行防腐蚀设计。防腐蚀措施应根据环境条件、材质、结构型式、使用要求、施工条件和维护管理条件来综合确定。根据钢结构防腐蚀基本规定，对于测风塔基础的钢结构部分，大气区防腐蚀应可采用涂层，浪溅区和水位变动区防腐蚀宜采用涂层，水下区防腐蚀采用涂层保护方式，泥下区可不采取防腐蚀措施，但应考虑腐蚀裕量的影响。

考虑到测风塔的设计使用年限为 5 年，钢结构防腐蚀涂层采用 5～10 年设计使用年限的配套涂料。根据表 10-3 所示的防腐蚀区段划分，基础各区段的涂层系统布置如表 10-4 所示。

表 10-4　基础钢结构的涂层和厚度

区段名称	分项	底层/μm	中间层/μm	面层/μm	高程范围/m
大气区	涂层名称	富锌漆	环氧云铁防锈漆	聚氨酯漆	＞+11.50
	厚度	50	80	100	
浪溅区、水位变动区	涂层名称	富锌漆	环氧树脂漆	厚浆型环氧漆	−3.68～+11.50
	厚度	40	200	75	
水下区、泥下区	涂层名称	富锌漆	环氧树脂漆	厚浆型环氧漆	−20.20～−3.68
	厚度	75	100	75	

测风塔基础涂料防腐蚀包括平台结构和钢管桩两部分。整个钢结构平台采用统一的涂

装方式。对于钢管桩而言，考虑到冲刷影响涂层涂装的范围应至少延伸至冲坑底部以下1.5m，本工程中钢管桩涂层底部应自原状海床泥面往下延伸5m。

采用涂层或阴极保护时，结构设计应进行单面腐蚀裕量的计算。采用涂层保护时，保护效率 $P=80\%$，不采用保护措施时，保护效率 $P=0$，钢结构的设计使用年限为 $t=5$ 年，防腐蚀措施设计使用年限为 $t_1=5$ 年。

采用第8章8.4节方法计算钢结构腐蚀裕量。对于大气区，单面平均腐蚀速度 $K=0.1mm/$年，根据式（8-53）计算的钢结构单面腐蚀裕量为0.1mm；对于浪溅区，单面平均腐蚀速度 $K=0.45mm/$年，钢结构单面腐蚀裕量为0.45mm；对于水位变动区和水下区，单面平均腐蚀速度 $K=0.12mm/$年，钢结构单面腐蚀裕量为0.12mm；对于泥下区，单面平均腐蚀速度 $K=0.05mm/$年，钢结构单面腐蚀裕量为0.25mm。纵观各防腐蚀区段的单面腐蚀裕量，即使浪溅区厚度仅为0.45mm，因此可不预留钢结构腐蚀厚度，仅在结构计算时适当留有安全裕度即可。

鉴于导管架和钢管桩的内壁与外界空间密闭隔绝，内部海水与外部海水的交换十分缓慢，故不考虑平台导管架和钢管桩内壁腐蚀。

需要特殊说明的是，若测风塔设计使用寿命较短可不用在钢管桩布置防腐蚀涂层，仅在大气区和浪溅区的钢平台涂刷防腐蚀涂料，本工程中偏保守考虑防腐蚀设计。

10.2.5 靠船防撞设计

1. 靠船防撞标准

测风塔基础是否需要设置防撞防护结构一般需要根据其所处位置是否有航线、航线上船舶通行情况和吨位大小来进行经济风险评估，以确定合理的防护措施。本工程中测风塔所处位置为开阔海区，且测风塔先于风电场建设，测风塔基础的空间尺寸相对较小，因此其受撞的概率非常低，一般不需要布设专门的防撞防护结构。

测风塔在安装期间以及后续测风时检修人员需要登陆测风塔平台，这需要测风塔基础设计时布设合理的靠船装置以及供人员通行的爬梯等辅助设施。考虑到在风电场调试和运行期间会有工作船舶停靠，基础设计时考虑最大工作船舶为200t，靠船防撞设施按200t工作船以0.5m/s速度靠泊设计。

2. 船只靠泊设计

测风塔基础结构的靠泊设计主要指供检修船舶停船靠泊的结构布置，同时提供工作人员通行用的爬梯，爬梯连接检修船与工作平台。

结合导管架钢平台的特点，测风塔基础靠船布置结合钢平台的双斜主导管来布置。靠船采用靠船柱，靠船柱纵向与双斜主导管平行，主导管侧平行布置两根靠船柱，平面上两根靠船柱的轴线夹角为40°，靠船柱采用直径400mm的钢管，靠船柱通过两根直径250mm的钢管连接在主导管侧面。靠船柱布置的底高程-2.50m，单根长度11m。

爬梯分段设置，下段依托靠船柱布设，上段依托钢平台主导管和平台板布设。下段爬梯布置在靠船柱中间，上段通过钢平台主导管外伸的支管来支撑，顶部依附在钢平台铺板外侧。爬梯在高程5.00m以上设钢护笼。

由花纹铺板组成的钢平台四周边沿需要布设钢管护栏，护栏高度1.2m，护栏围成一封闭结构，在与爬梯交接处预留进出口。

测风塔桩基钢平台基础方案中详细靠泊布置如附录 B 中图 B-1 和图 B-2 所示。

10.2.6　设计图纸

高度 90m 三柱钢管测风塔桩基钢平台基础方案的设计图纸共 3 张，分别如下：

（1）测风塔桩基钢平台基础平视图，如附录 B 中图 B-1 所示。

（2）嵌岩桩与钢平台结构图，如附录 B 中图 B-2 所示。

（3）基础节点详图，如附录 B 中图 B-3 所示。

10.3　基　础　设　计　计　算

海上测风塔基础可不采用防冲刷措施，但需要计算冲坑深度，进而根据冲坑深度大小来复核基础设计方案是否满足设计要求，因此需要进行冲刷前基础方案计算与验算，还应进行冲刷后基础方案设计与验算，两种情况下均应满足设计要求。

10.3.1　计算方法选择

工程所在海区无海冰出现，故不需要考虑海冰荷载。测风塔基础设计时环境荷载包括测风塔塔架风荷载、海面以上基础部分的风荷载、波浪力、海流力等。塔架风荷载由测风塔厂家提供。厂家给出的测风塔风荷载方向垂直于等边三角形塔架的一条边，并指向对边顶角方向。

表 9-4 给出的 3 个代表性波浪方向中，以 ESE 向波浪的波高最为显著。根据表 9-3 和表 9-4 中水位和波浪的统计资料，结合本例中钻孔孔口高程，极端高水位下 ESE 向最大波高对应的参数（H 为波高，T 为周期，g 为重力加速度，d 为水深）：$H/gT^2=7.24\times10^{-3}$，$d/gT^2=1.55\times10^{-2}$，根据第 4 章 4.6 节图 4-13 可知此时应采用流函数理论，超出了斯托克斯波和线性波的适用范围，且波浪未处于破波区。类似的，极端低水位下 ESE 向最大波高对应的参数为 $H/gT^2=5.27\times10^{-3}$，$d/gT^2=8.99\times10^{-3}$，应采用流函数理论来计算。极端高水位时波浪波长 $L=153.4$m，极端低水位时波浪波长 $L=127.6$m，桩径 $D=1.4$m，则 $D/L<0.15$，因此可采用莫里森方程来计算作用于结构物上的波浪力。极端高水位时静水位处最大流速 4.18m/s，极端低水位时静水位处的最大流速为 4.06m/s，可取最大流速 4.1m/s。结构物杆件直径 1.4m 对应的 $KC\approx33$。由于测风塔设计使用年限较短，其基础结构物外表面可近似按照光滑来看待，波浪力计算时拖拽力系数 $C_D=0.65$，质量力系数 $C_M=1.60$。

通常情况下，最大的风荷载和波流荷载同时处于一个方向的概率很低，保守起见，采用风荷载和波流荷载沿同一方向作用来进行设计。由于测风塔厂家仅给出了沿对角线方向作用的风荷载结果，因此设计计算时波流荷载也按此方向来分析。

由于海上测风塔设计使用年限很短，基础杆件多为预加工制作后的钢结构，结构物表面较为光滑，短期内一般不会受到海生物附着的影响，因此设计时不考虑海生物附着对结构杆件尺寸的改变和海生物引起的结构自重的影响。

本工程抗震设防类别为丙类，抗震设防烈度为 6 度，根据 GB 50011—2010，本工程可不进行地震作用计算。海上测风塔基础设计计算中不考虑疲劳荷载工况计算。

10.3.2 冲坑计算

风电场测风塔所处海域水深 8～17m 左右，风电场潮流场模拟结果表明，风电场潮流以 SW—NE 向往复流为主，海流流速 0.5m/s 左右。测站实测夏季大潮期涨潮流平均流速最大为 61cm/s，流向为 219°。波浪累年平均波高为 1.5m，波浪的累年平均周期为 5.3s。风场所处区域表层沉积物为黏土质粉砂，根据颗粒分析成果，沉积物中值粒径 d_{50} ≈0.04～0.08mm。

根据测风塔承台基础中钢管桩的尺寸和海底流速，计算的海床土颗粒冲刷启动流速如表 10-5 所示。DNV 标准方法中临界希尔兹参数取 0.05，J&S 方法中海床相对粗糙系数取 10。

表 10-5 泥沙冲刷启动流速

计算方法	启动流速/(m·s^{-1})	是否冲刷
Hancu（1971）	0.53	冲刷
CSU/HEC-18 方法	0.41	冲刷
DNV 标准方法	0.25	冲刷
沙莫夫散体冲刷判定方法	0.31	冲刷
J&S 方法	0.37	冲刷

基于表 10-5 计算结果，各判定方法均表明风电场场区水流流速大于冲刷启动流速，风场所处区域均会产生局部冲刷。由于设置海工结构物后，局部水流流速增大，更容易产生冲刷，故需要进一步计算冲坑深度的大小。

根据第 8 章 8.2 节方法来计算冲刷效应，若不设置防冲刷措施采用不同的分析方法计算的冲坑深度如表 10-6 所示。采用 CSU/HEC-18 方法计算时海床条件修正系数取 1.1。冲刷完成程度与历时的关系如表 10-7 所示，冲刷完成历时大于 135h。

表 10-6 冲坑深度计算结果

计算方法	冲坑深度/m	备注
Breusers（1977）	2.80	—
DNV 标准方法	0.00	仅波浪
	1.82	仅水流
	0.32	波流共同作用
CSU/HEC-18 方法	1.78	—
Sheppard（2003）	1.23	—
Sumer 方法	2.80	—
黏土冲坑计算方法	0.93	—

表 10 - 7　冲 坑 深 度 完 成 历 时

完成百分比/%	历时/h
50	22.6
75	45.2
87.5	67.8
93.8	90.3
96.9	112.9
100	>135.5

表 10 - 6 中各种计算方法给出的冲坑深度介于 1.0～2.8m 之间，集中分布于 1.5～2.5m 范围内，因此可以判定在不设置防冲刷措施时，测风塔基础的冲坑深度一般不会超过 2.5m。基础的冲坑使得钢管桩水中的悬臂段加长，改变了测风塔基础的整体刚度，折算到泥面处的环境荷载也相应增大，因此无论是对于基础结构的强度和稳定性验算还是对基础的变形控制而言，冲坑的出现均产生负面效应。

若采取可靠的防冲刷措施后，可不考虑冲刷效应对基础的不利影响。若不采取防冲刷措施，应考虑调整钢管桩的布置位置、斜度、桩径或壁厚以及钢平台杆件结构尺寸等措施来补偿冲坑产生的影响。综合考虑测风塔基础的实际情况，一方面测风塔先于风场中风力发电机组基础的建设，且其数量很少，若单独进行块石防冲刷施工将费时费力，经济性很差；另一方面冲坑深度较小，不至于对基础方案产生明显的影响，因此确定不采用防冲刷防护措施，在测风塔基础设计时采用预留冲坑深度 2.5m 的方式来设计计算。

10.3.3　冲刷前设计计算

基础结构计算中应确定测风塔荷载和环境荷载的最不利组合。对于承载能力极限状态工况下需要验算桩基承载力（包括水平向、竖向和抗拔等）、桩身结构强度与稳定性、钢平台杆件的强度与稳定性、嵌岩桩芯柱抗拉强度、嵌岩桩芯柱与钢管桩内壁的连接强度、钢平台与钢管桩顶部灌浆连接节点强度等。对于正常使用极限状态工况下需要计算基础泥面处的位移、沉降和倾斜等。

基于提供的场地工程地质资料条件，有限元模型中桩土相互作用采用水平向、竖向弹簧来模拟。水平向弹簧刚度采用 m 法确定，以模拟侧向土体与桩基的相互作用；桩侧竖向弹簧为 $t—z$ 曲线法，桩端竖向弹簧采用 $Q—z$ 曲线法确定，从而模拟桩侧土体和桩端土体与桩基的相互作用，相关原理参见第 6 章。桩基竖向沉降计算采用基于 Mindlin 解答的竖向分层总和法。钢结构强度与稳定性和节点强度验算方法可参见第 7 章 7.3 节。

进行桩基承载力验算时，冲刷前测风塔桩基钢平台基础的结构计算简图如图 10 - 2 所示。

桩基轴向抗压承载力验算时，最不利工况出现的水位为极端高水位，测风塔荷载为主控荷载，最不利波浪相位为 350°，波长 153.4m。折算到泥面处的荷载 $F_x = 1503.5kN$，$F_z = 2175.7kN$，$M_y = 43807.6kN \cdot m$。桩基承载力计算参见第 6 章 6.2 节，本工程嵌岩桩的竖向承载力特征值为 15000kN，端阻比 0.14。桩基平均荷载 817.1kN，偏心荷载下的最大荷载 3599.4kN，分别小于承载力特征值 15000kN 和 1.2 倍特征值 18000kN，满足

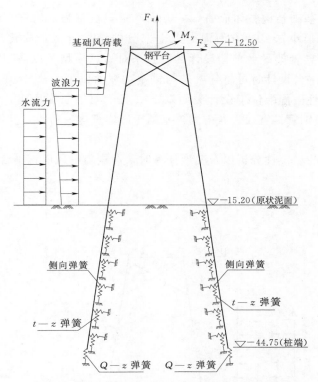

图 10 - 2　冲刷前桩基钢平台基础结构计算简图（承载力验算，单位：m）

承载力要求，如表 10 - 8 所示。

　　桩基轴向抗拔承载力验算时，最不利工况出现的水位为极端高水位，测风塔荷载为主控荷载，荷载与结构夹角为 60°，最不利波浪相位为 350°，波长 153.4m。折算到泥面处的荷载 $F_x = 750.1$kN，$F_y = 1299.3$kN，$F_z = 2167.8$kN，$M_x = 37876.0$kN·m，$M_y = 21867.7$kN·m。本工程嵌岩桩的抗拔承载力特征值为 6000kN，桩基最大上拔荷载 2129.4kN，上拔荷载小于桩基抗拔承载力特征值，满足承载力要求，如表 10 - 8 所示。

　　桩基水平承载力验算时，最不利工况出现的水位为极端高水位，波浪荷载为主控荷载，荷载与结构夹角为 30°，最不利波浪相位为 350°，波长 153.4m。折算到泥面处的荷载 $F_x = 1372.63$kN，$F_y = 792.4$kN，$F_z = 2172.4$kN，$M_x = 19396.4$kN·m，$M_y = 33569.2$kN·m。本工程嵌岩桩的水平承载力特征值为 350kN，桩基横向最大荷载 331.8kN，水平荷载小于桩基水平承载力特征值，满足承载力要求，如表 10 - 8 所示。

表 10 - 8　冲刷前测风塔桩基承载力验算结果

项目	计算值/kN	容许值/kN	是否满足要求
桩基平均竖向荷载	817.1	15000	是
桩基最大竖向荷载	3599.4	18000	是
桩基抗拔力	2129.4	6000	是
桩基水平荷载	331.8	350	是

就桩基钢平台基础结构整体而言，一方面本工程桩基为嵌岩桩，使得基础的竖向位移（沉降和上抬）很小；另一方面泥面以上部分的结构近似于简化后的导管架平台结构，因此可以结合导管架平台结构设计的经验来对计算模型予以适当简化而不过分影响计算精度。导管架平台设计时可将导管架与桩基在泥面以下 L 处分开，桩的下部模拟为一刚性嵌固端，刚性嵌固端位于设计泥面以下 L 处。对于淤泥质土，经验取值范围 $L = (7 \sim 8.5)D$，D 为钢管桩直径。考虑到桩基属于嵌岩桩这一特点，实际选用 10m 的嵌固长度。

进行结构强度与稳定性分析以及变形计算时，冲刷前测风塔钢平台基础的结构计算简图如图 10-3 所示。

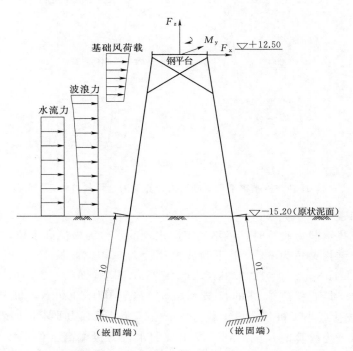

图 10-3　冲刷前桩基钢平台基础结构计算简图（强度验算，单位：m）

测风塔的基础结构应满足承载能力极限状态设计要求，桩基钢平台测风塔基础的结构验算包括钢管桩和钢平台结构两部分。对于钢结构，应根据结构各杆件的受力、长度和约束情况来验算强度与稳定性是否满足要求。

根据三维有限元结构计算分析，测风塔桩基平台基础的 Mises 应力云图如图 10-4 所示，最大应力 277MPa，出现在钢平台结构的斜撑导管与双斜主导管连接节点区域，最大应力小于杆件结构强度 295MPa。

根据三维有限元结构计算的结构杆件内力值和各杆件几何参数、节点约束情况，结构杆件的强度和稳定性计算结果如表 10-9 所示。计算结果表明桩基钢平台基础方案满足结构强度与稳定性的要求。

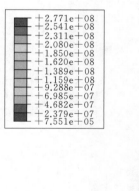

图 10-4 冲刷前桩基钢平台基础应力云图（单位：Pa）

表 10-9 冲刷前基础结构强度与稳定性计算结果

项目	计算值/MPa	容许值/MPa	是否满足要求
桩身结构强度	135.2	295	是
桩身稳定性	154.4	295	是
钢平台主导管结构强度	248.2	295	是
钢平台主导管稳定性	286.8	295	是
钢平台斜撑导管结构强度	57.0	310	是
钢平台斜撑稳定性	62.6	310	是
钢平台水平导管结构强度	59.4	310	是
钢平台水平导管稳定性	70.8	310	是

基础最大水平位移对应的工况为设计高水位，以波浪荷载为主控荷载，最不利波浪相位为 350°，波长 149.9m。桩基平台结构的水平位移云图如图 10-5（a）所示，最大水平位移 14.6cm。竖向位移（沉降）云图如图 10-5（b）所示，最大沉降 1.9cm。总位移云图如图 10-5（c）所示，最大位移 14.7cm。基础平台顶部最大水平位移为 14.6cm，倾斜率为 2.9‰；泥面处的最大水平位移为 4.0cm。平台最大沉降 15.2mm，泥面处最大沉降 4.9mm。变形均满足设计要求，结果汇总如表 10-10 所示。

表 10-10 冲刷前测风塔基础变形计算结果

项目	计算值	容许值	是否满足要求
基础结构最大水平位移/mm	146.3	—	是
基础结构最大沉降/mm	19.2	100	是
泥面处最大水平位移/mm	40.0	30	是
平台最大水平位移/mm	130.2	—	是
泥面处最大沉降/mm	4.9	100	是
平台最大沉降/mm	15.2	100	是
平台底部倾斜率	2.9/1000	4/1000	是

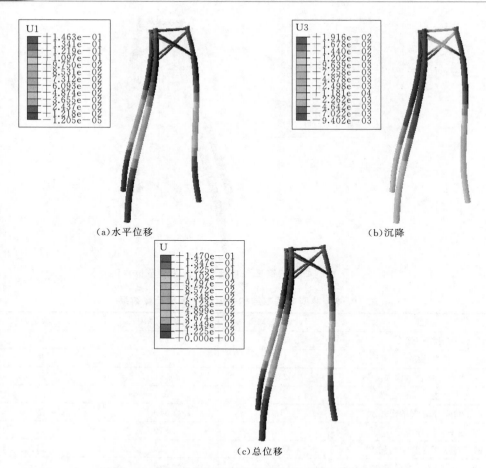

（a）水平位移 （b）沉降

（c）总位移

图 10-5 冲刷前桩基钢平台位移结果云图（单位：m）

桩基钢平台测风塔结构包含三类重要的节点：一为嵌岩桩芯柱与钢管桩底部的连接；二为钢平台腿柱底部与钢管桩顶部的连接；三为钢平台腿柱顶部与测风塔法兰的连接。测风塔基础结构承载能力极限状态验算中必须对此类节点予以强度验算。

测风塔风荷载和波流荷载共同作用下，桩基将承受轴向压力或拉力，嵌岩段芯柱与钢管桩内壁对应的出现压力和拉力。根据前面的计算结果，桩基承受的压力远大于上拔力，因此需要采用最大压力荷载来验算嵌岩桩芯柱节点的连接强度。根据轴向力沿桩基竖向分布规律，在承压荷载作用下桩基受到的压力沿桩身轴线往下是逐步降低的，因为桩侧摩阻力抵消了部分轴力。由于本工程中嵌岩桩覆盖层较薄，且土层性质较差，其所提供的侧摩阻力非常有限，故验算时荷载仍取泥面处桩身轴力，也即表 10-8 给出的桩基最大荷载（还应包含荷载分项系数），这种处理方式偏安全。

根据混凝土材料与钢板的连接强度，并考虑荷载的设计分项系数 1.35 和抗力分项系数 1.5，最大压力荷载下所需的芯柱段插入钢管桩底部的长度为 5.33m，实际布置长度 6m，节点黏结力满足强度要求。

桩基受拉作用下嵌岩段部分与钢管桩的连接需要连接钢筋来提供锚固力，因此需要验算钢筋的抗拉是否满足强度要求。根据表 10-8 中给出的桩基最大上拔荷载，考虑荷载分项系数 1.35，钢筋牌号采用 HRB400 级钢筋，直径选择 25mm，计算需要配置钢筋 17 根，实配 20 根，节点抗拉强度满足要求。

钢结构平台腿柱（双斜导管）与钢管桩顶部连接节点涉及焊缝连接和灌浆连接两种组合连接形式，难以直接确定各种连接方式的分担比，为此建立有限元三维节点模型来进行分析，分析模型如图 10-6 所示，有限元网格剖分图如图 10-7 所示。计算模型中钢管桩和导管部分采用壳单元，灌浆体采用实体单元，加劲肋和封头板采用壳单元，灌浆体与钢板交界处设置接触面单元，钢板为主单元，灌浆体界面为从属单元，采用滑动摩擦接触面，接触面摩擦系数取 0.4。节点焊缝的 Mises 应力云图如图 10-8（a）所示，焊缝最大应力为 132.5MPa，节点灌浆体的 Tresca 应力云图如图 10-8（b）所示，灌浆体最大应力为 27.8MPa，验算结果如表 10-11 所示。计算结果表明该节点中的焊缝和灌浆体均满足各自的强度要求。

图 10-6 灌浆连接节点模型图

对于钢平台腿柱与钢管桩连接节点，结合节点布置型式和钢结构与灌浆体的变形特性，在剪力和轴力作用时焊缝节点承担全部荷载，但在弯矩作用下焊缝和灌浆体共同承担荷载，由于灌浆体存在 2m 的长度，在弯矩作用下底部灌浆体承担的弯矩更大，假定焊缝和灌浆体各承担一半弯矩，封头板上下焊缝的计算结果如表 10-11 所示，焊缝强度满足要求。

对于钢平台腿柱上部与测风塔塔底法兰的连接节点，主要涉及焊缝强度计算，计算结果如表 10-11 所示，焊缝强度满足要求。

表 10-11 冲刷前基础节点强度计算结果

项目		计算值/MPa	容许值/MPa	是否满足要求
平台腿柱—钢管桩	全部焊缝—有限元	132.5	200	是
	灌浆体—有限元	27.8	28	是
	板上部焊缝	174.9	200	是
	板下部焊缝	141.1	200	是
平台腿柱—塔底法兰	焊缝	178.6	200	是

由于嵌岩桩芯柱连接节点的混凝土处于封闭的钢管桩和基岩凹槽内，并用混凝土灌注密封，处于与水隔绝的状态，无需进行裂缝控制，故不需要验算混凝土裂缝宽度。

上述计算结果表明在不产生冲刷效应时该基础方案满足测风塔基础结构设计的相关要求。

10.3.4 冲刷后设计计算

测风塔基础设置后随着时间将引起泥面处土体的冲刷，冲刷后可能使得基础处于更不利的受力状态，因此需要对基础冲刷后的相关验算项目进行复核计算。根据冲坑深度分析

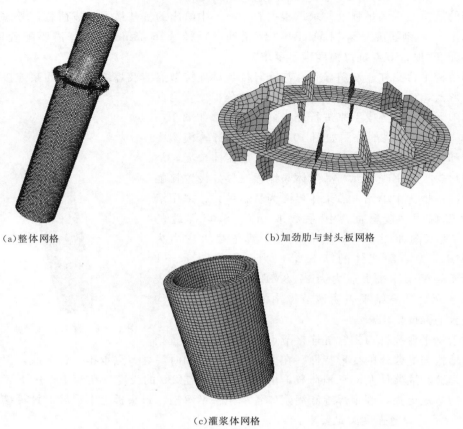

（a）整体网格　　　　　　　　　　　（b）加劲肋与封头板网格

（c）灌浆体网格

图 10-7　灌浆连接节点网格图

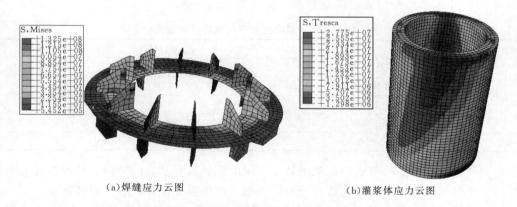

（a）焊缝应力云图　　　　　　　　　　（b）灌浆体应力云图

图 10-8　冲刷前基础灌浆连接节点应力云图

结果按照 2.5m 来考虑。

　　冲刷后基础结构的验算内容、结构整体分析和计算的原理相同，仅计算模型中泥面高程不同。进行桩基承载力验算时，考虑冲刷效应后测风塔桩基钢承台基础的结构计算简图如图 10-9 所示。

桩基轴向抗压承载力验算时，最不利工况出现的水位为极端高水位，测风塔荷载为主控荷载，最不利波浪相位为350°，波长158.1m。折算到泥面处的荷载 $F_x = 1438.5kN$，$F_z = 2218.9kN$，$M_y = 45168.7kN \cdot m$。由于本工程浅层土体均为淤泥，冲坑深度对桩基承载力影响极其微弱，嵌岩桩的竖向承载力特征值为15000kN，端阻比0.14。桩基平均荷载829.4kN，偏心荷载下的最大荷载3561.9kN，分别小于承载力特征值15000kN和1.2倍特征值18000kN，满足承载力要求，如表10-12所示。

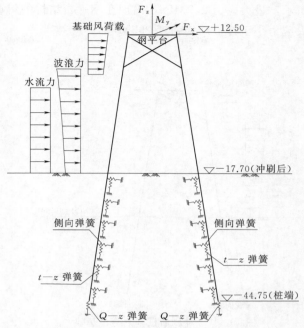

图 10-9　冲刷后桩基钢平台基础
结构计算简图（承载力验算，单位：m）

桩基轴向抗拔承载力验算时，最不利工况出现的水位为极端高水位，测风塔荷载为主控荷载，荷载与结构夹角为60°，最不利波浪相位为350°，波长158.1m。折算到泥面处的荷载 $F_x = 718.7kN$，$F_y = 1244.8kN$，$F_z = 2212.7kN$，$M_x = 39104.1kN \cdot m$，$M_y = 22576.8kN \cdot m$。由于本工程浅层土体均为淤泥，冲坑深度对桩基承载力影响极其微弱，嵌岩桩的抗拔承载力特征值为6000kN，桩基最大上拔荷载2066.1kN，上拔荷载小于桩基抗拔承载力特征值，满足承载力要求，如表10-12所示。

桩基水平承载力验算时，最不利工况出现的水位为极端高水位，波浪荷载为主控荷载，荷载与结构夹角为30°，最不利波浪相位为350°，波长158.1m。折算到泥面处的荷载 $F_x = 1318.1kN$，$F_y = 761.0kN$，$F_z = 2216.1kN$，$M_x = 20109.4kN \cdot m$，$M_y = 34797.0kN \cdot m$。由于本工程浅层土体均为淤泥，冲坑深度对桩基承载力影响极其微弱，嵌岩桩的水平承载力特征值为350kN，桩基横向最大荷载315.3kN，水平荷载小于桩基水平承载力特征值，满足承载力要求，如表10-12所示。

表 10-12　冲刷后测风塔桩基承载力验算结果

项目	计算值/kN	容许值/kN	是否满足要求
桩基平均竖向荷载	829.4	15000	是
桩基最大竖向荷载	3561.9	18000	是
桩基抗拔力	2066.1	6000	是
桩基水平荷载	315.3	350	是

冲刷后进行结构强度与稳定性分析以及变形计算时，测风塔钢平台基础的结构计算简图如图10-10所示。

根据三维有限元结构计算分析，测风塔桩基平台基础的 Mises 应力云图如图10-11

所示，最大应力 277MPa，出现在钢平台结构的斜撑导管与双斜主导管连接节点区域，最大应力小于杆件结构强度 295MPa。

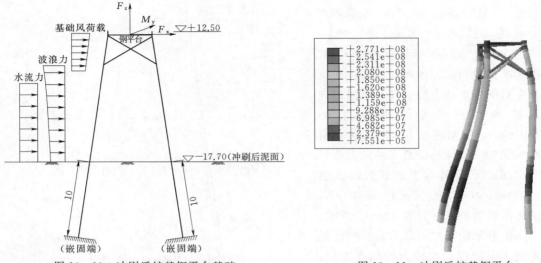

图 10 - 10　冲刷后桩基钢平台基础
结构计算简图（强度验算，单位：m）

图 10 - 11　冲刷后桩基钢平台
基础应力云图（单位：Pa）

根据三维有限元结构计算的结构杆件内力值和各杆件几何参数、节点约束情况，按照钢结构设计规范进行杆件的强度和稳定性计算结果如表 10 - 13 所示。计算结果表明冲刷后桩基钢平台基础方案满足结构强度与稳定性的要求。

表 10 - 13　冲刷后基础结构强度与稳定性计算结果

项目	计算值/MPa	容许值/MPa	是否满足要求
桩身结构强度	130.1	295	是
桩身稳定性	148.2	295	是
钢平台主导管结构强度	238.8	295	是
钢平台主导管稳定性	276.0	295	是
钢平台斜撑导管结构强度	55.2	310	是
钢平台斜撑稳定性	60.7	310	是
钢平台水平导管结构强度	55.9	310	是
钢平台水平导管稳定性	66.7	310	是

基础最大水平位移对应的工况为设计高水位，以波浪荷载为主控荷载，最不利波浪相位为 350°，波长 154.9m。桩基平台结构的水平位移云图如图 10 - 12 （a）所示，最大水平位移 15.7cm。竖向位移（沉降）云图如图 10 - 12 （b）所示，最大竖向位移 2.1cm。总位移云图如图 10 - 12 （c）所示，最大位移 15.9cm。基础平台顶部最大水平位移为14.0cm，倾斜率为 3.1‰；泥面处的最大水平位移为 4.0cm。平台最大沉降 16.6mm，泥

面处最大沉降 2.6mm。变形均满足设计要求，结果汇总如表 10-14 所示。

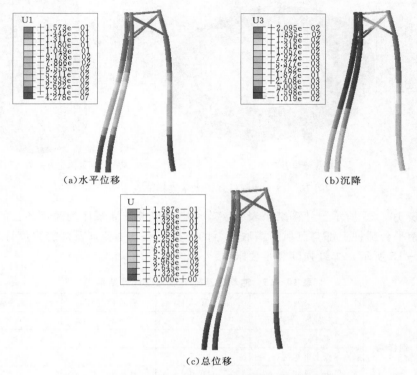

(a)水平位移　　　　　　　　　　　　　(b)沉降

(c)总位移

图 10-12　冲刷后桩基钢平台位移结果云图（单位：m）

表 10-14　冲刷后测风塔基础变形计算结果

项目	计算值	容许值	是否满足要求
基础结构最大水平位移/mm	157.3	—	是
基础结构最大沉降/mm	21.0	100	是
泥面处最大水平位移/mm	39.6	30	是
平台最大水平位移/mm	139.8	—	是
泥面处最大沉降/mm	2.6	100	是
平台最大沉降/mm	16.6	100	是
平台底部倾斜率	3.1/1000	4/1000	是

对于桩基钢平台测风塔结构包含的三类重要节点进行验算。

桩基受拉作用下嵌岩段部分与钢管桩的连接需要连接钢筋来提供锚固力，因此需要验算钢筋的抗拉是否满足强度要求。根据表 10-12 中给出的桩基最大上拔荷载，考虑荷载分项系数 1.35，钢筋牌号采用 HRB400 级钢筋，直径选择 25mm，计算需要配置钢筋 16 根，实配 20 根，节点抗拉强度满足要求。

钢结构平台腿柱（双斜导管）与钢管桩顶部连接节点涉及焊缝连接和灌浆连接两种组合连接，节点焊缝的 Mises 应力云图如图 10-13（a）所示，焊缝最大应力为 127.7MPa，节点灌浆体的 Tresca 应力云图如图 10-13（b）所示，灌浆体最大应力为 27.0MPa，验

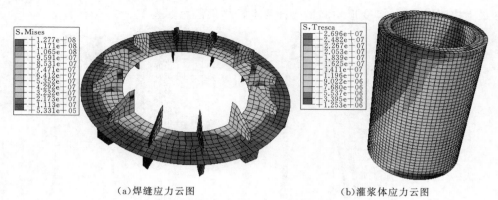

(a)焊缝应力云图　　　　　　　　(b)灌浆体应力云图

图 10 - 13　冲刷后基础灌浆连接节点应力云图

算结果如表 10 - 15 所示。计算结果表明该节点中的焊缝和灌浆体均满足各自的强度要求。

对于钢平台腿柱上部与测风塔塔底法兰的连接节点，主要涉及焊缝强度计算，计算结果如表 10 - 15 所示，焊缝强度满足要求。

表 10 - 15　冲刷后基础节点强度计算结果

项目		计算值/MPa	容许值/MPa	是否满足要求
平台腿柱—钢管桩	全部焊缝—有限元	127.7	200	是
	灌浆体—有限元	27.0	28	是
	板上部焊缝	168.7	200	是
	板下部焊缝	139.0	200	是
平台腿柱—塔底法兰	焊缝	178.6	200	是

上述计算结果表明即使产生冲坑后该基础方案仍能满足测风塔基础结构设计的相关要求。

附　录

附录 A　测风塔桩基混凝土承台基础设计图纸

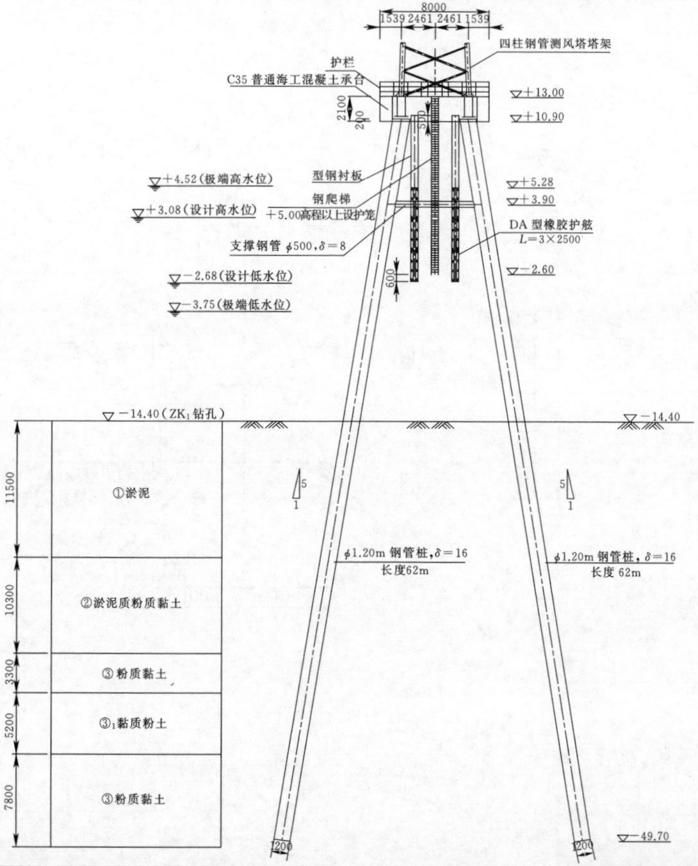

说明：

1. 图中高程均为黄海高程，高程单位为 m，其余尺寸单位为 mm。
2. 测风塔基础为桩基承台基础型式，承台顶高程＋13.00m。
3. 钢筋混凝土承台为方形承台，平面尺寸 8m×8m，厚度 2.1m，采用 C35 普通海工混凝土，混凝土保护层厚度为50mm，混凝土的配比和施工质量应满足相关规范的要求。
4. 桩基采用斜桩布置方式，桩数4根，斜率为 5∶1，钢管桩直径 1.2m，壁厚 16mm，桩端高程－49.70m，钢管桩顶部伸入承台 0.2m，总长度 62m，在靠船侧高程+3.90m处设置连接钢管，钢管连接相邻两桩，钢管直径 0.5m、壁厚 8mm。
5. 钢管桩与承台连接处设置连接钢筋，连接钢筋直径 25mm，共 20 根，钢筋锚入承台部分长度 1m，与钢管桩内壁焊接部分长度1m，钢筋与钢管桩内壁采用双侧角焊缝焊接，焊缝高度 8mm。
6. 承台与测风塔柱脚采用预埋件连接，预埋件与柱脚法兰采用螺栓连接。
7. 基础设计时预留冲坑深度 2m。
8. 钢管桩防腐蚀采用防腐涂层，分两段设置，高程－3.68～＋11.00m为第一段，高程－18.40～－3.68m 为第二段，第一段底层采用 40μm富锌漆，中间层为200μm环氧树脂漆，面层为 75μm 厚浆型环氧漆，第二段底层采用 75μm 富锌漆，中间层为 100μm 环氧树脂漆，面层为 75μm 厚浆型环氧漆。
9. 承台防腐蚀采用表面涂层方式，底层为20μm环氧树脂封闭漆，面层为280μm环氧树脂漆。
10. 共设两组相同配置的 DA 型橡胶护舷，橡胶护舷底部为型钢衬板，衬板下部搁置在支撑钢管上，顶部伸入承台 0.5m，总长度14m，每组橡胶护舷由 3 幅 2.5m 的护舷组件组成，底部高程－2.60m，护舷组件由底部依次往上排列。
11. 爬梯依靠支撑钢管和承台来布置，底高程为－2.00m，顶高程＋13.00m，高程＋5.00m以上部分设置钢护笼。
12. 承台顶部设置 1.2m 高的封闭钢护栏。
13. 钢材牌号均为 Q345C，钢筋牌号均为 HRB400 级。

图 A－1　测风塔桩基承台基础平视图

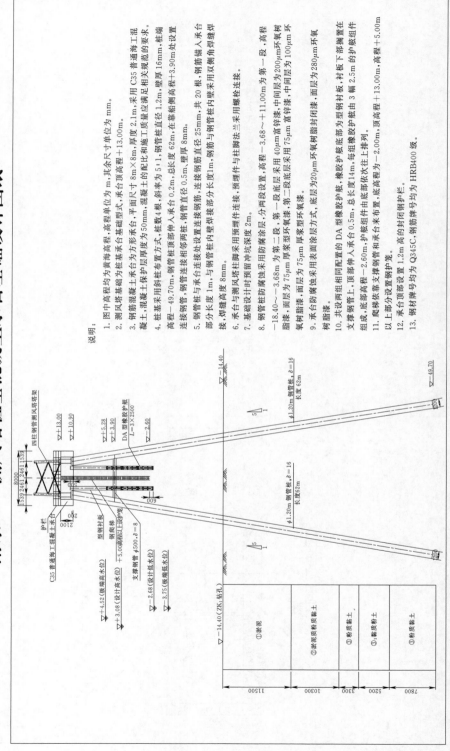

说明:

1. 图中高程均为黄海高程，高程单位为 m，其余尺寸单位为 mm。
2. 为了标识的方便，相对于平视图基础方案的俯视图顺时针旋转了 90°。
3. 钢筋混凝土承台的四个角均采用倒角处理，倒角宽度均为 0.9m。
4. 图中承台顶部的钢护栏未画出，承台预埋测风塔地脚螺栓 6M56，分布直径 0.6m。
5. 在承台底面高程处（+10.90m）桩间距为 4.922m。
6. 钢管桩均为双斜布置，斜率为 5：1，图中原状泥面以上部分钢管采用实线标识，泥面以下部分采用虚线标识。
7. 两组橡胶护舷沿承台中轴线对称布置，间距 3m。
8. 爬梯布置在承台一侧的中点位置。

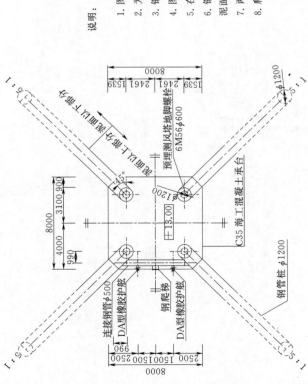

图 A-2 测风塔基桩承台基础俯视图（相对于平视图顺时针旋转 90°）

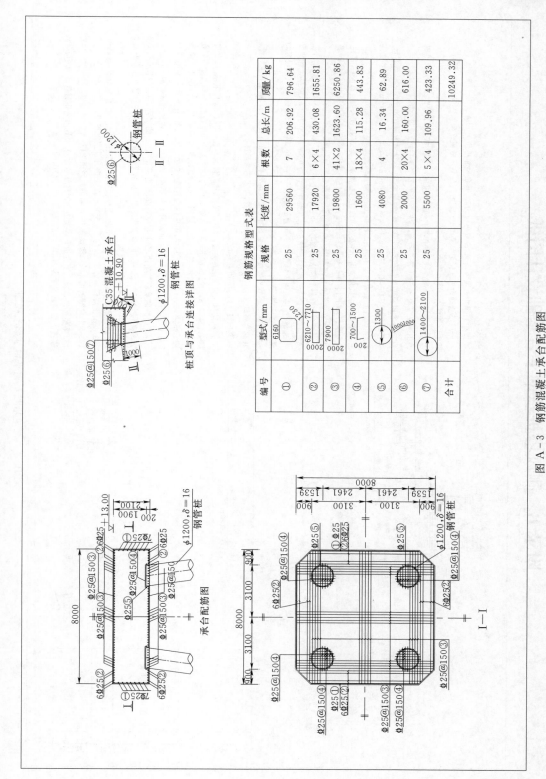

钢筋规格型式表

编号	型式/mm	规格	长度/mm	根数	总长/m	质量/kg
①	6160	25	29560	7	206.92	796.64
②	6210~7710	25	17920	6×4	430.08	1655.81
③	7900	25	19800	41×2	1623.60	6250.86
④	700~1500	25	1600	18×4	115.28	443.83
⑤	1300	25	4080	4	16.34	62.89
⑥	1000×1000	25	2000	20×4	160.00	616.00
⑦	1400~2100	25	5500	5×4	109.96	423.33
合计						10249.32

图 A-3　钢筋混凝土承台配筋图

293

附录 B 测风塔桩基钢平台基础设计图纸

说明：

1. 图中高程均为黄海高程，高程单位为 m，其余尺寸单位为 mm。

2. 测风塔基础为桩基钢平台基础型式，顶高程（测风塔隧柱端部）+12.50m，平台铺板顶高程+12.33m。

3. 桩基钢平台基础由桩基和钢平台两部分组成，下部为桩基，上部为由导管架组成的钢平台结构，先施工桩基部分，然后海上吊装钢平台，最后进行施工。

4. 桩基采用斜桩布置方式，桩数为 3 根，斜率为 6∶1，桩型为钢制预制型芯柱嵌岩桩，钢管桩直径 1.4m，壁厚 20mm，桩顶高程+5.50m，桩端高程-44.75m，钢管桩底高程-40.30m，钢管长度 46.43m，桩顶 3m 区域局部加厚，厚度 40mm。

5. 钢管桩与风化岩连接通过灌注芯柱体来实施，芯柱进入钢管段 6m，芯柱进入基岩 4.5m，芯柱柱身段直径 1.2m，内灌注 C35 海工普通混凝土，连接箍筋为 ф20 直径 25mm 的 HRB400 级钢筋，并配置螺旋箍筋。

6. 钢平台由双斜主导管，斜撑导管和水平导管组成，主导管首径 1.1m，壁厚 18mm，顶端导管间距 9m，底高程+3.50m，其余导管直径 0.5m，壁厚 10mm，斜撑导管高程+12.00m，主导管线高程+3.68m，底部加厚，厚度 30mm。

7. 钢平台与钢管桩连接处设置连接节点，节点处设置焊接节点，节点布置另详。顶部与测风塔连接处设置焊接节点，节点布置另详。

8. 基础设计时预留冲坑深度 2.5m。

9. 基础防腐蚀采用防腐涂层，并分段设置，第一段为高程+11.50m 以上部分，底层 50μm 富锌漆，中间层 80μm 环氧云铁防锈漆，面层 100μm 聚氨酯漆，第二段高程-3.68~+11.50m 部分，底层 40μm 环氧富锌漆，中间层 200μm 厚环氧树脂漆，面层 75μm 厚聚氨酯漆，第三段为高程-20.20~-3.68m 部分，底层采用 75μm 厚环氧富锌漆，中间层 100μm 厚环氧树脂漆，面层 75μm 厚浆型环氧漆。

10. 基础护栏采用靠船柱，靠船柱均为直径 0.4m 的钢管，与主导管平行布置，双侧两根靠船柱设在中间，靠船柱平行布置，底部高程-2.50m，长度 11m，双侧两根靠船柱通过直径 0.25m 的钢管与钢平台主导管相连接。

11. 爬梯依靠靠船柱和主导管来布设，下段设置在靠船柱中间，上段单独布设，顶部高程-2.50m，顶高程+12.50m，高程+5.00m 以上部分设置钢护栏。

12. 钢平台铺板顶面的周边设置 1.2m 高的封闭钢护栏。

13. 靠船部件、爬梯、平台主筋和连接组件钢材牌号为 Q235B，其余钢牌号为 Q345C，连接主筋钢筋和箍筋牌号为 HRB335 级。

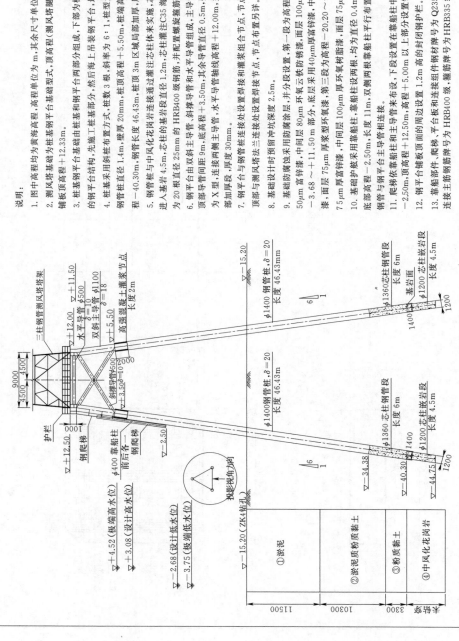

图 B-1 测风塔桩基钢平台基础平视图

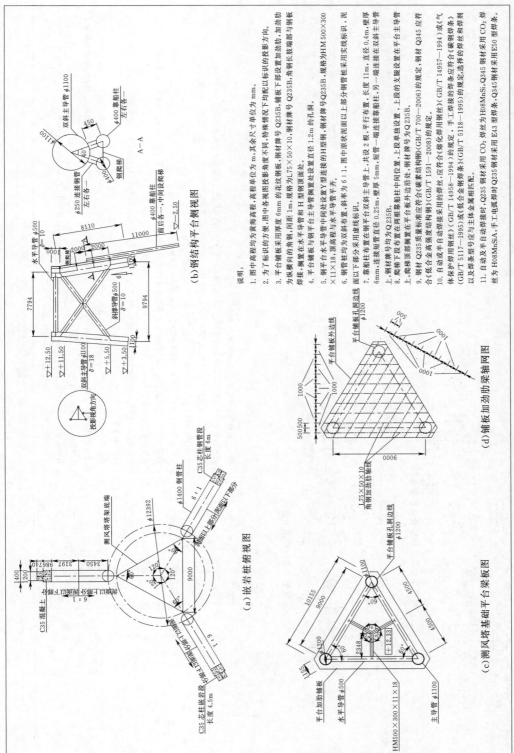

图 B-2　嵌岩桩与钢平台结构图

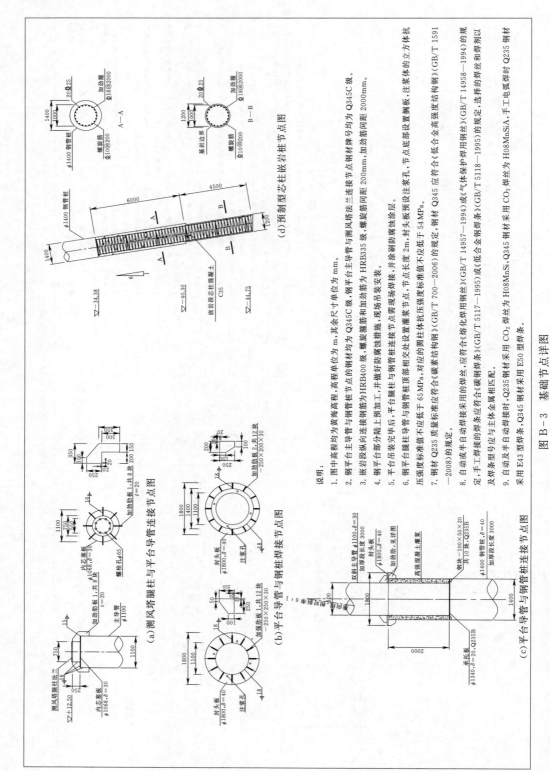

图 B-3 基础节点详图

本书编辑出版人员名单

总 责 任 编 辑　陈东明

副总责任编辑　王春学　马爱梅

责 任 编 辑　丁　琪　李　莉

封 面 设 计　李　菲

版 式 设 计　黄云燕

责 任 校 对　张　莉　黄　梅

责 任 印 制　帅　丹　孙长福　王　凌